生态文明新时代的
新哲学

卢风　曹孟勤　陈杨　主编

中国社会科学出版社

图书在版编目(CIP)数据

生态文明新时代的新哲学／卢风，曹孟勤，陈杨主编.—北京：中国社会科学
出版社，2019.4

ISBN 978 – 7 – 5203 – 4186 – 8

Ⅰ.①生…　Ⅱ.①卢…②曹…③陈…　Ⅲ.①中国特色社会主义—生态文明—
哲学理论　Ⅳ.①X321.2 – 02

中国版本图书馆 CIP 数据核字（2019）第 048178 号

出 版 人	赵剑英	
责任编辑	周晓慧	
责任校对	无 介	
责任印制	戴 宽	

出　　版	中国社会科学出版社	
社　　址	北京鼓楼西大街甲 158 号	
邮　　编	100720	
网　　址	http://www.csspw.cn	
发 行 部	010 – 84083685	
门 市 部	010 – 84029450	
经　　销	新华书店及其他书店	

印　　刷	北京明恒达印务有限公司	
装　　订	廊坊市广阳区广增装订厂	
版　　次	2019 年 4 月第 1 版	
印　　次	2019 年 4 月第 1 次印刷	

开　　本	710 × 1000	1/16
印　　张	28.25	
插　　页	2	
字　　数	435 千字	
定　　价	118.00 元	

目　　录

二　生态文明建设的科学依据

三　生态伦理学

四　生态美学

五　生态马克思主义

六　中国古代哲学对生态哲学的启示

七　生态哲学与生态智慧

绪言　生态文明新时代的新哲学

从 20 世纪七八十年代开始，不断有智能之士预言人类历史新时代、新纪元的开始。世界经济、政治、科技、军事、文化的发展趋势确实预示着新时代、新纪元的开始。人们用了不同的名称去称呼这正走近我们的新时代，如"后现代""后工业社会""后资本主义社会""信息社会""生态纪""生态文明""信息文明"等。一个有着 70 多亿人口且多元文化并存的世界是无比复杂的，是多维度、多面向的。这样的世界历史也必然是无比复杂的，也是多维度、多面向的。所以，我们不能指望任何一个名称能成为取代其他名称而被所有人接受的统一名称。本文探究正走近我们的新时代（就世界历史而非仅就中国现实看）的特征，并着力勾勒新时代之新哲学的基本框架和内容。

一　生态文明抑或信息文明

在 21 世纪第二个 10 年即将结束之际，我们会发现"生态文明"和"信息社会"（或"信息文明"）是两个特别值得深究的称呼新时代的名称。

20 世纪八九十年代，阿尔温·托夫勒（Alvin Toffler）的未来学曾对中国学术界产生了较大影响。托夫勒在 80 年代提出了"第三次浪潮"的大历史观。托夫勒夫妇在其 1995 年出版的《创造一个新的文明：第三次浪潮的政治》一书中写道："一个新的文明正在我们的生活中出现，而视而不见者则处处企图予以压制。这种新文明带来了新的家庭样式，改变了工作、爱情和生活方式，新文明还带来了新的经济、新的政治冲突，尤其是带来了一种不同的思想意识。"① 他们称这种新文明的兴起为"第三次浪潮"。他们认为，人类已经历了两次巨大的变迁浪潮：第一次浪潮是农业革命，历时数千年；第二次浪潮是工业文明的兴起，历时不过 300 年。如今，"我们这些正好生活在同一星球上这一大变革关头的人们会终身感到第三次浪潮对我们的全面冲击"②。"我们是旧文明的最后一代，又是新文明的第一代。"③ 他们认为，"工业文明行将结束"，"工业主义总危机"已经十分明显。④ 第一次浪潮带来了农业文明，第二次浪潮带来了工业文明。"锄头象征着第一种文明，流水线象征着第二种文明，电脑象征着第三种文明。"⑤ "土地、劳动、原材料和资本，是过去第二次浪潮经济的主要生产要素，而知识——广义地说，包括数据、信息、影像、文化、意识形态以及价值观——是现在第三次浪潮经济的核心资源。"⑥ 可见，新文明的经济就是世纪之交被热议过的"知识经济"或"信息经济"，托夫勒夫妇也称其为"超级符号性的第三次浪潮经济"⑦。如果说铁路、高速公路等是工业文明的基础设施，那么"信息高速公路"或"电子通道"则构成了新文明的基础设施。可见，托夫勒夫妇倾向于把新文明（即第三种文明）称作信息文明。

被尊为"管理学教父"的德鲁克（Peter F. Drucker）对新时代和新经济有类似的看法。但德鲁克称这个新时代为"后资本主义社会"（post-capitalism society）时代。德鲁克说，我们明显地处于历史的转型过程中。这次历史转型已改变了世界的政治、经济、社会以及道德视域。⑧ 经过这次历史转型，价值观、信念、社会和经济结构、政治观念

① Alvin and Heidi Toffler, *Creating a New Civilization：The Politics of the Third Wave*, Turner Publishing, Inc. Atlanta, 1995, p. 19.

② Ibid.

③ Ibid. , p. 21.

④ Ibid. , p. 27.

⑤ Ibid. , p. 31.

⑥ Ibid. , p. 42.

⑦ Ibid. , p. 36.

⑧ Peter F. Drucker, *Post-capitalist Society*, Butterworth-Heinemann Ltd. , 1993, pp. 2 - 3.

和体制以及世界观的改变之大将是我们今天所难以想象的。① 在后资本主义社会，真正支配性的资源和决定性的"生产要素"将既不是资本，又不是土地，也不是劳动力，而是知识。② 所以，后资本主义社会就是信息社会，后资本主义社会的经济也就是信息经济。如果说后资本主义社会仍是资本主义社会，那么它就是以"信息资本主义"（information capitalism）为主导的社会。③

多年研究并宣传绿色资本主义和商业生态学的保罗·霍肯（Paul Hawken）在其 20 世纪 80 年代出版的《未来经济》（*The Next Economy*）一书中宣称，工业主义的经济是物质经济，即大量生产、大量消费、大量废弃的经济，这种经济是不可持续的。物质经济增长依赖于矿物资源的廉价。随着 20 世纪 80 年代石油价格的上扬和计算机技术的兴起，物质经济将日趋式微，一种全新的经济将会兴起，这种全新的经济便是信息经济。④

随着信息技术（包括人工智能技术）的发展，很多人认定未来的新文明就是信息文明。国内有学者说："一般认为，原始文明、农业文明和工业文明是人类历史已经经历或还在经历的文明形态，我们这个时代已经跨入了信息文明，它是工业文明之后新的人类文明形态。"⑤ 这正好与谈论生态文明的人们的说法相对应，他们也认为，原始文明、农业文明和工业文明是人类历史已经经历或还在经历的文明形态，但认为我们这个时代已经跨入生态文明，或说我们必须走向生态文明，生态文明是工业文明之后新的文明形态。

中共十七大以来，认为未来的新文明是生态文明的观点已成主流。胡锦涛在中共十八大政治报告中说："我们一定要更加自觉地珍爱自然，更加积极地保护生态，努力走向社会主义生态文明新时代。"习近平总书记说："人类经历了原始文明、农业文明、工业文明，生态文明是工

---

① Peter F. Drucker, *Post-capitalist Society*, Butterworth-Heinemann Ltd., 1993, p. 3.

② Ibid., p. 5.

③ Ibid., p. 166. 实际上，德鲁克认为，后资本主义社会既不是资本主义的，也不是社会主义的，它超越了资本主义和社会主义。

④ Paul Hawken, *The Next Economy*, Holt, Rinehart and Winston, New York, 1983, p. 78.

⑤ 张易帆、张怡：《信息文明的新特点及其虚拟形态》，《信息技术》2015 年第 7 期。

业文明发展到一定阶段的产物，是实现人与自然和谐发展的新要求。"①
这便明确宣告：我们正开启的时代是生态文明新时代。

国外直接使用"生态文明"一词的学者甚少，但不乏与生态文明论
者不谋而合的思想家，提出生态纪（Ecozoic）的思想家托马斯·伯利
（Thomas Berry）堪称典范，伯利新创了一个英语单词：Ecozoic，即生态
纪。伯利不仅是在人类文明史的尺度上，而且是在地球乃至宇宙演化史
的宏观尺度上反思工业文明危机的，并预言了人类文明的未来。地球已
经历了漫长的演化过程。新生代（Cenozoic Era）是我们的世界成形的
地质年代。中生代（Mesozoic Era）业已出现的生物在新生代得到了充
分的进化。在新生代的自然进化过程中既有物种的产生也有物种的消
失。地球仍处于新生代。伯利说："如今，我们自己正以新生代开始以
来从未有过的规模和速度灭绝着物种。"② 这是由工业文明的生产、生
活方式决定的。就美国而言，"科学、技术、工业、商业和金融的新成
就确实把人类共同体带进了一个新时代。然而，那些创造了新时代的人
们只看到了这些成就的光明的一面。而对其所造成的对美洲大陆乃至整
个地球的毁灭却所知甚少……我们对工商业的痴迷已以人类事务历史进
程中闻所未闻的深度干预了这片大陆的生态系统"③。可见，工业文明
时期是人类蹂躏地球的时期（a period of human devastation of the Earth）。
迈进新千年（a new millennium）的人类必须完成一项伟业（The Great
Work）：实现从人类蹂躏地球的时代向人类与地球互惠共存时代的转
变。"这种历史性的转变是比从古罗马时期转向中世纪以及从中世纪转
向现时代更加关键的转变。自 6700 万年前恐龙灭绝和新生物年代开始
的地质生物变迁以来，不曾有这种转变的先例。"④ "在西方的天空中，
随着夕阳西下，地球新生代演化的故事正趋于尾声，我们必须以最高的
创造力对此做出回应。我们未来的希望是迎接一个新的黎明，即生态

---

① 中共中央宣传部：《习近平总书记系列重要讲话读本》，学习出版社、人民出版社
2014 年版，第 121—122 页。
② Thomas Berry, *The Great Work*: *Our Way into the Future*, Three Rivers Press, New York,
1999, p. 30.
③ Ibid.
④ Ibid.

纪，在生态纪人类将以与地球协同进化的方式存在。"① 从新生代到生态纪的转变将引起人类实在观念和价值观念的无比深刻的转变。这将影响我们对自身生存之起源和意义的理解。"这可能被认为是一种元宗教运动（a metareligious movement），它不仅涉及人类共同体的单个部分，而且涉及整个人类共同体。它甚至超越人间秩序，而涉及地球的整个生物秩序。"② 总之，伯利所说的生态纪不仅是人类文明史的一个新时期，也是地球演化史的一个新时期。仅就文明史部分看，伯利的思想与生态文明论有较多重合之处，如都强调人类与地球生物圈的和谐共生。

澳大利亚斯威本科技大学的阿伦·盖尔（Arran Gare）则明确认为未来的文明是生态文明。他说，我们正面临的以大规模环境问题为焦点的危机是"现代西方文明"（modern Western civilization）的危机。③ 摆脱这种危机需要来一场"彻底启蒙"（The Radical Enlightenment）。这场启蒙将诉诸受到后还原论（post-reductionist）自然哲学和科学支持的过程—关系形而上学（a process-relational metaphysics），从而将人类安置于通过历史而在大自然之内进行人性之自我创造的境遇之中，并走向一种新的文明，在其中部落之间、文明之间以及民族之间的破坏性冲突将得以克服，并要求全人类承诺促进全球生态系统的健康，并承认人类共同体应臣服于全球生态系统。这场彻底启蒙的目标应该被理解为全球生态文明（a global ecological civilization）建设。④

美国学者罗伊·莫里森（Roy Morrison）也主张称未来的文明为生态文明。他声称，他的《生态民主》（1995 年出版）是一本关于"从工业文明走向生态文明"的"根本变革"的书。⑤ 在这本书中，他对工业主义（industrialism）和工业文明进行了尖锐的批判，认为工业文明是不可持续的，不仅因为它致力于无限增长，也因为它具有内在的战争

---

① Thomas Berry, *The Great Work: Our Way into the Future*, Three Rivers Press, New York, 1999, p. 55.

② Ibid., p. 85.

③ Arran Gare, *The Philosophical Foundations of Ecological Civilization: A Manifesto for the Future*, Routledge, London and New York, 2017, p. 183.

④ Ibid., p. 166.

⑤ Roy Morrison, *Ecological Democracy*, South End Press, Boston, 1995, p. 3.

倾向。① 他认为，生态文明奠基于多种多样的生活方式，这些生活方式使互相关联的自然生态和社会生态得以持续。这样的文明具有两个基本属性：第一，它运用欣欣向荣的生物界的动态和可持续平衡的观点看待人类生活：人类与自然不是处于对立状态，人类就生活于自然之中。第二，生态文明意味着我们生活方式的根本变革：这取决于我们做出新的社会选择的能力。②"命名一种文明就是树立一面旗帜。"③ 建设生态文明是一场伟大的变革，这次变革和从农业文明转向工业文明一样重要。④

以上我们阐述了两种命名未来新时代的观点，一种是信息文明论，一种是生态文明论。显然，双方都阐述了较为充分的理由。一方面，如今数字化技术（即信息技术）已全方位地渗透于人类生活，包括政治、经济、军事、文化、媒体、教育，乃至日常生活，可见，称20世纪八九十年代开启的新时代为信息时代（以计算机和互联网出现为标志），或称新文明为信息文明，是合适的。另一方面，工业文明也确实导致了空前的环境污染、生态破坏和气候变化，从而已把人类文明推向空前的生态危机，若走不出生态危机，则信息技术也无法确保人类文明的持续发展。为走出生态危机，需要人类文明的根本转型，蕴含生态学的复杂性科学和生态哲学是文明转型的基本指南。可见，称我们正开启的新时代为生态文明新时代也非常合适。

强行统一名称是毫无意义的，重要的是谋求信息文明论与生态文明论之间的共识，进而辨识未来文明的基本走向。比较此两论所对应的两种新哲学——信息哲学和生态哲学，可看出二者之间的异同，也有助于我们看清未来人类文明的发展方向。

二　信息哲学与新时代的精神

迄今为止，最有影响力的信息哲学家或许是牛津大学互联网研究院

---

① Roy Morrison, *Ecological Democracy*, South End Press, Boston, 1995, p. 10.
② Ibid., p. 11.
③ Ibid., p. 8.
④ Ibid., p. 11.

主任卢西亚诺·弗洛里迪（Luciano Floridi）。

弗洛里迪认为，自哥白尼发表"日心说"以来，科学的进步已引起了三次思想革命。第一次革命就是1543年哥白尼发表《天体运行论》所引起的相对于基督教世界观的革命，哥白尼告诉人们，人类并非居住在宇宙的中心。第二次革命是达尔文1859年发表《物种起源》，该书告诉人们，人类与非人动物之间没有天壤之别，都源于共同的祖先。第三次革命是弗洛伊德发表其精神分析著作，指出人类心灵也有无意识的方面，并且屈从于抑郁等心理防卫机制。① 如今，我们正经历第四次革命——信息科学和信息技术所引起的革命，第四次革命的种子是由图灵（Alan Mathison Turing）播下的，这次革命将引起翻天覆地的变化。经过以前的三次革命以后，人类仍然可以骄傲地宣称，只有人类才具有智能，地球上的一切非人事物（包括各种动物）皆没有智能。但图灵把人类从逻辑推理、信息处理和聪明行为方面的优越地位上拉了下来。随着计算机、互联网和人工智能技术的飞速发展，世界日益成为信息圈（the infosphere）。我们已不再是信息圈中毋庸置疑的主宰。数字设备执行了越来越多的原本需要人类思想去完成的任务。我们再一次被迫放弃一个原本认为是"独一无二"的地位。② 每一次革命都改变了人类的世界观和价值观，改变了人类对自己与世界之关系的理解。信息哲学就集中阐述第四次革命所引起的世界观和价值观的改变。

弗洛里迪宣称："我们需要一种作为我们时代的哲学的信息哲学。"③ 可见，他认为"信息时代"才是新时代的合适名称，而且认为新时代的哲学就是信息哲学。信息哲学有很强的计算主义④倾向，其基本观点如下所述。

---

① Luciano Floridi, *The Fourth Revolution*: *How the Infosphere is Reshaping Human Reality*, Oxford University Press, 2014, pp. 88 – 89.

② Ibid., p. 93.

③ Ibid., p. ix.

④ 计算主义的基本观点是，智能就是计算能力，思维就是计算，强计算主义者甚至认为，情感、直觉或所谓顿悟都可以归结为计算。本体论计算主义认为，任何一个事物都是由一个程序决定的，从基本粒子到整个宇宙，概莫能外。

（一）世界观

万物都是由信息构成的，或万物皆是比特。用美国著名物理学家惠勒（John Archibald Wheeler）的话说就是：

> 万物皆源自比特。换言之，万物——任何粒子、任何力场，甚至时空连续体本身［因此任何身体，包括我自己的身体］，其功能、意义、存在都完全（即使在某些情况下是间接地）源自比特，源自引发装置对二元选择的是或否问题的回答。"万物源自比特"表达了这样一种观念：物理世界的每一个事物归根结底都有一种非物质的来源和说明，在绝大部分情况下都是这样的，我们所说的实在（reality）就源自对［我们］提出的是或否问题和激发设备（equipment-evoked）之回应记录的最终分析，简言之，一切物理事物的根源都是信息—理论性的（information-theoretic），而且这是一个参与型的宇宙。①

据此，计算主义消解了笛卡尔的二元论，而成为一种基于状态形式（a state-based form）的一元论。水可有液态、气态、固态。如果"万物皆源自比特"是真的，则心灵与大脑（抑或自我与身体）就都是信息的不同状态或模式。归根结底，物质和非物质可能都是某种潜在信息的两种状态。②

弗洛里迪认为，世界正在变成一个信息圈，物理世界和信息世界之间的界限将趋于消失，换言之，线上与线下的界限将日趋模糊而直至消失。③

在这样的世界里，存在的标准也变了。古希腊和中世纪的哲学家认为永恒不变的实体才是存在的，近代哲学家认为"存在就是被感知"，信息哲学则提出"存在就是可互动的"，即便我们与之互动的事物是转

---

① Luciano Floridi, *The Fourth Revolution: How the Infosphere is Reshaping Human Reality*, Oxford University Press, 2014, pp. 70 – 71.

② Ibid., p. 71.

③ Ibid., p. 43.

瞬即逝的、虚拟的。①

（二）知识论

计算主义既然已在本体论和价值论上决然摈弃了笛卡尔—康德的简单严整的主客二分，其知识论也势必根本不同于笛卡尔—康德传统的知识论。在笛卡尔—康德传统的知识论中，人是主体，是认知者，而一切非人事物都是被认知或有待于被认知的客体；而在计算主义框架内，人不再是独一无二的认知者，智能机器也完全可以是认知者。按照康德的概念框架，人不可能认知"自在之物"，但整个经验世界是由人类主体建构起来的，人类在自己建构起来的经验世界中无疑是具有自主性的。计算主义者则认为，整个信息圈的人工化水平会日益提高，以致将来智能机器的能动性水平不仅能达到人类水平，还会超过人类水平，那时我们就不好说信息圈的变化是人为的了，只能说是由各种能动者或智能系统共同设计、创造的。在这样一个本身不断创新的世界中，知识只是相对于特定智能体（认知者）的知识。在笛卡尔、康德建构的现代世界框架内，只有人才配享有自由。这里的自由既包括人与人之间因相互尊重和承认而获得的自由，也包括随着科技的进步和工具系统的日益发达而获得生活享受的自由，如夏季享受空调房间内之清凉的自由。在信息圈内，并非仅仅人类才能享受技术进步所带来的日益增多的自由，所有的能动者，包括智能机器，也享受着技术所带来的日益增多的自由。②

就信息哲学把一切都归结为信息而言，它似乎有彻底的还原论倾向，它通向数理还原论。既然万物皆是信息和程序，那便意味着万物皆可以数字化。这样一来，信息哲学就可以继承现代性哲学的完全可知论：智能体将能揭示出某些统摄一切的数理原理，即揭示出温伯格（Steven Weinberg）等人所追求的终极定律。当然，信息哲学和生态哲学一样有多样而非统一的表达方式。

---

① Luciano Floridi, *The Fourth Revolution：How the Infosphere is Reshaping Human Reality*, Oxford University Press, 2014, p. 53.

② Ibid., pp. 205–206.

（三）价值观和伦理学

计算主义的世界观既然已消解了笛卡尔、康德的二元论，那么与计算主义相应的价值观和伦理学必然与深受康德影响的价值观和伦理学截然不同。

迄今为止，康德学派的伦理学尽管正受到美德伦理学（virtue ethics）的批判，但仍牢牢占据着学院派哲学的主导地位。康德学派也确实可以无矛盾地宣称自己是重视美德的，因而康德学派与美德论不相冲突。计算主义试图动摇康德学派的根本基础。康德学派顽固地在人与非人、理性存在者（rational being）与非理性存在者之间画出一道截然分明的界限，意在凸显人或理性存在者所独具的尊严、权利和自由。人与非人事物的截然二分正是康德学派伦理学的本体论基础。康德认为，作为理性存在者的人是自主的、自我立法的，从而构成"目的王国"（a kingdom of ends）。"目的王国"与由一切非人事物构成的"自然王国"（a kingdom of nature）截然不同，自然王国中的一切皆受制于外在必然的充足理由律（laws of externally necessitated efficient causes）[①]，而作为理性存在者的人是自由的，是超越于充足理由律之上的。在康德的伦理学体系中人与非人事物之间的界限是不能含糊的。自主的理性存在者是人（persons），人是必须永远被当作目的而不能仅被当作手段对待的，没有理性的存在者则只是物（things）。人具有绝对价值，人就是目的本身（end in itself），而物只具有相对价值，即只具有相对于人的价值，即因可为人所用而具有的价值。[②] 在这样的人（主体）与非人事物（客体）截然二分的严整的世界中，人可以利用日益强大的工具系统去改造自然环境，控制一切非人自然物。在由人工物构成的文化世界中，人与工具之间的界限也截然分明：人是工具的使用者，一切人工物，无论它多么精巧，都只是供人类使用的工具。计算主义的信息一元论在消解笛卡尔心物二元论的同时势必也消解康德学派的人与非人事物的截然二分。

---

① Immanuel Kant, *Practical Philosophy*, translated and edited by Mary J. Gregor, Cambridge University Press, 1996, p. 87.

② Ibid., p. 79.

　　康德学派关于人与非人事物之截然二分的根据无非人有理性，而一切非人事物没有理性。康德学派把理性说得很玄奥，但在计算主义者看来，人的理性也就是智能。弗洛里迪认为，地球正在变成一个信息圈，或者它一直就是一个信息圈，在这个信息圈中，显然，并非仅仅人类才具有智能，即就智能而言人并不占有"独一无二"的地位。如今，人们正逐渐接受关于"自我"的后图灵观念（post-Turing idea）：我们不是像鲁滨逊身处一个孤岛中那样的独一无二的能动者（agents），而是在信息圈中互相关联、互相植入的信息有机体（inforgs）。信息圈是我们与其他信息能动者所共享的，其他信息能动者既包括自然的能动者，也包括人造的能动者，他们都能逻辑地和自主地处理信息。① 这里自然的能动者就指非人动物，而人造的能动者就指各种智能机器或机器人。可见，经过图灵革命，笛卡尔、康德乃至萨特等哲学家所重视的"主体"（subjects）和"主体性"（subjectivity）概念不重要了，已被代之以"能动者"（agents）和"能动性"（agency）概念。在康德、萨特等人看来，只有人才是主体，才具有主体性，但在计算主义者看来，所有的动物（特别是高等动物，当然包括人）和智能机器都是能动者，都具有能动性。所谓能动者就是能和多种其他存在者互动的存在者（beings），他们承认其他类似的存在者具有和他们自己平等的地位；他们就通过置身于其他存在者中间而体验其身份和自由。② 在这一点上，信息哲学与当代环境伦理学具有共同的立场：并非仅仅人类才具有道德资格，非人事物也具有道德资格。生态哲学家说，生态系统也具有道德资格，人类应该出于道德自觉而保护生态系统的健康。计算主义者则说，非人高等动物和智能机器都是能动者，从而也都享有道德资格，故人类不仅应该友善地对待非人动物，也应该友善地对待各种智能机器。

　　事实上，像弗洛里迪这样的信息哲学家已有保护环境的意识。弗洛里迪说：信息哲学的任务之一是构建一个伦理框架，在这个框架内信息圈将被居于其中的人类信息有机体（the human inforgs）看作值得给予

---

① Luciano Floridi, *The Fourth Revolution: How the Infosphere is Reshaping Human Reality*, Oxford University Press, 2014, p. 94.

② Luciano Floridi Edited, *The Onlife Manifesto*, *Being Human in a Hyperconnected Era*, Springer Open, 2015, p. 209.

道德关注和关怀的新环境。这样的伦理框架必须明确揭示并应对新环境中前所未有的挑战。它必须是关于整个信息圈的一种 e - 环境伦理学（an e-nvironmental ethics）。这种综合（既有整体主义或包容之意，也有人工之意）的环境主义要求改变我们的自我意识和在现实中的角色，要求考虑什么是值得我们尊重和关心的，要求考虑如何让自然事物和人工事物结成同盟。① 在弗洛里迪看来，生态伦理学等非正统的伦理学仍没有达到最彻底的普遍性和无偏私性，而奠基于信息本体论的信息伦理学才达到了最彻底的普遍性和无偏私性。继承了利奥波德之"土地伦理"的生态伦理学力主把所有生物乃至生态系统都纳入道德保护的范围，在弗洛里迪看来，这仍然是出于偏见和偏私的。信息伦理学不仅关心所有的人（persons）及其创造物、福利和社会互动，也不仅关心动物、植物和其他生物，而且关心一切存在物，从绘画、书籍到星体、石头，以及一切可能或将要存在的事物，如未来世代，还关心过去存在的一切，如我们的祖先。换言之，信息伦理学最终完成了道德范围的扩展，使之包括每一个信息体，而无论它是否有物理性状。②

在弗洛里迪等人看来，他们所着力阐释的信息哲学是一种全新的哲学，它正是信息文明这个全新的时代所必需的哲学，信息哲学就是新时代精神的精华。信息文明的发展就是各种智能体的不断创新。

三　现代性哲学与工业文明时代的精神

如果说信息哲学因为密切关注当代信息技术与人工智能技术的最新发展而充溢着乐观进取精神和乌托邦精神，那么密切关注环境污染、生态健康恶化和全球气候变化的生态哲学则因相对务实而显得保守，面对工业文明的发展惯性，它还常常显得悲观。

生态哲学家和信息哲学家一样都认为人类文明即将走向一个全新的时代，现代性哲学不适合即将来临的新时代，新时代需要一种全新的哲学。但因为对新时代有不同的辨识，故对新哲学有不同的展望。现代性

---

① Luciano Floridi, *The Fourth Revolution: How the Infosphere is Reshaping Human Reality*, Oxford University Press, 2014, p. 219.

② Luciano Floridi, *The Ethics of Information*, Oxford University Press, 2013, p. 65.

哲学是整个工业文明时代之精神的精华。迄今为止，认为工业文明不可持续的知识精英正日益增多，但还不能说他们已占全人类知识精英的多数。现代性哲学虽已显得破绽百出，但意识到这一点的哲学家仍居哲学家中的少数。现代性哲学仍作为"工业文明的灵魂"阻碍着新文明的生长，它力图让人类文明沿着工业文明的轨道继续飞奔（发展）。在生态哲学家看来，工业文明的轨道通向毁灭的深渊。不驳倒现代性哲学，新哲学就不可能生长，生态文明也难以成长。

迄今为止，现代性哲学仍稳居学院派哲学殿堂的"正殿"，其主要内容如下。

（一）世界观

现代性哲学的世界观包含着心物二元论和物理主义之间的矛盾。笛卡尔和康德是现代性哲学的奠定者。他们所奠定的基本哲学框架是二元论的。笛卡尔认为，物质和精神（身体与心灵）是两类根本不同的（不可归并的）实体；康德认为，人（理性存在者）与非人事物是绝对不可混淆的两类存在者。这种二元论至今仍为康德学派所继承。在这种二元论的框架内，很自然地出现了斯诺（C. P. Snow）所说的"两种文化"：一种是自然科学家所创造的文化，一种是文学作家们所创造的文化。自然科学家和文学作家们在心智、道德和心理状态方面很少有共同之处，以致尽管共处同一个校园，彼此却似远隔重洋。两类文化彼此分离，两种学者彼此之间没有相互交流和理解。[①] 其实，与自然科学分离甚至隔离的不只有文学，原本与科学一体的哲学也有与自然科学隔离的倾向，深受康德学派影响的正统学院派伦理学尤其是这样（这也与专业化和学科分化有关）。当代属于"名门正派"的伦理学家，不是对自然科学前沿毫不了解，就是对自然科学怀有莫名的敬畏。他们或许都认为，康德建构的世界秩序是不可动摇的，在其中，人是目的本身，是自由的，因而享有尊严、内在价值和权利，超越于因果律（或充足理由律）之上，而非人事物则受因果律支配，是不自由的，因而没有尊严、

---

① C. P. Snow, *The Two Cultures*, with Introduction by Stefan Collini, Cambridge University Press, 1998, p. 2.

内在价值和权利。自然科学和人文学（包括伦理学）的分离和隔离正好对应着这样的秩序井然的世界。在这个世界中，自然科学着力发现自然规律，进而提供日益发达的技术，以服务于作为"目的自身"的人之改造世界、制造物品、创造财富的目的，而包含伦理学的人文学则着力张扬、捍卫人的尊严、内在价值和权利，以维持一种以人权原则为基石的社会秩序。两类学者各司其职，则物质财富充分涌流，社会和谐，天下太平。殊不知这种"井然秩序"只是康德学派以理性的名义强加于世界的。

我们且不提事实上康德学派的伦理学无法确保社会和谐与天下太平（20世纪发生过两次世界大战，"冷战"结束后又面临着恐怖主义威胁）。就哲学而言，分析哲学中的物理主义则与笛卡尔—康德的二元论直接冲突。物理主义（physicalism）被许多当代分析哲学家看作标准的世界观，如今你若否定物理主义，分析哲学家们不会指责你犯了什么概念错误，却会指责你不仅公然违背了科学，而且违背了科学所支持的常识。① 可见，物理主义是受到科学支持的常识性的世界观。物理主义声称万物皆是物理的。② 所谓物理的，无非就是能被物理学所说明的。例如，宣称一切有形质的物体都是由原子构成的，最神奇的现象——人类思维——归根结底不过是复杂的神经元的物理运动。人们可能会说这种世界观与许多常识或广被接受的哲学信念相冲突，其中备受康德学派珍惜的信念便是人的行动自由或意志自由。但分析哲学家们认为，这些冲突是可以通过哲学分析而加以消除的。赖尔（Gilbert Ryle）的《心的概念》、斯马特（J. J. C. Smart）的《感觉和脑过程》和克里普克（Saul Kripke）的《命名与必然》都可看作消除这种冲突的典范。③ 如果物理学仍停留于从牛顿到爱因斯坦的决定论，那么物理主义就会把人的自由解释为一种假象，这是康德学派绝对不能接受的。正因为如此，在现代性哲学内部始终存在着物理主义与二元论之间的张力，这种张力在很大程度上就表现为本体论与伦理学之间和"两种文化"之间的张力。

---

① Daniel Stoljar, *Physicalism*, Routledge, 2010, p. 13.
② Ibid. , p. 16.
③ Ibid. , p. 15.

（二）知识论

现代性哲学的知识论或可被命名为独断理性主义，它包含三个基本信念：第一，知识统一论；第二，完全可知论；第三，还原论。现代知识统一论继承了古希腊哲学和中世纪基督教神学的普遍主义思想，它以形式逻辑的矛盾律和排中律为依据，认为真命题与假命题之间的界限是判然分明的，一切真命题①或真知识都将逐渐汇入一个统一的逻辑体系中，直至达到终极真理（a Final Truth），有人称其为知识"圣杯"（Holy Grail）。在欧洲思想史上，"有许多伟大的心智（minds）将其几十年的生命用于寻求这种圣杯，或大自然的隐藏密码：毕达哥拉斯、亚里士多德、开普勒、爱因斯坦、普朗克、薛定谔、海森堡。这个名单很长。今天还有成千上万的人在这样做"②。这种知识统一论已蕴含了完全可知论。信奉知识统一论者通常相信，人类知识就朝着终极真理不断进步。例如，诺贝尔物理学奖得主温伯格就相信：物理学进步的终极目标是发现关于自然的终极理论（a final theory）。终极理论就是关于自然之终极定律（the final laws of nature）的理论。③ 还原论思维方法在西方同样源远流长，可追溯到古希腊的德谟克利特。还原论可被分为不同种类，其中的实体还原论和数理还原论最值得深究。实体还原论认为，任何事物都不多不少地由其各部分构成，每一部分又由更小的部分构成……一切物体的最细微的部分是基本粒子。数理还原论认为，纷繁复杂、变动不居的现象都受永恒不变的数学原理（方程）所支配。信息哲学的计算主义与数理还原论相通。

（三）价值观和伦理学

现代性哲学的价值观和伦理学包括：（1）个体主义的政治哲学；（2）人道主义价值论（axiology），即认为只有人才具有道德资格、尊严

---

① 真命题必须是有意义的命题，可参见逻辑实证主义者的著作。

② Marcelo Gleiser, *Imperfect Creation*：*Cosmos*，*Life and Nature's Hidden Code*，Black Inc.，2010，p. 6.

③ Steven Weinberg, *Dreams of a Final Theory*：*The Scientists Search for the Ultimate Laws of Nature*，Vintage Books，A Division of Random House，Inc.，New York，1993，p. 242.

和权利，一切非人事物皆没有道德资格、尊严和权利；（3）物质主义发展观、价值观、人生观和幸福观。

当然不能说现代性哲学全是错误的，但它确实包含某些严重的错误，它确实已把人类文明引到了一个极为危险的方向。

现代性哲学浓缩了工业文明的精神——追求个人自由，通过征服自然而让物质财富充分涌流。现代性哲学的世界观和知识论都把自然看作一个受永恒不变规律制约的客体。根据现代性哲学，随着人类知识向"终极真理"或"终极理论"的无限逼近，人类日益接近于得到"统辖星球、石头乃至万物的规则之书（The Book of Rules）"①。我们可称此书为"征服宝典"。西方人一直想得到这本宝典，自伽利略宣称"自然之书是用数学语言写就的"以来，人们相信随着科技的进步，人类将日益接近于拿到这本宝典。换言之，人们相信，随着科技的不断进步，人类在宇宙中将越来越自由、自在、自主。在现代性哲学框架中，被一切高级宗教和前现代意识形态所唾弃的物质主义却被辩护为天经地义的合理的价值观、人生观和幸福观。在"两种文化"分离的工业文明中，人文学者们在推动公民社会实现所有人平等的自由，而自然科学家和工程师们则在不断扩展人们日益便捷地实现其不断膨胀的欲望的自由——包括夏日享受空调甚至欣赏冰雕、跨洋视频通话、翱翔天空和太空等。如今，人们甚至希望妇女免受妊娠分娩之痛，乃至希望长生不老。现代性哲学及其所形塑的制度和激励的科技创新，支持并激励着几十亿人"大量开发、大量生产、大量消费、大量排放"，支持并激励着文明的"黑色发展"——不再依赖太阳能而依赖煤、石油、页岩气、可燃冰、铀等矿物能源的发展。在工业文明中，国与国之间的竞争是争强斗富的竞争。以美国为代表的大国不遗余力地将高新科技投入军事应用。于是，在工业文明的和平时期各国竞相征服自然（梭罗称之为"征服自然的战争"），但国与国之间的和平难以持久。当今世界已贮存了大量的核武器，一旦发生新的世界大战，则难免使用核武器。一旦使用核武器，国与国之间的战争则会加剧人类"征服自然的战争"。

---

① Steven Weinberg, *Dreams of a Final Theory：The Scientists Search for the Ultimate Laws of Nature*, Vintage Books, A Division of Random House, Inc., New York, 1993, p.242.

　　信息哲学家似乎乐观地预见，工业文明将十分平稳地走向信息文明。相信未来的文明是信息文明的人们通常认为，到 21 世纪中期人类文明便会完全进入信息文明，如弗洛里迪所言："在不远的将来，在线与离线（online and offline）的差别将变得越来越模糊，且会最终消失。"[1] 那时，虚拟空间与物理空间就会完全合一。生态哲学家没有这么乐观，他们首先指出，"大量开发、大量生产、大量消费、大量排放"的生产生活方式是不可持续的，"黑色发展"是不可持续的，或一言以蔽之，工业文明是不可持续的，人类文明的出路是走向生态文明。生态哲学家大多认为，走向生态文明将是一个无比艰难的历程，因为建设生态文明需要从根本上缓解自人类文明诞生以来就一直在积攒的人为与自然之间的张力。文明的人必然要用技术去创造人工物，即人为之物，运用技术的人为努力必然会改变或破坏自然物和自然环境的本来状态（即自然状态）。人工物越多、人工力量越大，人为与自然之间的张力就越大。这种张力就内蕴于文明之中。在从原始文明到工业文明前夕的几十万年的历史中，这种张力一直在缓慢地积攒，原始文明积攒得最慢，农业文明积攒得较快。工业文明则在其发展的短短的 300 多年内，把这种张力扩张到了极限。继续扩张，地球生态系统将趋于崩溃。建设生态文明就要从根本上缓解这种张力，使文明与地球生物圈和谐共生。这是无比艰难的，并非科技（包括信息科技）持续进步所能自然而然地推动实现的。实现这一目标或许需要历经若干个世纪，需要实现文明诸维度（可约略分为器物、制度、观念等，亦可约略分为政治、经济、军事、技术、科学、文化等）错综复杂的联动变革。这种文明之整体性的联动变革必须有一种系统论、整体论的哲学和科学的指导。生态哲学和复杂性科学应运而生。

四　生态哲学和生态文明新时代的时代精神

　　生态哲学吸取量子力学和蕴含生态学的复杂性科学而确立其世界

---

　　[1]　Luciano Floridi, *The Fourth Revolution: How the Infosphere is Reshaping Human Reality*, Oxford University Press, 2014, p. 43.

观。如著名生态哲学家克里考特（J. Baird Callicott）所言：物理科学已看到了宇宙的边缘和时间的开端，且已深入物质的微观结构。在这一探索过程中，我们关于空间、时间、物质、运动以及关于人类知识之本质的观念也必须加以根本改变。于是，今天的哲学家比以往任何时期的哲学家都更需要去应对不可逆转的人类经验以及充分涌流的源自科学的新信息和新观念，以便重新界定世界图景（the world picture），思考人类在大自然中的地位和角色，弄清这些宏大新观念（big new ideas）会如何改变我们的价值观，并重新协调我们的责任感和义务感。① 可见，生态哲学不是在学院派哲学框架内继续与自然科学隔离的哲学，更不是学院派哲学的分支，而是积极回应自然科学最新成果并提供新的世界观、知识论和价值观的新哲学。

（一）生态哲学的世界观

大自然是具有创造性的，大自然中的可能性比现实性更加丰富。② 这里的大自然既可以指包含宇宙（物理科学的研究对象）的"存在之大全"，也可以指老子所说的作为万物之源的道③，不妨简称之为"整体大全"。万物皆在大自然之中，万物皆处于时间之中，即皆处于生灭过程之中。任何自然物都可以成为实证科学的研究对象，但作为"整体大全"或万物之源的大自然不可能成为实证科学的研究对象。现代性思维的一个致命错误是把自然物等同于自然，物理主义就因为这种混淆而既无法触及"存在之大全"或万物之源，又容易忽视自然物之间的复杂关系。

西方基督教神学把上帝看作"整体大全"和万物之源。这"整体大全"和万物之源也被称作"大一"或"太一"（Oneness）。④ 当代著名过程神学家柯布（John B. Cobb, Jr.）说，万事万物皆在其中发生的

① J. Baird Callicott, *In Defense of the Land Ethic*：*Essays in Environmental Philosophy*, State University of New York Press, 1989, pp. 4 - 5.

② Ilya Prigogine, *The End of Certainty*：*Time*, *Chaos*, *and the New Laws of Nature*, The Free Press, 1997, p. 72.

③ 老子说："道生一，一生二，二生三，三生万物。"

④ Marcelo Gleiser, *Imperfect Creation*：*Cosmos*, *Life and Nature's Hidden Code*, Black Inc., 2010, p. 20.

整体（the totality）或大全（the whole）就是上帝。① 世界之所以是上帝所了解的世界就因为上帝的知识是对万物的不偏不倚的包容。上帝了解并看重每一只麻雀，也了解并看重每一个人。麻雀有其自身价值，人也有其自身价值。但仅仅局限于世界之内则很难比较麻雀和人类的价值。正是在上帝那儿，每一种价值都恰好是它自身，并与一切其他价值处于和谐统一之中。② 人类忽视了这样的整体大全就会陷入困惑和矛盾③，会导致"偶像崇拜"，会把不是终极价值的价值当作终极价值，会把不是整体的部分当作整体。④

　　柯布所言包含着深刻的哲理，但他把"整体大全"等同于"上帝"却是源自原始社会神话之拟人化想象的结果⑤，无法获得科学的支持。柯布的深刻之处在于他正确地指出：在人的思维框架中，如果没有"整体大全"，人们就很容易陷入困惑和矛盾，很容易把部分当作整体，很容易把不是终极价值的东西当作终极价值。例如，在物理主义的框架内，人们容易把自然等同于地球，或把产生于"大爆炸"的宇宙当作"整体大全"。如果你把我们所在的宇宙当作整体大全，那么就必然认为，不能追问这个宇宙之外还存在什么。但科学又告诉我们，这个宇宙是有限的，于是追问这个有限的宇宙之外还存在什么，并不违背逻辑规则。如今，已有物理学家认为，可能存在多个宇宙。当今有些理论家还说多元宇宙（multiverse）是永恒的，因此并非由外因所引起的（uncaused）。⑥ 那么整体大全就不仅包括我们所在的宇宙，还包括一切可能的宇宙。在现代性思维框架内，由于"整体大全"消失了，把自然等同于地球的人们在看到地球日益人工化时就错误地认为，自然是可以完全被人类征服的（即认为自然是可以完全人工化的）；把宇宙等同于整

---

① Herman E. Daly and John B. Cobb, Jr. With Contributions by Clifford W. Cobb, *For the Common Good：Redirecting the Economy toward Community, the Environment, and a Sustainable Future*, Beacon Press, 1994, p. 400.

② Ibid. , p. 403.

③ Ibid. , p. 400.

④ Ibid. , p. 401.

⑤ 基督教的一神论当然远比原始神话精致，但它对上帝的描述显然是拟人化的，即以人为原型，把人的能力无限夸大，就有了上帝。

⑥ Marcelo Gleiser, *Imperfect Creation：Cosmos, Life and Nature's Hidden Code*, Black Inc. , 2010, p. 4.

体大全的人们在欣赏科学进步时就错误地认为，科学将因为发现"终极理论"而趋于终结。这两种错误都鼓励人类征服自然，都鼓励人们把技术进步和物质财富增长当作人类追求的终极价值。

把大自然看作整体大全和万物之源则既可避免一神论将整体大全拟人化的错误，又可避免现代物理主义将部分当作整体大全的错误。作为整体大全和万物之源的大自然永远是神秘的，因为它是超验的，是无法被任何数学表达式所把握的，是无法被当作观察对象加以观察的，更无法被搬进实验室内加以研究，它永远都隐藏着无穷的奥秘。但人类之思必须触及这种终极的神秘。基督教通过神学而触及这种神秘，而自然主义可以经由科学和哲学而触及这种神秘。当代著名物理学家罗维利（Carlo Rovelli）就曾以自然主义的语言述及这种神秘。罗维利说：

> 我们正在探究的领域是有前沿的，我们求知的热望在燃烧。它们（指人类知识）已触及空间的结构，宇宙的起源，时间的本质，黑洞现象，以及我们自己思维过程的机理。就在这里，就在我们所知的边界［我们］触及了未知的海洋（the ocean of the unknown），［这个海洋］闪耀着世界的神秘和美丽，会让人激动得喘不过气来。①

罗维利是一位有哲学素养的物理学家，他在人类知识的边界触及了"未知的海洋"，而同时触及了"世界的神秘和美丽"。可见，在自然主义者看来，世界的终极神秘不是上帝用六天时间创造了万物，不是基督亲临人间，后来被钉死在十字架上，然后又复活，不是圣父、圣子、圣灵的"三位一体"，而是永远超越于人类科学认知的"未知的海洋"。能让我们触及这终极神秘的途径不是神学，而是科学。恰是这永远存在的"未知的海洋"决定了人类永远不可能获得绝对的自主或绝对随心所欲的自由；也决定了科学不可能终结，即不可能像上帝创世第六天以后那样无事可做，科学探究永远在途中，在历史中；也决定了人类必须

---

① Carlo Rovelli, *Seven Brief Lessons on Physics*, Translated by Simon Carnell and Erica Segre, Penguin Books, UK, 2015, pp. 100 – 101.

对大自然心存敬畏，因为大自然永远握有惩罚人类之背道妄行的权柄，人类永远需要虔诚地"仰望星空"，永远需要虔诚地倾听在人类之上的大自然的"言说"（当代科学家普利高津和罗维利就代表着这样的虔诚）；也决定了人类必须怀有"天命意识"，即人类所欲之事的成败并非完全取决于人类的意志和努力，它还取决于运气（即天命），即便我们之所欲不是像长生不老那样的非分之想。值得注意的是，这"未知的海洋"并非与我们的生活世界界限分明，我们并非可生活在一个完全已知的界限内，那"未知的海洋"并非只是与我们的经验生活无关的"自在之物"。我们的"未知"就渗透在我们的生活环境之中，因为自然物都处于复杂的相互作用之中，都处于生生不息的生长之中，我们永远都面临着与各种具体选择和决策直接相关的不确定性和复杂性。

经由当代自然科学的指引而思及整体大全，必须摆脱康德哲学之后而居于西方哲学主导地位的相关主义（correlationism）。当代法国哲学家甘丹·梅亚苏认为，自康德以来，"相关性"（correlation）概念成了现代哲学的核心观念。根据这一观念，我们只能进入思想与存在之间的相关性，而无法进入二者中独立的一方。这便是相关主义。① 在整个 20 世纪，意识和语言是相关性的两大主要"媒介"，意识支撑着现象学，语言支撑着分析哲学的诸流派。② 实际上，现象学和分析哲学至今仍是占主导地位的哲学范式。但二者都坚守相关主义。于是，主流哲学之思"被锁在语言和意识之内而无法逃脱"③。

根据相关主义，客观性就不再能根据客体自身（the object in it-self），而只能根据客观陈述之可能的普遍性，而得以界定。先祖陈述（the ancestral statement）的主体间性——它是可被科学共同体任何成员证实的这一事实——确保了它的普遍性，进而确保了它的真。仅此而已。因为严格看来，先祖陈述的所指是不可思考的。如果你拒绝把相关性实体化，就必须坚持认为物理宇宙实际上不可能先于人类而存在，至少不能先于生物而存在。仅当给定了活的（或能思的）存在者时，世

---

① Quentin Meillassoux, *After Finitude: An Essay on the Necessity of Contingency*, Translated by Ray Brassier, Continuum International Publishing Group, 2008, p. 5.

② Ibid., p. 6.

③ Ibid.

界才是有意义的。但说到"生命的涌现"又必须诉诸先于生命而存在的世界中的显现的涌现（the emergence of manifestation amidst a world）。①这或许就是柯布所说的思不及整体大全的矛盾和困惑。这里的"先祖陈述"指断言宇宙、太阳系、地球在人类出现之前就已经出现的陈述。例如，在断言"人类起源于200万年前"的同时，断言"宇宙诞生于150亿年前"和"地球成形于45亿年前"。坚持相关主义，你就不能相信先祖陈述。深受康德、黑格尔影响的学者们决不能承认人是自然的一部分，他们认为，自然中少了人就不是完整的自然，从而不能承认在人还没有出现之前自然就已经存在。

就知识论而言，相关主义是正确的。我们不得不承认，无论是科学还是哲学，都是我们建构的成果，有无法摆脱的主观性。也正因为如此，人类知识永远都包含着错误，而且我们永远无法把真理和错误区分得一清二楚。

但哲学之思又必须摆脱相关主义的束缚而思及整体大全。人类必须相信，人类生存于其中的整体大全是超越于人类认知的，人类的出现只是发生于整体大全中的一个事件。如果由一切科学和哲学都是人的科学和哲学，在人的科学和哲学之外没有其他科学和哲学进而推出：除了人以及人建构的生活世界之外不存在任何既非人也非人造物的存在者，那便是狂妄的愚蠢。其实，思及整体大全不需要像梅亚苏等人那样在逻辑和数学上绕圈子，通过当代自然科学家的哲学之思即可。如果你能像普利高津那样相信大自然是有创造性的，能像罗维利那样意识到在人类所知之外尚有个"未知的海洋"，就容易理解包孕万有、化生万物的大自然是超越于人类之上的，人类生存所直接依赖的地球和太阳系只是大自然的一部分。

哲学思及整体大全与科学认知整体大全绝不是一回事。思及整体大全只是意识到整体大全的存在，进而意识到人类知识永远是不完全的，永远是真假混杂的，人类实践永远都面临着复杂性和不确定性，永远都有不可预料的后果。有此意识，我们才会敬畏自然，服从自然，保护地

---

① Quentin Meillassoux, *After Finitude*: *An Essay on the Necessity of Contingency*, Translated by Ray Brassier, Continuum International Publishing Group, 2008, p.15.

球。这和科学认知 DNA 全然不同，人们认知了 DNA 就力图操纵生物有机体。哲学思及整体大全只要求人类对在人类之上的大自然心存敬畏，进而弃绝征服自然的妄念。

生态哲学和信息哲学一样拒斥了笛卡尔—康德的二元论，从而不再认为只有人才是具有内在价值和能动性的主体，不再认为一切非人事物都是没有内在价值和能动性的客体。

汤姆·里根（Tom Regan）等人认为，一切高等动物都是生命主体，从而都有道德资格、内在价值和权利。因为高等动物不仅是我们的生物近亲，也是我们的心理近亲，它们和我们一样有心智（mind），有丰富复杂的精神生活（mental life），这一点可得到我们最好的科学的支持。[1]

保罗·泰勒（Paul Taylor）等环境伦理学家提出了生物中心的世界观（the biocentric outlook）：人类是地球生命共同体的成员，其他生物是相同意义上的共同体的成员；人类作为一个物种和所有其他生物物种都是生物系统的内在要素，生物系统是由互相依赖的各种生物构成的，所以每一种生物的生存以及生存境遇的好坏不仅取决于环境的物理条件，也取决于诸物种之间的相互关系；所有的有机体都是生命目的中心（teleological centers of life），换言之，每一个有机体都是一个按它自己的方式追求它自己的善（its own good）的独特个体；人类并不内在地高于其他生物。[2]

利奥波德的"土地伦理"把土地看作一个共同体，这个共同体的成员包括土壤、水、植物和动物。"土地伦理"主张把人由征服者转变成这个共同体中的平等一员和公民。[3] 深生态学创始人奈斯（Arne Naess）认为，人和自然物乃至大自然之间没有什么不可逾越的界限，每一个人都是与大自然息息相关的。一切生命形式的权利都是不可量化的普遍权利。没有任何一个特定的生物物种拥有比其他物种更多的生存和发展的

①　Tom Regan, *Animal Rights*, *Human Wrongs*: *An Introduction to Moral Philosophy*, Rowman & Littlefield Publishers, Inc., 2003, p. 92.

②　Paul W. Taylor, *Respect for Nature*: *A Theory of Environmental Ethics*, 25th Anniversary Edition, With a New Foreword by Dale Jamieson, Princeton University Press, 2011, p. 100.

③　Aldo Leopold, *A Sand County Almanac*, *And Sketches Here and There*, Oxford University Press, 1987, p. 204.

权利。①

　　汤姆·里根和保罗·泰勒都自称是环境伦理学家，我们可把利奥波德看作生态哲学的先驱，奈斯是最有影响的生态哲学家之一。由以上所述可知，无论是环境伦理学还是生态哲学都拒斥了笛卡尔—康德的二元论世界观，都认为人与非人生物之间的差别没有笛卡尔和康德所认为得那么大。在这一方面，信息哲学家走得更远。

　　那么拒斥了二元论会不会导致对人的自由意志的否定呢？如果你相信决定论的物理主义，即认为万物都处于严格、线性的因果关系中，那么你就只好相信人类的自由只是假象，每个人所遭遇或所做的一切都是先定的。但普利高津等科学家所建构的复杂性科学以及量子物理学都摒弃了决定论，而认为大自然是具有创造性的，甚至认为亚原子粒子是"自由"的，用保罗·狄拉克（Paul Dirac）的话说，即"自然是能做出选择的（Nature makes a choice）"②。这种自然观与笛卡尔和康德的自然观截然不同，后者是受牛顿物理学支持的。牛顿物理学是严格决定论的，而复杂性科学和量子物理学是反决定论的。如果我们认为，不仅人类具有能动性，非人事物也有不同程度的能动性，它们都共居于一个生生不息的、复杂的、充满各种不确定性的世界之中，那么，不仅人类具有有限的自由，不同的能动者都有不同程度的有限自由。人的自由不再是"认识了的必然"和"按照已认识到的必然对外部世界的改造"，而是在复杂、多变且本身具有能动性的环境中的灵动选择。③

（二）生态哲学的知识论

　　现代性哲学的知识统一论是站不住脚的，因为物理学的统一不仅没有得以实现，而且不可能得以实现。数理还原论可以说是知识统一论的另一个名称。数理还原论设定，大自然的复杂多样和变化不定只是现象，支配现象的规律（或本质）是永恒不变的，是可以用数学表征的，

---

　　①　Arne Naess, *Ecology, Community and Lifestyle: Outline of An Ecosophy*, Cambridge University Press, 1989, p. 166.

　　②　Shimon Malin, *Nature Loves to Hide: Quantum Physics and the Nature of Reality, a Western Perspective*, Oxford University Press, 2001, p. 125.

　　③　固守着决定论的世界观无法协调自然主义与自由意志论之间的矛盾，但采用反决定论的、生机论的世界观，就能发现自然主义与自由意志论是不相矛盾的。

而且可以表征为一个内在一致的逻辑体系（数学体系）。然而，现象与
永恒规律（本质）之二分只是源自古希腊哲学的一个教条，复杂性科
学正在拒斥这一教条。普利高津和斯唐热说："我们的宇宙具有多元、
复杂的特征。结构可以消失，也可以出现。"① 换言之，变化的并非只
有现象，宇宙的深层结构也处于生灭变化之中。"大自然就是变化，就
是新事物的持续创生，是在没有任何先定模式、开放的发展过程中被创
造的全体。"② 大自然中充满了"多样性和发明创造"③。既然如此，我
们就永远也不可能把大自然的一切奥秘都装进一个内在一致的知识体系
中。从不同视角对自然事物的认识，或从不同维度、不同层面切入的认
识可以各自表述为一个内在一致的逻辑体系，但当你试图把所有的体系
都整合起来时，便会产生矛盾。④ 美国达特茅斯学院（Dartmouth Col-
lege）的自然哲学、物理学和天文学教授格莱泽（Marcelo Gleiser）说：
从泰勒斯到开普勒，到爱因斯坦，再到超弦理论对终极真理（the Final
Truth）的追求一直激励着历史上的一些伟大头脑。尽管超弦理论研究
有了些进展，但这一探究迄今仍是失败的。某些部分统一确实实现了。
例如，电与磁的统一，即电与磁是同一种在空间里以光速传播的波。但
我们不可忘记磁单极子的不存在如何会破坏电磁统一的完美这一问题，
尽管我们仍可以把电与磁归入同一种相互作用。我们已发现弱相互作用
会破坏一系列的内禀对称性（internal symmetries）：电荷共轭、宇称，
甚或二者的结合。这些破坏的后果与我们的生存深刻相关：它们将时间
之矢指向了微观层面，为产生物质超过反物质的剩余提供了可行的机
制。如果没有这些非对称性（asymmetries），宇宙就会充满辐射和几种
稀少粒子的场，就没有原子，没有星球，也没有人类。现代粒子物理学
和宇宙学的启示很明确：我们是大自然中不完美性的产物（the product

---

① Llya Prigogine and Isabelle Stengers, *Order out of Chaos: Man's New Dialogue with Nature*, Bantam Books, Inc., 1984, p. 9.
② Ibid., p. 92.
③ Ibid., p. 208.
④ Ian Hacking, *Representing and Intervening: Introductory Topics in the Philosophy of Natural Science*, Cambridge University Press, 1983, p. 219.

of imperfection in Nature)。① 这里的对称性也指数学上的统一性，非对称性和不完美性都指数学上的非统一性。简言之，知识统一论和数理还原论都是不能成立的。

现代性哲学的一个基本信念是：世界是完全可知的。这一信念又直接依赖于知识统一论或数理还原论。无论是哲学家还是科学家，绝少有人意识到：无论人类知识如何进步，人类知识与大自然所隐藏的奥秘相比都只是沧海一粟。当然，这一命题无法获得演绎逻辑的证明。但是，有此意识才能克服现代人征服自然的狂妄，形成人类可持续生存所必不可少的情怀——对大自然的敬畏。前现代人一直有对大自然或神灵的敬畏意识。当然，前现代人的敬畏更典型地表现为对神灵的敬畏，如欧洲基督徒对上帝的敬畏。现代性祛除了神灵之后，科学主义的自然主义和浅薄的人道主义就宣称，人类就是至高无上的存在者，就是独一无二的具有自主性、尊严和内在价值的存在者。现代性的这种狂妄与柯布所批评的没有"整体大全"的思想体系的缺陷直接相关。人们把自然物（如地球、宇宙）等同于自然，又继承了柏拉图以来的现象与本质的截然二分，认为自然规律是永恒不变的，被人类多揭示一点，大自然隐藏的奥秘就会少一点，于是，随着人类知识的进步，大自然的全部奥秘将日趋暴露无遗（指完全为人类所知）。这便是深深植根于西方思想传统中的完全可知论，它与知识统一论内在地相关。今天，总算有普利高津和罗维利这样的著名科学家开始用科学的成果来反驳这种完全可知论。根据复杂性科学，坚持现象与本质二分的人们过分忽视了大自然的创造性，低估了大自然的复杂性。普利高津认为，不仅现象是复杂多变的，大自然的深层结构也是复杂多变的。"大自然就是变化，就是新事物的持续创生，是在没有任何先定模式、开放的发展过程中被创造的全体。"人类如何能够把握这样的大自然的全部奥秘？面对这样的大自然，完全可知论就只是狂妄之人的妄念。面对大自然的创造，人类的一切创造都只是大自然中一个星球上的一个物种的小制作。如同面对如来佛，孙悟空一个跟头可翻出十万八千里，但无论他翻多少个跟头，都逃不出如来

---

① Marcelo Gleiser, *Imperfect Creation*：*Cosmos*，*Life and Nature's Hidden Code*，Black Inc.，2010，p. 147.

佛的手掌心。人类与地球上的诸物种相比确实厉害得多，如今的科技更是在加速进步，但无论科学如何进步，人类之所知与大自然的奥秘相比都只是沧海一粟。如罗维利所说的："我们看得越远，理解得越深，就越对世界的多样性以及我们既有观念的局限性感到震惊。""我们就像地底下渺小的鼹鼠对世界知之甚少或一无所知。但我们不断地学习……"①

或有人会指责我们已陷入不可知论，似乎承认存在罗维利所说的"未知的海洋"，或认为人类之所知与自然奥秘相较只是沧海一粟，就已陷入不可知论，似乎只有坚信完全可知论的人，才是可知论者。其实，人类认知自始至终都只能是出于人类目的或人类价值目标的认知。把穷尽自然奥秘，"上帝创世的秘密"或"终极定律"确立为人类认知的终极目标是人类认知的佞妄。我们可以获取各种知识，凭借各种知识我们可以超越于地球诸物种之上（并不意味着我们可以任意对待非人物种），例如，我们可以获得耕种的知识、冶炼的知识、制造各种物品和机器的知识、登月的知识……即我们可以获得实现我们各种价值目标的知识。"可知"只能是这种意义上的可知。格莱泽说得好："不管我们取得了多大成就，我们最好记住，我们的故事只是我们的故事，它们和我们自身一样是不完美的，有局限的；我们最好记住不要去追求绝对真理但力求理解。如汤姆·斯托帕德（Tom Stoppard）在其戏剧《乡村乐园》中所提醒我们的，认知一切并非重要的，认知的热望才是重要的。"② 我们的价值目标必须是适当的，而不可以是狂妄的。我们不能因为古人不能飞行我们能飞行，我们做到了古人想都不敢想的事情，就以为虽然我们今天没能把握大自然的全部奥秘，但未来的人类可以。格莱泽说："就像鱼不能设想作为整体的海洋，我们也不能设想自然之大全（the totality of Nature）。"③ 应该说，人类不该奢望以科学方法去认知

---

① Carlo Rovelli, *Reality Is not What It Seems*: *The Journey to Quantum Gravity*, Translated by Simon Carnell and Erica Segre, Penguin Books, UK, 2016, p. 267.

② Marcelo Gleiser, *Imperfect Creation*: *Cosmos*, *Life and Nature's Hidden Code*, Black Inc., 2010, p. 6.

③ Ibid., p. 151.

自然之大全，但思及自然之大全进而对自然心存敬畏恰是人之本分。[①]
当然，总有人超越了具体实践的目标，去为知识而知识，但"为知识而
知识"也是一种价值目标。罗维利所说的"我们求知的热望在燃烧"，
应该指这种"为知识而知识"的激情，也就是格莱泽所说的"理解"
自然的激情。

　　生态学一直自觉地采用系统论和整体论方法，关于这一点，美国著
名生态学家霍华德·欧德姆（Howard T. Odum）和中国著名生态学家李
文华院士都有明确的论述。[②] 生态哲学当然也要采用系统论和整体论方
法。在方法论层面，系统论和整体论并非与还原论互斥，相反，却可以
互补。科学和哲学都必须使用分析的方法，从而会在特定论域中诉诸还
原论。在还原论指导下的物理学、化学、生物学等都取得了巨大成就，
使我们对物质的认识已达到基本粒子层级，对生命的认识已达到分子水
平。但我们不能不分语境地说，物质就是基本粒子，生命就是 DNA。
忽视了不同层级的整体，分析性的知识对我们是没有用的。例如，并非
了解了 DNA 就把握了生命的所有奥秘，如霍华德·欧德姆所言，有许
多信息根本不在对微观成分和部分的辨识中。[③]

　　西方思想中的还原论与知识统一论是一而二、二而一的，其要旨是
执简御繁。如果把还原论仅当作一种认知方法，且认为它必须与整体论
互补，那便没有错。但西方科学家和哲学家往往把还原论也看作本体论
的真理，即认为世界本身就是按还原论原则构成的。[④] 本体论的还原论
与古希腊以来的本质与现象的二分直接相关。数理还原论认为，纷繁复
杂的现象都可以归结为永恒不变的数学定律（方程）；实体还原论认
为，纷繁复杂的现象都可以归结为基本粒子和场。当代物理学一直在解
释微观粒子的多样性，而量子物理学已表明了亚原子粒子的潜在性，甚

---

　　① 这里的"思"指哲学和逻辑之思，思及自然之大全不会犯任何逻辑错误，但试图用数
学和实验方法穷尽自然的所有奥秘则是痴心妄想。

　　② 参见 Howard T. Odum, *Environment*, *Power*, *and Society*, Wiley-Interscience, A Division of
John Wiley & Sons, Inc., New York, London, Sydney, Toronto, 1971, pp. 9 – 10；李文华主编
《中国当代生态学研究》（生物多样性保育卷），科学出版社 2013 年版，前言第 iii 页。

　　③ Howard T. Odum, *Environment*, *Power*, *and Society*, Wiley-Interscience, A Division of
John Wiley & Sons, Inc., New York, London, Sydney, Toronto, 1971, pp. 9 – 10.

　　④ Steven Weinberg, *Dreams of a Final Theory*: *The Scientists Search for the Ultimate Laws of Nature*, Vintage Books, A Division of Random House, Inc., New York, 1993, p. 53.

至表明了亚原子粒子的非物质性。于是实体还原论陷入了困境，而数理还原论则被表述为计算主义。但如果我们没有忘记大自然是具有创造性的，同时意识到凡人类表述出来（说出或写出）的数学语言都是凝固的、僵硬的，凝固、僵硬的人类语言永远不可能把握住生生不息的大自然，那么就容易明白，数理还原论只能被当作人类认知的方法，而不是大自然本身的构成法则。

综上所述，如果说现代性哲学的知识论是独断理性主义，那么生态哲学的知识论便是谦逊理性主义。它承认本体论意义上的整体大全或万物之源的存在，但不再认为真理大全是人类认知的终极目标。它把科学看作人类与大自然的对话或人类倾听大自然言说的一种途径，而不再认为科学可最终完全揭示隐藏在复杂多变的现象背后的永恒不变的规律。它相信人类凭其理性可建构日益进步的文明，但不认为人类凭理性可征服自然。它认为客观性是理性要着力追求的一个目标，但不认为人类认知可达到绝对的客观性。

（三）生态哲学的价值论、价值观和伦理学

生态哲学的价值论（axiology）因拒斥了笛卡尔—康德的二元论而与信息哲学有相通之处，即不认为人的主体性是唯一的价值源泉，而认为不同的能动者有不同的价值（既包括内在价值也包括工具价值）。在地球生物圈中，人具有最高水平的能动性，因而既拥有最多的权利，又必须承担最多的责任。当然，生态哲学没有像信息哲学那样认为，人工物（工具、机器、机器人等）也具有内在价值和权利。生态哲学已拒斥了摩尔、逻辑实证主义者和波普尔学派的事实—价值二分，而力图谋求伦理学与自然科学的对话和互补。

生态哲学着力批判现代性价值观——物质主义，认为物质主义价值导向是现代性哲学的要害，是工业文明不可持续的根本原因。关于这一点，笔者已有大量论述，可参见拙著《非物质经济、文化与生态文明》（中国社会科学出版社 2016 年版）。在此只简略阐述物质主义价值观与现代性哲学之世界观、知识论的关系。

所有的高级宗教（如基督教、伊斯兰教、佛教）和前现代意识形态（如中国古代的儒家）都拒斥物质主义，都鄙视物质主义者。当然，基督教比较复杂，当新教宣称赚钱也是荣耀上帝时，它默许了物质主义，但不致公开认同物质主义。物质主义的大化流行既依赖于物理主义世界观，又依赖于独断理性主义知识论。当上帝和天堂被当作幻觉或心灵安慰剂，而物质被当作唯一真实的东西时，其他理想（包括真、善、美、爱情）也便被当作从属于物质的东西。于是，人们认为，只有物质财富（金银珠宝、房产、汽车、游艇等）才是真实的，其他东西不是从属性的就是虚幻的。独断理性主义则要人们相信，人类创造物质财富、改造自然环境甚或征服自然的能力将随着科学的进步而不断提高。物理主义和独断理性主义都宣称它们得到了现代科学的支持。于是，物质主义价值观不仅获得了现代哲学的辩护，也得到了现代科学的支持。有了这样的哲学和科学，资本主义就可获得周密的辩护，于是商业精英引领潮流也可得到合理的辩护。于是，"大量开发、大量生产、大量消费、大量排放"的生产生活方式也可得到"合理"的辩护。总之，现代性哲学和现代分析性科学为物质主义价值观提供了合理的辩护。这里的"现代分析性科学"是指从牛顿物理学到爱因斯坦相对论物理学的理论物理学，它在方法论上坚持还原论，在世界观上坚持决定论。

生态哲学的世界观、知识论和价值论都奠基于非决定论的量子物理学和复杂性科学，而非奠基于决定论的现代分析性科学，其价值观也势必根本不同于物质主义。不难证明，人类只有超越了物质主义，才能走出工业文明所导致的生态危机，走向生态文明。

在现代性哲学和科学的指引下，人们追求三种自由：（1）社会自由。废除奴隶制、妇女解放乃至让同性恋者得到承认，都是争取这种自由的努力。（2）征服外部自然的自由。南水北调、建三峡大坝、登月、建拥有巨大能量的加速器，都是争取这种自由的努力。（3）改变人之内在本性的自由。改变性别的手术和用基因技术或人工智能技术增强人类的设想，都属于追求这种自由的努力。第一种自由奠基于人的个体性，其界限是很明显的，康德和罗尔斯都阐明过这种界限。确信现代性哲学和现代科学的人们认为，第二种自由的现实界限是迄今为止的科技水平，例如，目前我们尚无登上火星的自由，因为我们的技术水平不够。但就科技发展趋势看，这种自由是无限的。第三种自由与本文主旨没有直接关系，在此不展开论述。生态哲学和生态学特别要纠正现代性关于第二种自由的错误。事实上，大自然是不可征服的，地球也不是可以任意改造的，人类对生态系统的干预力度，或人类活动的生态足迹，必须限制在生态系统的承载限度之内。换言之，第二种自由的界限就是生态系统的承载限度。

生态伦理指出，人类就在生态系统之中，用利奥波德的话说，人类与土地共同体中其他成员（非人生物、土壤、水等）是平等的。所以，生态伦理重视共同体成员保护土地共同体的责任。克里考特说："把生命共同体的完整、稳定和美丽当作至善（summum bonum）的环境伦理不授予植物、动物、土壤和水之外的事物以道德地位。相反，作为整体的共同体的善才是评价其各个构成部分之相对价值和相关地位的标准，且提供公平判决各个部分之需求冲突的手段。"① 就此而言，生态哲学的伦理学（即生态伦理）与集体主义相通。但生态哲学绝不否认生命个体的相对独立性，更不否认个人的相对独立性，从而不否认捍卫个人自由，维护个人权利的重要性。

　　显然，信息哲学和生态哲学都批判现代性哲学，都认为工业文明已行将就木，因而都在呼唤一个新时代和新文明。这两种新哲学的世界观和伦理学有较多的相通之处，例如，都拒斥僵硬、独断的主客二分，信息哲学家中的弗洛里迪也认为，人类具有不可推卸的保护环境的责任，甚至认为信息伦理学是 E—环境伦理学。在知识论和方法论层面，双方的分歧较大。例如，信息哲学更容易走向还原论、一元论和完全可知论，而生态哲学更倾向于过程论和多元论（既不是一元论也不是二元论），并拒斥本体论和知识论的还原论。信息哲学主要奠基于图灵关于智能的计算主义思想以及当代信息技术的发展，而生态哲学则奠基于远比智能理论普遍、深刻的量子物理学和复杂性科学。二者可合力批判现代性哲学，建构一种全新的思维框架，呼唤一个全新的文明。数字化技术确实可以为生态文明建设提供技术手段，例如，信息经济可朝非物质化方向发展，共享经济必须有信息技术支撑。非物质化和共享都是节能

---

① J. Baird Callicott, "Animal Liberation: A Triangular Affair," Donald VabDeVeer and Christine Pierce (eds.), *People, Penguins, and Plastic Trees: Basic Issues in Environmental Ethics*, Wadsworth Publishing Company, 1986, p. 190.

减排、保护环境的重要途径，从而是生态文明建设的重要途径。

历史学家认为文明区别于非人动物群落的根本特征在于发展（或进步）。文明发展不同于非人生物进化。发展是人为的，而进化是自然的。原始社会发展得极度缓慢，故汤因比等历史学家认为原始社会不能算文明社会。农业文明的发展是绿色发展，即主要依靠太阳能的发展，或朝向太阳的发展。但由于农业文明技术简单，故发展仍然缓慢。农业文明的绿色发展是低技术的绿色发展。工业文明的发展是"黑色发展"，是背离太阳的发展，即不再依赖太阳能而主要依靠矿物能源（煤、石油、铀、天然气、页岩气、可燃冰等）的发展。在工业文明时期，人类科技快速进步，故发展空前加快，但由于这种发展是背离太阳的，从而导致了空前严重的环境污染、生态破坏和气候变化，因而是不可持续的。走向生态文明是重走绿色发展之路，但生态文明的绿色发展是选择继承了工业文明之高科技的绿色发展。以高科技为技术支撑的绿色发展是生态文明的根本特征。历史学家所讲的发展不是任何单一指标（如 GDP）的增长，而是社会的全面改善（包括精神提升）。生态文明的绿色发展亦然，它既不是单一的物质财富增长，又不是单一的经济增长，也不是单一的科技进步，而是包含技术进步、政治进步、文化繁荣、精神提升的综合发展。

生态文明的基本精神是人与自然和谐共生，确切地说，是人与地球生物圈和谐共生。这正是生态哲学着力凝练的精神。生态哲学通过对整体大全之存在以及人类理性之有限性的体认，而力主敬畏自然，保持理性的谦逊、超越物质主义，进而建设生态文明，谋求人与地球生物圈的和谐共生。

导　　论

陈　杨

　　日益严峻的全球性环境问题和生态危机预示着人类思想、文化、社会、经济和政治等诸多领域将面临一场深刻的变革。这场变革很可能带来人类文明形态的剧烈变化，最终促使人类进入一个崭新的时代，即生态文明的新时代。任何一场划时代的变革，总是伴随着人类哲学观念的飞跃。正如马克思所指出的，"任何真正的哲学都是自己时代精神的精华"，新的时代将产生新的哲学，新的时代又将在新的哲学的指引下展现自身。本书所收录的28篇论文从不同侧面、部分展现了近年来国内外学界为新时代进行哲学奠基的学术努力，其中不仅包括对生态文明和生态哲学的基础性问题的阐发和论辩，也包括对生态哲学所蕴含的世界观、方法论、伦理学和审美观的探索和发展，还包括对中西方不同哲学传统的继承和反思。

　　随着社会各界对生态文明建设的逐渐重视，生态文明新时代的晨光熹微，正是充满希望的时候。但是，在此阶段仍然有许多理论难题亟待解决，其中首先需要直面的是这样一个问题：生态文明时代究竟是怎样的时代？生态文明是相对于工业文明的全新文明形态还是工业文明的一种新形态、新阶段？余谋昌、卢风、田松等学者认为，生态文明是不同于人类已经经历的原始狩猎—采集文明、农业文明和工业文明等形态的全新的文明。卢风指出，仅仅依靠科技创新、制度创新和管理创新并不能从根源上消除环境污染，达到生态系统的健康和谐，生态文明必定是一场整体性的文明变革，生态文明时代将是一个全新的时代。田松认为，将生态文明理解为保留工业文明整体框架而通过某些技术进行局部修补的想法，虽然最容易被人接受，但正因此也是最有害的。因为这种理解方式不要求从根本上改变社会形态、主流意识形态和生产生活方式，必将继续导致更严重的生态问题。余谋昌认为，中国在世界上率先走向建设生态文明的道路，这将开启中国道路的新纪元。但是，陶火生指出，那些认为生态文明是一个全新时代的学者们并未指出，在这样一个时代中物质资料的生产将以何种方式进行，他们提倡的绿色发展和低碳技术等归根到底没有脱离工业生产方式作为主导性生产方式的社会组织框架。陶火生赞同生态文明建设需要转变发展理念，革新生产技术，实现人与自然的和谐发展，但是在谈论文明形态转变时不能脱离作为根本标志的生产方式。生态文明本质上是在工业文明基础上对工业文明发展中的问题进行自我调整、自我发展的结果，因此只能算作工业文明发展的新阶段和新形态。

以何种方式看待生态文明，直接影响着对另一个根本性问题的回答：作为生态文明的哲学基础，生态哲学究竟是一种怎样的哲学？即生态哲学究竟是相对于现代性哲学的全新哲学，还是现代性哲学在环境和生态领域的一个分支或应用？

刘福森明确反对将生态哲学仅仅理解为"一般哲学原理"在生态问题研究中的具体运用。他认为，哲学具有时代性，并不存在适合一切传统、一切时代的普适的"一般哲学"。肇始于西方启蒙运动的现代性哲学误置了人与自然的关系。在进步主义历史观和价值观的引导下，人类通过改造和征服自然以制造产品，这一过程造成了人与自然的疏离，塑造了狂妄的人类中心主义。这种现代性哲学仅仅是工业文明时代的哲学，仅仅是西方传统下的"人道主义哲学"。然而，工业文明已经陷入空前的危机，这促使我们在世界观、价值观、历史观等领域全面确立起不同于西方传统的"新人道主义"。

实际上，生态哲学在很大程度上起源于对现代性哲学的全面批评。余谋昌认为，以主客二分为根本框架的现代哲学过分强调人的主体性、创造性以及人作为目的和价值中心的特殊地位。这种哲学的局限性在人与人之间的社会危机、人与自然之间的生态危机中暴露无遗。澳大利亚哲学家阿伦·盖尔（Arran Gare）批评占据学院哲学主流的分析哲学严重束缚了哲学探究的范围，澄清了分析哲学和思辨哲学、自然主义和唯心主义这两组对立之间所存在的差别，并指出思辨哲学并不必然是唯心主义的。他进一步指出了复兴思辨自然主义传统的重大意义。思辨自然主义强调分析、通观和综合的方法并用，强调哲学需要全面理解人类、文化、社会、自然及其相互关系，进而也为自然科学和人文学科的发展提供可靠的基础。思辨自然主义将引领文化的革新，进而创造出一种新的主体性，这种主体性将致力于解决和克服人类文明所带来的生态破坏，在此意义上思辨自然主义能够成为生态文明的哲学基础。卢风赞同盖尔对分析哲学的批评，但是他认为盖尔仍然没有抓住现代性哲学的根本错误和思想要害，即独断理性主义的完全可知论和物质主义的价值导向。在生态文明时代应该强调自然作为万物之源，作为"存在之大全"的超验性，在承认人类理性和认知局限的基础上，发展出全新的哲学体系。

生态哲学是一种全新的哲学，这意味着生态哲学将在世界观、认识论、伦理学、美学等诸多领域提出与现代性哲学根本不同的理论方案。李世雁在其论文中归纳了生态哲学的基本意涵和主要研究内容，而周国文则探讨了生态文明背景下生态哲学所面临的新问题、新思路和新视野。

生态哲学世界观和认识论的确立，离不开自然科学的不断发展。量子力学和包含生态学的非线性科学或复杂性科学，正在不断地颠覆以经典力学为代表的机械论、原子论世界观和还原主义方法论。邬建国和申卫军介绍了近年来复杂性科学的新进展及其在生态学中的应用。达尔文生命演化理论所揭示出的人类与地球上其他物种的亲缘关系，粉碎了人类中心主义的本体论虚构。近年来博物学的复兴则展现了科学传统的丰富性。刘孝廷认为，博物学具有悠久的历史，蕴含了先民与自然互动过程中所产生的知识和智慧，包括哲学在内的各种古老的学问从根本上讲都具有博物学的特性。中国作为一个农业文明古国，具有悠久深厚的博物学传统。在生态文明建设中，应该复活中国博物学传统中的历史性、人文性、具身性、内在性等经验。刘华杰认为，博物学是最古老的科学传统，而经过达尔文生物演化论和近年来生命科学研究成果的补充，博物学正在提供反叛现代科学世界观的可能性。在这幅徐徐展开的新的世界图景之中，共生是生命本质性的存在方式。这种整体性和有机论视野将为生态文明建设提供重要启示。以物理主义、计算主义和还原主义为特征的西方现代科学并非唯一正确的科学传统。欧阳志远指出，我们应该认真研究、吸收人类文明所产生的一切成果，但应该有批判精神，不能对西方科学亦步亦趋、盲目崇拜，而应该有科学哲理自信、科学语言自信和科学精神自信。张孝德也指出，在生态文明时代，科学技术需要经历从非生命世界到生命世界的范式转换。

　　生态哲学的世界观揭示了人与自然生态关系的实然层次，而生态伦理学将主要回答应然层次的问题。叶平分析了国内学界对非人类中心主义生态伦理学说的常见误解。非人类中心主义包括了一系列生态伦理学说，不能将其简化为单一的自然中心主义，更不等于完全否定了人类利益。人类在对人与自然关系的认识上，在对自然的价值评价上超越人类中心主义是可能的，而且是建构真正的生态伦理学所必需的。当然，这一建构过程不仅需要借鉴西方的各种非人类中心主义伦理学说，同时也要吸收人类中心主义学说中的积极因素。包庆德也认为，从人类中心主义和非人类中心主义立场来理解的自然价值都存在局限性，应该将"以人为尺度"和"以自然为尺度"两个层面结合起来，在实践中协调两者之间的张力。薛勇民和王继创重点解读了深层生态学的伦理实践意蕴。深层生态学强调生命的普遍共生，包括人类在内的生命的自我实现与大自然的和谐有机统一。在此基础上，深层生态学发展出以"尊重自然，敬畏自然，俭朴生活，关怀生命"为特征的具体行动纲领和行为规范。王海琴反思了深层生态学对海德格尔哲学的借鉴，同时揭示出这种借鉴所遭遇的理论困难。

　　生态美学是近年来在生态哲学中发展非常迅速的一个领域。陈望衡认为生态本身并不存在美，只有经过人化，也就是成为文明的一部分或是文明的产物才可能是美的，只不过不同文明形态所强调的美是不同的。工业文明在人类征服和改造自然过程中寻找美。生态文明则要在文明与生态的统一也就是人与自然的和谐共生中寻找美。薛富兴则认为，生态美学其实是在自然对象之间复杂的生态关系中感知、理解和体验美的。他通过列举在生态整体主义视野下生命与生命、生命与环境之间所呈现出的美，进一步指出环境美学或生态美学从审美判断的立场对生态价值进行全面肯定，这与环境伦理学的伦理立场达成一致。程相占分析了生态学与美学联结的合法性，认为生态学通过催生生态意识，提供生态知识，改变伦理观念等六个途径对审美判断产生深刻影响。接受、借鉴生态学的概念、观念、研究方法，可以将整个美学划分为生态美学和非生态美学，而在何种程度上将生态学研究成果纳入美学探讨中则划分出表层生态美学和深层生态美学。生态学正在揭示一幅革命性的世界图景，不断影响着伦理学、本体论等哲学领域内发生的变革，美学领域也应该进行相应的改造，而全球性生态危机更加促使生态美学走向深入。

在生态文明建设和生态哲学理论建构的过程中，马克思主义哲学和中国哲学传统都是重要的思想资源。谢保军探讨了马克思关于"人与土地的伦理关系"的思想，他认为，马克思的"人化自然观"蕴含了人与自然共同的价值论基础，而马克思对资本主义掠夺土地的批评和提倡"好家长式的"土地利用则具体展现了他对土地的伦理情怀。刘仁胜揭示了生态学概念的提出者海克尔在思想上对马克思、恩格斯、列宁和毛泽东所产生的影响，从而揭示了历史唯物主义的生态思想背景。陈红兵和杨龙则探讨了道家"无为而治"的社会政治思想对可持续发展的意义。"无为而治"的思想基础在于"道法自然"，实际上蕴含了肯定自然、社会、生态系统的自然状态、自组织演化机制过程在价值上相对于人为构建秩序的优先性。"虚无为本"和"因循为用"的思想则肯定了社会治理过程中应该基于对自然整体性的观照，顺应万物的节律，尊重那些符合生态规律的地方性生产生活传统。余泽娜指出，在中国传统中存在着以天人合一为核心的生态伦理道统，同时在人们实际的生产生活实践中发展出与此相适应的制度安排、法制规范、民间信仰等。当代中国所面临的生态困境在很大程度上是由生态伦理的道统传承萎缩，进而道术分离，传统规范的约束性大大下降造成的。因此，在生态文明建设中就要从道与术两方面着手推进。当然，在继承这些思想资源的时候，也要警惕对传统思想的误用和滥用。陈永森明确指出，西方有机马克思主义带有浓厚的神学色彩，它对马克思主义缺乏生态性和忽视文化因素之作用的批评没有根据，其历史观也有待商榷。

哲学理论的探索最终是为了指导实践。生态智慧就是以生态科学、生态哲学等为认知基础的实践智慧，是"知"与"行"的合一。象伟宁梳理了生态智慧概念的来源、内涵和外延。1973年奈斯在对人与自然共生关系的深刻体悟中提出了"生态哲思"（ecosophy）的概念。在国内，佘正荣也于1996年出版了《生态智慧论》，提出生态智慧体现了生态人文主义价值观的哲思感悟。象伟宁认为，生态智慧是个人、群体或团体在认识、体悟人与自然紧密的互惠共生关系后，在生态规划、设计、营造、修复和管理等具体社会实践过程中对这种关系进行精心的维护，并由此做出符合生态伦理道德规范的各种行动。卢风认为，生态智慧体现了人类在非线性科学和生态哲学指引下所养成的做真正永久性正当事情的能力和德性。生态哲学是我们追求生态智慧的基本指南。为了获得生态智慧，我们必须敬畏大自然，不断向大自然学习，扬弃狂妄的独断理性主义，进而在现实的生产生活实践中做出具体的改变。

　　生态哲学在人类和全球生态系统面临重重危机的时刻应运而生。在短暂的几十年间，她虽然弱小，但顽强地抗争、成长。如同一切开创性的工作在最初阶段总会经历纷杂动荡一样，生态哲学在很长一段时间内都将难以形成统一范式，因而必定是百花齐放、百家争鸣、异彩纷呈。正如卢风所指出的，这样一种积极的理论探索可能需要几代人持续的共同努力。在这种情况下，更应该以开放包容和审慎乐观的态度对待兴起的各种思想学说，通过建设性的论辩来澄清误解、增进共识。生活在新旧时代交替时期的人们不可能预知未来，他们无法确知正确的理论路径，也无法确知一种新哲学最终将爆发出怎样的能量。就像在人类历史上出现过的所有划时代的思想者一样，他们必须经历艰苦的理论探索，在哲学思辨中为人类的行动探明道路。

　　致谢：本文集在编辑过程中得到学界同仁的关心和大力支持，在此表示诚挚的感谢！文集成稿后余怀龙进行了细致的校阅，提出许多修改意见，在此一并感谢！

一

生态文明与生态哲学

生态哲学：生态文明的理论基础

余谋昌[*]

党的十九大胜利召开，中国特色社会主义进入新时代。我们迎来了新时代。习主席指出：

> 历史表明，社会大变革的时代，一定是哲学社会科学大发展的时代。当代中国正经历着我国历史上最为广泛而深刻的社会变革，也正在进行着人类历史上最为宏大而独特的实践创新。这种前无古人的伟大实践，必将给理论创造、学术繁荣提供强大动力和广阔空间。这是一个需要理论而且一定能够产生理论的时代，这是一个需要思想而且一定能够产生思想的时代。[①]

2012 年，党的十八大制定"大力推进生态文明建设"战略，生态文明建设深刻融入和全面贯穿经济建设、政治建设、文化建设、社会建设和生态文明建设的"五位一体"的总体战略。实施这一战略，中国人民在世界上率先走向建设生态文明的道路，开启中国新世纪，进入人类文明新时代。这是中国人民的伟大创举。新时代需要新的哲学，从工业文明的"人统治自然"的哲学，到"人与自然统一"的哲学；或从

---

* 余谋昌，广东大埔人，中国社会科学院哲学研究所研究员、博士生导师，兼任中国环境文化促进会常务理事、中国环境伦理学研究会荣誉理事长。1975 年以来从事生态哲学和生态伦理学研究，提出这一领域的初步理论框架和基本观点，开拓了这个领域的研究工作。

① 《习近平：在哲学社会科学工作座谈会上的讲话》，2016 年 5 月 18 日，http：//politics. people. com. cn/n1/2016/0518/c1024-28361421-2. html。

"人与自然'主—客二分'"的哲学，到"人与自然和谐"的哲学。这是基础理论的创新和超越，是新的哲学范式的产生。

一　超越现代主—客二分哲学

现代哲学是人与自然"主—客二分"的哲学。它认为，人是主体，而且只有人是主体；人以外的生命和自然界是客体，是人认识、利用和改造的对象。它认为，人是主体，是存在主体、价值主体和认识主体，因而具有主体性，即人具有目的性、主动性、自觉性、创造性、认识能力和智慧。这是人的价值。生命和自然界是客体，作为人的对象，它没有主体性，没有目的性、主动性、自觉性、创造性、认识能力和智慧。它没有价值，只是被人改造和利用的对象。人们高举"主—客二分"哲学的伟大旗帜，弘扬人的主体性的伟大力量，战天斗地发展生产，取得工业文明的伟大成就。但是，随着这一伟大成就达到历史最高水平，20世纪下半叶至21世纪初，全球性生态危机和全球性社会危机全面凸现。它导致一场伟大的世界环境保护运动，一种新的哲学范式——生态哲学的产生。

（一）"主—客二分"哲学是人类认识的伟大成就

现代"主—客二分"哲学产生于16—18世纪。这是科学技术革命和世界工业化取得伟大胜利的时代。一批伟大的思想家在总结这些胜利和经验的基础上，创造了代表这个时代精神的哲学思想。恩格斯指出："在从笛卡儿到黑格尔和从霍布斯到费尔巴哈这一长时期内，推动哲学家前进的，决不像他们所想象的那样，只是纯粹思想的力量。恰恰相反，真正推动他们前进的，主要是自然科学和工业的强大而日益迅速的进步，在唯物主义者那里，这已经是一目了然的了。"① 现代哲学作为一种世界观，以二元论和还原论为主要特征。它试图用力学规律解释一切自然和社会现象。它的创立者笛卡尔和伟大物理学家牛顿是主要代表人物，因而又称为"牛顿—笛卡尔世界观"。

---

① 《马克思恩格斯选集》（第4卷），人民出版社1972年版，第222页。

"牛顿—笛卡尔世界观"的主要特征

笛卡尔提出一个重要命题："我思故我在。"它提高了人的自我意识，张扬人的主体性。笛卡尔是"二元论"主—客二分哲学的创立者。他认为，存在两种独立存在、互不依赖的实体，物质实体和精神实体（观念实体）；物质世界的运动按力学规律进行，可以把它归结为小粒子、原子的简单位置移动。马克思指出："笛卡儿在物理学中认为，物质具有独立的创造力，并把机械运动看做是物质生命的表现……在他的物理学的范围内，物质是唯一的实体，是存在和认识的唯一根据。"①

这种哲学以力学规律解释一切自然和社会现象，因而又称其为"机械论世界观"。它以二元论和还原论为主要特征。它试图用力学定律解释一切自然和社会现象，把各种各样不同质的过程和现象，不仅物理的和化学的，而且生物的、心理的和社会的等现象，都看成是机械的。它认为运动不是一般的变化，而是由外部作用，即物体相互冲撞所引起的物体在空间的机械移动。它否认事物运动的内部源泉、质变、发展的飞跃性以及从低级到高级、从简单到复杂的发展。

机械论的世界图式，正如它的代表人物笛卡尔所生动地描述的，世界是一台机器，它是由可以相互分割的构件组成的机械系统，所有构件可以分割为更基本的构件。因而世界没有目的，没有生命，没有精神。他在《哲学原理》（1644）中，把宇宙看成一个机械装置，这个装置依靠机械运动，通过因果过程连续地从一个部分传到另一个部分，使惰性粒子位移。产生运动的力不是某种有活力、有生命力的或内在于物体之中的力，而是物质以外的力。力可以在物体之间传输，但它的总量被"神"维持着恒定。变化通过惰性粒子的重新安排发生了。这样，所有的精神都有效地从自然界中被清除出去。外部对象只是由数量、形状、运动等量值构成的广延。神秘的特性和性质只存在于上帝和心灵中。正如他所说："神建立了自然中的数学法则，就像国王在他的王国中颁布法律一样。"②

---

① 《马克思恩格斯全集》（第 2 卷），人民出版社 1957 年版，第 160 页。
② 卡洛琳·麦茜特：《自然之死——妇女、生态和科学革命》，吉林人民出版社 1999 年版，第 224—225 页。

美国学者麦茜特概括了机械论的世界图式，以及关于存在、知识和方法的看法。机械论世界观有五项预设：

（1）物质由粒子组成（本体论预设）。

（2）宇宙是一种自然的秩序（同一原理）。

（3）知识和信息可以从自然界中抽象出来（境域无关预设）。

（4）问题可以分析成能用数学来处理的部分（方法论预设）。

（5）感觉材料是分立的（认识论预设）。

笛卡尔哲学是物质—心灵二元论。麦茜特指出："在这五个关于实在的预设的基础上，自 17 世纪以来的科学被普遍地看作是客观的、价值中立的、境域无关的关于外部世界的知识。"她说："这些预设完全同机器的另一个特性相容——控制和统治自然的可能性。"它成为科学技术发展、工业和政府决策的指导。这样，"关于存在、知识和方法的预设使人类操纵和控制自然成为可能"[①]。

依据以上的分析，我们可以把这种世界观的特点概述如下。

（1）现代哲学关于存在的看法是二元论的，心—物二元，或人—自然、主—客二元分离和对立。它强调人与自然的本质区别，人独立于自然界，而不是自然界的一部分；自然界独立于人，它单独存在，是不以人的意志为转移的。因而它否认人与自然的相互联系、相互作用、相互依赖、相互制约这样重要的性质。

（2）现代哲学的认识论是还原主义的，是消极的反映论。它在把世界预设为一台机器时，认为这台机器可以还原为它的基本构件，在人与自然的二元对立中，强调自然事物独立于人的客观性，认为它是不以人的意志为转移的，人对世界的认识是消极地对事物的反映。它的认识论的预设是：感觉材料是分立的，只有把事物还原为它的各种部件，并分别地认识这些部件，人对世界的认识才是可能的。

（3）现代哲学的方法论是分析主义的。笛卡尔说："以最简单最一般的（规定）开始，让我们发现的每一条真理作为帮助我们寻找其他真理的规则。"霍布斯说："因为对每一件事，最好的理解是从结构上

---

① 卡洛琳·麦茜特：《自然之死——妇女、生态和科学革命》，吉林人民出版社 1999 年版，第 249—250 页。

理解。因为就像钟表或一些小机件一样，轮子的质料、形状和运动除了把它拆开，查看它的各部分，便不能得到很好的了解。"因而，它以分析性思维作为人的主要思维方式，在思考问题时强调对部分的认识，所谓"用孤立、静止、片面的观点看问题"，认为认识了部分，找出哪一部分是主要矛盾，一切问题就可迎刃而解了。

（4）在价值论上，现代哲学只承认人的价值，不承认自然价值。因为宇宙是一台机器，它没有目的，没有生命，没有精神，只是死气沉沉的、毫无生气的，是没有主动性的，因而是没有价值的。只有人有目的、生命和精神，人为了自己的目的，可以控制、支配和主宰自然。

在这里，正如麦茜特所指出的，笛卡尔的方法是，设想问题可以分解为各个部分，部分还可以分解为更基本的部分，而且可以从复杂的环境关系中对之加以抽象、简化，从而准确地表达了他的方法论的四个预设（四条逻辑规定）：

（1）仅把清楚而明显的以致不能有任何怀疑的给予者接受为真的。

（2）把每个问题分解成解决它所需要数量的部分。

（3）从最简单、最易理解的对象开始，然后逐渐进入最复杂的对象，使其抽象和独立于境域。

（4）为使评述更普遍、更完全，不应遗漏任何事情。

麦茜特说："根据笛卡儿的见解，这个方法是征服自然的关键，因为这些被几何学家使用的推理方法'促使我们想象，所有在人的认识能力之下的事情都可能以同样的方式相互关联'。遵循这种方法，就不会存在遥远得使我们不能达到的事情，或隐秘得使我们不能发现的事情。"①

这是"牛顿—笛卡尔世界观"的主要观点。在工业革命以来的300多年时间里，它既是人类取得科学技术进步和工业化伟大胜利的哲学基础，又是人类掠夺自然、主宰和统治自然的哲学基础。笛卡尔反对中世纪哲学，否认教会的权威，深信人类理性的力量，创造了一种新的科学认识方法，用知识和理性代替盲目的信仰。这是有伟大意义的。

---

① 卡洛琳·麦茜特：《自然之死——妇女、生态和科学革命》，吉林人民出版社1999年版，第253页。

第一，现代哲学肯定和发挥人的主体性，鼓励和张扬人的斗争精神。牛顿—笛卡尔主—客二分哲学，作为人类认识的伟大成就，是一种先进的伟大思想，在主—客二分的理论模式中，人与自然分离和对立。在这里，人是主体，自然作为客体是人的对象；人是主动的，对象是被动的；人有价值，作为对象的自然没有价值；主体拥有对象，人作为主体是主宰者和统治者，自然作为客体是人所征服、利用和改造的对象，从而形成人统治自然的思想和行动。它高扬人的主体性和斗争精神，充分发挥人的主动性、积极性、创造性和智慧，发扬战天斗地和坚忍不拔的精神，创造了巨大的物质财富和精神财富。现在人类所创造的一切都同它相关，是在它指导下所取得的伟大成就。

第二，现代哲学指导现代科学技术发展，实现现代科学技术的重大突破。依据主—客二分哲学，还原论的认识方法，形成近代自然科学思维方式，成为现代自然科学发展的哲学和方法论基础。马克思指出，近代自然科学思维方式是从 15 世纪下半叶开始形成的，它"把自然界分解为各个部分，把自然界的各种过程和事物分成一定的门类，对有机体的内部按其多种多样的解剖形态进行研究"①。它使科学研究不断深入和持久地开展下去。还原论分析方法，简化人的认识过程，缩短认识事物的时间，使得人类对自然的认识仔细化、精细化和深化，使得科学技术分化和分工不断深入和专业化。自然科学和技术获得了巨大的进展，数学、物理学、化学、生物学、天文学、地质学等各门自然科学，以及各种技术科学无比迅速和蓬勃地发展，为人类认识世界和改造世界增添了巨大的力量。

第三，现代哲学奠定了现代工业生产的理论基础，指导工业化和人类生活现代化。牛顿—笛卡尔主—客二分哲学指导工业化发展，发挥人类操纵和控制自然的最大能力，取得改造和利用自然的伟大胜利。麦茜特指出："17 世纪哲学和科学关于实在的新定义相似且相容于机器的结构：（1）机器由部分组成；（2）机器给出关于世界的特殊信息；（3）机器以秩序和有规律性为基础，在一个有序的序列中完成操作；（4）机器在一个有限的、准确定义的总体环境中运行；（5）机器给我们应

---

①　《马克思恩格斯全集》（第 20 卷），人民出版社 1971 年版，第 23—24 页。

对自然的力量。"还原论分析思维在工业化中的应用，创造了精细的、专业化的和严格的分工，创造了机械化、自动化和大生产的机器流水线。工业化大生产是一种迅速的、成功的和高效率的生产。它生产出无比丰富的产品，源源不断地供给市场，创造了巨大的财富，使人类生活现代化。

今天工业文明的所有成果、全部物质财富和精神财富都是在现代哲学的指导下所取得的，它已经以它的光辉载入人类文明的史册。同时，当前人类面临的所有问题，全球性生态危机和全球性社会危机对人类持续生存的挑战，又是它的局限性的负面作用的表现。

（二）"主—客二分"哲学的局限性

"主—客二分"哲学是工业文明伟大成就的原因，又是工业文明的问题，从而也是走向终结的原因。工业文明时代的全面危机——人与人社会关系危机、人与自然生态关系危机，以及它对人类持续生存的严重威胁——表明，"主—客二分"哲学有着严重的局限性和负面作用，主要表现在三个方面。

（1）现代哲学认为，生命和自然界只是人的对象。在"主—客二分"的理论模式中，人是主体，而且只有人是主体。只是作为主体的人才具有主体性和主动性，只是人才有认识、有目的、有智慧和有创造性。因而只有人有价值。生命和自然界是客体，作为对象它本身没有价值，它是被动者，没有目的性和认识能力，没有智慧和创造性，只是人利用、征服和改造的对象。它强调人与自然分离和对立，社会的分离和对立，宣扬斗争哲学，主张人类主宰和统治自然。这是当代生态危机和社会危机的思想根源。

（2）现代哲学强调还原论的分析方法和线性思维。它认为事物的动力学来自于部分的性质，部分决定整体，例如工业文明的社会，在社会层次上，资本（资产阶级）决定社会发展，以资本为中心；在生态层次上，人决定自然，以人为中心。这种哲学注重首要与次要之分，强调首要的并以它为中心。

（3）现代哲学强调人类中心主义的价值观。在理论上它被表述为：人是宇宙（世界）的中心，因而一切以人为尺度，一切为人的利益服务，一切从人的利益出发。但在现实中，人是具体的个人，或某种利益群体。因而所谓"人类中心主义"实际上是个人中心主义，从来都没有而且也不是以"全人类利益为尺度"，而是以"个人（或少数人）利益为尺度"，即从个人（或少数人）的利益出发。个人主义是现代社会的世界观，是20世纪人类行为的哲学基础。

"主—客二分"哲学的局限性应当说当初也是存在的，但是，那时人类的主要使命是高扬其主体性、积极性、创造性和智慧，在更快地开发利用自然中壮大自己，争得自己的地位。但是，人主宰和统治自然，实际上是奴役和剥削自然。现在大自然开始反击了，它以自然规律盲目的破坏作用为自己开辟道路，以争得自己的地位。环境污染、生态破坏和资源短缺成为全球性问题，生态危机向人类生存提出严重挑战。它迫使人类承认生命和自然界的价值，承认生命和自然界的地位。

也就是说，"主—客二分"哲学的局限性已经全面凸现出来了，而且它不是细枝末节的，而是带有根本性的。在这里，哲学范式转型是从问题开始的，问题的严重挑战要求哲学进行转变。这就是新时代需要新的哲学。恩格斯指出：

> 只有那种最充分地适应自己的时代、最充分适应本世纪全世界的科学概念的哲学，才能称之为真正的哲学。时代变了，哲学体系自然也随着变化。既然哲学是时代的精神结晶，是文化的活生生的灵魂，那么也迟早总有一天不仅从内部即内容上，而且从外部即从形式上触及和影响当代现实世界。现在哲学已经成为世界性的哲学，而世界则成为哲学的世界。现在哲学正在深入当代人的内心，使他们的心里，充满着爱和憎的感情。①

生态文明时代需要新的哲学，用生态文明时代的哲学指导生态文明建设是现实的需要。

---

① 转引自于光远《靠理性的智慧》，海天出版社2007年版，第121页。

二 生态哲学是一种新的哲学

生态哲学以生态学的观点看待世界，又称生态学世界观。它认为，世界是"人—社会—自然"复合生态系统。这是一个生命共同体，作为活的有机系统，以整体的形式存在和起作用。生态哲学以人、社会、自然的关系为基本问题，以实现人、社会、自然和谐为目标，是一种整体论的哲学世界观。

（一）生态哲学，一种新的哲学范式的产生

生态哲学产生于20世纪中叶一场伟大的环境保护运动，它同现代哲学起源于一个批判时代的情形一样。16世纪欧洲文艺复兴运动，在文学和科学领域批判宗教愚昧，禁欲主义，肯定人权，反对神权，主张"幸福在人间"。1789年法国革命，发表《人权宣言》，宣告"人生来是自由的，在权利上是平等的"，形成"天赋人权、三权分立、自由平等、博爱"等思想。经过哲学家卡笛尔、培根、洛克等的推动，最后由德国哲学家康德做了总结，他提出"人是目的"这一著名的命题，并认为，"人是自然界的最高立法者"，人类中心主义最终在理论上完成并在工业文明发展实践中，创造了人类的现代生活。

生态哲学产生于一个新的批判时代。20世纪中叶环境污染、生态破坏和资源短缺的全球性生态危机，21世纪初的经济危机、信贷危机和全球性社会危机，使世界历史面临着一次根本性的转折，从工业文明向生态文明的转折。这是又一个文化百花齐放，百家争鸣的伟大时代。首先在西方兴起了新的文化——生态文化，如生态哲学、生态政治学、生态马克思主义、生态社会主义、生态伦理学、生态经济学、生态法学、生态文艺学、生态女性主义和生态神学，等等。它们有一个一致的观点，这就是批判和试图超越人与自然"主—客二分"哲学，超越还原论分析思维，主张"人与自然和谐"的价值观，表示着一种新的哲学世界观的产生。

1973年，挪威哲学家阿伦·奈斯发表《浅层生态运动和深层、长远的生态运动：一个概要》一文，提出"深层生态学"概念。它从对

现代哲学批判，对"环境问题"的深层追问，并在与浅层生态运动的比较中提出新的哲学观点。1984 年，他与深层生态学的另一位代表人物塞欣斯，共同制定了深层生态学的八条纲领，即生态哲学的八个主要观点：

（1）地球上人类和非人类生命的健康和繁荣有其自身的价值（内在价值、固有价值），就人类目的而言，这些价值与非人类世界对人类的有用性无关。

（2）生命形式的丰富性和多样性有助于这些价值的实现，并且它们自身也是有价值的。

（3）除非满足基本需要，人类无权减少生命形态的丰富性和多样性。

（4）人类生命和文化的繁荣与人口的不断减少不矛盾，而非人类生命的繁荣要求人口减少。

（5）当代人过分干涉非人类世界，这种情况正在迅速恶化。

（6）我们必须改变政策，这些政策影响着经济、技术和意识形态的基本结构，其结果将会与目前大为不同。

（7）意识形态的改变主要是在评价生命平等（即生命的固有价值）方面，而不是坚持日益提高的生活标准方面。对数量上的大（big）与质量上的大（great）之间的差别应当有一种深刻的意识。

（8）赞同上述观点的人都有直接或间接的义务来实现这些必要改变。①

这是生态哲学的主要观点。深层生态学以及西方生态马克思主义、生态社会主义、生态伦理学、生态经济学、生态法学、生态文艺学、生态女权主义、生态神学等，是生态哲学的不同学派，也表述了生态哲学的这种基本观点。超越"主—客二分"，主张"人与自然统一"，是它们的一致观点。

（二）中国生态哲学在建设生态文明的服务中产生和发展

20 世纪 80 年代，中国生态哲学研究从引进西方的学术观点起步。

---

① 雷毅：《深层生态学思想研究》，清华大学出版社 2001 年版，第 52—57 页。

它有两个重要特点：一是它根源于中国哲学深厚的土壤，中国哲学是"生"的哲学，是一种生态哲学；二是中国生态文明建设已经起步，它作为生态文明的理论基础，获得了发展的巨大推动力。

蒙培元教授认为，中国哲学是"生"的哲学，它主要包括三层含义。[①]

第一层含义是："生"的哲学是生成论哲学，而不是西方式的本体论哲学。无论道家的"道生万物"，还是儒家的"天生万物"，说的都是世界本原的"道"和"天"与自然万物、生命和人的生成关系，而不是本体与现象的关系。

第二层含义是："生"的哲学是生命哲学而不是机械论哲学。"生"指生命和生命创造。自然界是生命有机体。它不仅有生命，而且不断创造着新的生命。中国哲学的"天道流行""生生不息"，是指自然界具有内在生命力，不断地创造着新的生命。这是有生命的自然界的意义和价值。

第三层含义是："生"的哲学是生态哲学。它从生命的意义上讲人与自然和谐。人与自然是一个生命整体，人不能离开自然界而生存，自然界也需要人去实现其价值。自然界是人的价值之源，人又是自然价值的实现者。人与自然的关系是价值关系，而不只是认知关系；它是一元的，而不是二元的。

根源于中国哲学传统的中国生态哲学研究，有助于与新时代的哲学对接，服务于中国生态文明建设，中国生态哲学研究获得了巨大的动力。

（三）中国生态哲学的理论建构

生态哲学作为关于"人—社会—自然"是生命有机整体的世界观，主张以生态整体性观点看待世界；在实践上，强调人与自然统一的观点，通过人与人和解、人与自然和解，建设生态文明社会。这是一种哲学范式的转型。生态哲学的理论建构，主要是它的世界观建构、认识论建构、方法论建构和价值论建构。

---

① 蒙培元：《人与自然——中国哲学生态观》，人民出版社 2004 年版，第 4—6 页。

1. 生态哲学的世界观建构

现代哲学认为，世界是物质的，物质是第一性的，精神是第二性的。这是哲学世界观的基本问题。生态哲学，以人与自然关系为基本问题，以实现人与自然和谐为主要目标，是一种整体论哲学世界观。它的主要观点是：

世界是"人—社会—自然"的复合生态系统，是一个活的有机整体。这是生态哲学本体论。世界作为活的生命共同体，以整体的形式存在和起作用。在这里，整体比部分重要，事物的动力学来自整体而不是来自部分，即不是由部分决定整体，而是由整体决定部分；整体是事物存在、发展、进化和创造的实体；整体是事物的实现形式。因而，它主张放弃首要次要之分，拒绝以什么为中心，放弃中心论，以和谐发展作为哲学基础。事物的关系和动态性比结构更重要，有机世界虽然由部分组成，具有一定的结构和功能，但它是动态的，相互联系和相互作用的"关系"比结构更重要。因而它拒绝斗争哲学，以整体和谐为主要特征，追求人与自然和谐发展。

2. 生态哲学的认识论建构

现代哲学认为，认识是主体（人）对客观世界（对象）的反映，被称为"反映论"。生态哲学认为，认识是主体对所关心的事物的评价，由于世界事物有着无限多样性，认识主体只对它所关心和注意的事物进行评价，因而认识不是消极地反映事物，而是选择某种事物进行认识和评价。

生态认识论认为，世界有"价值能力"。1994 年，美国著名哲学家罗尔斯顿在《自然的价值与价值的本质》一文中，提出生物"能进行评价"，或"有价值评价能力的"（value-able）这一概念。他认为，评价者是能够捍卫某种价值的实体。地球上的生命实体有不同的层次，在他们的生活中，面对各种不同的可能性，需要做出不同的抉择，捍卫他们自己的价值，从而发展出"能进行评价"的能力。[①]

有"价值能力"的主体，指有能力评价事物的人—动物和植物—生物物种—生态系统—自然界，这是"能进行评价"的生命系列。罗尔斯

---

① ［美］罗尔斯顿：《自然的价值与价值的本质》，《自然辩证法研究》1999 年第 2 期。

顿说："如果在这个地球已面临生态危机的时代，还有一个物种把自己看得至高无上，而对自然中其他一切事物的评价，全都视其是否能为己所用，那是很主观的，在哲学上是天真的，甚至是很危险的。这样的哲学家是生活在一个未经审视的世界，从而他们及受他们引导的人，过的〔得〕都是一种无价值的生活，因为他们看不到自己所生活的这个有价值能力的世界。"①

3. 生态哲学的方法论建构

生态哲学生态系统整体性的观点，主要是指生态系统各种因素相互联系和相互作用的整体性观点，生态系统物质不断循环、转化和再生的观点。生态系统物质输入和输出平衡的观点。生态哲学就是以生态系统整体性的观点来认识和说明与生命有关的现象及其发展变化，以揭示各种事物的相互关系和规律性，认识和解决与生命有关的问题。这是生态学整体性方法。它应用于生态文明建设，是对生态文明建设进行生态设计，包括生态政治的生态设计，生态经济的生态设计，生态文化的生态设计，等等。生态方法具有重要的普遍意义，遵循生态设计来建设生态文明，创造人类新时代。这是人类新的伟大实践。

4. 生态哲学的价值论建构

现代哲学体系包含着本体论、认识论和方法论，但没有包含价值论。引进"价值论"是哲学转向的重要表现，是哲学的重大成就。美国哲学家罗尔斯顿在其《哲学走向荒野》（1986）中提出"自然价值论"。他认为，肯定荒野的价值，这是"荒野转向"（wild turn）。在这里，当然不是"荒野"本身转向，它不存在"转向"的问题，它从来就在那里，生存、发展和变化着。"转向"是指人的观念的转向，这是哲学"转向"②。

1985年，笔者提出"生态价值"概念，认为自然资源和环境质量有经济价值。它是经济学概念。1993年3月，在讨论朱训教授主持的国家社会科学基金项目"找矿哲学的理论与实践"座谈会上，笔者建议对这个项目的研究，除找矿哲学本体论、认识论、方法论、决策论、

① 〔美〕罗尔斯顿：《自然的价值与价值的本质》，《自然辩证法研究》1999年第2期。
② 〔美〕罗尔斯顿：《哲学走向荒野》，吉林人民出版社2000年版，第1—2页。

主体论这五部分外，还需增加"找矿哲学价值论"，作为独立的一部分进行研究。这一建议被采纳，笔者被责成负责这一部分的研究工作，形成"找矿哲学价值论"，作为该项目研究成果的第 4 章。这是价值论首次被正式列入哲学体系。①

　　生命和自然界有价值。它不仅对人类的生存、发展和享受有价值，这是它的外在价值；而且它按生态规律合目的地生存，这是它的内在价值。肯定生命和自然界有价值，这是生态哲学成为新的哲学范式的最重要方面，是哲学的重大进步。

三　生态哲学是建设生态文明的理论基础

　　现代人与自然"主—客二分"哲学的实现形式是"人类中心主义"。在人与自然的生态关系上，它以"人统治自然"的形式表现出来；在人与人的社会关系上，它以"统治者主宰社会"的形式表现出来。作为工业文明的理论基础，它既是工业文明伟大成就的理论根源，又是其问题的理论根源。工业文明的问题，在人与自然的生态关系上，是以环境污染、生态破坏和资源短缺为表现的全球性生态危机；在人与人的社会关系上，是以经济危机和其他社会问题为表现的全球性社会危机。全球性危机对人类持续生存的严峻挑战，导致生态哲学的产生。生态哲学的实现形式是"人与自然和谐"。它超越"人类中心主义"哲学，主要目标是实现"两个和解"：人与自然的生态和解；人与人的社会和解，建设生态文明的和谐社会。

（一）"人与自然和谐"是生态哲学的基本问题

　　生态哲学认为，人类社会的两个基本问题或两个基本矛盾，一是人与人社会关系的矛盾，二是人与自然生态关系的矛盾。这是推动社会发展和进步的动力。在现代世界，工业文明的所有成就和全部问题都是由这两类矛盾推动的。现在这两类矛盾从对立和对抗发展到严重的冲突和危机，对人类持续生存提出了严重挑战。它表明世界上一场根本性变革

---

　　①　朱训主编：《找矿哲学的理论与实践》，地质出版社 1995 年版，第 94—117 页。

的到来。因为只有通过一场根本性变革，才可以解决这两类社会基本矛盾。这就是从工业文明社会到生态文明社会的变革，实现人与人社会关系和解，实现人与自然生态关系和解，这是人类社会的目标。"人与自然和谐"是生态文明的理论基础。

"人与自然和谐"既是马克思主义历史观，又是马克思主义哲学世界观。

马克思主义历来反对"自然与历史的对立"，主张"人和自然的统一性"。马克思和恩格斯指出："对实践的唯物主义者，即共产主义者来说，全部问题都在于使世界革命化……特别是人与自然界的和谐。"①这种"世界革命化"的历史使命是推动世界发展的两大变革。他们说："我们这个世界面临的两大变革，即人同自然的和解以及人同本身的和解。"②

马克思主义认为，人与自然是不可分割的，两者相互联系、相互作用和相互依赖，是生命共同体、命运共同体的有机统一整体。一方面，自然界对社会历史具有重大作用。但是，不能从脱离人的自然出发，现在的自然界不能脱离人，现实的自然界是人类学的自然界，脱离人的自然界是不可理解的。另一方面，人和社会是创造历史的主体。但是，人在自然的基础上创造世界。不能从脱离自然的人出发，不存在脱离自然的人，脱离自然的人和社会只能是一种抽象的而不是现实的人和社会，它是不可理解的。

现实的世界是人与自然相互作用的世界。它不是人的世界与自然界的简单相加，而是它们相互作用所构成的整体。作为整体，它具有这两个组成部分所没有的、从它们的相互关系中所产生的特性。

人与自然的关系是在具体的社会发展中，以一定的社会形式并借助这种社会形式进行和实现的。这是一种社会历史的联系。同时，这种关系又是在具体的自然环境中，通过人类劳动这种中介，以改变、开发和利用自然的形式进行和实现的。这又是一种自然历史的联系。

因此，我们的历史观要从人与自然相互作用方面去认识世界和解释

---

① ［德］马克思、恩格斯：《德意志意识形态》，人民出版社1961年版，第38页。
② 《马克思恩格斯全集》（第1卷），人民出版社1963年版，第603页。

世界，也就是说，要从实践中理解世界。马克思和恩格斯对人与自然相互关系的历史考察，得出"人与自然和谐"的历史结论。这是生态哲学的基本观点。

（二）生态哲学促进生态文明核心价值观的形成

人类社会由社会核心价值观所指引。人类历史上曾经有两个文明社会，农业文明社会和工业文明社会。它们都是由社会核心价值观所推动的。现在，人类向生态文明社会发展，生态哲学促进了生态文明社会核心价值观的形成。这是生态哲学意义上的重要表现。

1. 农业文明的社会核心价值观

我们以中华文明为例。中华农业文明取得了世界农业文明的最高成就。

"三纲五常"是中华农业文明社会的核心价值观。"三纲"指君为臣纲，父为子纲，夫为妻纲；"五常"指仁、义、礼、智、信。它起源于《周易》，所谓"有君臣，然后有上下。有上下，然后礼义有所错"（《易经·序卦传》）。春秋战国时期，诸子之百家争鸣，哲学、文学和科学七彩纷呈地发展，文化大发展大繁荣，促成了农业文明社会核心价值观的形成。例如，孔子强调"君君、臣臣、父父、子子"的观念；韩非子指出，"臣事君，子事父，妻事夫"是"天下之道"。这是"三纲"最早的提法。到汉代，董仲舒明确提出"君为臣纲，父为子纲，夫为妻纲"。"五常"是董仲舒依据孟子"仁、义、礼、智"四维，加上"信"而提出的。宋代朱熹首次联用"三纲五常"四字。它作为农业文明的社会核心价值观，指引着中国社会的发展，一直到民国。在中国社会里，皇帝被称为"天子"，君权神授，统治者的合法性是世袭的，并且在各朝各代为统治者和臣民所接受和遵从。"三纲五常"的观念，作为社会的伦理观念和行为规范，被历朝历代的统治者和臣民所接受和遵从。依据"三纲五常"的社会核心价值观，中国社会形成了高度稳态、连续的社会秩序和社会实践，中华文化绵延5000多年。这在人类文明史上是没有的。这是农业文明社会核心价值观指导的结果。

2. 工业文明的社会核心价值观

18世纪，以英国工业革命为开端的工业文明，是人类第二个文明社会。它在西方发达国家取得最高成就。这是工业文明社会核心价值观指导的结果。

工业文明的社会核心价值观是人类中心主义，或人类中心论。这是一种以人为中心的观点。它的实质是一切以人为中心，或一切以人为尺度，为人的利益服务，一切从人的利益出发。但是，在整个工业文明时代，人类中心主义作为起主导作用的价值观来指导人的行动时，从来都没有，而且也不是以"全人类"为尺度，或从"全人类的整体利益"出发；更没有考虑它的活动对自然环境的影响。实际上，它只是以"个人（或少数人）"为尺度，是从"个人（或少数人）"的利益出发的。也就是说，个人和家庭的活动从个人和家庭的利益出发，企业的活动从企业的利益出发，阶级的活动从阶级的利益出发，民族和国家的活动从民族和国家的利益出发。它没有顾及其他，不顾及他人，不顾及子孙后代，更不顾及生命和自然界。因而，它的实质并不真是"人类中心"的，而是"个人中心"的。个人主义是整个现代主义的世界观，是工业文明的全部人类行为的哲学基础。

人类中心主义是一种伟大的思想。它的产生是人类认识的伟大成就。它的实践建构了整个现代文明。这种价值观的形成也经历了两个世纪，起始于世界文化的大发展大繁荣。16 世纪欧洲文艺复兴，首先是在文学领域，诗人但丁发表《神曲》，尽情揭露中世纪宗教统治的腐败；彼特拉克发表《歌集》，以"人的思想"代替"神的思想"，提倡科学文化，反对蒙昧主义，被称为"人文主义之父"；薄伽丘发表代表作《十日谈》，批判宗教愚昧，禁欲主义，肯定人权，反对神权，主张"幸福在人间"。

接着是科学革命。其代表人物和主要著作有：哥白尼《天体运行论》（1543），牛顿《自然哲学的数学原理》（1687），达尔文《物种起源》（1859）。《物种起源》阐述了地球上的一切生命，植物、动物和人类，都是由原始单细胞生物发展而来的，以生物生存斗争和自然选择的思想，创立生物进化论，批判并代替神创论。

1789 年 7 月 14 日发生法国大革命，发表《人权宣言》，宣告"人生来是自由的，在权利上是平等的"，形成"天赋人权、三权分立、自由、平等、博爱"等思想。

　　最后由哲学家加以归纳总结，法国哲学家笛卡尔创建"主一客二分"的哲学和数学归纳法，在人与自然的分离和对立中，人成为主宰者，自然界是被主宰的对象，他主张"借助实践哲学使自己成为自然的主人和统治者"。

　　英国哲学家培根和洛克是把人类中心主义从理论推向实践的伟大思想家，是现代实验科学归纳法的创始人。培根提出"知识就是力量"这一名言，认为真正的哲学应具有"实践性"。他主张，人类为了统治自然需要认识自然，了解自然，科学的真正目标是了解自然的奥秘，从而找到一种征服自然的途径，他说："说到人类要对万物建立自己的帝国，那就全靠方术和科学了。因为若不服从自然，我们就不能支配自然。"

　　英国哲学家洛克主张把事物的质分为第一性的质和第二性的质，坚持人的经验性原则。他认为，人类要有效地从自然的束缚下解放出来，"对自然的否定就是通往幸福之路"。

　　德国哲学家康德提出"人是目的"这一著名的命题。他认为，人是目的，而且只有人是目的，人的目的是绝对的价值。据此人要为自然界立法，"人是自然界的最高立法者"。因而学术界认为，康德是使人类中心主义最终在理论上完成的思想家。

　　现在，发达国家推行价值观外交，是关于民主、自由、人权的价值观。这是在政治层面上说的；在哲学层面上，民主、自由、人权等包含在个人主义的定义中。社会核心价值观应从哲学层面上定义，因而工业文明时代的社会核心价值观是人类中心主义。

　　3. 生态文明社会核心价值观指引人类新时代

　　生态文明社会是人类第三个文明社会。它在中国率先起动，将走向人类新文明时代。生态文明的社会核心价值观，从哲学层面上定义，我们认为是"人与自然和谐"。20世纪中叶，以环境污染、生态破坏和资源短缺为表现的全球性生态危机，导致世界历史的大变革。这个社会大变革的伟大时代，是由又一个百花齐放，百家争鸣开启的，是由又一个新文化——生态文化指引的。科学家研究环境问题，寻找破解生态危机的对策，创造了人类新文化，如生态哲学、生态政治学、生态马克思主义、生态社会主义、生态伦理学、生态经济学、生态法学、生态文艺学、生态女性主义和生态神学等一系列新的科学。它们一致批判和超越人与自然"主—客二分"的哲学，超越还原论分析思维方式，主张"人与自然和谐"的价值观。这是形成生态文明社会核心价值观的重要步骤。

这是一个文化大发展大繁荣的伟大时期，这个新文化——生态文化将取代工业文明的文化。这是没有疑问的。虽然兴起中的生态文化没有进入现代文化和现代学术的主流，虽然它们没有得到现代社会的普遍认可，但是，有一点是肯定的，这就是它们批判和试图超越人与自然"主—客二分"哲学，超越还原论分析思维方式，走出人类中心主义，确立"人与自然和谐"的社会核心价值观，走向生态文明的新社会。

人类社会的历史告诉我们，文明社会的核心价值观是发展的。不同的文明有不同的社会核心价值观。但是，它又有继承性，有普世性的方面。例如，农业文明的仁、义、礼、智、信，工业文明的民主、自由、人权等，它们会包容在新的价值观中。生态哲学促进生态文明的社会核心价值观的形成，将在建设生态文明的新文化和新社会的伟大实践中起作用，推动社会发展和进步。这是一个非常长期的过程。

四　生态哲学为建设生态文明服务

20 世纪中叶，工业文明取得最高成就，工业经济增长率、人口增长率和发达国家高消费水平达到最高值。伴随这些成就而来的问题，环境污染和生态破坏第一次成为全球性问题，第一次出现资源全面短缺的现象，人口老龄化第一次出现，接着经济危机和社会危机全面凸现。在全球性危机威胁人类持续生存的形势下，西方发达国家爆发了一场轰轰烈烈的环境保护运动，兴起生态文化。它表明世界历史一次根本性变革的到来，从工业文明向生态文明转变时代的到来。中国人民在世界上率先开启走上生态文明的道路。

（一）发达国家由于工业文明的道路惯性而失去率先变革的机会

我们在生态文化的研究中曾经以为，人类新的文明即生态文明，会在发达国家首先兴起，因为，（1）工业文明率先在发达国家兴起、发展和取得最高成就和达到最完善的程度；（2）发达国家首先爆发生态危机，它是新文明出现的强大动力；（3）发达国家首先爆发轰轰烈烈的环境保护运动，它是生态文明时代到来的标志，美国学者说"20世纪六七十年代的社会运动代表着上升的文化——生态文化"；（4）生态文明的重要观念，如生态哲学、生态经济学、生态伦理学、生态法学、生态文艺学等生态文明观念，是由发达国家的学者反思生态危机问题时首先提出的；（5）"只有一个地球"的呼吁，《人类环境宣言》《生物多样性公约》等环境保护的文件，国际性公约和协定，是由西方国家主导制定的。

但是现实表明，发达国家的领导人没有提出建设生态文明的发展战略，生态文明没有在发达国家率先兴起。也许，这是由工业文明模式的历史和文化惯性所决定的。大概有如下一些原因。

（1）工业化国家运用强大的科学技术和雄厚的经济力量，建设庞大的环保产业，进行废弃物的净化处理，环境质量有所改善；同时在产业升级过程中，把污染环境的肮脏工业和有毒有害的垃圾转移到第三世界发展中国家，它们的环境问题（生态危机）有所缓解，环境质量有所改善，从而失去生态文明建设的迫切性和强大动力。

（2）它们的发达和完善的工业文化有巨大的惯性，包括价值观和思维方式惯性、生产方式和生活方式惯性。这种由历史和文化所形成的惯性，可以概括为"道路惯性"。它形成了强大的历史定势。惯性作为一种巨大的力量，它是很难被突破和改变的。环境问题和资源问题虽然对其生态文明的事业起动做出了极大的努力，但是仍然不见好转的趋势，就是这种道路惯性作用的结果。

这里问题的实质在于工业文明已经"过时"了。西方发达国家沿用线性思维，运用传统工业模式发展经济和对待环境问题。这样，它们就失去向新经济、新社会转变的机会。

（二）中国率先在世界上走向建设生态文明的道路

改革开放以来，中国经济高速发展，迅速实现工业化，成为世界上最大的工业化国家。一个大国保持30年经济的高速增长，甚至连年以两位数的速度增长，这是世界奇迹。但是，它也表示能源和资源的高消耗，环境高污染，生态高破坏。中国面临的生态危机，与世界先进工业化国家问题最严重的时候比较要严重得多。也许，30年工业化发展，中国的经济成就是世界工业化发展300年的总和；中国工业化所带来的问题，也是世界工业化发展300年问题的总和。

我们面临的形势是，当发达国家依靠环保产业、产业升级和污染转移，一个又一个地解决环境污染问题，环境质量有所改善，从而丧失了从工业文明向生态文明转变的强大动力时，中国环境污染和生态破坏的种种问题，能源和其他资源短缺的种种问题，同时并全面综合地凸现出来，成为经济进一步发展的严重制约因素；社会和民生的种种问题，又与之错综复杂地交织在一起。这些问题交织在一起，形成一个非常复杂的局面，形成一种巨大的压力，向社会发展提出非常严重的挑战。

而且，中国问题的复杂程度，是世界上任何一个国家都无法比拟的。从东部沿海到西部内陆，从繁华的都市到贫困的乡村，从政治到经济，从社会到文化，从民生到环境，凡是19世纪以来西方发达社会所出现的几乎所有现象，在今日中国都能看到。由于中国发展现状和复杂性极其特殊，世界上没有任何一个国家的成功经验可以帮助中国解决当前的所有问题。因为中国目前所要应付的挑战，是西方发达国家在过去300年里所遇困难的总和。中国在一代人时间里所要肩负的历史重担，相当于美国几十届政府共同铸就的伟业。

这种复杂性和历史使命的特殊性是一个巨大压力，一种严峻的挑战。如何应对这种压力和挑战，怎样化解我们面临的问题？中国试图用工业文明的方法解决问题，付出巨大代价但问题却在继续恶化。压力和挑战成为一个伟大的动力，理性地回应挑战，负责任地履行我们的使命，我们逐步认识到，走老路，按西方工业文明模式发展，已经没有出路，需要另辟蹊径，依靠自己的经验走自己的路，不能跟着西方工业文明模式走。我们的使命是建设生态文明。

（三）建设生态文明是中国人民的伟大创举

我们以安吉人民创造了建设生态文明的"安吉模式"为例。

安吉是一个山区农业县，曾经是一个贫困县。20世纪80年代，为了改变贫困面貌走向富裕的生活，采取"工业强县"的举措，遵循现代"工业模式"，引进传统工业如印染、化工、造纸、建材等产业，大干几年，虽然 GDP 上去了，摘掉了"贫困县"的帽子，但是美丽富饶的生态环境却遭到严重破坏。1989 年被国务院列为太湖水污染治理的重点区域，受到"黄牌"警告。在太湖治理"零点行动"中，安吉不得不投入巨资，对 74 家污染企业进行强制治理，关闭 33 家污染严重的企业，为"工业强县"付出了沉重的代价。

痛定思痛，2001 年 1 月，安吉县政府调整安吉的发展方向，提出"生态立县—生态经济强县"的重大决策，开启生态文明建设进程。这样，安吉人民就站在了时代的高度，创造了建设生态文明的"安吉模式"。

"安吉模式"，按安吉人民的总结是，包括安吉县域生态经济建设模式，县域生态社会建设模式，县域生态环境建设模式、县域生态政治建设模式、县域生态制度建设模式，县域生态文化建设模式。它实施的主要途径是，以生态文化观念为指导，以生态工程大项目启动生态环境大建设；以生态环境大建设带动生态经济大发展；以生态经济大发展推动生态文明大跨越。

安吉人民创造了建设生态文明的"安吉模式"，建设生态文明社会，走向富裕道路，真正改变了面貌。2011 年，人均收入 5 万元，为 1980 年的 111 倍；同时，安吉变得更加美丽，71% 的森林覆盖，成为气净、水净、土净的"三净之地"，是气净洗肺，水净洗肾，土净洗胃的"三洗之地"，中国最佳生态旅游县；走上了"环境宜居一流，乡村美丽一流，百姓富裕一流，文化生态一流"的中国生态文明建设道路。

安吉是一个案例。现在，生态县、生态省的建设是普遍的，建设生态文明已经成为中国人民的伟大实践。浙江是生态文明建设的先行地区。2002 年 12 月，时任浙江省委书记的习近平主持浙江省委十一届二次全体会议时提出，要"积极实施可持续发展战略，以建设'绿色浙江'为目标，以建设生态省为主要载体，努力保持人口、资源、环境与经济社会的协调发展"。2006 年 6 月，浙江安吉成为全国第一个"生态县"。据不完全统计，现在有 15 个省如浙江、山东、贵州、海南、河北等正在建设生态省，有 1000 多个县市如宜春、贵阳、杭州、无锡、佛山等正在建设生态县。据报道，2006 年，全国有 300 个市、县、区、镇被环境保护部命名为"生态示范区"，至 2011 年 2 月，在全国 287 个地级以上城市中，提出"生态城市"建设目标的有 230 个。这是令人欢欣鼓舞的进展。

（四）建设生态文明成为政府行为和全国人民的实践

2012 年，党的十八大制定国家发展纲领，对中华民族的伟大复兴进行顶层设计。十八大政治报告专辟一章——"大力推进生态文明建设"，并把它列为国家发展战略。政治报告说："建设生态文明，是关系人民福祉、关乎民族未来的长远大计。面对资源约束趋紧、环境污染严重、生态系统退化的严峻形势，必须树立尊重自然、顺应自然、保护自然的生态文明理念，把生态文明建设放在突出地位，融入经济建设、政治建设、文化建设、社会建设各方面和全过程，努力建设美丽中国，实现中华民族永续发展。"生态文明深刻融入和全面贯穿经济建设、政治建设、文化建设、社会建设和生态文明建设的"五位一体"战略，作为建设有中国特色的社会主义新的总体布局予以实施。这是新的"中国道路"，是中华民族伟大复兴之路。它具有重要的现实意义和深远的历史意义。实施这一战略，全国生态文明试验区建设，生态省、生态市、生态县建设普遍起动，在党的领导下，建设生态文明成为全国人民的伟大实践，在世界上率先走上建设生态文明的道路。

2017 年，习近平总书记在党的十九大报告中，总结生态文明建设经验，他说：五年来，我们统筹推进"五位一体"总体布局，全面开创新局面，生态文明建设成效显著。大力度推进生态文明建设，全党全国贯彻绿色发展理念的自觉性和主动性显著增强，忽视生态环境保护的状况明显改变。大力推进绿色发展，着力解决突出的环境问题，加大生态系统保护力度，改革生态环境监管体制。

2015 年，为了实施国家发展的总体战略，发布《中共中央和国务院关于加快推进生态文明建设的意见》，政治局通过《生态文明体制改革总体方案》，进一步推进生态文明体制改革。

《中国共产党章程》规定："中国共产党领导人民建设社会主义生态文明。树立尊重自然、顺应自然、保护自然的生态文明理念，坚持节约资源和保护环境的基本国策，坚持节约优先、保护优先、自然恢复为主的方针，坚持生产发展、生活富裕、生态良好的文明发展道路。着力建设资源节约型、环境友好型社会，形成节约资源和保护环境的空间格局、产业结构、生产方式、生活方式，为人民创造良好生活环境，实现中华民族永续发展。"一个大国的执政党把建设生态文明作为国家发展战略写进党纲，并由执政党和政府最高领导人在神圣的场合发布，作为最高执政理念和历史使命，成为党和政府实际行为，领导全国人民进行生态文明建设，这是前所未有的，世界上没有其他任何一个国家、其他任何一个地方这样做的。只有正在崛起的大国——中国，将建设生态文明作为建设中国特色社会主义的伟大实践。建设生态文明成为"中国作为道路"，建设中国特色社会主义的道路，建设"美丽中国"的道路，中华民族伟大复兴之路。

（五）生态文明，中国道路新纪元

中华古代文明是农业文明。中华文明历经五千年不曾中断并连续发展，取得世界农业文明的最高成就并达到最完善程度，站到了历史的高度和世界的高度。这是中国道路的光荣。中国道路已经历古代和近代两个阶段，现正在走向新的纪元。

1. 古代，中华文明光照世界

中华大秦、大汉、大唐、大宋、大明，华夏一统！中华文明历史悠久光辉灿烂，曾遥遥领先于世界，对世界进程起着决定性作用，对人类文明做出了伟大的贡献。中国古代在农学、医学、天文、历法、地学、数学、运筹学、工艺学、水利学和灾害学等领域有光辉的创造；中国古代进行了天文、天象和气象观测，进行了历法的编制和应用，创建了最早的历法，完成了世界上第一次子午线实测工作；中国造纸术、火药、指南针和活字印刷术被称为"四大发明"；1000多年前编撰的《黄帝内经》《神农本草经》为中国最早的中药学专著；《伤寒杂病论》为中国临床医学奠定了基础，以它们为基础发展起来的中医中药被称为"第五大发明"；中国古代的水利工程，如秦代的都江堰和灵渠水利工程，隋代兴建的京杭大运河工程，至今还在发挥它们的伟大作用；中国长城，北京紫禁城，中国七大古都和十大古城，展示了古代城市建筑的伟大成就。中国经济总量最高的时候占当时世界的80%，元朝时中国的GDP

占世界的 30% —35%；宋朝人均 GDP 达 2280 美元，整个宋朝占世界 GDP 的 65%；明朝万历年间占世界 GDP 的 80%，后来有所减少，至清朝仍然占全球 GDP 的 35% —10%。中国经济遥遥领先于世界，成为名副其实的世界中心。中华文明曾长期站在世界的最高点和历史的最高点，光照全人类。这是中国光荣的道路。

2. 近代，中国百年屈辱

近代以来，中国落伍了。这是由内部因素、外部因素及其两者相互作用的结果。首先，内因是决定性因素，这就是中国农业文明的"道路惯性"。当世界工业化发展的时候，中国成熟和完善的农业文明模式的强大惯性依然起着作用：（1）遵循"三纲五常"的核心价值观是中国完善和高稳态的封建社会政治制度结构的政治惯性；（2）中国古代哲学理论、思想和价值观惯性是中国人的思维方式惯性；（3）中国农业文明和生产方式形成中国人的生活方式惯性，等等。农业经济—社会—思想之强大的历史定势，形成了中国高稳态的社会—经济结构，中华文明成为唯一持续存在 5000 多年的人类古代文明。但是，这种"道路惯性"是一种巨大力量，它使中国长期沿着农业文明的道路发展，失去了率先向工业文明发展的机会。世界先进的工业化国家，不仅全面侵略、压迫和掠夺中国，使之成为半殖民地国家，而且使中国被迫通商，不准中国实现工业化，试图使中国永远成为它们的原料供应地和产品倾销地。

1949 年中华人民共和国成立后，中国工业化艰难起步，157 项工程建设打下了初步的工业基础。改革开放 40 年来，中国经济高速发展，实际上，中国的生产方式和生活方式是按照世界工业文明模式发展的。这是完成中国工业化的补课，是世界工业文明发展成就和问题的集中体现。

3. 当今，以生态文明之光引领世界的未来

在人类生态文明新时代，中国人民从全球大视角出发认识世界新形势，紧跟时代大潮流，把握世界历史性变革的伟大战略机遇，以生态文明建设作为新的历史起点，加快生态社会主义建设进程，创造新的社会发展模式。中华民族的伟大智慧和强大生机，使中国有能力利用时代变革的战略机遇，率先点燃生态文明之光，照亮人类未来之路。中国人民

建设生态文明的"中国道路"已经起航，正在乘风破浪加速前进，美好的前景正在显示，中国将重新站到世界的巅峰。

工业文明最先进的国家美国，担心中国会挑战现有的世界规则，或以现有的世界规则为基础的全球秩序，美国前总统奥巴马主导制定 TPP（《跨太平洋伙伴关系协议》，又称为"经济北约"）。他说："要由美国人制定规则，不能由中国人制定规则。"也许，这不是由美国说了算的。中国已经是世界上第二大经济体，世界经济已经不能"排除"中国。虽然美国是世界工业化最先进的国家，美国制定了工业文明时代的"世界规则"，但是它不能管永远。

人类新时代会有新的世界规则。中国在世界上率先走向建设生态文明的道路，中国人民高举生态文明的伟大旗帜，用生态文明点燃人类新文明之光，以生态文明引领世界的未来。生态文明的世界规则，生态文明的世界话语，将由中国制定，而不是由美国制定。这是中华民族的光荣。这将是中华民族对人类的新的伟大贡献！

思辨自然主义
——一个宣言[*]

阿伦·盖尔[**]

　　宣言宣告了新的文学运动和文化时代，并且宣言通过公告的方式进行它们的运动。宣言是执行性的言语行为，而不是描述性的言语行为；宣言执行其所宣告的内容。……宣言既不是实际性的也不是虚构性的，而是正在形成的。

——米哈伊尔·爱泼斯坦《革新的人文学科：一个宣言》

（Mikhail Epstein，*The Transformative Humanities：A Manifesto*）

　　"思辨自然主义"既不同于放弃思辨而侧重于批判性分析哲学，也不同于唯心主义。作为一种传统，唯心主义反对 17 世纪的科学革命，并把自然界定义为不仅完全与心灵或精神相关，而且完全附属于心灵或精神。虽然分析与思辨的对立及自然主义与唯心主义的对立这两组哲学上的对立并非完全相同，但在最近的几十年里，学者越来越倾向于它们是一致的。在美国，批判分析的传统或分析哲学大力支持自然主义，并把自然主义等同于科学主义。这种科学主义认为，主流科学的方法可以延伸到解释现实的每一个方面。我们通常倾向于把非分析的、非自然主义的哲学标记为"大陆哲学"，并通常默认"大陆

---

　　* 本文原载于《宇宙与历史》（*Cosmos and History*）2014 年第 2 期，由余怀龙翻译，陈杨校对。

　　** 阿伦·盖尔（Arran Gare）是澳大利亚斯威本科技大学（Swinburne University of Technology）社会科学系副教授。

哲学家"（其实他们中的许多属于英语国家）是唯心主义的支持者，因为他们赞成直觉或赞成那些超越任何自然主义解释的探究和推理。思辨自然主义不仅质疑这些对立之间的联系，而且拒绝承认这些对立是造成哲学停滞不前和边缘化的根本原因，与此相应的是，虚无主义在众多文化中广泛传播。而虚无主义观念的根深蒂固使社群与政府在面临严重的经济、社会、政治和生态问题时束手无策。思辨自然主义者正致力于使哲学恢复其先前在理智生活中的卓越地位，并以此来挑战和克服虚无主义观念。

从表面上看，这些哲学对立相关术语的模糊性甚至粗糙性，以及把所有哲学家纳入对立的一方或另一方所面临的困难，似乎使得如此强硬的论断和企图显得十分可疑。我们有可能指出一些不能按照这些对立哲学的范畴来归类的哲学家，包括反自然主义的或至少反科学主义的分析哲学家，以及最近提倡"思辨唯物主义"的"大陆哲学家"。虽然以上的质疑构成了很大的挑战，但是本文主要的攻击目标不是已经被清晰地辩护的观点，而是一些被默认的前提。这些前提制约着人们的思维方式、辩论方式以及学科、大学和研究机构的组织方式，也决定着为何某些哲学家能够对学术界、掌权者和广大公众产生巨大影响，而另一些有着更深刻思想的哲学家却被忽视，甚至被遗忘。哲学的两极对立作为默认的前提，在斯诺（C. P. Snow）所提及的两种文化，即"科学"和"人文"之间的反复争论中有所表现。斯诺与莱维斯（Leavis）的辩论回应了较早的马修·阿诺德（Mathew Arnold）和赫胥黎（T. H. Huxley）之间的辩论，这又与当时在德国、法国、俄罗斯和意大利的辩论以及先前关于牛顿式的歌德与赫尔姆霍茨的歌德两者之间对立的评论产生了共鸣。这种对立也表现为正统马克思主义与人道主义马克思主义之间的对立，以及人类科学的实证主义与人文主义之间的对立。

在 20 世纪最后 10 年里，英语国家中的人文精神遭到了实质性的自我毁灭。显而易见，我们可以在其中找到哲学两极对立的轨迹。人文精神的自我毁灭是由解构性的后现代主义造成的。这实际上是对胜利的"科学主义"（逻辑经验主义者捍卫的科学观）的屈服，也是与公共服务、教育机构、媒体和政治相关的人文学科教育前景的崩溃。另外，显而易见，新古典经济学家获得了前所未有的权威性，新自由主义也成功地实现了它使民主从属于市场的计划。这些都推动着企业管理者成为新的全球统治阶层，也造成了那些努力恢复真正的或"强大的"民主的人的失败。为了揭示那些隐含的前提，即哲学的两极对立是如何发挥作用的，以及这些隐含的前提如何塑造了文化和社会，我们有必要从历史的视角来考察哲学的两极对立是如何发展以及如何协同演化的。

一 分析哲学的兴起与思辨哲学的衰弱

首先，我们有必要考察分析哲学和思辨哲学之间的对立。布罗德（C. D. Broad）是英国的杰出哲学家，他的学术生涯与思辨哲学的衰弱处在同一个时间段。布罗德在其 1924 年发表的一篇著名论文中首次提出这种对立观点，并且在其学术生涯结束时的 1947 年再次涉及这种对立观点。在 1924 年的论文中，他把批判哲学（即我们现在所说的分析哲学）的特征归结为对日常生活和科学研究中的基本概念和前提进行分析和澄清。一方面，分析哲学的支持者认为，哲学问题可以相互孤立地对待和处理，并且认为哲学可以像科学一样获得准确无误的知识。另一方面，思辨哲学家试图通过全面考察人类的经验（包括科学的、社会的、伦理的、审美的和宗教的）来达到对宇宙本质和人类在宇宙中所处地位的总体构想。布罗德写道："它的工作是接管人类经验的所有方面，并对这些经验进行反思，还试图从整体上考虑一种对所有人都公平的现实观。"① 在其后来的论文中，布罗德把思辨哲学家所用的方法归结为"分析"方法、"通观"（synopsis）方法（即"一起看"，在此我们发现经验的各个方面之间的不同之处）以及最重要与最独特的"综合"（synthesis）方法。综合方法是为了"提供一套令人满意的，并将所有领域的事实都能够综合在一起考察的概念和原则"②。思辨哲学运用了分析、通观和综合的方法。

绝大多数分析哲学家都将"综合"方法的作用排除在外，并从根本

---

① C. D. Broad，"Critical and Speculative Philosophy，"*Contemporary British Philosophy*：*Personal Statements*（First Series），ed. J. H. Muirhead（London：G. Allen and Unwin，1924），p. 96.

② C. D. Broad，"Some Methods of Speculative Philosophy，"*Aristotelian Society Supplement* 21，1947，p. 22.

上降低了"通观"在哲学中所起的作用。这种现象在美国显得尤为严重。他们关心的是句子的真实性，而不是生活和宇宙，并常常否认存在任何特定的哲学真理。对于与思辨哲学家、人文艺术相关的知识推理有效性、经验的有效性，他们通常采取否定态度。分析哲学起源于摩尔（G. E. Moore）和伯特兰·罗素（Bertrand Russell）所在的英国，但它根源于德国和奥地利，尤其可以在戈特洛布·弗雷格（Gottlob Frege）的著作中发现其思想渊源。① 它从奥地利、德国和英国传播到美国。它的核心内容涉及重新定义分析观念，赋予分析观念以特权，并使哲学聚焦在"客观意义"上。尽管康德认为综合知识既涉及经验知识（后天综合知识），又涉及数学和形而上学知识（先天综合知识），但弗雷格在说明表征符号之间的意义关系时，建立了一种旨在消除任何心理过程影响的哲学，无论这些心理影响是观念、图像还是想象的投射。② 他追随弗兰兹·博尔扎诺（Franz Bolzano）和鲁道夫·赫尔曼·洛茨（Rudolf Herman Lotze），声称真理与命题相关，而不是与概念相关，并拒绝康德关于算术是一种先天综合知识的说法。

尽管分析哲学在布罗德提出之后一直在不断演化，但是在其整个演化的历史过程中，分析哲学一直以来的特征是对论证、明晰和精确有一种内在的尊重，其支持者认为，只有通过有限的主题（narrow topics）才能获得这些特征。③ 它对普通语言与科学语言之间的关系进行了划分，还对数理逻辑的意义与其解释意义进行了区分。后期维特根斯坦、

① Robert Hanna in *Kant and the Foundations of Analytic Philosophy* (Oxford: Clarendon Press, 2000) argues that "Bolzano and Helmholtz are the advance guard of analytic philosophy ... [and] Frege is the first of its two Founding Fathers." (p. 6). From a different perspective, see also J. Alberto Coffa, *The Semantic Tradition from Kant to Carnap: To the Vienna Station* (Cambridge: Cambridge University Press, 1991).

② See Hanna, "The Significance of Syntheticity," *Kant and the Foundations of Analytic Philosophy*, chap. 4.

③ On contemporary analytic philosophy, see H. -J. Glock, *What Is Analytic Philosophy?* (Cambridge University Press, 2008). Scandinavian analytic philosophers generally are far less dogmatic and far more open to different schools of philosophy. See for instance the characterization of analytic philosophy by Dagfinn Føllesdal, "Analytic Philosophy: What is it and Why Should one Engage in It?" *Ratio*, 9 (3, 1996): 193 – 208. Føllesdal defines analytic philosophy as a commitment to argument and justification as opposed to using rhetoric, and on this basis includes hermeneuticists and phenomenologists as analytic philosophers.

约翰·奥斯丁（John Austin）、彼得·斯特劳森（Peter Strawson）、斯坦利·卡维尔（Stanley Cavell）和约翰·希尔勒（John Searle）为我们树立了一种优良传统，因为他们为日常语言辩护，为对抗数理逻辑和科学概念的非正式论证辩护。然而，最有影响力的分析哲学家（特别是在美国）使数理逻辑享有特权；随之，他们支持科学认知主张，并支持用科学认知来解释包括人类生存所有方面在内的一切事情的野心。在美国，哲学本身被一些最有影响力的分析哲学家修订为一种与逻辑推理和命题、陈述或句子的真值相关的科学。

对 20 世纪中叶重要的美国哲学家 W. V. 蒯因来说，哲学被认为只是在普遍性的程度上与科学不同。蒯因声称哲学的核心是逻辑学，他写道："逻辑学，就像任何科学一样，都是追求真理的事业。真理是某种陈述；追求真理是致力于将正确的陈述从错误的陈述中区分出来。"①对蒯因及其追随者来说，自然主义的真正含义就是"科学主义"，即所有有价值的知识就是科学家已经获得的知识。蒯因为认识论的自然化辩护。借此，他强调科学知识本身可以被视为科学研究的对象。蒯因和他的追随者也接受了行为主义、认知现象主义或一些其他还原论者的心灵理论。这些还原论者的心灵理论与他们所尊重的科学观是一致的。

通过控制谁获得学术职位，蒯因及其追随者主导了美国哲学的发展方向。他们的企划在菲利普·基切尔（Philip Kitcher）、杰格文·基姆（Jaegwon Kim）、蒯因学生丹尼尔·丹尼特（Daniel Dennett）的作品中得到了验证。其中，菲利普·基切尔试图从自然主义角度解释数学及其发展；杰格文·基姆继续致力于自然化认识论的发展与辩护②，随之也就致力于认知现象主义的辩护；丹尼尔·丹尼特接受了达尔文主义进化论并为其辩护，其中包括理查德·道金斯（Richard Dawkins）的理论，他还提出了关于心灵和大脑的计算模型。③ 汉斯—约翰·格洛克（Hans-

---

① W. V. Quine, *Methods of Logic*, 2nd ed. Cambridge, Mass.: Harvard University Press, 1959, p. xi.

② Philip Kitcher, *The Nature of Mathematical Knowledge*, New York: Oxford University Press, 1984 and Jagwon Kim "What is 'Naturalized Epistemology'?" Philosophical Perspectives 2. Epistemology, James E. Tomberlin ed. (Atascadero: Ridgeview), 1988, pp. 381–405.

③ The nature and agenda of such naturalism has been described by Jack Ritchie in Understanding Naturalism, Stocksfield: Acumen, 2008.

Johann Glock）总结了他们执行企划的成功：

> 在蒯因之后，如果他们不是至少在序言中承认效忠某种自然主
> 义，几乎没有一个分析哲学家敢于出版一本关于心灵哲学的著作。
> 因此，杰克逊（Jackson）说："大多数分析哲学家把自己刻画为自
> 然主义者。"……基于当下哲学发展情况，基姆说道："如果说当
> 前的分析哲学有一种哲学意识形态的话，那么它毫无疑问是自然主
> 义。"……而莱特（Leiter）认为，哲学中的"自然主义转向"在重
> 要性上可以与先前的"语言转向"相提并论。①

正如罗伯特·汉纳（Robert Hanna）所说，这意味着"哲学中所有
严肃的形而上学的、认识论的和方法论的问题只能通过直接诉诸自然科
学来回答"。蒯因对分析传统的改造可以被恰当地称为"科学转向"。
在蒯因之后，"分析哲学就是科学哲学"②。

二　唯心主义与分析哲学的对立

尽管分析哲学内部出现了分歧，但是对分析哲学的这种看法明显占
据着主导地位，这不仅体现为这种哲学理解方式在英语国家中取得了胜
利，而且体现为它近几年来在欧洲不断蔓延。显然，那些反对这种哲学
理解方式的人通常认同一种与自然主义相对立的观点，他们拒绝自然主
义，而肯定人文精神，并把人的丰富性和多样性作为哲学发展的参照
点。那些认识到分析哲学贫乏的人一般来说会转向德国、法国，或偶尔
去意大利的哲学家和传统中寻找启发。黑格尔主义、诠释学、现象学、
解释学现象学、存在主义、批判理论、结构主义、后结构主义以及时间
较近的恩斯特·卡西尔（Ernst Cassirer）所理解的新康德主义都被认为
是分析哲学的解毒剂而被许多学者所接受。虽然这涉及研究大量的思想
家，其中康德、黑格尔、尼采、胡塞尔和海德格尔都是这些传统的主要

---

① Hans-Johann Glock, *What is Analytic Philosophy*, Cambridge：Cambridge University Press, 2008, p. 137.

② Hanna, *Kant and the Foundations of Analytic Philosophy*, p. 10.

参照点；并且，如果我们要理解黑格尔、尼采、胡塞尔或海德格尔，那么我们就必须把他们与康德和他的第二次哥白尼革命联系在一起。康德的哥白尼革命使意识和知识问题取代存在问题而成为哲学的参照点也正是由于这一点，是康德的思想，而不是贝克莱的思想激发了唯心主义思想传统。

不过，这可能显得过于简单化，因为康德本人反对唯心主义。当然，黑格尔是一个唯心主义者，但弗雷德里克·贝塞尔（Frederick Beiser）在一部颇有影响力的黑格尔研究著作中指出，康德对黑格尔的影响被过分夸大了。① 尼采对唯心主义怀有敌意，并为一种自然主义辩护。在布伦塔诺（Brentano）之后，现象学的创始人胡塞尔开始呼吁哲学家回到亚里士多德而不是回到康德，并在此基础上开创性地建立了一种实在论。海德格尔以及那些受胡塞尔影响的学者也加入了现象学阵营。

然而，贝塞尔的主张是有问题的，因为尼采的透视主义体现了康德对他的影响。胡塞尔也越来越受到新康德主义的影响，并在更加唯心主义的方向上发展现象学。迈克尔·弗里德曼（Michael Friedman）也曾说明海德格尔之所以转向胡塞尔，并且后来转向解释学，他的真正意图是为了克服新康德主义中的疑难。② 即使是法国哲学中的结构主义和后结构主义，也可以追溯到纳粹主义兴起之前的德国最有影响力的新康德主义者卡西尔的思想。几乎所有的大陆哲学都是新康德主义或后康德主义，它们吸收康德的怀疑论来反对把表象（包括自然表象）轻率地接受为实在。李·布拉韦尔（Lee Braver）就是这方面的一个强有力的例证。他在《世界中的物质：大陆哲学的反实在论史》（*A Thing of This World：A History of Continental Anti-Realism*）中指出，一直以来，康德的哥白尼革命都渗透于欧洲大陆最伟大的哲学家的思想中，其中包括黑格尔、尼采和海德格尔；并且康德一直反对实在论，尤其是科学实在

---

① Frederick Beiser, *Hegel*, New York：Routledge, 2005, p. 9.

② Michael Friedman, *The Parting of the Ways：Carnap, Cassirer, and Heidegger*, Peru；Illinois：Open Court, 2000, p. 39ff.

论。① 这暗示了对自然主义的反对。这一点具体表现为在大陆哲学传统中，这些最杰出的哲学家几乎完全没有致力于解释有感知、有意识的人类是如何在自然中演化的。

然而，这些传统哲学并不像分析哲学那样对思辨思维、人文学科怀有敌意。康德试图达到关于先天假设的绝对知识；先天假设是一种能够将多种多样的感觉组织成一个可理解的世界的条件，并且先天假设否认理智直观或理智思辨。先是费希特，后是其追随者黑格尔、施莱尔马赫与谢林都认为他们的著作是思辨的，因为他们重视可感知的客体以及认知这些客体自身的概念；在此基础上，他们还重视第三类经验。这第三类经验是一种反思的经验。它既对经验自身的本质与发展情况进行反思，又对概念的产生进行反思，还对被用于解释经验的概念的适当性进行反思。当他们认识到概念是在历史中发展的时，他们也受到启发去使概念更加充分地发展。在古希腊思想的影响下，他们有一种雄心，要致力于使因果关系与理念一致。此外，还有思辨唯心主义的后康德主义者，其中最著名的哲学家被认为是所罗门·迈蒙（Solomon Maimon）、J. G. 费希特（J. G. Fichte）、弗里德里希·谢林（Friedrich Schelling）、黑格尔（G. W. F. Hegel）、雅各比（F. H. Jacobi）和弗里德里希·施莱尔马赫（Friedrich Schleiermacher）。

这些德国哲学家启发了英国和美国的唯心主义。这种唯心主义由于把思辨放在中心位置，因此也被称为思辨唯心主义，其中最著名的提倡者是英国的格林（T. H. Green）、布拉德利（F. H. Bradley）和美国的乔西亚·罗伊斯（Josiah Royce）。② 思辨唯心主义开始被认同为真值融贯论，以及把现实看作一个由自我、心灵或精神原则组成的有机体。这些唯心主义者被他们的对手视为德国唯心主义者的追随者。英国唯心主义者尤其是英国早期分析哲学家往往把他们的立场理解为对实在主义的辩护，对唯心主义的批判。因此，分析哲学家们一直有一种强烈的倾向，即把思辨哲学等同于思辨唯心主义，并且认为思辨唯心主义是英国哲学

① Lee Braver, *A Thing of This World: A History of Continental Anti-Realism*, Evanston: Northwestern University Press, 2007.

② On the British Idealists, see W. J. Mander, *British Idealism: A History*, Oxford: Oxford University Press, 2011, esp. chap. 4 "The Metaphysics of the Absolute".

受到大陆传统不良影响的结果。然后，他们倾向于把思辨唯心主义放在与实在主义极端对立的位置上，以及后来，特别是在美国，把它与分析哲学家所提倡的自然主义对立起来。

此外，哲学的两极对立不仅是一些众所周知的各种重要观点（我已经大大简化了本文论证所提及的这些观点），而且是一种隐藏的、惯例化的趋势。这种趋势把哲学家们划分为对立的双方，并且这种趋势没有认识到某些非此即彼的对立观点是不合适的，甚至对其进行错误的解释。我们有一种趋势，即把哲学归类为或者是分析哲学或者是大陆哲学，然后，或者是自然主义（通常等同于唯物主义）或者是思辨唯心主义，并使这两组对立等同起来。与此同时，这种趋势造成了一种不良影响，因为它已经使人们对一种同时是自然主义、人文主义和思辨主义的传统视而不见，或者加速了这种传统的边缘化。这种传统有力地反对了分析哲学家们摇摇欲坠的优势地位。他们宣称垄断自然主义并拥有将其与科学和数学结合的特权。

三　复兴思辨自然主义传统

显而易见，这种视而不见源于对重要哲学家的误解以及未能承认他们的成就和影响。在众多重要哲学家中，关于谢林的误解是最明显的，相反，他应该被公认为是思辨自然主义传统的创始人和最重要的人物。如前所述，谢林一般被归类为唯心主义者。在美国重要的德国哲学史研究专家弗雷德里克·贝塞尔新出版的《德国唯心主义》这本重要的作品中，他把谢林刻画成一个居于显著地位的唯心主义者。然而，在其致力于通过范畴演绎来把握整个现实的先验唯心主义体系中，谢林明确地指出，把主体居于优先地位的先验哲学只是哲学的一部分，哲学的另一部分是把客体居于优先地位的自然哲学（Naturphilosophie）。关于自然哲学，他说道：

> 自然的概念并不意味着也应该存在一种它能够意识到自身的理智。即使没有任何东西意识到它，大自然似乎依然存在。因此，问题也可以这样表述：理智是如何被添加到自然中的，或者大自然是

如何被呈现的呢?①

　　这里要注意的是，它不是对康德哥白尼革命的否定，而是使先验被自然化的第二次（或第三次）哥白尼革命。谢林比康德和费希特更激进，他指出科学得以可能的条件是，自然必须被构思为使其能够并且已经产生了有意识的存在，并且这些有意识的存在能够理解它们是如何在自然中产生的，以及理解它们是如何意识到自身是自然中的参与者。大自然已经通过它们意识到自己。这就是思辨自然主义。

　　很快，在《动态过程普遍演绎》（*Universal Deduction of the Dynamical Processes*）中，谢林提出了"物质的动态构成"，并且认为自然哲学比唯心主义更为根本②；在其 1815 年左右的《世界时代》（*The Ages of the World*）第三版中，他把唯心主义理解为一些人的哲学，这些人脱离了他们存在的基础力量，变成了"仅仅只是图像，只是阴影的梦"③。只有在《自然哲学体系初稿》（*First Outline of a System of the Philosophy of Nature*）（1799 年出版）中，谢林才把思辨学说作为"思辨物理学"来辩护。谢林认为，我们不仅仅接受牛顿主义科学概念，还必须揭示、质疑和超越牛顿主义科学概念以使生命和人性的产生变得可理解。许多年后，谢林在 1835 年左右讲授现代哲学史时认为，他的哲学超越了唯物论与唯灵论、实在论和唯心论的对立。在他开始抨击黑格尔唯心主义的 1842 年讲座中，谢林澄清了自然主义和唯心主义的区别；自那以后，他也界定了唯心主义和思辨自然主义的区别。尽管黑格尔认为存在是最空洞的概念，但谢林认为哲学家必须接受一个先于一切思想（包括科学

---

①　Schelling, *System of Transcendental Idealism* (1800), 5 (SW I/3: 338 - 40).

②　F. Schelling, "Allgemeine Deduktion des dynamischen Processes oder der Kategorien der Physik," F. W. J. Schelling, Sämmtliche Werke, (SW) ed. K. F. A. Schelling I Abtheilung vols 1 - 10, II Abtheilung vols 1 - 4, Stuttgart: Cotta, 1856 - 61, I/4: 1 - 78.

③　Schelling, *System of Transcendental Idealism* (1800), 5 (SW I/3: 338 - 40), and F. W. J. Schelling, *The Ages of the World*, Third Version (c. 1815), trans. Jason W. Wirth (New York: State University of New York Press, 2000), 106 (SW I/8: 343/342). On the prioritizing of the Philosophy of Nature, see Beiser, *German Idealism*, 489. In 1809 Schelling argued that idealism is inadequate for characterizing human freedom, being only capable of a formal conception, not "not the real and vital conception of freedom … that … is a possibility of good and evil." Schelling: *Of Human Freedom*, trans. James Gutmann (Chicago: Open Court, 1936), 26 (SW I/7: 352).

和哲学思想）的不可预知的存在（unvordenkliche Sein）。

另一个例证是对科林伍德（R. G. Collingwood）的误解，它说明了哲学的二元分类是如何引导人们误入歧途的。作为分析哲学的重要反对者，科林伍德几乎总是被描绘成一个唯心主义者。然而，他指出，他的观点被歪曲了，因为只有两个哲学立场被承认，即唯实论（大部分由分析哲学家加以辩护）和唯心论。正如他在自传中所写的那样，毫无任何意外，任何反对"唯实主义者"的人都被自动归类为"唯心主义者"①。科林伍德通过复兴古希腊哲学传统，创建了一种问答逻辑，这种逻辑本身就是辩证思维的一个方面。正如科林伍德所创建的那样，这种逻辑成为一种重要的、展示不同层次假设的方法，这种方法可以揭示一个时代的终极形而上学假设。尽管科林伍德是著名的哲学史家与历史学家，但他也写了关于自然观念的作品，这些作品本质上是对自然哲学的历史进行研究，并且他依循着谢林的传统提出了大量他自己的思辨自然哲学思想。②

许多其他哲学家也被类似地予以了错误分类。谢林的自然哲学对其他哲学家也有着巨大的影响，因而他们也容易被误解。例如，C. S. 皮尔士由于支持实用主义的真理论，而通常被归类为实用主义者。他在给威廉·詹姆斯的书信中写道："我的观点可能受到谢林的影响……在谢林的所有阶段，尤其是自然哲学阶段（Philosophie der Natur）。我认为谢林的思想极为丰富……如果你把我的哲学称为在现代物理学下的谢林主义变形，那么我会欣然接受。"③虽然哲学家们关注皮尔士的逻辑和认识论著作，但是直到现在，他的思辨宇宙学仍未受到重视。与谢林一样，皮尔士是一个思辨自然主义者，并以一种方式来构想物理存在，这种构想物理存在的方式把人类理解为自然的产物和自然中创造性的参与者；而且，在他的哲学思想中，形而上学、美学和伦理学与逻辑、科学并驾齐驱。这也适用于其他实用主义哲学家，包括约翰·杜威（John

---

① R. G. Collingwood, *An Autobiography*, Oxford: Clarendon Press, 1939, p. 56.

② See Guido Vanheeswijck, "R. G. Collingwood and A. N. Whitehead on Metaphysics, History, and Cosmology," *Process Studies* 27/3 – 4, Fall-Winter, 1998: 215 – 236.

③ Letter dated January 28th, 1894, quoted by Joseph L. Esposito, Schelling's *Idealism and Philosophy of Nature*, Lewisburg: Bucknell University Press, 1977, p. 203.

Dewey）和乔治·赫伯特·米德（George Herbert Mead）。弗里德里希·恩格斯（Friedrich Engels）、亨利·柏格森（Henri Bergson）、亚历山大·波格丹诺夫（Aleksandr Bogdanov）（动物学创始人）和阿尔弗雷德·诺斯·怀特海德（Alfred North Whitehead）也间接受到谢林的影响，并且他们每一个人都推进了思辨自然主义传统。

四 作为辩证法的思辨思维

关于思辨自然主义发展背景的这段简史旨在提供一些初步的想法来捍卫思辨自然主义自身。关于思辨思维的辩护是为了回应我们所洞察到的康德先验演绎的局限性和他对理智直观的禁止，即人们试图通过理智直观来获得与认知发展相关的知识。然而与反康德主义者不同的是，我们认同康德关于经验是由想象和概念组织的这一论证的价值。尽管关于辩证法的理解存在争议，但是思辨思维由于辩证法的复兴而被重视。因为思辨思维不仅促进了认知的发展，以及对于谢林来说，可以使自然得到理解，而且可以使旧概念受到质疑，新概念框架变得更加详尽。黑格尔的逻辑被认为是辩证法的几何化。与黑格尔相比，费希特和谢林把想象力、结构和意志放在更重要的位置。他们的工作指明了唯心主义辩证法可以采取的方向。在弗里德里希·施莱尔马赫出版的《辩证法：哲学思考的艺术》（*Dialectic or，The Art of Doing Philosophy*）这本哲学演讲集中，他为了清楚地揭示辩证法而付出了持久的努力，并且他明确地把辩证法与思辨思维联系起来。① 这部著作清楚地表明，与主流分析哲学家的推理特征相比，辩证法更加复杂；这部著作也清楚地说明施莱尔马赫如何预见了后实证主义自然哲学家所建立的合理性概念。谢林的辩证法更强调实践，而不是强调明晰的理论辩护。他的辩证法甚至比施莱尔马赫更开放；尤其是在后来的著作中，他更加强调唯心主义者辩证法和自

---

① As Schleiermacher put it, "mathematics is more closely allied to the empirical form, dialectic more allied to the speculative form. … [S] peculative natural science can be set forth only according to dialectical principles…" Friedrich Schleiermacher, *Dialectic or，The Art of Doing Philosophy*, trans. Terrance N. Tice, Atlanta: Scholars Press, 1996, p. 73.

然主义者辩证思维的区别。

当我们认识到不可预知的存在先于所有思维时，那么我们寻求最后获得对所有物体的全面理解的根基就被削弱了，尽管我们仍然有必要为此而奋斗。研究并不被视为经验调查的拼凑物，而是假定其目标达到了对整体的完整和连贯的理解。因为经验调查是可以在事后被搜集到一起的，并且为了方便被系统地组织成一个连贯的逻辑结构。尽管对研究目的的这种看法可以被当作某种基础，但是在研究中，无论是在经验上还是在理性上，我们都没有绝对的起点或知识基础，也没有超越进一步质疑的结论。① 知识的特征只有通过与知识研究相关的竞争性学说才会表现出来。在这种关于知识研究的竞争性学说中，那些关于知识界定的普遍假设由于替代方案的提出而受到挑战。它也涉及评价当前的争论，其中包括关于什么是知识的争论。这些争论发生在一种由提问、调查、实验、寻找证据、讨论和辩论的历史所形成的思想传统、研究背景下。如果我们要参与到这些思想传统中去，我们则需要评价它们过去的成就和失败，评价哪一种传统或哪些传统在当今占据主导地位，为什么它们能够占主导地位，以及评价什么是研究的终极目标。正是由于这个原因，哲学史和文明史一直是辩证思想家的关注焦点。它不仅追求对自然和人性的全面理解，而且提供一个纲要史使哲学家把他们的研究工作界定和定位在与哲学、文明、人性和其他自然的演化传统相关的范围之内。当然，哲学家通过这个纲要史来为他们的研究工作辩护。只有在这样的纲要史（或通观史）中，他们的研究工作才能被证明优于过去所取得的成就。

尽管科林伍德、皮尔士、怀特海不被认为是辩证法学者，但我认为，很明显，在辩证思维发展的背景下，他们对辩证思维的理解和发展做出了重大贡献。科林伍德的问答逻辑显然澄清了辩证思维的核心问题。皮尔士关于第一性、第二性、第三性的范畴显然受到了黑格尔辩证

---

① This is an unusual way of characterizing a foundation, but this has been defended through an exegesis of the work of Aristotle and Aquinas by Alasdair MacIntyre in *First Principles*, *Final Ends and Contemporary Philosophical Issue*, Milwaukie: Marquette University Press, 1990.

法的影响。① 但与此同时，这些范畴使谢林对不可预知的存在的赞成变得更容易理解。这可以被视为其他一切条件的第一性。通过这些范畴，皮尔士建立了他的符号学理论，并从符号学的角度对逻辑学进行了分类。此外，皮尔士认为归纳和演绎都不能穷尽推理；在所有探究领域中，推理都需要一种不明推论式，即思辨思维。尽管数学与符号逻辑非常重要，但思辨式推理不是数学和符号逻辑所能达到的，因为思辨式推理要求"真正的模糊"，即不可能，也许永远不可能被精确地界定。

然而，正是怀特海最明确地阐明了思辨哲学的目的，以及彻底建立了新思维、新思想和新语言来表达思辨哲学思想所涉及的内容。②

怀特海在《过程与实在》（*Process and Reality*）中确定了思辨哲学的目标：

> 思辨哲学努力建立一个连贯的、逻辑的、必要的普遍概念体系。在这个普遍概念体系中，与我们经验相关的每一个元素都可以被解释。对于"解释"这个概念，我的意思是，我们所意识到的一切，如享受、感知、意志或思想，都应该在这一般体系中具有特定实例特征。因此，哲学体系应该是连贯的、合乎逻辑的，并且在解释方面是适用的和充分的。在此，"适用的"意味着某种经验是可解释的，而"充分的"则意味着没有不能被解释的经验。③

---

① See Charles Sanders Peirce, *Pragmatism as a Principle and Method of Right Thinking*: *The 1903 Harvard Lectures on Pragmatism*, ed. Patricia Ann Turrisi, New York: SUNY Press, 1997, p. 120. In the unpublished MS. 190 Peirce argued against dialectics, but this appears to be directed at Hegel's Logic. Joseph I. Esposito who discusses this argument in *Evolutionary Metaphysics*: *The Development of Peirce's Theory of Categories*, Athens: Ohio University Press, 1980, p. 31ff. also notes in his preface to this book "From his earliest work Peirce's thought had tended toward the direction of a dialectical view of reality and experience." (p. 5).

② See Alfred North Whitehead, *The Function of Reason*, Princeton: Princeton University Press, 1929. For an exposition of Whitehead's notion of speculative metaphysics and how it differs from Russell's metaphilosophy, see Arran Gare, 'Speculative Metaphysics and the Future of Philosophy: The Contemporary Relevance of Whitehead's Defence of Speculative Metaphysics,' *Australasian Journal of Philosophy*, 77 (2), June, 1999, pp. 127 – 145. See also, Johan Siebers, *The Method of Speculative Philosophy*: *An Essay on the Foundation of Whitehead's Metaphysics*, Kassell: Kassell University Press, 2002.

③ Alfred North Whitehead, *Process and Reality* [1929], Ed. David Ray Griffin and Donald W. Sherburne, N. Y.: Free Press, 1978, p. 3.

当怀特海指出"哲学就是寻找前提。哲学不是演绎。因为演绎是为了通过结论的证据来检验起点"时，他也是在明确地指出，哲学不仅仅涉及分析。① 哲学的起点也不能通过归纳法找到。怀特海也认为观测者之间先在的相互关系是很重要的，所以我们有必要建立对观测者都合适的思想体系。这些思想体系先于系统观测，并且即使在与观测不一致的情况下，这些思想体系也是有重要意义的。就其基本形式而言，理性既不是演绎也不是归纳，而是对思想原则或思想体系进行探索。那么，哲学该如何进行探索呢？首先，怀特海认为，哲学的探索没有方法可循，因为哲学的方法是建立在思想体系的基础上的。正如他所说："思辨理性在本质上是不受方法束缚的。思辨理性的作用是超越有限的理性而深入一般的理性，是为了把所有的方法都理解为事物在本质上的协调，因为事物只有通过超越所有的方法才能被掌握。"② 然而，他又使这一观点获得了合法性，认为有一种方法能够超越设定的界限，包括所有现有方法所设定的界限。这就是希腊人发现的"方法"。也因为它是希腊人发现的"方法"，所以我们现在谈论的是思辨理性而不是灵感。这种方法不能被理解为严格公式的应用。思辨理性不能像演绎逻辑那样存在一个固定的、明确的推理过程。那么，思辨理性是什么呢？特别是，思辨思维是如何在哲学中运用的？本质上，在皮尔士的术语中，思辨理性是不明推论式；这个不明推论式通过建立一种有效假说来阐明经验。这些有效假说是通过把特定领域中的经验一般化而形成的。虽然怀特海很少使用这些术语，但他认为这是一个复杂的类比或隐喻问题。他认为用来阐释这些术语的是"受连贯性和逻辑性限制的想象力的自由发挥"③。

五　分析哲学、思辨自然主义与科学

一旦我们对思辨自然主义的传统有所认识时，我们就有可能理解它

---

① Alfred North Whitehead, *Modes of Thought*, N. Y.：Free Press, 1938, p. 105.

② Alfred North Whitehead, *The Function of Reason*, Princeton：Princeton University Press, 1929, p. 51.

③ Alfred North Whitehead, *Process and Reality*, p. 5.

与主流分析哲学的自然主义之间的关系。正如我们所指出的那样，大多数分析哲学家只会错误地理解思辨自然主义者，甚至忽略思辨自然主义者，因为他们认为细致的分析会产生不容置疑的观点，这些观点可以被添加到科学知识中。因此，尽管罗素和怀特海之间有着密切的关系，但是就其所遵循的哲学传统而言，他们之间的交集却很少。莫里·科德（Murray Code）也在其著作中把皮尔士和怀特海作为一方，把罗素和蒯因作为另一方进行对比。然而，在其最近的著作中，他揭示了一个重要的例外，即他发现菲利普·基切尔所努力建立的自然主义数学哲学存在不足之处。[①] 作为对基切尔著作的回应，科德（以前是一个数学家）认为，一个合适的自然主义需要皮尔士和怀特海他们对经验和理性进行更全面解释的洞见，不是仅仅在数学中结合情感、想象和直觉，而要在关于自然的思辨理论中重视所有可以通过数学来理解的东西。[②] 然而，致力于科学主义的分析哲学家们重新定义了哲学和理性，他们不会涉及思辨自然主义的观点，更不会认真地对待这一观点。因此，科德的著作一直以来都受到了忽视。

分析哲学家和思辨自然主义者之间的真正争论点是分析哲学家将自然主义等同于科学主义。通过将自然主义与主流科学的实在观和追求等同起来，这些分析哲学家排除了来自不同经验领域的对科学前提的任何质疑或挑战。他们不仅接受了我们当前的文化状态，而且为我们当前的文化状态辩护，正如怀特海所抱怨的那样：“哲学已经不再声称其正当的普遍性，但自然科学对其狭隘的方法是满意的。”[③] 当他们这样做时，他们也就忽略了怀特海的观点：

> 没有科学能比它自身默认作为其先决条件的、无意识的形而上学更安全。个体事物必然是其环境的一种修正，它在与环境分离时是不可理解的。除了一些形而上学的参考价值之外，所有的推理都

① See Murray Code, *Myths of Reason: Vagueness, Rationality and the Lure of Logic*, New Jersey: Humanities Press, 1995.

② Murray Code, "Mathematical Naturalism and the Powers of Symbolisms," *Cosmos & History; The Journal of Natural and Social Philosophy*, 1 (1), 2005: 35 – 53. See also his "On the Poverty of Scientism, or: The Ineluctable Roughness of Rationality," *Metaphilosophy*, 28 (1 & 2): 102 – 122.

③ Aflred North Whitehead, *The Function of Reason*, p. 50.

是有缺点的。因此，科学的必然性是一种错觉。它们被限制在未经探索的领域。我们对科学学说的处理是由我们时代的形而上学概念的扩张约束的。即便如此，我们还是不断地陷入预期的错误之中。此外，每当我们获得新的观察经验模式时，旧的理解方式就会陷入非准确性的迷雾中。[1]

由于科学家忽视了哲学家的著作，这对科学以及哲学和人文学科都产生了毁灭性的影响。在注意到"三十年来，我们没有得到任何东西。在过去的几十年里，理论物理学还没有取得很大的成就"之后，理论物理学家卡尔罗·罗维利（Carlo Rovelli）抱怨说：

> 哲学家和科学界严肃性对话的终结在 20 世纪下半叶才出现。……也许我应该说，我的许多同事都视野狭隘，他们不想了解关于科学哲学的内容。在哲学和人文学科的许多领域也同样视野狭隘，它们的支持者不想学习科学，而这更是视野狭隘。[2]

本质上，通过将自然主义等同于主流科学，这些哲学家已经被局限在还原论科学家所理解的基本自然假设中。这不仅与人文学科相对抗，因而极大地破坏了人文学科，而且与自然科学中最具创造性的研究领域相对抗。当他们这样做时，他们不仅损害了哲学，而且削弱了科学。

当科学家去哲学家那里寻找新见解时，他们发现的是谄媚者所捍卫的过时的科学思想。而正是这种科学思想使分析哲学经常受到思辨自然主义者的挑战。只有科学史家才会正确地认识到思辨哲学对科学的重要性。谢林对科学的影响和他所激发的思辨自然主义传统是一个重要的例子。[3] 在挑战牛顿物理学的过程中，谢林推测，新的物理学将建立在一

---

[1] Alfred North Whitehead, *Adventures of Ideas*, p. 154.

[2] Carlo Rovelli, "Science Is Not About Certainty," in *The Universe*, ed. John Brockman, New York: Harper Perennial, 2014, pp. 215, 227 & 228.

[3] See Arran Gare, "Overcoming the Newtonian Paradigm: The Unfinished Project of Theoretical Biology from a Schellingian Perspective," *Progress in Biophysics and Molecular Biology*, 113, 2013: 5 – 24.

种作为生产力的物理存在的概念上。这种生产力使产物通过相反作用力而产生，以此统一光、电和磁的研究。根据这一新物理学，化学物质和生命可以被分别理解为被动的（在化学物质的情况下）与积极维持的对立力量的平衡（在生命的情况下）。那些受到谢林学说影响的人在这个领域取得了成功。谢林的工作为场理论的发展做出了贡献。整个化学都以化合价概念和对抗力量之间的平衡为基础。他的工作也启发了热力学第一定律的假设，他提出了一种系统理论，并预见了控制论和层级理论的发展。① 谢林还发展了数学方面的思想。这推进了康德的研究工作，并影响了贾斯特斯（Justus）和赫尔曼·格拉斯曼（Hermann Grassmann）。② 赫尔曼·格拉斯曼不仅是现代物理学中矢量代数和张量代数的先驱，而且预见了已是当前数学中最活跃的领域之一的范畴理论的发展。③

谢林对其他哲学家也有重要影响，尤其是皮尔士、柏格森和怀特海。这些哲学家对科学和数学也有很大影响。尽管分析哲学家所钟爱的逻辑和集合理论与当代数学的进步越来越无关，但是数学家试图提供一种适合于这一进步任务的综合数学理论。当然，他们借助皮尔士的哲学来提供这一理论。④ 柏格森和怀特海对伊利亚·普利高津（Ilya Prigogine）的非线性热力学研究产生了重要影响。伊利亚·普利高津与伊莎贝尔·斯唐热（Isabelle Stengers）认为，关于非平衡系统中产生的耗散结构的研究预示着科学和人文学科之间的重新联盟，这种新联盟应该被看作谢林思辨自然主义对牛顿科学的胜利的宣言。怀特海的思想也对物理学和后还原论生物学产生了重大影响，这一点尤其体现在 C. H. 沃丁

① See Arran Gare, "From Kant to Schelling to Process Metaphysics: On the Way to Ecological Civilization," *Cosmos & History*, 7 (2) 2011: 26 – 69.

② See Michael Otte, "Justus and Hermann Grassmann: Philosophy and Mathematics," *From Past to Future: Grassmann's Work in Context*, Ed. Hans-Joachim Petsche et. al., Basel: Springer, 2011, pp. 61 – 70.

③ As F. William Lawvere acknowledged in "Grassmann's Dialectics and Category Theory," *Hermann Günther Grassmann* (1809 – 1977): *Visionary Mathematician*, *Scientist and Neohumanist Scholar*, Boston Studies in the Philosophy of Science, Ed. Gert Schubring, Dordrecht: Kluwer, 1996.

④ See Fernando Zalamea, *Synthetic Philosophy of Contemporary Mathematics*, Trans. Zachary Luke Fraser, New York: Orchard Street, 2012, chap. 3.

顿（C. H. Waddington）的著作中。^① 皮尔士的思想也被生物和生态符号学家所吸收和发展。^② 此外，量子物理学家布莱恩·约瑟夫森（Brian Josephson）则援引皮尔士在符号学方面的工作来解释量子理论。^③ 如今，思辨自然主义在最具有原创力的科学家中蓬勃发展，他们努力克服主流物理学的不足，并努力理解生活的复杂性。^④

总之，我们拒绝让哲学臣服于科学，也拒绝让哲学被科学的以往成就所吓倒；我们准备质疑主流科学的基础和假设，并从根本上阐述思考自然的新方式。这意味着与分析哲学家不同，思辨自然主义者对科学曾经有并且继续会有深远的、富有创造性的影响。虽然分析哲学家是"常规"科学的拥护者，但思辨自然主义者一直对"革命性"科学具有重要作用。分析哲学家不仅未能对科学做出贡献，他们对科学主义的推崇以及他们对科学家和数学家的奉承态度也未能给他们的偶像留下深刻的印象。吉安—卡罗·罗塔（Gian-Carlo Rota）是"二战"后美国的首席科学家、麻省理工学院应用数学和哲学教授，也是约翰·冯·诺依曼（John von Neumann）和斯坦尼斯拉夫·乌拉姆（Stanislav Ulam）的朋友。他在《数学对哲学的有害影响》（*The Pernicious Influence of Mathematics Upon Philosophy*）中写道：

> 数学逻辑的伪哲学术语误导哲学家相信数学逻辑在处理哲学意义上的真理。但这是一个错误。……如今在哲学论文中发现的假充内行的运用符号现象引起了数学家们的反感，就像有人用大富翁游戏里的纸币支付他的杂货账单一样。^⑤

① See Timothy E. Eastman and Hank Keeton, eds., *Physics and Whitehead*: *Quantum*, *Process*, *and Experience*, N. Y.: State University of N. Y. Press, 2004 and Brian G. Henning and Adam C. Scarfe, eds., *Beyond Mechanism*: *Putting Life Back into Biology*, Lanham: Lexington Books, 2013.

② See Claus Emmeche and Kalevi Kull eds., *Towards a Semiotic Biology*: *Life is the Action of Signs*, London: Imperial College Press, 2011.

③ Brian D. Josephson, "Biological Observer-Participation and Wheeler's 'Law without Law'", *Integral Biomathics*: *Tracing the Road to Reality*, ed. Plamen L. Simeonov, Leslie S. Smith and Andrée C. Ehresmann, Heidelberg: Springer, 2013, pp. 253–258.

④ See the essays in *Integral Biomathics*: *Tracing the Road to Reality*.

⑤ Gian-Carlo Rota, *Indiscrete Thoughts*, Boston: Birkhauser, 1996, p. 93.

为了填补学院哲学家未能履行责任而造成的真空，一些重要科学家和数学家正在将他们的工作延伸到哲学领域，并继承和促进思辨自然主义传统。显而易见，20 世纪末的戴维·博姆（David Bohm）、伊利亚·普利高津、罗伯特·罗森（Robert Rosen），以及当今的霍华德·派蒂（Howard Pattee）、斯坦·萨尔（Stan Salthe）、何美芸（Mae-Wan Ho）、杰斯帕·霍夫梅耶（Jesper Hoffmeyer）、卡列维·库尔（Kalevi Kull）、斯图亚特·考夫曼（Stuart Kauffman）、亨利·斯塔普（Henry Stapp）、、李·施莫林（Lee Smolin）和罗伯特·乌兰诺维茨（Robert Ulanowicz）都是这方面的例子。当然，这也不是什么新鲜事，因为皮尔士和怀特海最初是数学家和科学家，后来才成为哲学家。

六　思辨自然主义、人文学科与人类科学

然而，如果我们仅凭其对科学和数学的卓越贡献来评价思辨自然主义，那么我们就不能理解思辨自然主义的全部意义。正如布罗德所指出的那样，思辨哲学的目标是考虑人类的全部经验，包括科学的、社会的、伦理的、美学的和宗教的，并建立一种对所有这些经验都具有解释力的现实概念。与分析哲学家的自然主义相反，思辨自然主义不仅是对哲学雄心的一种肯定，因为它将以一种宏大的方式反对任何将哲学消解为对主流科学加以辩护的倾向；而且它是对人文学科认知主张和意义的肯定。如果我们要理解它的重要意义，那么最具启发性的方法是考察最近一位人文学科的捍卫者米哈伊尔·爱泼斯坦的研究工作。

爱泼斯坦不仅为人文学科的复兴提供了辩护和指导，更重要的是，他对什么是人文学科以及人文学科应该扮演什么样的角色做出了关键性的澄清。简单地说就是：

> 人文与科学的关键区别在于人文学科的研究主体与研究对象是一致的；在人文学科中，人类为了人类自身而研究自身。因此，研究人也就意味着创造人性本身；同样地，描述人类的每一个行为都是人类的一次自我建构。从完全实用的意义上说，人文创造了人，正如人类被文学、艺术、语言、历史和哲学的研究所改变一样：人

文使人人性化。①

人类通过创造"他们自身的新形象、新符号和新概念来创造自己……人类与其说是在客体世界中发现了什么，不如说是通过自我描述和自我投射来构建自己的主体性"②。在提到元数学和计算理论是如何在自我参照问题上建立起来的时，爱泼斯坦指出："自然科学最感兴趣的是什么使人文学科'不那么科学'，即人文学科的主客可逆性，例如，它们的语义模糊性，甚至它们的语言的隐喻性。如果没有人文学科在批判层面的贡献，那么自然科学就无法达到自我组织和自我反思知识的顶峰。"③ 正是由于这一批判层面的重要贡献，人文学科不仅是科学的补充，而且必须引领科学。正如爱泼斯坦所指出的："人文学科用来决定和赋予历史的时代意义。启蒙时代是由哲学和文学开创的……浪漫主义时代的到来得益于文学批评家、语言学家、诗人和作家的创造性努力。……传统上，人文学科的作用是引导人类。"④

为什么会这样呢？爱泼斯坦指出，自然科学与自然有关，科学在实践层面的延伸就是我们改造自然的技术；人类科学研究社会，它在实践层面的延伸是改造我们社会的政治；人文学科关注文化，文化在实践层面的延伸就是文化的革新。正是通过文化的革新，我们把自己塑造成人类。然而，自然科学、改造自然的技术能力、人类科学和人类科学所遗赠的改造社会的政治权力都是文化的一部分。自然科学家和社会科学家自身就是文化的形成物和产物。基于改造自然而理解自然的整个计划是由弗朗西斯·培根发起的。另外，19 世纪的哲学家威廉姆·惠威尔创造了"科学家"这个词。科学家的角色是由人文学科树立的。自然科学和社会科学对自然和社会的研究不仅是理解自然和社会并促进其转化，而且它们是人文学科计划的一部分，旨在定义和形成我们与自然和社会的关系。只有通过人文学科，科学的本质和目标才能得到界定。在

---

① Mikhail Epstein, *The Transformative Humanities*：*A Manifesto*，New York：Bloomsbury，2012，p. 7.

② Ibid. , p. 8.

③ Ibid.

④ Ibid. , p. 12.

人文学科这一概念及其作用的基础上，爱泼斯坦赞同怀特海的宣言："大学的任务是创造未来，只要理性的思考和品位的教养能够对这个任务产生影响。"①

正如许多哲学家所认识到的那样，我们现在面临的问题是，主流自然科学正在致力于解释意识并且把生命仅仅理解为表象。如果不能让人类主体创造自己，那么也就没有人文学科的存在。毫无疑问，主流的还原主义科学家致力于把自然和人还原成可预测的工具，而且他们相信他们已经并将继续在这方面取得成功。受蒯因影响的分析哲学家所理解的自然主义为这种观点提供了强有力的支持。我们还需要人文学科吗？我们是否需要培育人文精神，以及培养愿意为创造未来承担责任的人类？难道我们不会接受人文学科过去遗赠给我们的东西？难道我们不会认为只有研究自然和人类的科学才有意义？因为一旦它们转化为服务于经济与企业和政府的追求，就可以最大限度地提高盈利能力和国民生产总值。

主体性将来仍然可以通过与广告、公共关系相关的心灵控制行业来塑造，或者辅之以处理极端情况的精神病医生、心理学家、社会学家和犯罪学家。市场作为一种自我调节机制，在全世界范围内被用来定义所有的人际关系，并提供了经济发展所需要的所有反馈。由于科学与技术研究结合在一起以及对技术研究的认同，科学不再需要被人类追求真理的精神所激励，即使是蒯因所坚持的非常有限度的真理观念。同所有其他员工一样，理工科毕业生可以由经过专门培训的人力资源经理来支配。这些人力资源经理被培训成以尽可能少的投入获取利润产品的最高产出。一种使其本身成为科学的科学与科学家对其一知半解之间的矛盾可以被忽略，因为科学家现在被视为生产有利可图的技术的工具，而不是为真正理解自然而奋斗的英雄人物。本质上，这是新自由主义的议程。

这是科学研究的新成果吗？虽然我们已经出现了一些技术进步，但那些在研究机构中的科学家放弃了追求真理而代之以追求发表和研究经

---

① Mikhail Epstein, *The Transformative Humanities*: *A Manifesto*, New York: Bloomsbury, 2012, p. 15, quoted from Alfred North Whitehead, *Modes of Thought*, New York: Free Press, 1938, p. 233.

费，这种科学研究现状是一种浮躁的涌现现象。医学研究员布鲁斯·查尔顿在其最近出版的《甚至没有尝试：真实科学的腐败》（*Not Even Trying：The Corruption of Real Science*）书中，谴责当今科学研究现状。他把科学研究现状比作波兰共产主义政府垮台前的一家工厂："这家工厂生产大量无人问津的劣质酒杯。甚至没人想用它们。因此，这些酒杯只是在工厂周围被堆积成巨大的堆垛；这不仅浪费资源，而且妨碍人们行走的道路，占用有用的空间。"[1] 查尔顿认为，现在的科学是如此糟糕，最好是让研究者什么都不做，而不是让他们继续其正在做的事情。这就是自然科学的研究情况。

人类科学的情况更糟，因为其产生的影响具有严重的破坏性。主流经济学的情况显然亦是如此，其之所以蓬勃发展，是因为它为新自由主义议程提供了意识形态上的支持。尽管科学哲学家们的工作揭示出，它与物理学的表面相似是一种假象，是基于对数学模型运用条件的误解。[2] 布瑞恩·亚瑟（Brian Arthur）与保罗·欧莫洛（Paul Ormerod）能够真正理解数学在科学中的可能应用以及应该发挥的作用。以他们为代表的复杂性理论的倡导者指出经济系统一般不会走向均衡的趋势，它是以"收益递增"和"灾难"为特征的。因此这削弱了主流经济学的理论基础，即它声称市场是配置资源的有效手段。可以预期，不受约束的市场将在地区、国家、公司和个人之间集中财富和权力，直至使经济和社会瘫痪。在由这些经济学家所推动的政策带来了全球金融危机之后，尽管这场金融危机为新古典经济学的理论批评提供了实证依据，尽管制度主义经济学在理论上提供了更可靠的选择方案，然而新古典经济学家仍然继续主导着政府的经济政策。[3] 很明显，由于市场的成功取代

---

[1]　Bruce G. Charlton, *Not Even Trying：The Corruption of Real Science*, Buckingham：University of Buckingham Press, 2012, p. 14. Evidence in support of this claim is provided by Philip Mirowski in *Science-Mart：Privatising American Science*, Cambridge：Harvard University Press, 2011.

[2]　This was demonstrated by Philip Mirowski in *More Heat than Light：Economics as Social Physics, Physics as Nature's Economics*, Cambridge University Press, 1989 and a series of other books.

[3]　See *Zombie Economics：How Dead Ideas Still Walk Amongst Us：A Chilling Tale by John Quiggin*, Princeton：Princeton University Press, 2010 and Philip Mirowski, *Never Let a Serious Crisis go to Waste*, London：Verso, 2013. For an alternative set of policies based on the tradition of historical, institutionalist economics, see Erik S. Reiner ed., *Globalization, Economic Development and Inequality：An Alternative Perspective*, Cheltenham：Edgar Elgar, 2004.

了对真理的追求而成为决定研究结果的标准①，那些使强者更强的想法不计后果地占据着主导地位。至于心理学和社会学，在这些学科中，绝大多数所谓的科学研究现在与真正的科学几乎没有什么相似之处。

新自由主义的议程似乎将人类锁定在一个轨道上，这个轨道将财富和权力集中在一个以企业为基础的、新的全球统治阶层手中，这破坏了民主，并使应对全球生态危机的努力陷入瘫痪。② 无约束市场不对生态破坏提供应当且必要的反馈，并且其经济活动加速了生态破坏。由于市场不受维护真理和正义观念的公共机构的约束，也不受公众对共同利益承诺的约束，它在 21 世纪的自我调节能力并不比在 19 世纪和 20 世纪初的自我调节能力强。人文主义的复兴将一如既往地成为拯救文明的必然要求。

从谢林开始一直到今天的思辨自然主义的关键与核心问题是：如果人文学科的认知主张被接受，那么自然就必须以这样一种方式被理解，即人类作为感知、自我意识、创造性的社会主体一直在自然中演化着。还原主义科学及其对自然具有还原主义解释的特权必然是错误的并且应该被取代。自然本身必须被看作组织的创造性、生成性涌现层级，而不能被还原为它们涌现的条件。生态学把所有这些都聚焦在一起，并一直是一种反还原主义者的科学。它由思辨自然主义传统产生，受到了思辨自然主义传统的影响，并反过来影响思辨自然主义传统。③ 一旦我们认识到人类从生态系统中产生并参与其中，我们就必须认识到人类潜在的创造性和破坏性，我们也必须将注意力集中在人类和文明的可持续生存条件上。因此，毫不奇怪，思辨自然主义者是早期的环保主义者并且一直处于环境保护主义的前沿，也一直处在致

① See Philip Mirowski, *Science-Mart*: *Privatising American Science*, Cambridge: Harvard University Press, 2011 for a description of how this has taken place.

② See Dmitry Orlov, *The Five Stages of Collapse*: *Survivor's Toolkit*, Gabriola Island: New Society, 2013. The black humor with which this book is written should not blind readers to the profundity of Orlov's observations. Much the same conclusions are reached in the anthology *The Politics of Empire*: *Globalisation in Crisis* edited by Alan Freeman and Boris Kagarlitsky, London: Pluto Press, 2004, published before the global financial crisis.

③ See Robert E. Ulanowicz, *Ecology*: *The Ascendent Perspective*, New York: Columbia University Press, 1997, esp. p. 6 and *A Third Window*, West Conshocken, Templeton Foundation Press, 2006, esp. chap. 6.

力于解决全球生态危机的前沿。

七　思辨自然主义与未来的创造

思辨自然主义为自然科学的发展提供了可靠的基础，使科学与人类的现实和人类的理解与创造性的潜能相一致。自然科学的这种发展不仅仅有助于追求真理，也有助于人文学科的发展，它涉及改变人类与自然关系的文化变革。思辨自然主义用奥尔多·利奥波德（Aldo Leopold）的格言——"当一个事物有助于保护生物共同体的和谐、稳定和美丽时，它就是正确的；当它走向反面时，它就是错误的。"[1] ——取代了另外一个格言——"当一个事物有助于提高跨国公司的营利能力时，它是正确的；当它走向反面时，它就是错误的。"如果科学的实践成果是技术，那么思辨自然主义的科学将导致对技术的一种不同的理解方式。它不把技术看作征服自然的，使之成为人类意志支配的一种完全可预测的工具，而是作为使生态系统（包括人类作为其部分的全球生态系统）繁荣的要素。

同样，后还原论科学与受思辨自然主义影响的人文学科结合在一起，这对人类科学也有着深刻的影响。人文学科先于人类科学的发展，而人类科学通常是为了反对人文学科而发展起来的。人文学科与人类科学是一种相互作用的关系，我们也需要发展人类科学来支持人文学科。这种辩证关系澄清了利害攸关的问题，阐明了科学与人文学科之间在其更广泛的对立关系中所蕴含的重要意义，以及思辨自然主义者在致力于克服这种对立时所蕴含的重要意义。人文精神是在其共和国的自由受到了威胁、文艺复兴时期的意大利发展起来的，作为对一种被西塞罗（Cicero）认为是必要的教育的复兴。这种教育受到古希腊教化（paideia）观念的影响，旨在培养能够管理自己和捍卫共和国自由的公民。机械世界观的兴起是反文艺复兴的一部分，也是发生在法国和英国的反对共和主义，反对将自由观念理解为自治观念的思想运动。[2] 作为反文艺

---

① Aldo Leopold, *A Sand County Almanac and Sketches Here and There*, London: Oxford University Press, 1949, p. 224f.

② This has been shown in a number of the works of Quentin Skinner.

复兴的一个主要人物，霍布斯试图以一种使具有公民性的、人道主义的自由概念变得难以理解的方式来描绘人类。詹巴蒂斯塔·维柯（Giam-battista Vico）对此做出了回应，并捍卫具有人文精神的新科学。约翰·赫尔德（Johann Herder）继续捍卫具有人文精神的新科学，他是第一个创立现代意义上的文化概念的学者。尽管文艺复兴时期的经济学着眼于培养人格与艺术能力①，但是由于受到霍布斯、洛克和牛顿的影响，亚当·斯密的经济学更着眼于培养与占有欲相关的个人主义。当然，受赫德（Herder）影响的历史学派则延续了文艺复兴的传统。主流人类科学与人文学科和人文主义的人类科学之间的分歧在于，人们的研究是为了使他们自身被屈从，使他们自身被控制，还是为了充分发展他们与自由相关的最高潜能，以让他们自律，并激励他们为自由而奋斗。这种对立贯穿于所有的人类科学：经济学（古典和新古典经济学继承了霍布斯、洛克和斯密的传统，而制度主义经济学则根源于历史学派）、心理学、社会学和地理学。这种对立也贯穿于正统马克思主义（这种马克思主义使马克思写下，如果说他知道一件事，这件事就是他知道自己不是一个马克思主义者。）和人道主义马克思主义之间。在它们的对立中，反人文主义者总是标榜他们自己是"科学的"，以此来攻击、诋毁和揭穿人文主义者的"良好错觉"。

思辨自然主义与受其启发的科学发展改变了这一切。由于受到思辨自然主义者的影响，人文主义人类科学、人本主义心理学，以及一般意义上的人文学科现正在科学中寻求支持。然而，与此同时，思辨自然主义需要对这些人文主义方法进行彻底的反思，因为它们现在需要在坚持人文主义的同时，把人类视为自然的一部分和参与者。虽然制度主义经济学现在得到了我们的支持，但我们也有一种期望，即制度主义经济学应该发展为制度主义生态经济学。② 政治学、社会学和地理学中的人文主义方法，通常与解释学、符号互动论、现象学和人本主义马克思主义相联系，因而人文主义方法也能够在这些科学中得到支持。但是我们也

---

① See Erik S. Reinert, *How Rich Countries Got Rich … and Why Poor Countries Stay Poor*, New York: Carrol & Graf, 2007, chap. 2.

② As exemplified by Arild Vatn, *Institutions and the Environment*, Cheltenham: Edward Elgar, 2005.

有一种期望，这些人文主义方法能够发展成为人类生态学的一部分，并把人类符号学与对全球生态系统符号圈有着重要贡献的人类文化联系在一起。① 在所有情况下，我们都有这样一种期望，即这些学科认为它们正在研究的东西是历史的并不断发展着的。

如果如爱泼斯坦所说的那样，社会科学在实践层面的延伸是通过政治来实现社会的革新，那么思辨自然主义者的革新目标、革新构思方式以及实施的方式都将与主流社会科学的"科学"方式存在根本的不同。革新并不涉及控制人民，以使他们成为掌权者的工具，而是激励人民创造一种自然的、社会的生活方式，激励人民保护环境和制定制度，以使人们更有人文素养，使人民有能力为生活和人文精神营造一个良好的自然和社会环境。② 建立一种新的人类生活方式将意味着发展与实践一种新的叙事方式，这种新的叙事方式不是单一的叙事方式。它将建立一种对话的或复调的叙事方式，允许参与者发出不同的声音，让他们来质疑以及参与修改、参与拟订他们的生活故事。在这种叙事中，他们自身被理解为全球符号圈的组成部分。他们将对他们的文化及其革新负责。在这种文化革新中，思辨自然主义将创造一种新的主体性。这种主体性致力于解决和克服人类文明与人文精神所面临的由生态破坏带来的威胁。这种主体性将创造一个新时代，这个新时代就是中国环保主义者所倡导并称之为"生态文明"的时代。

---

① On the semiosphere, see Jesper Hoffmeyer, *Signs of Meaning in the Universe*, trans. Barbara J. Haveland, Bloomington: Indiana University Press, 1993, chap. 5. See also Arran Gare, "Philosophical Anthropology, Ethics and Political Philosophy in an Age of Impending Catastrophe," *Cosmos & History*, Vol. 5 (2), 2009: 264 – 286. On developments in human ecology, see Dieter Steiner and Markus Nauser eds., *Human Ecology: Fragments of Anti-fragmentary Views of the World*, London: Routledge, 2003.

② See Arran Gare, "Toward an Ecological Civilization: The Science, Ethics, and Politics of Eco-Poiesis," *Process Studies*, 39 (1), 2010: 5 – 38.

生态哲学研究必须超越的几个
基本哲学观念[*]

刘福森^{**}

一 超越"具体应用论"：生态哲学的地位需要重新评价

在对生态哲学的研究中，我国学术界存在着一个误区，就是把生态哲学仅仅理解为"一般哲学原理"在生态问题研究中的具体运用，是作为"一般哲学"下属的"部门哲学"，是哲学的"应用学科"。这种观点从根本上否定了随着时代和文明的演变而必然引起哲学变革的必然性和必要性。这种观点的理论前提，就是必须假定一个超越具体时代的"一般哲学"和"一般哲学原理"的存在，然后再依据和运用这个"一般哲学"的"一般原理"，推演出一个作为"一般哲学"下属的"部门哲学"——生态哲学。在这里，作为"被应用"的"一般哲学原理"是"先于"作为"部门哲学"的"生态哲学"而存在的。如果是这样，那么，这种"先于"生态哲学的一般哲学是从哪里来的呢？按照这种逻辑，它只能是"前生态文明"时代的"西方传统哲学"；人们实际上是把西方传统哲学当作了普适于所有时代的"一般哲学"。这样，这种观点就背离了哲学的时代本性，承诺了一种能够适用于所有时代的"一般哲学"和"一般哲学原理"的存

* 本文原载于《南京林业大学》（社会科学版）2012 年第 3 期。
** 刘福森，吉林大学哲学基础研究理论中心教授，博士生导师。

在。而实际上，根本就不存在超历史的、超时间的"一般哲学"的存在。被人们当作"一般哲学"加以应用的哲学，实际上是"前生态哲学"，即西方传统哲学；被人们当作"一般哲学原理"加以应用的"哲学原理"，实际上是西方传统哲学的原理。这种对生态哲学的理解，实际上就是把西方传统哲学普遍化，企图用旧时代哲学来解释我们的时代新出现的生态问题。按照这种理解，西方近代主体性哲学、人本主义哲学所提供的哲学观念，也就是适合于我们的新时代的"一般哲学"的观念（原理）；而所谓生态哲学，就是用这个"一般哲学"提供的"一般原理"去解释具体的生态问题而产生的哲学。这种作为"部门哲学"的生态哲学，既然仅仅是所谓"一般哲学"的具体应用，当然就不具有世界观的意义。在世界观问题上，仍然是旧哲学的天堂。西方传统哲学这个"老朽"仍然高傲地俯视并解说着新的时代，并企图把新时代纳入它的管辖范围。

马克思说过，"任何真正的哲学都是自己时代精神的精华"，"是文明的活的灵魂"①。黑格尔和海德格尔等人都明确地多次阐述过哲学的时代本性。黑格尔认为，"哲学是思想中所把握到的时代"②，哲学不过是它所在的时代的思想表达而已。因此任何哲学都不可能超越它所在的时代，"妄想一种哲学可以超出它那个时代，这与妄想个人可以跳出他的时代跳出罗陀斯岛，是同样愚蠢的"③。也就是说，任何哲学都是只属于其自己时代的"特殊哲学"，而不是属于（适用于）所有时代的"一般哲学"；同样，任何时代所需要的哲学，都只是与该时代的文明和文化相适应的特殊哲学。④ 因此，企图使西方传统哲学超越它的时代，并进一步利用其解释生态文明的做法，按照黑格尔的说法是"同样愚蠢的"。在我国哲学界，似乎没有公开反对哲学的时代本性的人，然而，在对哲学观的具体研究中，把西方传统哲学，特别是把西方近代哲学看作普适古今的"一般哲学"的观点普遍存在着：人们把"思维与存在的关系问题"这个仅仅适用于西方传统"知识论哲学"的"哲学

---

① 《马克思恩格斯选集》（第1卷），人民出版社1995年版，第75页。
② ［德］黑格尔：《法哲学原理》，范扬、张企泰译，商务印书馆1961年版，第12页。
③ 同上。
④ 刘福森：《哲学观：我们该如何对待哲学》，《江海学刊》2011年第1期。

基本问题"说成是普适古今的所有（全部）哲学的基本问题，把西方近代哲学反生态的"进步观"仍然看作我们时代的进步观，西方传统哲学的旧人本主义（人道主义）仍然被看作我们时代的价值观。如果不改变这种哲学研究落后于时代发展的现象，要确立起生态文明是根本不可能的。

什么是"生态哲学"？根据哲学的时代性特征，可以得出这样的结论：生态哲学就是"被把握在思想中的"生态文明，是按照生态文明的价值与逻辑所构思起来的新时代的哲学。它是生态文明的"活的灵魂"，是一种不同于西方近代传统哲学的新形态的哲学。现在，在所谓"元哲学"研究的领域，西方传统哲学的基本观念还仍然占据着统治地位，适合于生态文明的新哲学观念还没有真正确立起来。因此，我们还无法对生态哲学的各个方面给出一个全面的、确切的、清晰的规定。但是，有一点是可以，而且必须明确的，那就是颠覆西方传统哲学的那些反生态价值的基本价值观念（如我们在下文所反对的那些基本观念），以便确立起一种与生态文明相适应的基本价值观念。如果不从根本上改变西方近代传统哲学的价值观念、思维方式、发展观和人生态度，要想形成一种作为新哲学的"生态哲学"是根本不可能的。西方传统的哲学观念本来是造成现代社会生态危机的"思想罪犯"，它应该为现代社会的"生态危机"承担"思想"的责任；但是，这种陈旧的哲学观念现在还仍然占据着统治地位，并被我们看作普适古今的"一般哲学"观念，而把生态哲学看作旧哲学的"下属部门"或"具体运用"。"下属部门论"和"具体运用论"的实质，就是把旧哲学的基本观念拿到新时代，并用来支配新时代的理论思维，要求人们永远停留在旧时代的思想观念中。这样做只能导致下面的结果：把西方传统哲学的人本主义（人道主义）、主体形而上学等在工业文明的基地上产生出来的，仅仅适合于工业文明的价值观念，生搬硬套地移植到"生态哲学"的研究中，用西方传统哲学的价值观念、思维方式和人生态度，去剪裁和解释当代的现实。这样，不仅不能建立起生态哲学，而且会进一步把工业文明时代的旧哲学观念延伸到生态文明的时代，从而使得摇摇欲坠的工业文明得以维持，使新的生态文明无法确立起来。因此，生态哲学不仅不是西方传统哲学的具体运用，而且是对西方传统哲学的反叛和超越。只有超越了西方传统哲学基本的价值观，才能形成尊重自然、保护自然的生态价值观，形成适合于生态文明的新哲学——生态哲学。

二　超越西方传统的"进步"观：人类需要第二次"启蒙"

现代性的根源肇始于启蒙运动。西方史学家通常把 18 世纪，特别是 1789 年法国大革命以前的那些岁月叫作启蒙时代。启蒙的原意是摆脱愚昧、迷信和盲从。启蒙的实质是现代性的启蒙，它开启了一个新的文明，即现代文明（工业文明）。发展、进步的观念正是由启蒙所产生的。尼采说："'进步'只是一个现代的观念。"[①] 古代社会没有进步与发展的观念，循环论的历史观在那时占据着统治地位。古代社会甚至通行着一种"扬古抑今"的"反发展"的价值观。在这种价值观看来，古代的、过去的东西才是最好的。这样，"过去"就成为评价"现在"和"未来"的价值尺度：在治国上，要"效先王之法"；在个人的道德修养上，要以古代"贤人"为榜样，"效古人之德"；在技艺上，也以古人的成就为最高成就（例如今天我们的广告还在用"古代宫廷秘方""家传秘方"来证明某种药的优秀）。正是启蒙运动才确立了"进步与发展"的观念。在启蒙学者看来，历史是不断进步的，是人类理性不断解放的过程：首先是从宗教和迷信中解放出来，然后是从历史的束缚下解放出来，而作为现代性的基本观念——"进步"的观念，则是启蒙运动所确立的一个基本的价值观念。这个观念就是现代文明——工业文明的基本观念。

从一定意义上说，发展概念与进步概念具有本质上的内在关联："发展"概念揭示的是一个变化过程，而"进步"概念则是规定发展的价值指向的一个概念，它进一步揭示了"发展"的价值方向。因此，发展概念不仅包含着运动、变化的要素，而且包含着一种"向好"的"价值预设"。通过这种价值预设，规定了发展"向好"的方向性，以便把"发展"这种"向上"的运动同"倒退"这种"向下"的运动区

---

① ［德］尼采：《上帝之死——反基督》，刘崎译，台北志文出版社 1975 年版，第 46 页。

别开来。从这个意义上说，发展并非一般的运动变化，而是趋向于某种"向好"的价值预设的运动和变化，这就是所谓"进步"；而退步（退化）、落后则意味着一种"向坏"的运动和变化。因此，发展不仅是变化，而且是进化。

但是，发展概念又与一般的"进化"概念不同：在汉语中，一般的"进化"概念虽然也揭示了一种"向好"的变化，但是，这种"向好"的变化是一种"自在"的变化，而发展这种"向好"的变化则是一种"人为"的变化，即在人的目的支配下的，按照"价值预设"进行的"自觉"的运动，这种自觉所形成的"向好"的变化就是"进步"。因此，"进化"概念一般只是在描述自然过程（如宇宙的进化过程、生命的进化过程）时使用，而"进步"概念则仅仅在描述人以及人类社会的发展时使用。就是说，进化概念是一个"自然"的概念，而"发展""进步"概念则是一个社会历史的、文化的概念。

但是，发展、进步概念并不是所有文明形态的属性，而仅仅是工业文明这种特殊文明的属性。农业文明"春种—秋收"的循环模式，形成了一种循环论的历史观。因此，"发展""进步"概念不属于农业文明，而仅仅属于工业文明。也就是说，发展观、进步观不是农业文明的价值观，而是工业文明的价值观。

工业文明是一种不同于农业文明的特殊文明。农业文明中的农牧业生产，在本质上是一种"自然性生产"：农牧业生产过程是对自然过程的模仿，或者说是自然过程"有人照料"的重演。在这种生产中，人不是真正的生产者，而是"自然生产过程"的"照料者"；牲畜的肉是牲畜自己"生产"（生长）的，粮食也是庄稼自己"生产"（生长）的，而不是人"制造"的，因而生产的主体在本质上不是人，而是自然（牲畜或庄稼）。因此，尽管有人的活动参与其中，这种生产过程在本质上仍然是一个自然过程。与这种生产相适应，人们对待自然界的态度是"效仿"或"模仿"，自然被看成是人的榜样和导师。"自然在耕田人的眼里几乎可以说是效仿的榜样，是阐述人生的模式。""自然也成了具有秩序、和谐和美好的领域。自然一词也随之带有美好和高尚的感情色彩。"农耕时期这种对自然的看法，通过文学作品已经牢固地建立在人们的情感中，以致碰到"自然"这个词，就会使我们联想到那充满浪漫主义的、美好和高尚的境界。① 文艺复兴时期流行的田园诗代表着对过去时代母亲般仁慈怀抱的向往。自然被描绘成一个花园，一幅乡村景象，或者一幅平和丰产的景象。在那时人们的心中，自然不仅是实体，而且是纯洁、善良、平和、美好、友善、关爱的价值象征。②

相反，工业社会的机器生产已经不是对自然的模仿和引导。自然成为人类认识、改造、征服的对象。工业生产的基本特征是"制造"，而"制造"的基本逻辑就是首先把自然界的整体联系"割碎"，从中选择部分对人有用的"自然物"做材料，然后再按照人的目的重新"组装"，把人的目的、欲望、意志和文化精神嵌入自然物之中，最后形成一个自然界本来不存在的"人工物"（如汽车）。制造过程的开端是对"自然整体"的"割裂"，因而工业生产是以对自然整体联系的"撕裂"为前提的；而生产过程就是"用人工秩序取代自然秩序"的过程；作为生产的结果，被人工组装出来的"物"已经失去了同自然生态系统的内在关联，不再是"自在""自立""本然"意义上的自然物，而是受制于文化逻辑的"文明物"或"属人物"了。所谓"人化自然"概念，是在工业文明中产生的一个概念。人化自然，实质上就是"去自然化"的"自然"，是失去了"存在"本性的，是按照人的文化、目的重新安排和改造过的虚假的"自然"，即"非自然"。它虽然继续保留着自然物的外观，但骨子里却生长着文化的基因，血管中流淌的是"人造血液"。这种被人骄傲地称为"精美制品"的人工物，在自然界中是从来没有过的，也不是按照自然的逻辑自发产生的，因而在自然系统中是没有它的位置的。因此，工业产品对于"工业人"来说，是他的能力的证明，但对于自然生态系统来说，它就是"垃圾"。工业文明的这种"反自然"的性质，决定了它是一种不可持续的文明。仅仅经过二三百年的发展，这种文明就使得自然生态系统发生了严重危机。这种自然的危机，实际上是工业文明的危机。为保持自然系统的稳定平衡，保持人类生存的可持续性，人类迫切需要用一种新的文明取代工业文明。这种新的文明就是生态文明。

---

① ［德］汉斯·萨克塞：《生态哲学》，文韬、佩云译，东方出版社1991年版，第6页。
② ［美］卡洛琳·麦茜特：《自然之死》，吴国盛等译，吉林人民出版社1999年版，第8页。

　　建立在工业文明基础上的现代西方发展观和进步观，正是工业文明的价值观在发展问题上的突出表现。进步是一种"向好"的变化；进步的价值指向是"好"。工业文明所理解的"好"表现在以下几个方面：第一，对于生产来说，人类占有、支配自然资源的效率越高，生产就越进步。在机器生产的技术条件下，科学已经成为生产力，因而生产效率的提高，同时也意味着科学技术水平的提高。由于机器生产用外部自然力代替了人的天然器官的劳动功能，因而人类在工业生产中，生产的效率对人的天然器官的依赖性越小，生产也就越进步。工业生产"进步"的终极指向是"自动化"。生产"自动化"的实质，就是完全用机器取代人的天然器官的劳动功能。第二，从人的生活方式来看，进步意味着人们的生活方式越来越"远离自然"。接近自然的生活方式，我们名之为"野蛮""落后"，而远离自然的生活方式，我们名之为"文明""进步"。在这种进步观看来，城市的生活方式比农村的生活方式进步，而大城市（如上海）的生活方式比中小城市的生活方式进步。我们喝瓶装水就比喝天然的井水进步，我们坐汽车就比坐牛车或骑自行车进步，我们消费"深加工"的产品就比消费初级产品的生活进步。为什么呢？因为前者是比后者更远离自然的生活方式。这种进步观的终极指向，就是使人的生活方式越来越远离自然的生活方式。我们的生活以接近自然为耻，以远离自然为荣，这就是这种进步观的实质。

　　但是，人的身体也是一种"自然物"——动物，因而人的生活方式不可能摆脱对自然的依赖，也不能摆脱自然对它的制约。人类的肌体是适应狩猎和采集这种生存方式而形成的，或者说，是按照狩猎和采集这种生活方式来设计的。因此，我们身体的生命功能和结构是与这种生活方式相适应的。但是，自从进入工业社会以来，我们用技术建立起一个与狩猎和采集的生活方式完全不同的生活方式，并且我们正在以我们的进步不断远离那种与人的生命结构相适应的生活方式。我们把这叫作"进步"。这种进步的实质，就是越来越远离自然的生活，以技术的生活方式代替自然的生活方式。自人类形成的那一时刻起，人类的生活方式就发生了天翻地覆的变化，而且变化的速度越来越快。然而，人类的生理结构和功能却几乎没有发生变化。这样，就必然会发生不断变化的生活方式同人的生命机体的功能结构的冲突。亚特兰大埃默里大学诊断放射学家博伊德·伊顿说："作为狩猎者和采集者设计出来的人类，现在生活在一个完全陌生的环境中，当然会蒙受这些后果了。"① 现在，学术界一般只看到人类社会的"进步"同"外部自然界"的冲突（其后果是资源危机和环境的破坏），而没有重视人类生活方式的改变同人本身的自然——人的生命功能结构的冲突。这一冲突的必然结果就是当代"文明病"的发生。"文明病"的发生和广泛流行，说到底是现代文明的生活方式同我们的生命功能结构的冲突造成的，是"文明原理"同人的"生命原理"的冲突造成的。因此，现代工业文明指向"远离自然"的进步观所造成的直接后果，就是人的生命机体的危机。这种"进步"不仅造成了多种文明病的发生，而且使得人类生命机体的免疫力逐步下降，使人类适应恶劣环境的能力大大降低。当代的人类是生活在巨大、复杂的"技术保护罩"（如空调、医疗技术等）之下的，离开这种"技术保护罩"，人类已经不能在自然环境中生存了。社会越"进步"，人的生命机体就越脆弱，就越来越不能适应接近自然的生活。

当然，在生产力不太发展的时期，这种进步观是有积极意义的，因而这种进步观在其产生的时代是合理的：当人们生产的产品还不能满足基本的生存需要、体力的过度支出危害着人的健康的时候，从自然界获得更多的消费资料和适当地减少体力的支出，对人的健康是有好处的，这对于发展中国家来说尤其如此。但是，如果这种对自然的"远离""背离"无限度地、持续地发展下去，即追求过度的消费和过度地减少人的体力支出，就可能会造成对整个人类的生命健康的致命伤害。因此，这种"远离自然"的进步观，是一种危害人类健康生存的、不可持续的进步观。

在当今人类面临生态环境危机和人本身的生存危机的条件下，人类迫切需要彻底改变传统的进步观念。但是，西方传统的"发展观"和"进步观"已经深入人们的骨髓，融入了人的血液。从普通的百姓到政府高官，从牙牙学语的稚子到白发苍苍的老叟，都狂热地迷恋着这种进步观。因此，没有一次区别于人类第一次启蒙的新的启蒙（第二次启

---

① 转引自〔英〕罗杰·卢因《达尔文医学试图从进化角度解释疾病及其症状》，英国《新科学家》周刊1992年10月23日。

蒙），就不可能突破西方传统的进步观和发展观，人类的可持续生存是没有希望的。这人类的"第二次启蒙"就是生态文明的启蒙。它主要包括以下几个方面：

第一，要确立一种生态世界观。生态文明要求超越西方传统哲学的机械论、原子论的自然观和世界观，从而确立一种"生态整体论"的自然观和世界观。在这种新世界观看来，世界不是机械地堆积起来的巨大的"物质堆"，而是一个相互联系的整体，其系统的稳定平衡是一切自然物和人的存在的基础。

第二，要确立一种生态价值观。"生态价值观"的含义主要包括以下三个方面：首先，地球上任何生物个体，在生存竞争中都不仅实现着自身的生存利益，而且创造着其他物种和生命个体的生存条件，从这个意义上说，任何一个生物物种和个体的存在，对其他物种和个体都具有"生态价值"；其次，地球上的任何一个物种及其个体的存在，对于地球整个生态系统的稳定和平衡都具有积极的意义，这种积极"意义"也就是"生态价值"；最后，既然人也是自然界整体中的一员，那么，其他自然物和自然界整体系统稳定平衡的存在也就成了人类生存的必要条件，因而对人的生存具有"环境价值"。

第三，要确立一种生态伦理观。

要把伦理关系从人类内部的关系扩展到人与自然界的关系，就必须超越近代理性主义的主体形而上学和主客二分的对象性思维方式。当我们从存在论关系去看人与自然的关系时，人与自然的主客体区分不见了，它们都是自然世界整体中的一员。在这个意义上，人与自然之间的关系是"同类"之间的关系。当我们为了把人与自然归于同类，以确立它们之间的伦理关系时，我们便找到了人与自然之间共有的"生命价值"：人与自然都是具有生命的存在，都具有"生命价值"。

"生命价值"是人与自然之间具有的"价值同根性"。在此基础上，我们就可以确立起这样一个伦理原则："我同自然物都是有生命的存在，因而我应该像对待我自己的生命那样对待其他一切自然生命"。这样，自然就不再是满足人类欲望的工具，而是人类的有生命的伦理伙伴、"同宗兄弟"或养育人类的"母亲"。①

因此，如果说人类的"第一次启蒙"是使人认识到了自己的主体性的话，那么，人类的"第二次启蒙"则要使人认识到，只有把人的主体性纳入自然界的生态系统的控制之下，保持生态系统的稳定平衡，人类才能可持续地生存下去。

三　超越西方传统的人道主义：人类应该重新认识自己

发生在14—16世纪的文艺复兴运动，其最高的成就是"人的发现"。文艺复兴运动首先在人与上帝的对立中确立了人对上帝的主导地位，在世俗生活与精神生活的对立中确立了世俗生活对神圣的精神生活的主导地位，在现世与来世的关系中，确立了"现世"对"来世"的主导地位。经过后来的启蒙运动，进一步确立起天赋人权、自由平等的政治观念。又经后来的欧洲理性主义哲学的发展，形成了一整套以人为中心的人道主义哲学。

西方传统的人道主义不仅是一种人学理论，而且是一种以人为中心的世界观，也是一种以人性为尺度的价值观和伦理观。人道主义不是一个哲学派别，而是一种哲学形态——西方传统的主体形而上学就是人道主义的哲学。这种哲学所确立的基本观念是：在人与自然的关系中，人的利益是至高无上的；在个人与社会的关系中，个人的利益是至高无上的；在过去、现在和未来的关系中，现在的利益是至高无上的；在崇高的精神生活与世俗的物质享乐的关系中，物质享乐是至高无上的。人把自己变成了上帝的继承人，变成了一个要无限度地占有和消费自然界的"贪婪主体"，一个自认为是宇宙最高存在的"狂妄主体"，一个失去对自己进行约束和规范的"疯狂主体"，一个对自然生命缺乏同情和爱心的"野蛮主体"。

这种人道主义基本的价值原则是自由原则，自由被看成是人的超历史的、永恒不变的理想性本质。实现自由理想的价值追求，主要是通过

---

① 刘福森：《新生态哲学论论纲》，《江海学刊》2009年第6期。

消灭外在权威实现的。

第一，消灭了神圣权威。这在文艺复兴时期就明确提出并付诸行动。人权战胜了神权，人性取代了神性；世俗取代了天国，上帝失去了创造和统治世界的地位。人成为上帝的继承人。在人与上帝的关系中，人获得了自由。

第二，消灭了社会权威。这具体表现为：在政治上推倒了王权，在文化上消灭了传统，确立了以个人为本位的人性观、主体观和对社会的解释原则。当传统被人们抛弃之后，过去就在人的记忆中彻底消失了；当上帝被人"杀死"之后，"来世"和未来也从人们的希望中隐退，人成为一个自由的、对一切都可以为所欲为的绝对主体。

第三，"人化了"自然，即"终结了"自然。人把世界区分为主体和客体，人是统治自然的主体，自然成为满足人的欲望的材料，在人与自然的关系中确立了人的自由。人按照自己的目的"为自然界立法"，在观念中构造出一个"世界图景"或"座架"（海德格尔语），通过自己的对象性活动消灭自然的自在性，给自然"去功能化"，用人工的秩序取代自然的秩序，把自然存在变成了"为我的存在"或"属人的存在"。这种人道主义是对自然的遗忘，即"对存在的遗忘"（海德格尔语）。这种人道主义就是海德格尔所极力反对的西方传统人道主义或"主体形而上学"。

西方传统哲学所"发现"的"人"仅仅是工业文明所要求的人，而不是普适古今中外的理想化的"一般人"。关于"这种人"的哲学——西方传统的人道主义哲学，也仅仅是工业文明时代的哲学，而不是普适古今中外的"一般哲学"或"一般的人道主义"。现在，工业文明已经陷入了空前的危机。它不仅威胁着自然生态系统的稳定平衡，而且威胁着人类的可持续生存。因此工业文明的危机也是"人"的危机，但不是抽象的"一般人"的危机，而是一种特定的人——"工业人"的危机。要解决这种危机，只能用生态文明取代工业文明，并且用一种适合于生态文明的"新人"取代作为"工业人"的"旧人"。我们要超越、改造的人，实际上是"工业人"；我们要确立的，实际上是与生态文明时代相适应的"新人"。这就要求人类必须重新"发现"自己，这就是"人的第二次发现"，以便重新确立人类在自然界中的位置，重新确立人与自然的新关系，重新确立新的发展观和进步观，重新安排人类的新生活。在哲学上，"人的第二次发现"的实质，就是要确立起一种与西方传统人道主义不同的"新人道主义"。

西方传统的人道主义是西方近代哲学的基本哲学观念，它是工业文明时代的人道主义。这种人道主义，在它产生的历史时代初期是具有合理性的。在今天，这种人道主义在尊重人、关心人等方面也仍然具有积极的意义。从这个意义上说，生态文明所要求的新哲学，仍然可以叫作"人道主义"，但必须明确的是，这种人道主义是不同于西方传统的旧人道主义的"新人道主义"。所谓"人道"即人的生存之道，发展之道，行动之道。生态文明时代的人，不同于工业文明时代的人，因而生态文明时代也应该有与工业文明时代不同的新的"人道"。人道主义作为一种哲学观念，它既包含着以人为中心的人对世界的认知和态度，因而它首先是一种世界观；同时，它又是人对自身的自我意识，因而也是一种哲学价值观和伦理规范。因此，既然生态文明要求一种不同于工业文明的"新人"，它就要求有一种与这种"新人"相匹配的不同于西方传统人道主义的"新人道主义"。这种"新人道主义"在理论上具有如下特征：

第一，重新确立人在自然界中的地位。通常我们所说的"人与自然的关系"，实际上包含着两种完全不同的关系：首先是"人与个别的自然物的关系"。实践是人的基本生活方式，人只有通过改造"物"才能满足自己的生存需要。因此，在这个关系中，"人与物"之间存在着实践关系，即主客体的关系。其次，"人与自然"之间还存在着另外一种更加重要的关系，即"人与自然界整体"的关系。这个关系只能是"存在论"关系，而不是"实践论"的主客体关系。从逻辑上说，人作为自然界整体内部的一个"存在者"，不可能把自然界整体作为实践对象。在这个关系中，人只是自然界整体中的"一员"，因而人的存在必然从属于自然整体的存在。因此，"人与自然的关系是主客体关系"这一西方主体形而上学的论断是不成立的。我们最多也只能把"人与个别自然物的关系"说成是主客体关系，而"人与自然界整体的关系"从根本上讲就不可能成为主客体关系，而是人对自然界整体的从属关系。西方传统人道主义的错误，就在于它把仅仅适合于"人与特殊自然物"

之间的主客体关系扩大为"人与自然界整体"的关系，结果把人变成了能够主宰自然界整体的绝对主体。

第二，人不是宇宙中的最高存在，"自然界整体"的存在才是宇宙的最高存在。西方传统的人道主义把人看成是自然界整体的主体，并扬言要把整个自然界变成"属人的存在"，其实质就是把人看成一个最高的存在、无限的存在；而在新人道主义看来，人是一个有限的存在。对于自然界整体来说，人只是这一整体内部的一个特殊的存在者，在人与自然界整体的关系中产生，人的实践活动不是没有限度的，保持自然界整体关系的稳定、平衡，是限制人的实践活动的"底线"。因此，人不是无限的存在，而只是一个"有限的存在"。无论科学技术发展到多么高的程度，人的实践都摆脱不了自然生态系统整体对人的限制。承认人的存在的"有限性"，是"新人道主义"的一个基本观念。作为"有限存在"的人类，当然不可能高于自然生态系统整体的存在。人类要重新认识自己，首先就要认识到人的"有限性"，以便对自己的行为进行约束和规范。人的有限性，要求一种新的伦理学，即保护自然的"环境（生态）伦理"和以约束自身实践行为为特质的"发展伦理"。

第三，"新人道主义"作为人道主义的一种，并不反对"关心人""关注人"，也不反对我们的行动是"为了人"。新人道主义与西方传统人道主义的区别在于：二者具有根本对立的价值观。问题的关键在于：人的实践活动是为了"什么样的"人？是为了人的"什么"？是为了个人还是为了人类？是为了人的眼前利益还是为了未来人的长远利益？是为了人的健康的可持续的生存还是为了挥霍性享乐？这才是两种不同的人道主义相区别的实质。在这里，抽象地谈论"关心人""为了人"是毫无意义的。西方现代发展观正是以"一切都是为了人"为理由开展对自然的征服与掠夺的。这种人道主义是个人本位的，它关心的只是个人利益而不是全人类的利益，它关心的只是人的眼前利益而不是人的可持续生存的长远利益，因而它把"挥霍性消费"，对自然界的掠夺都看成是"为了人"。结果是，人类的一切行为（包括破坏自然环境的行为）都可以被冠冕堂皇地冠之以"为了人"的理由：我们片面地追求国民生产总值的增长也可以说是为了人，我们可以说这是为了人的生活水平的提高，为了人的幸福，等等。这种"为了人"，从全人类的长远利益来看，就是对人类的毁灭。

在理解生态文明时代的新人道主义时，中国传统哲学对我们有重要的启示作用。在中国的传统（哲学）文化中，包含着"天""地""人"三个基本要素。"天"首先是一种神秘的存在：俗语所说的"天机不可泄露"就表明了"天"的神秘性。其次，"天"是对人的行为始终保持强大压力和限制的存在，所谓"天道难违""天理难容"，说的就是人的行为不能违背"天理"或"天道"。在中国的民俗文化中，"天"往往被人格化为各种法力强大的神的居所。在天上，这些神窥视着每一个人的行为，对地上的人进行褒奖或处罚。这样，人死后就有两种完全不同的前途：进入天堂和被打入地狱。因此，"天"又是人不得不"敬畏"的存在。我的理解是，中国哲学中的"天"，与西方生态哲学所讲的"自然系统整体"具有类似的含义。"地"（大地，也包括大地上的一切自然物）是人生活的场所，即人类的"家园"或"环境"，它是人能够直接与之发生关系的自然。人与"物"的关系，不是掠夺，而是维护，不是占有，而是"爱"。这样，中国传统文化就把人与自然的关系纳入伦理关系之中。中国传统文化的伦理是由"敬天""尊祖""仁人""爱物"等构成的一个统一的、和谐的整体，"天地与我并生，而万物与我为一"（庄子语），"风雨露雷日月星辰禽兽草木山川土石，与人原是一体"（王阳明语），从"人与万物一体"所得出的结论就是"人与万物一理"（朱熹语）。因此，在中国传统文化中，不是人道高于天道，而是天道高于人道。中国传统哲学通过对"天、地、人"关系的理解，阐述了与西方传统人道主义完全不同的一种对人的独特理解。这样理解的人是与自然处于和谐统一关系中的人。

论生态文明的哲学基础

——兼评阿伦·盖尔的《生态文明的哲学基础：未来宣言》*

卢 风

迄今为止，我们能查到的最早使用"生态文明"（ecological civilization）一词的文献是德国法兰克福大学政治系教授费切尔（Iring Fetscher）所撰写的《人类生存的条件——兼论进步的辩证法》（*Conditions for the Survival of Humanity：On the Dialectics of Progress*）。该文发表在英文期刊 *Universitas* 1978 年第 3 期。但在其后相当长的时间里，西方学者几乎无人使用"生态文明"一词，直至今天，使用该词的西方学者仍寥若晨星。2017 年 Routledge 出版了一本书——《生态文明的哲学基础：未来宣言》（*The Philosophical Foundations of Ecological Civilization：A Manifesto for Future*）。该书应是目前唯一的标题中出现了"生态文明"一词的西方学者的著作。作者是澳大利亚斯威本科技大学的阿伦·盖尔（Arran Gare）。盖尔多年研究科学哲学、分析哲学和环境哲学，且广泛涉猎德国古典哲学、西方马克思主义、存在主义、现象学、结构主义、解构主义、后现代主义等，以及物理学、生物学、生态学、社会学等实证科学。该书分析了由西方引领的工业文明的危机，特别是分析了西方文明的精神危机和哲学病态，指出生态文明才代表着人类文明的未来，故特别值得国内生态文明研究者的重视。本文分为两部分，第一部分介绍阿伦·盖尔的哲学思想，第二部分表述我对工业文明危机、现代性哲

---

* 本文原载于《自然辩证法通讯》2018 年第 9 期。

学错误的分析以及对生态文明哲学基础的探索。

一　阿伦·盖尔对现代工业文明和分析哲学的批判

（一）文明的终极危机

盖尔认为，西方引领的文明（即如日中天的工业文明）已陷入全面危机。人们总寄望于经济增长和技术创新以解决各种社会矛盾（包括失业和贫富分化），摆脱环境危机，但事实上，经济增长和技术创新非但没有缓和社会矛盾，减轻环境污染，反而加剧了社会矛盾和环境污染。如今，最激进的政治运动也只表现为抗议，而提不出根本不同于全球资本主义的未来愿景。政治上的激进人物一旦掌权便不再珍惜其政治机遇。各类掌权政客，无论是保守主义者、自由主义者、社会民主党人，还是共产主义者，所推行的政策不外乎为市场松绑，实行管理主义（managerialism），出卖公共资产，削减劳动保障，用新技术形式取代劳工，让超级富豪更有权能，增大人类的生态足迹，他们之间的差别则微不足道。[1] 我们正面临的以大规模环境问题为焦点的危机是"现代西方文明"（modern Western civilization）的危机。[2] 盖尔所讲的"文明"指处于历史演变中的社会形态，即汤因比等历史学家所说的"文明"，指由特定族群构成的社会。[3] 现代西方文明就是正挟全球化之势而在全世界迅速扩张的资本主义工业文明。

盖尔认为，这种文明之所以陷入深重危机，就因为其精神、思想、思维方式，或其哲学、科学、人文学是肤浅的、扭曲的、病态的、碎片化的。盖尔认为，哲学在过去一直是文明构成的核心。哲学支撑着文明，或者稳妥地支撑着，或者危险地支撑着，哲学可能被认真看待，也可能被忽视。[4] 盖尔赞同怀特海的观点，认为哲学是一切智力探究的最

---

[1]　Arran Gare, *The Philosophical Foundations of Ecological Civilization: A Manifesto for the Future*, Routledge, London and New York, 2017, pp. 2 – 3.

[2]　Ibid. , p. 183.

[3]　参见 Arnold J. Toynbee, *A Study of History*, Volume iv, Oxford University Press, 1939, pp. 1 – 4.

[4]　Arran Gare, *The Philosophical Foundations of Ecological Civilization: A Manifesto for the Future*, Routledge, London and New York, 2017, p. 5.

有实效的形式。哲学家是精神大厦的建筑师，也是精神大厦的毁灭者。怀特海说："哲学观念是思想和生活的根本基础。我们所关注并置于不可忽视的背景中的种种观念，制约着我们的希望、恐惧，控制着我们的行为。成我们之所想，成我们之所活。正因为如此，哲学观念的装配远不止于专门化的研究。它模铸我们的文明形态。"①

走向生态文明必须实现文化转型，即实现精神、思想或观念的根本转变。盖尔认为，哲学和人文学应为揭示现代文化的缺陷发挥关键的、不可取代的作用，只有这样才能为文化转型（cultural transformations）奠定基础。如今，不仅政府阻碍着文化转型，学术界，包括占据主导地位的哲学话语（即学院派哲学），也阻碍着文化转型。它们将现代性的错误预设教条化，并扼杀一切提出全新思维方式的努力。② 而现代性哲学的错误正严重误导着人类的价值追求和人类文明的发展方向。

总之，现代西方文明的终极危机是哲学的危机。必须超越当代西方学院派哲学，才能为生态文明奠定思想基础。

（二）盖尔对分析哲学的批判

分析哲学就是当代主流哲学。如格洛克（Hans-Johann Glock）所言："分析哲学有大约100年的历史，如今已是在西方哲学中具有主导力量的哲学。它在英语世界的流行已达数十年；它在讲德语的国家也占优势，它甚至入侵了曾敌视它的诸如法国那样的地方。"③ 盖尔对分析哲学进行了大刀阔斧的批判，批判大体上集中于如下两个层次。

1. 在元哲学层次批判分析哲学的哲学观

分析哲学的哲学观源自17世纪的洛克（John Locke）。洛克认为，哲学能作为知识发现之路上清除场地和扫除垃圾的小工（under-labourer）就该志得意满了。这种哲学观深得逻辑实证主义以来的分析哲学家的认同。彼得·温奇（Peter Winch）称这种哲学观为关于哲学的"小工观念"（the underlabourer conception）。根据这种观念，哲学自身不能

---

① Alfred North Whitehead, *Modes of Thought*, The Free Press, New York, 1938, p. 63.

② Arran Gare, *The Philosophical Foundations of Ecological Civilization：A Manifesto for the Future*, Routledge, London and New York, 2017, p. 5.

③ Hans-Johann Glock, *What Is Analytic Philosophy*? Cambridge University Press, 2008, p. 1.

对理解世界做出积极贡献，哲学的作用只能是消极的，即排除知识发现之路上的障碍。积极的知识发现只能由哲学之外的科学去承担。于是哲学只能寄生于其他学科，哲学自身提不出有实质性意义的问题，而只能为科学、艺术等提供正确使用语言的技术。哲学的基本任务是消除语言学混乱（linguistic confusions）。真正的新知识是由科学家通过实验和观察的方法获得的。在科学研究中，语言是必不可少的工具。语言和其他工具一样也会出毛病，其中一种特别的毛病便是逻辑矛盾。这种毛病和物质性工具的机械故障相类似。正如其他工具需要专门的机械师去加以修理一样，语言工具也需要专门工匠的修理。正如汽车修理工要做排除汽化器中堵塞一类的工作一样，哲学家要从话语领域中排除矛盾。① 换言之，哲学活动就是语言分析和逻辑分析，其目的是帮助人们正确地使用语言，避免研究或思考那些因误用语言和逻辑而提出的伪问题。这就是在英语世界里占据统治地位的分析哲学的哲学观。

盖尔反对这种哲学观，认为哲学应重振雄风，应联系文化的一切领域，否则其他学科必然会碎片化为五花八门的子学科乃至子子学科（sub-and sub-sub-disciplines），致使整个学术界、智力和文化生命都被败坏、肢解。我们需要新观念去克服这种碎片化，这样文化、社会和文明问题才能被有效地提出和理解，从而文化、社会和文明才能健康发展。当然不能空谈新观念，新观念必须切合于实践、体制和人们的价值追求。只有这样，哲学才能为未来文明奠定基础。②

显然，盖尔认为哲学不应仅为实证科学打下手、做小工，而应总揽文化的一切领域，从而为文化转型提供整体规划。他说：传统哲学家关心文明所面对的重大问题，为克服必然导致灾难的、片面的、碎片化的思维方式而奋斗，以便使人们能发现生活的意义，使之无论在何种情境中都能找到走向未来的路径。盖尔同意尼采的说法，哲学家是"文化的外科医生"，而且认为，哲学并非只是诸学科中的一个学科，而是跨学科的，它质疑一切假设，质询一切其他学科的价值和知识诉求，在学科

① Peter Winch, *The Idea of a Social Science, and Its Relation to Philosophy*, Routledge, London, 2003, pp. 4 – 5.

② Arran Gare, *The Philosophical Foundations of Ecological Civilization: A Manifesto for the Future*, Routledge, London and New York, 2017, pp. 5 – 6.

关系中揭示它们的重要性，提出新问题，开辟研究和行动的新路径。哲学有责任介入宽广的文化领域，以应对文化问题和矛盾，研究文化、社会和文明之间的关系，研究人们能够和应该如何生活，能够和应该如何组织社会。哲学本身也是一种目的，是求知欲所激发的自由探究精神的极点和肯定，它力图理解宇宙，追求智慧，其批判锋芒直指一切已被接受的方法、信念和制度。如雅斯贝尔斯所言，哲学必须进入生活。它不仅要应用于个人，还必须渗入时代的条件、历史和人性。哲学的力量必须穿透一切，因为人没有哲学就没法生活。哲学是个人和社会构成的中心，是大学的内核。[1]

盖尔对分析哲学之哲学观的批评也适合于当代中国的部分哲学工匠。这些哲学工匠热衷于制造"技术性行话"。如著名法国哲学家阿多（Pierre Hadot）所言，哲学这个行业还能以追求学术纯粹性的名义，刻意回避现实问题，而一味据守于某种与生活之道完全无关的语言游戏或"技术性行话"（technical jargon）。[2] 盖尔批评英语世界的正统哲学家们把持着各著名大学哲学系的教职，排斥一切提出新思想的努力，例如，蒯因及其联盟通过对学术职位的控制而主导着美国哲学的方向。[3] 中国学术界的情况与其类似。生态哲学由于一开始就对现代主流哲学提出尖锐的批判，故长期以来不是被斥为"伪学术"，就是被冷落。2007 年中共十七大提出生态文明建设以后，生态哲学才开始受到重视。但许多以名门正派自居的哲学工匠仍漠视生态文明研究，在他们看来，只有小题大做的专门化、分析性细活才是正宗学术，关于文化、文明的话语都大而无当。殊不知他们干的分析性细活都从属于现代性模铸的体制，除了自娱自乐、博取功名和为现代学术体制统计成果添砖加瓦而外，大多于世无补。

2. 在方法论层次批判分析哲学的还原论和科学主义

盖尔对分析哲学的批判以蒯因（W. V. Quine）及其追随者的哲学为

---

① Arran Gare, *The Philosophical Foundations of Ecological Civilization: A Manifesto for the Future*, Routledge, London and New York, 2017, p. 11.

② Pierre Hadot, *Philosophy as a Way of Life*, edited and with an introduction by Arnold I. Davidson, Blackwell Publishing, 1995, p. 272.

③ Arran Gare, *The Philosophical Foundations of Ecological Civilization: A Manifesto for the Future*, Routledge, London and New York, 2017, p. 43.

鹄的，他认为，大部分分析哲学家的工作都聚焦于蒯因所圈定的思想范围，所以理解蒯因的工作是理解和评价主流分析哲学并把握它与其他哲学之区别的关键。①

在蒯因看来，哲学的核心是逻辑，而逻辑是科学的一部分。蒯因思想的一个重要方面是否认康德所说的先天综合知识的存在，而发起哲学的"自然主义转向"（naturalistic turn）。这对后来的分析哲学产生了巨大的影响。但蒯因所阐发的自然主义预设了科学主义（scientism）。② 按照这种科学主义的自然主义，"我们对实在的辨识和描述就在科学本身之内，而非在什么先天的哲学之中"③。盖尔认为，这种自然主义蕴含着还原论（reductionism），根据还原论，只有物理和化学过程才是真实的，当然，蒯因及其追随者在这一点上有时不免自相矛盾。④ 蒯因所提出的认识论自然化（naturalization of epistemology）把科学知识本身看作自然的一部分，因而可以被当作科学研究的对象。在蒯因看来，"认识论，或类似的东西，不过就是心理学的一部分，因而就是自然科学的一部分。它研究一种自然现象，即物理性的人类主体。这种人类主体被给予一定的可实验控制的输入，例如，不同频率、不同类型的照射，在适当时间内主体就会发出作为输出的对三维外部世界及其历史的某种描述"⑤。

蒯因学派一直分别捍卫三个信条：元哲学自然主义，据此，哲学是科学的一个分支；认识论自然主义，据此，科学之外无真知；本体论自然主义，据此，在由自然科学所表征的物质、能量、时空对象或事件所构成的世界之外，没有其他任何东西存在。当然，也并非所有的蒯因门徒都同时严格坚持这三个信条。但他们几乎都共同坚持一种客观主义的语义学，据此，现实世界和任何可能世界在任何一瞬间都是由具有明确

① Arran Gare, *The Philosophical Foundations of Ecological Civilization: A Manifesto for the Future*, Routledge, London and New York, 2017, p. 40.

② Ibid., p. 41.

③ W. V. Quine, *Theories and Things*, The Belknap Press of Harvard University Press, Cambridge, Massachusetts and London, England, 1981, p. 21.

④ Arran Gare, *The Philosophical Foundations of Ecological Civilization: A Manifesto for the Future*, Routledge, London and New York, 2017, p. 41.

⑤ W. V. Quine, *Ontological Relativity and Other Essays*, Columbia University Press, 1969, pp. 82 – 83.

属性且处于确定关系之中的实体和集合构成的，抽象符号与元素的关系就构成语言的意义，而元素就是构成真实世界和可能世界的实体。正确推理不过就是符合模型之集合—理论逻辑（the set-theoretical logic of model）的符号操作。任何其他形式的推理都是无效的。①

盖尔认为，蒯因所开创的科学主义的自然主义已失去哲学所应有的大视野和批判性，因为这种哲学已失去哲学的根本特征：思辨性。盖尔沿用了 20 世纪一位英国哲学家布劳德（C. D. Broad）对批判哲学和思辨哲学的区分。布劳德的哲学生涯正值思辨哲学（speculative philosophy）的式微和分析哲学的兴起之时。布劳德辨析说，分析哲学由批判哲学演变而来，它以分析、澄清日常生活和科学中的基本概念和预设为己任。依批判哲学家或分析哲学家之见，哲学问题可彼此隔离地加以解决，哲学就像科学一样可积累无可置疑的知识。思辨哲学家则力图获得对宇宙之本质以及人类在宇宙中之位置的总体性概念，以便获得对人类经验——包括科学的、社会的、伦理的、美学的和宗教的——的全方位把握。思辨哲学力图总揽人类经验的所有方面，对之进行反思，并力图提出一个全体的实在观（a view of Reality as a whole），这样的实在能正义地对待万物。布劳德概括了思辨哲学的三种方法：分析、通观（synopsis）和综合（synthesis）。分析哲学后来把分析确立为绝对主导甚至排他的方法。经由通观，我们可发现通常彼此分离的经验领域之间的不一致，通观即综览（view together）。思辨哲学之最重要的特征是综合，它力图用一整套概念和原则整合受到通观的不同领域的事实。②

盖尔认为，思辨哲学必须将分析、通观、综合并用，也只有思辨哲学才能诊断文明的疾病，指引文明的未来发展。在一种文明行将就木，一种新文明呼之欲出的文明转折期间，也只有一种新的思辨哲学才能为批判旧文明提供总揽全局的大视野，为新文明奠定基础。

分析哲学倾向于蔑视包括历史研究在内的通观性思维。试图概括任何一种哲学立场之核心信条或审视哲学总体状况的努力都因为没有分析复杂的语言细节而被分析哲学所否决，而这种努力恰是达到通观的关

---

① Arran Gare, *The Philosophical Foundations of Ecological Civilization*: *A Manifesto for the Future*, Routledge, London and New York, 2017, pp. 42 – 43.

② Ibid. , pp. 33 – 34.

键。这样，分析哲学家就使其各种预设，包括缩小哲学范围的预设，免受省察。这种哲学不仅被归结为分析，而且被归结为对符号与观察之关系的句法关系的分析，连留给经验、语言或概念分析的空间都很小，未给综合留下任何空间。分析哲学家由于未给通观和综合留下空间因而不重视哲学史研究，他们已发展出一种狭隘的哲学形式，这种哲学形式否定了历史视角，于是掩盖了它自身的贫乏，它对主导地位的占据已对包括科学在内的广泛的文化造成了伤害。①

我们当然不能全盘否定分析哲学。实际上分析哲学就是现代工业文明的精神产物，在工业文明成熟期发挥着固化主流世界观、知识论、价值论、价值观②、人生观的作用。我赞同盖尔对分析哲学的反思和批判：不拒斥分析哲学工匠式的哲学思维方法，就不可能出现一种能对文明进行整体诊断的思想。就此而言，后现代主义对"宏大叙事"的拒斥与分析哲学的"小工观念"如出一辙。后现代主义对现代性进行了消解，却自甘于碎片化的思维和表述，而拒斥体系化思想。然而，没有可与笛卡尔、康德匹敌的体系化的"宏大叙事"，就不足以揭示现代性哲学的根本错误，从而无从发现现代文明发展方向的根本错误。

（三）思辨自然主义

盖尔通过对分析哲学的扬弃（既有所继承又有所批判）和对古今哲学的综合而提出一种新的哲学：思辨自然主义（speculative naturalism）。在他看来，思辨自然主义就是生态文明的哲学基础。

盖尔并没有明确阐述思辨自然主义的思想内核，而认为谢林（Friedrich Schelling）、科林伍德（Robin Collingwood）、皮尔斯（C. S. Peirce）、怀特海（Alfred North Whitehead）等人的哲学都可以归入思辨自然主义，梅洛·庞蒂、海德格尔等哲学家和波姆（David Bohm）、普利高津（Ilya Prigogine）等现代科学家也都为思辨自然主义做出过积

---

① Arran Gare, *The Philosophical Foundations of Ecological Civilization: A Manifesto for the Future*, Routledge, London and New York, 2017, p. 43.

② 我在价值论（axiology）和通常所说的价值观（values）之间做了区分。价值论是研究价值起源，价值是否有客观性，价值与事实的关系如何等问题的理论，而价值观则主要指人们的价值排序，如认为财富最重要，公平次之，爱情又次之，就是一种价值排序。

极贡献。由盖尔对思辨自然主义历史源流的梳理，我们可把思辨自然主义的基本思想大致概括如下。

1. 强调思辨性

思辨自然主义是一种思辨哲学，它不像深受蒯因影响的分析哲学专事分析而不再使用通观和综合的思想方法那样，思辨自然主义将分析、通观、综合并用，并力图总揽文化的一切领域，进而对整个现代文明进行整体性的诊断，并力图指明未来文明的发展方向。

2. 坚持自然主义基本立场

思辨自然主义虽然对科学主义的自然主义进行了强烈批判，但仍是一种自然主义，它力图与科学对话、融合，而不诉诸宗教和神话，当然，它由于重视人文学而力图给宗教和神话以恰当的评价。正因为它是一种自然主义，它就不是任何形式的唯心主义。盖尔认为，在哲学史上，谢林对思辨自然主义的贡献特别大，但后来人们严重曲解了谢林而把他划归为唯心主义者。谢林对思辨自然主义最重要的贡献在于他提出，自然概念并不蕴含这样一种思想——应该有一种能意识到自然的智能。即使没有任何东西能意识到自然，自然也将存在。所以，问题应该这么表述：智能是如何被添加到自然之中的，或自然是如何被表征的？盖尔认为，谢林的这一思想表述不是对康德"哥白尼革命"的摒弃，而是哲学的第二次"哥白尼革命"：把超验的东西自然化。必须这样来理解自然，自然产生了有意识的存在者，他们能理解自己是如何在自然之中产生出来的，并产生作为自然之参与者的自我意识。自然就通过他们而意识到自身。这就是思辨自然主义。① 黑格尔曾说存在（Being）是最空洞的概念，谢林却着力论证哲学家必须接受的这一观念：存在一种先于一切思想（包括科学和哲学思想）的不可预想的存在（unvordenkliche Sein）。② 有了思辨自然主义，我们才可能纠正现代性的根本错误——对自然和人进行理性征服（rational mastery of nature and people）的思想。盖尔说，在以理性征服为根本目的的现代性框架内，人和自然都

① Arran Gare, "Speculative Naturalism：A Manifesto," *Cosmos and History*：*The Journal of Natural and Social Philosophy*, Vol. 10, No. 2, 2014.

② Arran Gare, *The Philosophical Foundations of Ecological Civilization*：*A Manifesto for the Future*, Routledge, London and New York, 2017, p. 53.

被看作被操纵和被控制的对象，它们被认为完全是可预测、可控制的。现代性难以承认任何真正的生命，即便那些表现为生命的事物也都可被归结为没有生命的事物，例如，动物不过就是把低价的草转变为高价的鲜肉的机器，而且这一转化过程完全有可能不要活动物这一中介环节。在现代性文化框架内，生产者最重视的是效率，即尽可能把低价的材料转变成高价的产品，并尽可能采用先进技术去降低原材料的价格，提高产品的价格。人作为消费者在整个经济体系内成了可预测的工具，其偏好和决定都受到广告商的操纵。① 现代性最严重、最根本的错误就是认为一切都是可预测的，从而是可控制的，思辨自然主义直指这一错误，要求人们承认人只是自然的一部分，是自然过程的参与者。

3. 重视辩证法

思辨自然主义除了强调必须将分析、通观、综合兼用以外，还十分重视辩证法。盖尔梳理了从柏拉图经黑格尔到当代哲学家布雷齐尔（Daniel Breazeale）的辩证法。布雷齐尔认为，有两种哲学综合方法：一种是现象学综合法，一种是辩证综合法，后者更重要。这种方法揭示了对立面的相似之处，从而发现对立面的统一。我们用这种方法，可把一组命题所隐含的矛盾（或者是冲突的，或者是恶性循环的）明确地揭示出来，进而积极探求某种新的、更高的原则，这可使我们避免令人反感的矛盾（或循环），因而可以说原先的对立是"必要的"。辩证法不同于概念分析、逻辑推理或演绎推理，而完全是综合，因为新原则扬弃了矛盾，新原则并非包含在原先那组有问题的概念和命题之中，因而也不可能由之分析地导出。而且它也不是由经验导出的，而是纯粹思想的产物，因此，新原则是先天的（a priori），代表我们认知的先天综合扩展。② 可见辩证法是一种超越了演绎和归纳的综合创新法。

4. 珍惜人的自主性和政治民主

盖尔认为，现代性没有消除对人的奴役，又导致了对地球生态系统的空前破坏。这与科学主义哲学占据主导地位密切相关。盖尔赞成博格斯（Carl Boggs）对新自由主义及其主导的全球化的批判。全球化不过

① Arran Gare, *The Philosophical Foundations of Ecological Civilization: A Manifesto for the Future*, Routledge, London and New York, 2017, pp. 23 – 24.
② Ibid., pp. 56 – 57.

就是一个全球市场的创建。全球化市场被跨国公司及其主管们所控制。在全球化市场上，公司政治（corporatocracy），特别是公司的金融部门，把人口中的其余部分都定义为消费者，这样，人们就不再是民主共同体中的公民。① 于是，人们失去了自主性，而成了被操纵的工具。现代世界的生活方式是信息技术化的结果，而信息技术化又与哲学家们所大力倡导的语言之逻辑—数学形式化（the logical-mathematical formalization of language）直接相关。这种形式结构在当代实际政治组织中的某些物质和技术实现一直是显著的，包括当代通信和计算技术对全球社会、政治、经济体制以及行为模式的不断增强的决定性作用。②。由于科学主义盛行，人文学被轻视，于是形成了技术官僚的统治。走出现代工业文明，突破现代性的狭隘视野，我们才能创造真正的民主，获得真正的自由或自主。盖尔的基本政治哲学思想是奠基于自然主义基础之上的新黑格尔主义政治哲学和亚里士多德传统的伦理学的综合。③

盖尔的思想是很丰富、很深刻的，在此不可能详加阐述。

二 探讨生态文明的哲学基础

盖尔的哲学表述引起我深深的共鸣，我也一直在反思现代性哲学的错误，多年来也在探究超越工业文明而走向生态文明的哲学理据。我的思想与盖尔思想的侧重点不同，现表述如下，希望能激发更多的人探讨这个或许需要几代人持续探讨的主题。④

（一）中国古代文明与中国哲学

汤因比等历史学家强调文明一定是发展、进步的，或者说文明是生

---

① Arran Gare, *The Philosophical Foundations of Ecological Civilization: A Manifesto for the Future*, Routledge, London and New York, 2017, p. 18.

② Ibid., p. 16.

③ Ibid., p. 183.

④ 自笛卡尔、康德以来，现代性思想已历经200多年的积累，虽然谢林、黑格尔、尼采、海德格尔等人不断批判地反思现代性思想，但没能从根本上动摇其主导地位。如今，科学和哲学都开始提供颠覆现代性哲学的思想依据，但如盖尔所言，坚持现代性立场的哲学家们在社会上仍占据主导地位，挑战现代性哲学而取代其主导地位势必要经历相当长的时间，需要像盖尔这样的被排挤在边缘的思想家们长期不懈的努力。

长的。当然，不同的思想家对文明之发展或进步的界定是不同的，历史学家所说的文明的"发展"与今天主流意识形态所说的"发展"有关，但有不同的意义。我们通常认为，原始社会也是一种文明。但汤因比认为，有长足精神成长的社会才能算是文明社会。但无论如何，发展是文明的本质特征，发展可被最粗略地概括为两个方面：技术进步和思想进步，对应福泽谕吉所说的智、德的进步。① 其中思想进步包括科学思想和哲学思想的进步，而哲学思想包括道德（或伦理）思想。人类社会的发展远远快于自然界的生物进化。文明的发展正是人类超越于非人动物之生存方式的根本特征。文明是注定要发展的，正如社会各行业的精英（个人）注定是要创新的那样，不发展的社会不能被称为文明社会，不创新的个人不能被称为精英。文明的发展正是由社会精英引领的。

一种文明由何种精英领导，重视何种创新，朝哪个方向发展，直接关乎文明的可持续性。引领社会的特定精英们（阶级）的价值观，即特定社会的主流价值观，指引着文明的发展方向。主流价值观就蕴含于主导性哲学之中，并受到主导性哲学的辩护。

中华文明传承五千年，无疑具有很强的可持续性。之所以如此，一来是因为中国古代使用的技术是以利用太阳能为主的绿色技术②；二来是因为中国古代的主导性哲学观念是"天人合一"观念。

第一点与本文主旨非直接相关，故不在此详述。第二点至关重要，故不得不略微展开阐述。中国哲学的"天人合一"观念包含如下信念：

1. 人在大自然之中，而不在大自然之外，更不在大自然之上。"人在天地间，如鱼在水中。""人在天地之间，与万物同流。"③ "天人无间断。"④ "天地之大德曰生"（《周易》）。人"可以赞天地之化育"（《中庸》），人的一切活动都必须服从天命，即服从自然规律。这便包含了盖尔所说的思辨自然主义的基本思想：人在自然中，并参与自然的创造。在这种哲学的主导之下，不可能产生"对自然的理性征服"的观念。

---

① ［日］福泽谕吉：《文明论概略》，北京编译社译，商务印书馆1995年版，第33页。
② 与现代工业文明的技术相比，中国古代的绿色农桑技术很简单。
③ （南宋）程颢、程颐：《二程集》，中华书局2004年版，第30页。
④ 同上书，第119页。

2. 值得人追求的最高价值是德行完备的圣贤人格，而不是物质财富、功名利禄、客观知识等身外之物。换言之，中国哲学的基本价值导向是以"内向超越"为主，以"外向超越"为辅。这里的"超越"非指向往天国、西方净土等经验世界之外的世界，而指改变现状、追求理想生活的努力，这种努力就是创新。就个人而言，有两种基本的超越方向：一是改善自我，如调整心态，培养德行，提高境界，追求智慧；二是改变自己的物质生活条件和社会地位，如赚更多的钱，做更大的官或更大的生意（即今人常说的"做大做强"）。就社会而言，主流意识形态和制度也可以两种方式激励人们去改善社会：一是激励人们改善自我，进而改善人与人之间的关系；二是激励人们改造世界，即建越来越多的电厂、工厂，修越来越多的公路、铁路，造传输速度越来越快的网络，造越来越多的飞机、汽车、轮船……简言之，内向超越就是改善自我，力图成为圣贤；外向超越就是改造世界，创造物质财富，创造越来越多、越来越精良的身外之物（或老子所说的"难得之货"）。

根据"天人合一"观念，"天命之谓性"（《中庸》），仁义礼智信等美德是天赋予每个人的美德，人人都必须"以修身为本"（《大学》），修身的目的就是"穷理尽性，以至于命"（《易经》），即祛除后天的习染，彰显并扩充天命所赋予人的完满美德。人通过修身所可能达到的最高境界就是"天人合一"境界，至此境界则"从心所欲而不逾矩"。在"天人合一"观念的主导之下，中国古人一直把"修齐治平"的学问（即哲学①）视为最高学问，而科学（如天文、地理）是从属性的，技术则更是等而次之的。中国古代哲学最重视的创新是"日新又日新"（《大学》）的人格创新，而不是现代性所特别重视的科技创新。于是，古代中国社会一直是由思想精英领导的②，而不是由工商精英领导的。于是，几千年的农耕文明，技术进步十分缓慢，哲学和文学艺术却达到了较高水平。中国哲学的基本价值导向是：值得人追求的最高价值或最

---

① 按分析哲学的标准，中国古代没有哲学。但若按皮埃尔·阿多的哲学观，则中国古代哲学丝毫也不逊色于古希腊哲学，参见 Pierre Hadot, *Philosophy as a Way of Life*, edited and with an introduction by Arnold I. Davidson, Blackwell Publishing, 1995, p. 267.

② 要说清这一点不容易，在战乱年间，往往是集军事、政治、思想精英于一身的人脱颖而出，成为统治者，但无论如何，维持一个王朝离不开思想精英。

高目标在人生之内，而不在人生之外，圣贤人格在人生之内，而不在人生之外，德性、境界、智慧都与活生生的个人不可分，都是个人本己的东西，而非身外之物，这些东西远比客观知识、物质财富、功名利禄珍贵。①

中国古人一来没有征服自然的念头，二来不把科技创新看作最重要的事情，三来思想精英领导着（当然也不时压迫着）工商精英，四来长期坚持"崇本抑末"（农为本而工商为末）的经济政策，于是不可能发展出"大量开发、大量生产、大量消费、大量排放"的工业文明。也正因为如此，中国古代文明才展示了很强的可持续性。

简言之，中国古代哲学的"天人合一"观念指引着中华文明的基本发展方向：绿色农耕技术的缓慢进步和内向超越为主、外向超越为辅的社会进步。"天人合一"观念就是中国古代农业文明的哲学基础。

（二）现代工业文明与现代性哲学

比较中华古代文明与西方引领的现代工业文明之优劣，对于我们思考如何谋求文明的可持续发展特别有教益。现代工业文明的主要成就无疑是科技的快速进步和民主法治的创立。中华古代文明的政治有其虚伪、残酷、黑暗的一面，揭露这一面的文献已汗牛充栋，不必在此赘述。但从生态学的角度看，中国古代文明就是一种不发达的生态文明，它的技术是绿色的（但不发达），它的基本价值导向是正确的。现代工业文明的技术无比发达，但它是反生态的，是极端反自然的，所以，它是不可持续的。凡事皆有度，过度就有害。过度反自然必致大祸害。

从生态学的角度看，文明自创生起就包含着人为（主要指用技术改造自然物）与自然（指事物未受人类干预的自在状态）的张力。在原始社会，人为与自然之间的张力最小，但文明水平最低。中华古代文明一直较好地保持着这种张力，故能持续5000多年。而现代工业文明则把这种张力迅速推到极致，如今许多科学家宣称地球生物圈已趋于崩溃。这与现代性哲学的价值导向直接相关。生态学告诉我们，不能把文

---

① 当然，历史上只有极少数人能真的这么看，这么做，从而成为圣贤，但多数士人"虽不能至心向往之"。

明与自然截然对立起来，必须把人为与自然之间的张力保持在适当的限度内，或说人类对自然物的干预必须适度。中国古代哲学"天人合一"的价值导向便使中国古人较好地保持了这种适度。而现代性的科学主义则使人们误以为文明与自然只能是对立的，文明所到之处，必是荒野消失之所，文明就是对自然的征服，世界的彻底人工化就是文明发展的顶峰。这便决定了现代工业文明的发展是"黑色发展"——不再依靠太阳能而大量使用煤、石油、铀等矿物资源的发展。这种发展是极度重视外向超越而轻视内向超越的发展。人们认为，改造世界，制造越来越多、越来越精的身外之物，创造越来越人工化的世界，是追求幸福生活的根本途径。人们相信，人为之极致就是文明之巅峰，也是人类幸福之巅峰。恰是这种发展导致了全球性的环境污染、生态破坏和气候变化，而且使人与人之间的矛盾冲突无法弱化，使国家之间的战争无法消除（随着高科技的军事应用，战争的破坏性也越来越可怕）。支持外向超越的黑色发展的哲学体系就是笛卡尔、康德等人开创的现代性哲学，分析哲学只代表着对现代性哲学大厦的进一步修补和装饰。现代性哲学的基本信条如下：

1. 物理主义世界观（自然观），认为万物都是物理的，如盖尔所说，物理主义不承认生命的存在（因为生命可归结为无生命的物理实在）。如今，物理主义有了新的表述：计算主义。计算主义宣称，万物都是程序，或万物皆是比特。物理主义世界观蕴含了还原论，还原论既是一种世界观，也是一种方法论。

2. 独断理性主义知识论（科学观），包含：第一，统一知识论或统一科学论，其最强表述是：所有的客观知识（科学知识）构成一个内在一致的逻辑体系，不在这个体系内的一切话语体系或符号系统不是谬误或无意义的东西，就是只有文学（虚构的）意义的东西。第二，完全可知论：世界是可知的，随着科学的进步，人类知识将无限逼近对世界奥秘的完全把握，或如著名物理学家温伯格（Steven Weinberg）所言，物理学终将揭示自然的终极定律。[①]

[①] Steven Weinberg, *Dreams of a Final Theory: The Scientists Search for the Ultimate Laws of Nature*, Vintage Books, A Division of Random House, Inc., New York, 1993, p. 242.

3. 反自然主义价值论，认为社会秩序（包括道德、法律）根本不同于自然秩序，价值根本不同于事实，伦理学、美学根本不同于自然科学。

4. 物质主义发展观、价值观、人生观和幸福观。这些命题并不构成内在一致的严密体系[①]，但在特定论域可以互相支持，且都支持极端外向超越的黑色发展。现代性哲学就是工业文明的哲学基础（借用盖尔语）。其中独断理性主义是黑色发展的精神支柱，而物质主义则是黑色发展的精神动因。人们之所以认为"大量开发、大量生产、大量消费、大量排放"的生产生活方式是合理的，就是因为引领现代社会的精英们信仰独断理性主义。

（三）当代科学对现代性哲学的批判

只有有理有据地反驳现代性哲学，才能瓦解工业文明的哲学基础，进而才能为生态文明奠定哲学基础。盖尔对现代性哲学的哲学观和哲学方法进行了有力的批判，但对现代性哲学内容批判的火力则不够。如今，反驳现代性哲学的理据，与其说来自当代哲学（如海德格尔等人的哲学），不如说来自20世纪六七十年代以来兴起的非线性科学。

物理主义世界观和独断理性主义知识论都预设本质与现象的区分，而这一区分源自古希腊的柏拉图。按照这一区分，世界或万物的本质是不变的，但现象是复杂多变的。万物不变的本质或者是某种"宇宙之砖"（如水、种子、原子、基本粒子等），或者是逻辑简单的数学结构，或者说万物都可以归结为某种"宇宙之砖"或某种不变的数学结构。可见，现象和本质的截然二分预设了还原论。人类知识探究的根本任务就是透过纷繁复杂的现象，破译隐藏于变化多端的现象背后的绝对不变性（本质或实在）。简言之，科学探究乃至一切智力探究的目的是执简御繁，把握了万物的本质，我们即能以不变应万变，如温伯格所言，把

[①] 实际上物理主义自然观与反自然主义价值论是相互冲突的，物理主义是本体论的一元论或一元论的自然主义，而反自然主义价值论则预设了源自笛卡尔、康德的二元论。坚持彻底的物理主义会否定人的自由意志。从亨佩尔、蒯因到戴维森、普特南，这些著名分析哲学家一直试图消解这一冲突。但这一冲突或许只能在思辨自然主义或超验自然主义的框架内才能得以消解。论述这一问题必须用长篇大论，在此无法展开。

握了"自然之终极定律"就意味着"我们拥有了统辖星球、石头乃至万物的规则之书（the book of rules）"①。

　　西方思想的另一个重要特征是独断性和排他性。罗杰·豪舍尔（Roger Hausheer）在为以赛亚·伯林《反潮流：观念史论文集》一书所写的导论中说，在西方传统中，从柏拉图直至今天，所有学派中绝大多数体系性的思想家，无论是理性主义者、唯心主义者、现象学家、实证主义者，还是经验主义者，尽管他们彼此之间歧见迭出，但都坚持一个无争议的核心假设：无论表面现象与实在（reality）多么对立，实在在本质上都是一个合理的整体，其中的一切归根结底是一致的。所有这些思想家都认为，至少原则上存在一个触及一切可想象的理论或实践问题的真理体系，有且只可能有一种或一组获知这些真理的正确方法，这些真理以及发现这些真理的方法都是普遍有效的。他们的论证程序往往是：首先找出一组无可怀疑的特殊实体或不容改变的命题，宣称它们具有排他的逻辑或本体论地位，并指定发现它们的恰当方法；其次以一种深深植根于秩序和破坏本能中的心理嗜好，把一切不能归入被他们选作不可动摇的模式的实体或命题皆斥为"不实"、混乱，有时甚至斥为"胡说"。笛卡尔清晰而明确的观念信条，莱布尼茨的"普遍科学"（mathesis univeralis），或者后来实证主义的原子命题和观察语句，或现象主义者和观察资料理论家的感觉要素，都是这种还原论倾向的例证。②豪舍尔这段话很好地概括了西方思想（包括科学）的独断性和排他性。这里的排他性指排中律的断言：真与假是截然分明、绝对互斥的。既然只有一个思想体系（或科学体系）是真的，那么一切不容于那个唯一真的体系的"实体或命题"便只能被斥为"不实"、混乱或胡说。

　　我们不妨把预设本质与现象二分的、还原论的理性主义简称为独断理性主义。当代独断理性主义则蕴含了物理主义。20世纪的著名科学家、诺贝尔奖获得者普利高津的科学研究和哲学思考是对独断理性主义

① Steven Weinberg, *Dreams of a Final Theory: The Scientists Search for the Ultimate Laws of Nature*, Vintage Books, A Division of Random House, Inc., New York, 1993, p. 242.
② Isaiah Berlin, *Against the Current: Essays in the History of Ideas*, The Viking Press, New York, 1980, pp. xviii – xix, Roger Hausheer, Introduction.

的深刻反省和有理有据的反驳。

经典科学的基本假设以这样一个信念为核心："在某个层面上世界是**简单的**（英文版是斜体），且为一些时间可逆的基本定律（time-reversible fundamental laws）所制约。"[①] "伽利略及其后继者认为，科学可以发现关于自然的**全局性**（英文版是斜体）真理。自然不仅是用可被实验解密的数学语言写就的，而且只存在一种这样的语言。根据这一基本信念，则世界是同质的（homogeneous），局部实验可揭示全局真理。这样，科学所研究的最简单的现象就可被解释为理解自然整体的密钥；自然的复杂性只是表面的，其多样性可根据体现为运动之数学定律的普遍真理而加以说明，如伽利略所做的那样。"[②] 或如著名物理学家、诺贝尔奖获得者费因曼（Richard Feynman）所说的：自然就是一盘巨大的棋局，其复杂性只是表面的；每走一步都遵循简单的规则。[③] 正因为这一思想被现代科学所长期坚持，所以"从古典牛顿力学到相对论和量子物理学，物理学基本定律所描述的时间都不包含过去和将来之间的任何差别"[④]。根据这种思想，不可逆性只是幻影，一切不可逆过程都是由绝对不变的永恒规律支配的。然而，在人类生活的现实世界中，存在大量的不可逆过程，例如，每一个生物个体都是从出生到死亡的不可逆过程，历史上的所有社会也都经历了或经历着不可逆的发展，地球上的生态系统也处于不可逆的演化过程中。在还原论者看来，这些都只是表面现象，这些过程或者可以归结为物理实在的运动，或者可以归结为永恒不变的（时间对称的）数学规律。所以，盖尔说得对，现代科学不承认真正生命的存在。

20 世纪下半叶以来的科学研究，特别是非线性科学（或复杂性科学）研究，正在提供一种根本不同的自然观（或世界观）。如普利高津和斯唐热在《从混沌到有序》一书的序言中所说的："我们的自然观正

---

① Llya Prigogine and Isabelle Stengers, *Order out of Chaos*: *Man's New Dialogue with Nature*, Bantam Books, Inc., 1984, p. 7.

② Ibid., p. 44.

③ 转引自 Llya Prigogine and Isabelle Stengers, *Order out of Chaos*: *Man's New Dialogue with Nature*, Bantam Books, Inc., 1984, p. 44.

④ Llya Prigogine, *The End of Certainty*: *Time*, *Chaos*, *and the New Laws of Nature*, The Free Press, 1997, p. 2.

处在一个根本性的转变中，即转向多样性、暂时性和复杂性。"①

独断理性主义既预设真理统一论，又预设世界的完全可知性。持这种观点的人认为，既然支配复杂多变的现象的规律是永恒不变的，那么人类多揭示出一点，大自然隐藏的奥秘就少一点，直至全部奥秘被揭示出来。于是现代科学史上好几次出现过"科学终结"——科学已穷尽大自然的一切奥秘——的幻象。

然而，非线性科学所描述的大自然不是这样的。普利高津和斯唐热说，实际上，无论我们看哪个层面，从基本粒子到膨胀的宇宙，"都能发现演化、多样性和不稳定性"②。在大自然中，不可逆性具有无比重要的作用，是绝大多数自组织过程的起源。在这样的世界中，可逆性和决定论只适用于有限而简单的情况，而"不可逆性和随机性才是规则（指常态）"③。这便意味着大自然中的一切都处于时间之中，"不仅生命是有历史的，宇宙作为一个整体同样是有历史的"④。"我们的宇宙具有多元、复杂的特征。结构可以消失，也可以出现。"⑤ 换言之，变化的并非只有现象，宇宙的深层结构也处于生灭变化之中。"大自然就是变化，就是新事物的持续创生，是在没有任何先定模式的、开放的发展过程中被创造的全体。"⑥ 大自然中充满了"多样性和发明创造"⑦。简言之，大自然并不是无生命的物理实在的总和，大自然是具有创造性的。可见，非线性科学要求我们回归中国古代的自然观：天地之大德曰生。当然，这意味着古老的自然观获得了发达科学的支持。

如果大自然是具有创造性的，那么真理统一论和完全可知论就都站不住脚。显然，无论是人类的自然语言，还是弗雷格、罗素和逻辑实证主义者所热衷于构造的"理想语言"（或形式语言），都远远不足以把握现实世界的丰富多样性。大自然是生生不息的，而追求清晰性和确定

---

① Llya Prigogine and Isabelle Stengers, *Order out of Chaos*: *Man's New Dialogue with Nature*, Bantam Books, Inc., 1984, p. xxvii.

② Ibid., p. 2.

③ Ibid., p. 8.

④ Ibid., p. 215.

⑤ Ibid., p. 9.

⑥ Ibid., p. 92.

⑦ Ibid., p. 208.

性的科学语言却是僵硬的。语言一旦说出或书写出来便凝固了，而大自然则永远生生不息。简言之，表征为书写符号的语言是死的，而大自然是生生不息的，死语言把握不了活自然。① 所以，试图用一个逻辑一致的符号体系去表征大自然的全部永恒规律（爱因斯坦等科学家的理想）就是一个注定无法实现的理想。普利高津和斯唐热以波尔的互补原理和海森堡的测不准原理为例，说明人类只能用多种语言去描述复杂多样的自然过程。"没有任何一种有明确定义的变量的理论语言足以穷尽一个系统的物理内容。关于一个系统的各种可能的语言和观点可以是互补的，它们都应对同一实在，但不可能把它们都还原为一个单一的描述。这种关于相同实在的视角的不可还原的多样性表明，不可能存在什么能揭示实在全体的神圣观点（a divine point of view）。"② 这显然是对真理统一论和完全可知论的明确拒斥。

当代著名理论物理学家罗维利（Carlo Rovelli）也明确承认了科学认知的不确定性，明确否认了世界的完全可知性。罗维利概括了最新量子物理学所给出的世界观。他说："量子力学不描述对象，它描述过程以及作为过程之间连接点的事件。""概括地说，量子力学标志着世界三大特征的发现：分立性，系统状态中的信息是有限的，由普朗克常数限定。不确定性，将来并非完全由过去决定。即便我们所发现的严格规律最终也是统计学上的。关系性，大自然中的事件总是相互作用的。系统中的一切事件都在与其他系统的关联中发生。"③ 显然，量子力学给出的世界观与非线性科学所给出的世界观是一致的。

罗维利说："对我们无知的敏锐意识是科学思维的核心。"④ 能意识到人类无知的科学显然是承认了自然之复杂性的科学，而不是宣称科学即将终结的科学。罗维利说："几个世纪以来，世界在持续改变且在我们周围扩展。我们看得越远，理解得越深，就越对其多样性以及我们既

① 艺术、文学（包括诗）的语言虽意蕴丰富，但其运用原本不是为了掌控自然，故不为现代性所特别看重。

② Llya Prigogine and Isabelle Stengers, *Order out of Chaos*: *Man's New Dialogue with Nature*, Bantam Books, Inc., 1984, p. 225.

③ Carlo Rovelli, *Reality is Not What It Seems*: *The Journey to Quantum Gravity*, Translated by Simon Carnell and Erica Segre, Penguin Books, UK, 2016, p. 190.

④ Ibid., p. 352.

有观念的局限性感到震惊。""我们就像地底下渺小的鼹鼠对世界知之甚少或一无所知。但我们不断地学习……"①"我们正在探究的领域是有前沿的，我们求知的热望在燃烧。它们（指人类知识）已触及空间的结构，宇宙的起源，时间的本质，黑洞现象，以及我们自己思维过程的机能。就在这里，就在我们所知的边界［我们］触及了未知的海洋（the ocean of the unknown），［这个海洋］闪耀着世界的神秘和美丽。会让人激动得喘不过气来。"②

罗维利关于我们在人类知识的边界上能意识到未知的海洋的表述特别值得重视。事实上现代科学家和思想家很少在哲学层面上谈论人类的未知领域，相反，他们过分陶醉于现代知识的进步和积累。罗维利作为一个取得理论物理学前沿成果的物理学家，承认我们"对世界知之甚少或一无所知"，同时强调存在"未知的海洋"，这对于我们审视现代自然观、知识论和价值观至关重要。联系普利高津所得出的"大自然具有创造性"的结论，我们可把罗维利的表述改写一下：人类永远怀有求知的热望，但无论人类知识如何进步，人类之所知与大自然之未知的海洋相比都只是沧海一粟。换言之，完全可知论是根本站不住脚的。只要人类文明还持续着，科学研究就会持续，科学永远不会终结。

如果真理统一论和完全可知论站不住脚，那么现代工业文明的一味激励人类外向超越的"黑色发展"就是文明发展的极其危险的错误方向。根据完全可知论，随着人类知识的进步，人类控制外部环境的力量就日益提高，即人类在改造外部环境时出现意外灾难③的可能性会日益减小。工业文明的发展进程确实展示了人类征服自然的力量的日益增强。我们对自然过程的干预力度越强，对意外灾难控制力的要求就越高，否则，过强的干预力度会导致灭顶之灾。例如，在一条小河上建水坝，若出现意外灾难，就只是较小的灾难，在长江三峡建大坝若出现意外灾难就是很大的灾难；一个烟花爆竹厂发生意外爆炸，其破坏力较

① Carlo Rovelli, *Reality is Not What It Seems: The Journey to Quantum Gravity*, Translated by Simon Carnell and Erica Segre, Penguin Books, UK, 2016, p. 267.
② Carlo Rovelli, *Seven Brief Lessons on Physics*, Translated by Simon Carnell and Erica Segre, Penguin Books, UK, 2015, pp. 100–101.
③ 主要指人力干预自然而导致的灾难，因而是人为灾难，但这种灾难又是人无法预测的。

小，一个大型核电站发生意外爆炸，则灾难很大；使用常规武器的世界大战毁灭性较小，而使用核武器的世界大战会导致人类和地球生物圈的毁灭；……预设完全可知论的现代科学告诉我们：因为人类知识日益接近对自然奥秘的完全把握，故随着人类干预自然过程的力量的增强，人类避免意外灾难的能力也随之增强。根据普利高津和罗维利给出的世界观和科学观，这是彻头彻尾的神话。大自然不是一座机械钟，大自然是具有创造性的，人类随时都不得不面对自然环境的不确定性，即便人类知识不断进步，"未知的海洋"也不会缩小。于是，人类在干预自然过程时，永远都无法避免意外灾难的发生。既然这样，人类就不能一味谋求征服力的增强，因为对自然过强干预所导致的意外灾难会远远超过人类的承受能力。

美国哲学家温茨（Peter S. Wenz）说："我们害怕不受制衡的政治权力，但我们渴求无限的征服自然的力量，且称这种力量的获得为'进步'。"然而，"不受制衡的人类征服自然的力量和不受制衡的政治权力一样危险"①。实际上，人类对征服自然的力量的盲目追求比野心家对政治权力的贪求可怕得多。西方现代性思想一直提醒人们警惕不受制衡的政治权力，却一直激励人们永不止息地追求征服自然的力量的增强。"黑色发展"的实质就是征服自然的力量的增强。但"黑色发展"是不可持续的，征服力无止境增强的后果将是人类文明被巨大意外灾难所毁灭。可见，明智的选择是：不无止境地贪大求强，人类征服自然物所导致的意外灾难（注意：意外灾难无法避免）的强度不可超出人类可承受的限度，例如，毁灭生物圈就超出了人类可承受的范围。

（四）超验自然主义

量子物理学和非线性科学（蕴含生态学）的最新进展正催生着一种新的哲学，这种新的哲学将呼唤生态文明的问世，并为生态文明建设提供哲学依据。盖尔称这种哲学为思辨自然主义，突出了这种哲学的综合

---

① Peter S. Wenz, *Environmental Ethics Today*, Oxford University Press, 2001, p. 171.

性和思辨性。我称这种哲学为超验自然主义。①

　　盖尔用思辨自然主义有力地批判了分析哲学的科学主义和还原论，也批判了现代性学术的碎片化，指出了这种学术对于诊断文明或文化整体病症的无能。但思辨自然主义似乎没有抓住现代性哲学的根本错误和思想要害：独断理性主义的完全可知论和物质主义的价值导向。完全可知论把客观知识的积累和进步当作人类探究或创新的最高目标，而物质主义把身外之物（或难得之货）的改善和积累当作人类价值追求的最高目标。这便决定了现代工业文明的"黑色发展"，即激烈竞争中的外向超越的发展，无止境地、肆无忌惮地改造世界的发展。目前，人类文明的根本危机是发展不可持续的危机，是生态崩溃的危机。人类之所以陷入这样的危机就是因为集体信念支持下的集体贪婪。这种集体信念就是由现代科技进步所"印证"的独断理性主义信念。这种集体贪婪就是由物质主义所指引的狂热的外向超越。人类若不摒弃独断理性主义和物质主义就不可能转变发展方向。超验自然主义着力批判独断理性主义的完全可知论和物质主义，并着力为生态文明奠定哲学基础。

　　超验自然主义的要点是：大自然是万物之源，是"存在之大全"，是老子所说的道，是谢林所说的"先于一切思想（包括科学和哲学思想）的不可预想的存在（unvordenkliche Sein）"。作为道、"存在之大全"或"不可预想的存在"的大自然是超验的，是不可能被当作一个对象而被科学所研究的。科学只能研究特定层次的自然物，如基本粒子、原子、分子、生物个体、物种、生态系统、星球、星系、宇宙、黑洞等，而不可能研究大自然本身。老子承认道是神秘的，是说不清楚的。罗维利则承认"未知海洋闪耀着世界的神秘"。实际上，这种神秘是大自然永恒的神秘。科学所代表的人类认知是以文字符号表征事物演变规律的认知，而文字符号一旦被书写出来就死了，它只有在被人或其他解读者所解读、应用时才暂时地活起来，只构成大自然的一个局部，而大自然是生生不息、具有创造性的，即是活的，死文字把握不了活自然。正因为如此，无论科学如何进步，人类之所知相较于大自然所隐藏

---

① 卢风：《超验自然主义》，《哲学分析》2016 年第 5 期（总第 39 期）。

的奥秘都只是沧海一粟。正因为如此，人类永远该对大自然心存敬畏。失去敬畏之心的人类若继续沿着工业文明的黑色发展道路走下去，就会因地球生物圈的崩溃而陷入灭顶之灾。只有心存敬畏，我们才会尊重自然，顺应自然。作为道、"存在之大全"和"不可预想的存在"的自然无须人类的保护，但人类必须保护自己生存所直接依赖的地球生物圈。

超验自然主义要求我们超越物质主义发展观、价值观、人生观、幸福观。在建设生态文明的过程中，我们必须由谋求经济发展和社会发展上升为谋求文明的发展。文明的发展既不是单一的 GDP 增长，也不仅是科技进步、政治民主化、教育普及和医疗改善，而是由精神成长统领的社会的全面改善，包括经济增长、科技进步、政治民主化、教育普及、医疗改善、文化繁荣等。为实现社会全面改善意义上的文明的发展，主流意识形态和制度的价值导向也必须转向：由片面激励外向超越转为激励内向超越。

生态文明的基本特征是谋求真正可持续的发展，而真正可持续的发展必须把人为与自然之间的张力保持在生态系统承载限度之内。这便是人们常说的人与自然协同进化的绿色发展。为了实现由工业文明向生态文明的转变，必须实现文明诸维度的联动变革。

能源革命：由大量使用黑色能源（即矿物能源）转向使用绿色能源（如太阳能、风能等清洁能源）。

产业结构的转变：逐渐淘汰高能耗、重污染的产业，大力发展绿色产业。

技术创新方向的转变：由扩张征服力的技术创新转变为绿色创新。

经济增长方式的转变：由线性经济转向循环经济；由主要谋求物质经济增长转向主要谋求非物质经济增长。[①]

民主法治创新：改变工商精英和科技精英引领社会的现状，让各行各业的精英各得其所，让思想精英在立法和制定公共政策过程中发挥其应有的影响力。建构激励绿色发展和内向超越的制度体系。

观念的转变：普及非线性科学知识，传播生态哲学观念。

---

① 详见卢风《非物质经济、文化与生态文明》，中国社会科学出版社 2016 年版，第 139—154 页。

　　观念的转变最慢、最困难，如果越来越多的人接受了非线性科学和生态哲学，能源革命、产业结构调整、技术创新转向和制度变革就会顺理成章，水到渠成。

　　摒弃了独断理性主义，我们就会明白，大自然是不可征服的，70亿人贪求物质财富的文明会把地球变为垃圾场。超越了物质主义，我们会明白内向超越是更合理的追求人生意义和幸福的途径。如果越来越多的人明白了这两点，则生态文明指日可待。

　　独断理性主义是现代性哲学的基石，物质主义价值导向是现代性哲学的要害。超验自然主义可在批判独断理性主义和物质主义的过程中展示其丰富的哲学内容，从而构成生态文明的哲学基础。

生态文明建设需要新的生态理念[*]

田 松[**]

生态环境是人类一切活动的基础，如果没有基本的生态环境，就连基本的生存都不能得到保证，更不用说发展经济了。

在工业文明之前的漫长历史中，人类的活动能力相对弱小，人类周边的生态环境似乎处于一个稳定的状态，大地仿佛是人类的一个坚固不变的舞台，供人类表演。即使如此，在足够长的时间之后，人类活动也足以对周边的生态环境产生剧烈的乃至破坏性的影响。

在进入工业文明之后，人类拥有了强大的科学和技术，可以在很短时间内对生态环境产生破坏性的作用。但是，人们依然幻想着，无论人类怎么折腾，其所生存的大地是稳定的、坚实的、固定不变的。显然，这个幻想已经破灭了。

恩格斯说："我们不要过分地陶醉于我们人类对自然的胜利，对于每一次这样的胜利，自然界都对我们进行报复。"[①] 中国在几十年经济高速发展的同时，也导致了严重的环境污染和生态危机。对于我们当下的环境现状的危险性，无论怎么样强调都不过分。

工业文明自身有着根本性的缺陷。100年前的马克斯·韦伯就注意到，只有在工业社会中，政府的合法性才会建立在经济的不断增长之上。但是，地球有限，经济的增长怎么可能是无限的？

全球化的现代化和现代化的全球化是一个食物链，上游优先利用下

---

　*　本文原载于《绿叶》杂志2014年第2期。
　**　田松，北京师范大学哲学学院教授。
　①　《马克思恩格斯文集》（第9卷），人民出版社2009年版，第559—560页。

游的能源和资源，并把污染和垃圾转移到下游。我们常有一种误解，即认为经济发展了，才有能力解决环境问题，并以欧美发达国家为例。然而，首先，欧美早期工业化所导致的环境问题并没有完全得到解决，至今仍留有后患；其次，其环境问题更多的不是解决了，而是转移了。高污染的企业都转移到第三世界国家，其本土的污染就大大减少了。

所以，环境问题和生态问题是全球性的，中国的问题也是全球问题的一部分。中国碳排放量居世界第一，但是所生产的产品却大量、廉价地卖到欧美发达国家。换个角度看，中国耗费自己的能源，污染自己的水土和空气，为发达国家提供廉价商品，同时还遭到全世界的谴责。这一现象是非常荒谬的。这种经济模式也注定是不可持续的。不仅在中国不可持续，从全球范围来看，整个人类的工业文明都是不可持续的。

人类整体必须由工业文明转向生态文明，不然整个生物圈都会被瓦解。我们正处在文明的转折点上，由工业文明转向生态文明，是全人类的大势所趋。

然而，什么是生态文明？很多人把生态文明理解为一种文化，一种可以与农业文明、工业文明并存的文明，似乎在农村就是农业文明，在厂矿就是工业文明，同时我们也可以选一个地方建设生态文明。这是对生态文明的一种最为浅显、最为荒谬的理解方式。也有人幻想可以通过对工业文明进行局部修补而保留整体框架的方式实现生态文明，比如把化石能源替换为"清洁能源"，把高污染技术替换为"低碳技术"……这样就可以实现生态文明，既享用工业文明的成果，又不产生环境问题。这种理解方式是最容易被人接受的，也是最为有害的。因为它没有从根本上改变工业文明的社会形态，本质上并非生态文明，而是工业文明，所以必然会导致更严重的生态问题。

生态文明是相对于工业文明而言的一种全新的文明形态，它意味着一个社会全方位的整体性变革，包括主流意识形态、社会结构、生活方式等的变革。中共十八大报告将生态文明单独列出一章，这意味着执政党对环境问题和生态问题的重视，也意味着我们的生态和环境已经恶化到了非正视不可的地步。报告明确提出，"必须树立尊重自然、顺应自然、保护自然的生态文明理念"，并要求把这种理念"融入经济建设、政治建设、文化建设、社会建设各方面和全过程"。这意味着执政党开始接受半个世纪以来环境思想和生态思想的成果，在生态伦理上发生了方向性的转变——走出以往"认识自然，改造自然"的强人类中心主义，而走向弱的人类中心主义，乃至走向非人类中心主义。并且试图围绕这种新的生态理念，对整个意识形态进行重新建构，使这种新理念成为社会生活、经济生活的基本准则。这种新理念的核心就是"尊重自然，顺应自然，保护自然"。

所谓尊重自然，就是尊重自然的权利，承认大自然的主体价值。在我们以往的观念中，大自然只是一些物质的集合，是人类的资源，是人类开发、利用的对象，人类可以对大自然为所欲为，有能力搬山，就可以搬山；有能力填湖，就可以填湖；有能力截断大河，就可以截断大河。这种行为方式被叫作人类中心主义，完全以人类的利益为核心，不考虑大自然的主体价值，大自然的权利。在自然界中，没有任何一个物种可以脱离其他物种而单独存在，这是生态学的基本结论。但是工业文明中的人类却把自己凌驾于所有物种之上，把所有物种都视为自己的资源，予取予夺，其结果必然是全面的环境污染和生态危机。

尊重自然，首先要认识到，大自然不是物质的集合，而是生命体的集合，其他物种与人类同样有生存的权利，有享受阳光，空气和水的权利。人类必须学会尊重其他物种的权利，尊重自然本身的权利，做一个有道德的物种。

所谓顺应自然，就是在承认自然主体性的前提之上，在不违背大自然自身生态循环的前提下，从自然中获取某些资源为人所用。从生态学来看，自然界的各个部分都是相互依存的，各个部分构成了网络状的生态关系，成为或小或大的生态系统。自然界生态系统的正常运行，是对人类活动的根本约束。一切人类活动都必须以不破坏自然界生态系统的正常运行为前提。比如，我们现在的城市建设都是以城市为中心，不考虑自然本身的运行。

要顺应自然，就要改变我们对于自然的理解方式，改变我们的自然观。当今社会主流意识形态的自然观，是机械自然观。机械自然观包括机械论、决定论、还原论三个层面，把世界视为一架机器，各个部分之间只有简单的机械关联，其各个零部件可以拆卸，可以替换，可以重新装配，并且相信，人类能够掌握这台机器的终极规律，可以利用这台机器为人类服务，还可以对机器进行改造。

在机械自然观之下，比如说，我们在森林里修了一条高速公路，人们会认为，森林还是原来的森林，只不过里面多了一条高速公路，因为世界只有机械般的关联，改变机械的一个零件，对其他方面不会构成影响。但是，自然不是机器，人类以对待机器的方式对待自然，也必然会遭到自然的反弹，导致环境问题和生态危机。人类必须接受生态学对自然的理解方式，认识到自然界是一个巨大的生态系统，其中的各个部分有着网络般的关联，而不是简单的线性关联。我们需要意识到，当我们在森林里修了一条路之后，森林已经不再是原来的森林。当我们把一条河变成一个湖之后，会使周边的生态系统发生巨大的变化，山林已经不是原来的山林了。

顺应自然，就要了解大自然大大小小的生态系统，人类的活动只能在不干预生态系统运行的前提下进行。比如，以往我们会这样想问题，根据经济需要，在某地建设一个 50 万人的卫星城市，然后再考虑，50 万人的用电从哪儿来，用水从哪儿调。根据新的生态文明理念，则应该反过来想，这个区域每年能够提供多少淡水为人类所用——要考虑到，自然的生态系统自身也需要水——然后，再考虑这么多的淡水能够供养多少人，然后再考虑，建一个多少人的卫星城市。

在尊重自然，顺应自然之后，人类才能真正保护自然。

有一个常见的口号是："人类只有一个地球。"其基本思路是，地球有限，资源有限，所以要精打细算，这样才能实现可持续发展。这个口号固然包含了相当多的生态思想，但是并不充分。首先，要充分意识到，有限的不仅仅是能源和资源，还有生物圈的生态容量，即容纳污染，容纳垃圾的能力。就是要意识到，地球不仅仅是人类的资源，它自身也是一个生命体，具有主体价值，具有其自身运行的规律。简而言之，它是一个生态系统，人类把自身的垃圾和污染送到这个系统中去，在一定的限度内，可以被这个生态系统所容纳，所消化，超出这个限度，就必然导致环境问题和生态问题。其次，在认识到地球是一个生态系统，是一个生命集合体之后，需要在这个口号后面再加上一句："地球上不只有人类。"

在新的生态理念贯穿到社会生活的方方面面之后，很多我们惯有的甚至占据主流的观念都将发生转变。

首先，要充分意识到良好的生态本身就是巨大的财富。蓝天白云青山绿水，这是每个人都能看得到、闻得到、尝得到的，任何人类的经济活动、社会活动，都要充分考虑对这份天赐的财富，祖先留给我们的财富，是否构成破坏。如果将看得到、闻得到、尝得到的财富换成GDP报表中的数字，表面上人类的财富是增加了，实际上却是减少了。严重的生态损伤是不可逆的。淮河治理已经几十年，国家投入了几千个亿，早就超过了向淮河排污的大小工厂的全部产值，当初的所谓发展，其实是得不偿失的。短期的GDP增加是一次性的，而生态破坏所导致的后果则是长期的、多方面的。比方说，水质污染，空气质量下降，导致各种疾病增多，癌症普遍化、年轻化，会对公共卫生构成巨大的压力，这就要求政府在这方面增加财政投入，破坏青山绿水赚来的钱，又要变成医药费。

其次，要重新认识经济活动的意义，即为什么要发展经济。有一位哲学家这样说，一切哲学归根结底都是政治哲学，政治哲学归根结底是对一个问题的回答："什么样的生活是好的生活？"建设生态文明，需要我们对社会活动、经济活动的目的予以重新理解。"科学技术是双刃剑。"这个说法已经深入人心。科学技术给我们带来了生活上的便利，同时，也不可避免地产生了负面效应，即古语之所谓"有一利必有一弊"。在绿水青山和金山银山之间，我们需要做出选择，做出平衡。贫穷当然不是好的生活，但是，在拥有手机、电视、汽车的同时，却只能与雾霾、污水、毒粮相伴，那同样不是好的生活。这次中共十八大报告强调要建设"美丽中国"，也隐含着这层意思。

如果不能汲取以往的教训，继续沿着以往的高污染、高排放的模式发展，继续幻想着污染之后还能治理，必将导致"国在山河破"的严重后果。对中国目前的生态问题和环境问题，无论考虑得多么严重，都不过分。河流污染、地下水污染、空气污染、农田污染都不是局部性的，而是全局性的。这样继续下去，不仅无法"给子孙后代留下天蓝、地绿、水净的美好家园"，无法实现"中华民族的永续发展"，就连生存本身都会出现问题。

党的十八大报告关于生态文明这一章大有深意，各级政府如果能深入领会生态文明的最新理念，并且将其贯彻到社会生活尤其是经济生活中，将意味着整个社会的总体性转变。如果转向成功，我们就会有"美丽中国"；如果转向不成功，或者不及时，后果则不堪设想。从这个角度也可以说，中华民族到了最危急的时刻。

生态文明：超越工业文明还是工业文明的新阶段？[*]

陶火生[**]

用生态文明超越和取代工业文明！这种生态文明观念已经处于主导地位，并且成为许多人的思想共识。然而，工业文明是可以轻易地被超越和取代的吗？从世界性工业文明的新发展来看，当代工业生产方式已经出现智能化、生态化变革等工业文明自我发展的新样态。从中国发展来看，工业化仍然是当代中国主要的产业形态，提升工业化的内涵和质量，推进新型工业化建设是实现中国现代化的基本方式。那么，在当代工业文明自我发展的现实境遇中，如何看待生态文明与工业文明之间的辩证关系？在我看来，生态文明是工业文明的新阶段，体现了工业文明自我发展的阶段性质变，它不是完全超越工业文明的新型文明形态。

一 生态文明超越工业文明：当代文明发展的新命题

生态环境问题越来越成为中国发展的瓶颈和生活的烦恼，面临日益严峻的生态问题，人们在实践中采取了各种措施。20 世纪 80 年代开始，人们采取单纯的环境保护和生态修复的"点状"应对。但这种头痛医头、脚痛医脚的应对治理方式难以阻止这样的事实：一边保护，一

---

[*] 本文原载于《福建省委党校学报》2016 年第 12 期，《山西日报》2017 年 1 月 24 日第 12 版登载了其观点摘编。

[**] 陶火生，安徽芜湖人，哲学博士，福州大学马克思主义学院教授、副院长，从事生态哲学、马克思主义基本原理研究。

边破坏。20 世纪 90 年代，生态环境保护走向"面状"的实践创新。进入 21 世纪，随着生态问题的加剧和生态实践的发展，人们认识到只有把环境治理融入社会发展的各个方面，从根本上转变发展方式，才能从根本上真正解决社会发展中的生态问题，其中，生态治理的"全面"深化为生态文明建设奠定了实践基础。

生态问题持续地倒逼着人们反思和调整原有的工业化方式，走新型工业化道路。人们在反思生态问题根源，寻找解决生态问题策略的过程中，把生态环境问题归结为现代工业文明，进而提出了用生态文明代替工业文明的新要求。卢风明确指出，必须用生态文明来取代工业文明，他说："我们将明白，现代工业文明所创造的成就掩饰不了它所导致的深重危机，我们将不得不承认，现代工业文明是不可持续的，而走向生态文明才是人类文明的唯一出路。"[1] 赵其国等人突出了生态文明是人类发展的重大进步："生态文明是人类对传统文明形态特别是工业文明进行深刻反思的成果，是人类文明形态和文明发展理念、道路和模式的重大进步。"[2] 实际上，这代表了如今很多学者的主要观念，体现了人们对工业文明的批判性反思，反映了人民群众要求从根本上转变发展方式，保护生态环境的诉求和呼声。

在反思和批判工业文明的基础上，用生态文明取代工业文明作为一个新命题新观念被提了出来，并且被广泛接受。

首先，人们关于生态文明和工业文明的内涵界定有着这种超越性的倾向。生态文明作为一个当代的新概念新表述，在其提出之初就蕴含着和工业文明内涵的对比性。有观点认为：

> 所谓生态文明，是人类根据人与自然和谐共生、互利共荣的理念及生态规律加以拓展的文明形态和创造的文明成果。……所谓工业文明，则是人类根据探索自然、征服自然的科学理念和机器大生产技术加以拓展的文明形态和创造的文明成果。……工业文明开发

---

[1]　卢风：《关于生态文明与生态哲学的思考》，《内蒙古社会科学》（汉文版）2014 年第 3 期。

[2]　赵其国、黄国勤、马艳芹：《中国生态环境状况与生态文明建设》，《生态学报》2016 年第 19 期。

自然，征服自然，把自然献给人类；生态文明则尊重自然，彰显自然，让人重归自然。①

这就是用对比性的方法来强调生态文明是人与自然相协调的文明发展方式，而工业文明是人与自然不协调，因而也是不可持续的文明形态。这一对比性思维的着力点就在于，生态文明是以生态为标志的文明形态，显然是对工业文明忽视生态规律的批判性超越。

其次，生态文明取代工业文明是观念文明的重大变革。生态文明的基本思维方式是强调整体性和有机论，而工业文明的基本思维方式则是强调片面性和机械论。工业文明强调经济增长、财富积累、物质解放，要把人从自然必然性中摆脱出来，以人为万物之灵、万物之长，强调人对自然的控制性、征服性和利用性，忽视了人与自然之间的整体性；工业文明用机械化的手段把自然物从自然界剥离出来，实现了自然物对于人的使用价值，使机械论的思维方式长期统治着人们的观念。生态文明则强调人与自然之间的整体性、有机性关系，突出了人是自然的一部分，把生态和谐作为人类的基本价值和实践的基本规范。在这个意义上，郇庆治认为，生态文明（建设）理论确实体现了或蕴含着一种继往开来意义上的文明观/哲学革新，尤其是重获新生的有机论或整体性思维更有助于我们批判现实，重建未来。……现实中那些看似细节化或技术性的生态环境难题，其实是我们工业化与城市化过程中不断构建起来的经济社会制度的弊端或不适应性的表现，从更深层次上说则是现代文明与在社会发展过程中所逐渐形成的价值观念与文化意识的矛盾或危机，尤其是在人、社会与自然的整体性（有机性）关系及其理解上。换言之，生态环境的时代挑战归根结底是一种文明制度构架和文明核心理念层面上的挑战，相应地，对生态环境挑战的回应，终归要体现为或提升为一种文明制度构架和文明核心理念层面上的重建。②

再次，生态文明超越工业文明是实践方式的物质性变革。生态文明

---

① 蔺雪春：《生态文明辨析：与工业文明、物质文明、精神文明和政治文明评较》，《兰州学刊》2014年第10期。

② 郇庆治：《生态文明理论及其绿色变革意蕴》，《马克思主义与现实》2015年第5期。

的主要实践方式是生态实践，而工业文明的主要实践方式则是反生态的
工业实践。相较于片面强调工业生产效率以满足人们的物质需要和实现
社会的物质财富增长的工业化实践方式而言，生态文明中的实践方式主
要是强调生态效益与经济社会效益协调发展的生态实践。生态实践是以
人与自然协调发展为基本价值的实践方式，包括环境保护、生态修复、
清洁生产、循环利用、生态消费、绿色生活、低碳发展、绿色发展等实
践活动的具体方式，而工业文明的实践方式主要是工业化，其中包括工
业化生产方式、大量消费的生活方式、GDP 主导的经济增长方式等。生
态实践具体表现为可持续的生产方式和生活方式，而工业文明实践则是
反生态的不可持续的生产方式和生活方式。

最后，生态文明超越工业文明还体现在用最严格的制度来保护生态
环境，不断完善生态文明制度体系上。人们在生态修复和环境保护中提
出要建立环境保护制度，用制度来保护环境，随着生态文明建设的日渐
深化，中共十八大以来，中国率先提出要用最严格的制度来保护环境，
通过深化生态文明体制机制改革来完善生态文明制度体系。这一制度化
建设是工业文明所没有的，是生态文明建设中的重大制度创新！生态文
明的制度建设是生态文明规范化、体系化建设的标志，是生态文明建设
的重大创造性成果。

随着生态文明建设的不断发展，用生态文明超越工业文明的观念
越来越现实化。生态文明建设已经在中国发展的各方面和全过程全面
深化，生态文明观念已经成为全社会的广泛共识。当前，中国生态文
明建设已经实现了从实践到观念，从观念到制度，从片面到全面的深
入发展，尤其是在经济建设、政治建设、文化建设、社会建设和生态
文明建设"五位一体"的总布局中，生态文明的地位和作用越来越显
著，生态文明观念已经在全社会广泛树立。当前，绿色发展是中国实
现人与自然协调发展的基本理念和实践模式。2015 年 4 月 25 日，中
共中央国务院提出了关于加快推进生态文明建设的意见，其中强调了
生态文明建设的五项基本原则："坚持把节约优先、保护优先、自然
恢复为主作为基本方针。""坚持把绿色发展、循环发展、低碳发展作
为基本途径。""坚持把深化改革和创新驱动作为基本动力。""坚持
把培育生态文化作为重要支撑。""坚持把重点突破和整体推进作为工

作方式。"① 这里的基本方针、基本途径、基本动力、文化支撑和工作方式构成了从国家发展战略、国家意志层面上规范人们的生产与生活、社会的发展与理念的基本维度。2015 年底，绿色发展被写进中国"十三五"发展规划，成为指导今后五年中国发展的基本理念之一。

与之相反，工业文明的主导话语却呈现出地位下滑的趋势，从工业文明的"一言独大"转变为工业文明和生态文明"两个文明"并提，甚至出现讲生态文明多，讲工业文明少的新局面。

用生态文明超越工业文明，这是当代文明发展的新要求和新命题。生态文明建设适应了这一时代要求，似乎也证实了这一观念。但是，这里存在着一个前提性的静态预设，即工业文明不能再继续发展了，或者说工业文明正面临着终结。然而，这种判断是真的吗？

二 工业新变革：工业文明的当代再生及其生态价值

工业文明是以工业生产方式为根本标志的人类文明形态。工业（industry）通常是指人们采集原料，并把它们加工成产品的产业形态和生产过程。作为特定的生产方式，现代工业是以机器生产代替手工劳作，体现了人类文明的实践进步性。作为特定的产业形态，工业是现代社会三大产业中与农业和服务业相区别的产业形态，它包括各个工业生产部门，孕育着人类文明的物质进步性。

工业文明是以工业化为基础的多元化进程的统一。工业化就是工业生产方式越来越占据生产方式主导地位的历史过程，在这个历史过程中，几乎同步出现了市场化、资本化、国际化等特征。工业化就是工业生产占据主导方式，以机械化生产代替手工生产和以社会化组织形式代替家庭式组织形式。韩民青认为，工业文明的核心是物质生产方式，这种生产方式可以被概括为工业化的生产方式，他重点从五个方面论述了工业文明的本质，即"工业化：大规模采掘和利用天然化学物质的生产方式""工业化：大规模拓展人类生存范围的生产方式""工业化：大

---

① 《中共中央国务院关于加快推进生态文明建设的意见》，《人民日报》2015 年 4 月 25 日第 1 版。

规模市场化的生产方式""工业化：大规模资本化的生产方式""工业化：大规模国际化的生产方式"①。工业的本质是大规模的生产方式。规模扩大就是社会再生产的过程，是生产空间的社会化扩展和生产要素的深度组合。因此，工业文明是人类生产方式现代化以及由此形成的生活方式、交往方式现代化的文明形态，是现代人类发展的宏大叙事。

工业文明是整个现代社会的文明形态。从某种意义上来说，工业文明与现代文明是一对同义语。以工业化生产方式为基础，形成了现代社会的组织形式和现代性意识。生产方式是决定社会形态的根本要素，也是决定文明形态的根本要素，现代社会的组织方式、社会秩序的规范方式、现代性意识形态都源自和适应了工业化生产方式。因此，工业生产方式是工业文明的根本标志，它形成了一系列的现代性文明现象，工业生产方式的实践创新和历史性变化会造成工业文明形态的更替。

工业生产方式是静态不变的吗？当然不是！现代工业形态是一系列工业革命的历史性结果。当代工业革命正在如火如荼地展开，20 世纪 70 年代开始的信息革命把工业文明带入新的历史时期，在此基础上，当代工业革命已经呈现出新的时代特征，即生态化、智能化等。

新工业革命强调生态化与网络化相结合的后碳发展。2012 年，杰里米·里夫金（Jeremy Rifkin）提出了未来学叙事的第三次工业革命观。里夫金首先指出，我们今天所处的时代是信息技术与能源体系相融合的时代。新时代的主要特征是"第三次工业革命"，里夫金认为："互联网信息技术与可再生能源的出现让我们迎来了第三次工业革命。"② 第三次工业革命不仅是科学技术的信息化、网络化革命，而且是现代生产方式发生生态化转变的产业革命。在里夫金看来，第三次工业革命概括而言就是以互联网信息技术连接起来的，以可再生能源体系为核心和动力的产业发展新形态，是生产方式的信息化、绿色化革命。

工业新版本强调智能化主导下的产业升级。2013 年 4 月，德国在汉诺威工业博览会上首次发布《实施"工业4.0"战略建议书》，2013 年 12 月，德国电气电子和信息技术协会发布"工业4.0"标准化路线

---

① 韩民青：《论工业文明的本质》，《山东社会科学》2011 年第 2 期。
② ［美］杰里米·里夫金：《第三次工业革命》，张体伟、孙豫宁译，中信出版社 2012 年版，第 31 页。

图。"工业4.0"主要是关注工业制造业的智能化升级，以及其中的主导因素和相关影响等。森德勒（Ulrich Sendler）认为，新的工业革命即将来临，"变革的核心在于工业、工业产品和服务的全面交叉渗透。这种渗透借助软件，通过在互联网和其他网络上实现产品及服务的网络化而实现。新的产品和服务将伴随着这一变化而产生，从而改变整个人类的生活和工作方式，尤其是改变了人类与产品、技术和工艺之间的关系。这也要求工业产品的开发和生产要有根本性的转变和调整，以便高质量地部署新工艺，并使其转化为具有经济上的益处。"① "工业4.0"是一个以个性化、大数据、互联网、智能化、绿色化为根本特征的新型产业形态，个性化体现了灵活性，大数据和互联网体现了分散性，智能化体现了创新性，绿色化体现了生态性。在多样特征中，智能化是"工业4.0"的实质和发展趋势。

生态化和新型信息化构成了中国新型工业化道路的两大着力点。近年来，中国提出和深化了应对制造业新发展的国家战略，即"中国制造2025"。2013年初，中国工程院、工信部、发改委、科技部等部门专门组成"制造中国"课题小组，重点研究"中国制造2025"战略规划。2013年9月，工信部出台《信息化和工业化深度融合专项行动计划（2013—2018年）》，重点要求利用信息技术，改造提升传统产业，发展战略性新兴产业和生产性服务业，促进工业转型升级，以改变中国制造业现状，使其在2025年跻身现代工业强国之列。2015年，李克强总理在《政府工作报告》中强调，要实施"中国制造2025"，坚持创新驱动、智能转型、强化基础、绿色发展，加快从制造大国转向制造强国。

当深入理解生态文明的时候，我们不能忘记：工业化仍然是当代中国实现发展目标的基本生产方式和产业形态。当代中国正在走"新型工业化"的文明发展道路，从早期的信息化到现在的"互联网＋""智能化"，工业化的内涵正发生着深刻的变革。"十三五"规划提出，"全面提升工业基础能力""加快发展新型制造业""推动传统产业升级改造"是中国优化现代产业体系的主要工作，在此基础上，我们才能发展和完

---

① ［德］乌尔里希·森德勒主编：《工业4.0》，邓敏、李现民译，机械工业出版社2015年版，第2页。

善其他产业。新型工业化在整个产业链中的基础性地位意味着，工业化是中国全面走向现代化的主导性产业，工业化生产方式仍然是中国占主导地位的生产方式，是解决中国社会主义初级阶段生产力不发达与人民群众日益增长的物质文化需要这一主要矛盾的实践基础。

智能化和生态化是当代工业文明的新活力，孕育了工业文明的自我再生性。工业生产方式可以由于科技革命、产业革命而不断自我突破、自我发展，这从生产方式的基础上决定了工业文明的自我发展和当代再生。工业文明的实践创新意味着，当今的工业文明仍然有着巨大的活力。这种活力不仅表现为新型信息化、"互联网＋"、大数据、智能化等技术所带来的工业生产方式、工业文明形态的自我创新，也表现为工业发展与生态和谐的进一步深度融合。

工业文明这种再生性的自我发展必然会推进生态环境的保护和建设。生产过程是推动社会发展的最根本的实践过程，也是构造人与自然关系的实践形态，新工业革命在生态化、智能化的引导和规范下会减少自然物的利用，减少自然界的肆意破坏，在尊重自然、遵循生态规律的前提下推进物质生产和生活消费，从而用更合理的生产方式来保护环境，实现人—自然—社会的协调发展。

如果说工业文明可以从其内部自我再生，那么，这种再生出来的文明形态必然是工业文明的新的发展阶段。从生产方式的主导性而言，这个新的发展阶段仍然坚持着工业化的生产方式，因此，这个新阶段不是溢出工业文明的全新文明形态，而是工业文明的阶段性质变革所形成的新的发展阶段。在这个阶段，新型工业化的发展方式是解决原来的工业化所造成的生态环境问题的关键；在这个阶段，新型工业化的生产组织形式和社会组织形式仍处于主导地位。

三　生态文明是工业文明的当代新阶段

用提升工业化的内涵，创新工业文明的方式来保护生态环境！那么，在这种语境下如何看待生态文明的历史方位呢？在我看来，生态文明是工业文明的新阶段，这是因为工业生产方式仍然是当代人类社会的主导性生产方式。

　　生态文明的物质生产方式从根本上讲仍然是工业化生产。这种工业生产方式已经不同于原来的工业文明生产方式，主要是生产过程中的生态控制得到了根本性加强。工业生产要符合生态标准，就要推动清洁生产、循环生产、低碳生产等，实现资源的循环利用，广泛使用清洁能源。生产是整个社会存在的基础。尽管服务业在当代经济发展中所占的比重越来越大，但是，生产的地位是不可替代的。中国的生态文明建设所处的实际国情就是社会生产还不能满足人民群众日益增长的物质文化需要，因此，扩大生产是当代中国发展的主要任务。在当代社会中，虽然服务业对于经济发展的地位非常重要，服务业代替工业，占据产业发展的主导地位——这体现了社会发展的新特点和进步，但是从根本上来说，物质资料的生产是不可替代的。因此，虽然服务业在很多国家 GDP 中已经超过了工业的比重，但我们并没有出现"服务业文明"这一文明观念和文明形态。

　　从工业生产转型升级这个角度来看，生态文明是工业文明的阶段性质变。生态文明有着不同于现代工业文明之处，首先是生产方式的生态化转变，生产不仅仅强调经济效益和社会效益，而是要实现经济效益、社会效益与生态效益的三维统一。在此基础上，生态文明是比原来工业文明更为高级、更为进步的文明形态，是一种新的工业文明。韩民青认为："工业文明之后的更高级的人类文明新形态应称之为'新工业文明'，它有特定的含义，即指'人工创造和利用化学物质的文明'，这是从人类文明演进的基本规律和基本线索上来确定的。"[①] 新工业文明的生产方式是新工业化生产，其中包含着"深层次循环式生产和生态化生产""能源物理化"等基本特征。在这里，强调生产过程的物质循环和生态规律，强调物理能源代替化学能源，实质上就是加强工业生产过程的生态控制性质。"新工业文明"是工业生产方式的转型升级，是工业文明的高级版本和当代新发展。

　　从生产方式的生态化转变而言，生态文明的新发展并没有从根本上超越工业生产方式的主导性地位。生态文明是以生态和谐为根本标志的文明形态，人与自然的协调发展是生态文明的本质规定。这里的"协调

---

　　①　韩民青：《新工业化：一种新文明和一种新发展观》，《哲学研究》2005 年第 8 期。

发展"是在生产实践中实现的，就是说，人与自然的生态和谐要在生态化的工业生产方式中来实现。其中，生态化与工业化是同一个过程的两个密切相关的重要方面。生态化与工业化的统一是二者相互适应的过程：一方面，要在当代工业生产方式的不断创新基础上调整资源利用方式，原来工业文明的不可持续性在于它的资源利用方式导致了不可再生资源的枯竭和生态环境的污染；另一方面，要适应当代工业革命的新趋势。当代工业生产方式正在以智能化为趋势发生着史无前例的巨大变革，因此，生产方式的生态化转变要适应智能化生产。同时，就像人们把智能化作为工业文明的再生性新形态一样，生态化也是工业文明的再生性新形态。

在生态文明阶段，清洁生产、循环发展、绿色发展都是以现代化生产方式为主体的，这决定了人们的绿色消费和生态生活离不开这种生产方式。那种认为生态文明超越工业文明的观点明显地突出了生态和谐的根本标志，但是，他们无法说明这种生态标志对于工业生产方式的超越性。不能放弃生产方式的根本标志来讨论工业文明与生态文明之间的超越性关系，超越一个文明形态的前提是原先文明形态的根本标志被新的标志物所取代，并且这种新标志物蕴含着生产力的发展、历史的进步。如果缺乏这种内涵，那么，文明形态的转变就不能说是超越。马克思主义认为，生产方式决定着人们的生活方式、人的存在方式和社会的发展方式。那么，符合生态标准的工业生产方式决定着人们的生活方式、社会的发展方式，制度规范、人们的文明观念要适应生态和谐的基本要求。

适应于工业化生产方式的社会组织形式仍然是当前生态文明的基本组织形式。例如，由工业化所决定的市场化、工厂制仍然处于主导地位。在生态文明建设过程中，市场仍然是决定自然资本配置的基本方式，市场作为资源配置方式是与工业化生产方式相适应的。在生态文明建设过程中，工厂制仍然是社会生产的主要组织形式，生产性企业仍然用工厂来组织生产过程。在生态文明建设过程中，社会的组织形式并没有发生彻底的变革，现代性组织形式融入是规范人们社会活动的基本秩序。

根源于工业化生产方式的意识形态仍然是当前生态文明的基本意识

形态。虽然生态文明的思维方式与工业文明的思维方式相比有着重大的变化，但是，现代性意识仍然是人们的主要社会观念，实现现代化仍然是人们的努力和梦想，在现代性启蒙中所出现的自由、民主、平等仍然是人们的政治意识。迄今为止，生态文明建设中并没有提出与工业文明截然不同的经济观念、政治理念、社会理论等，相反，我们仍然身处工业文明的思想语境之中，工业文明的意识形态融入是当代社会的主流意识。

在生态文明建设中重塑工业文明，就是要把生态和谐作为新型工业化道路的根本规范。赵其国等把生态和谐的基本要求具体化，认为："生态文明首先应该是人类文明的一种形态，以尊重和维护自然为前提，以人与人、人与自然、人与社会和谐共生为宗旨，以建立可持续的生产方式和消费方式为内涵，以引导人们走上持续、和谐的发展道路为着眼点。"[1] 这种生态文明观念强调了生态文明的前提、宗旨、内涵和着眼点，也提到了生态文明的生产方式是"可持续的生产方式"，可以说抓住了生态文明建设的支撑点，适应了生态文明道路必须是生产—生活—生态协调发展的总体要求。在生产中坚持生态和谐，就是要提高资源的利用效率，减少资源的使用量，大量使用清洁能源，加大生产废弃物科学处理的力度和规范。在生活过程中坚持生态和谐，就是要改变随用随弃的生活方式，实行生活垃圾分类处理，大力推进走入自然的生态生活。

生态文明建设中虽然出现了工业文明原先不曾有的新情况新特征，但是其仍然以工业化生产方式为决定社会发展的根本力量，因此，生态文明是在工业文明的已有发展基础上，对工业文明发展中的问题进行自我调整、自我发展的结果。从整体性的人类文明发展的历史方位来说，当前人类仍然处于工业文明的文明形态之中，生态文明不过是工业文明发展的新阶段和新形态。

---

① 赵其国、黄国勤、马艳芹：《中国生态环境状况与生态文明建设》，《生态学报》2016年第 19 期。

生态哲学之解读[*]

李世雁[**]

科学技术突飞猛进的发展给我们展现了一个大有希望的未来。可是伴随着科学技术所产生的一系列社会问题、生态危机，我们人类的家园——地球面临着危机。正是由于我们所面对的许多社会问题、生态问题，很多人对与进步相关的实践表示出怀疑。人的行动借助于技术使这个世界产生了翻天覆地的变化，哲学必须转向实践，也就是人的"行动"，对于人类行动的理性思考迫在眉睫。这种对行动的思考，本质上就是要思索"人类应该如何生存"的基本问题，是对人与自然关系的重新探索。人与自然关系的探索涉及哲学的本体论，人类如何行动，如何生存涉及方法论、伦理观，生态哲学是哲学转向的行动。生态哲学是生态文明的哲学基础理论。生态哲学是哲学，它给哲学赋予了新的使命。

一 行动的哲学—— 生态哲学

生态哲学、环境哲学是 20 世纪 70 年代在西方发达国家宣告诞生的新兴理论学科。它的产生显然与自然环境危机、生态危机有关，是出于忧患和关怀而产生的。生态哲学、环境哲学的目的不是描述种种环境危

---

* 本文原载于《南京林业大学学报》（人文社会科学版）2015 年第 1 期。

** 李世雁，女，吉林省人，现任教于沈阳工业大学，博士、教授、硕士研究生导师，主要研究方向为技术哲学、环境哲学、过程哲学。

机现象，也不是对环境危机现状进行科学的解释。① 它是哲学的发展和继续。它意味着哲学历史使命的完成，同时也是哲学新的使命的开始。这种新的使命就是哲学转向对人的行动的思索。人应该如何生存？人的行动如何影响自然环境？也就是说，生态哲学、环境哲学就是哲学，是哲学本身，它不是哲学下面的一个分支学科。生态哲学、环境哲学基本在相同的意义上被使用。

生态哲学是哲学发展历史过程的必然。哲学在探讨世界本体论之后回答了世界是什么的问题，哲学对人类思维的关注回答了人类怎样认识这个世界的问题。在知道了世界是什么，人怎么样认识世界之后，就是人应该怎样行动从而建立人与自然关系的问题，这就是关于人行动的哲学，人的行动与环境关系的主题使我们把它称为环境哲学、生态哲学。哲学是时代的精华，每一时代都有每一时代的哲学精华。今天的时代精华就是要解决人与自然关系中人的行动问题。生态哲学、环境哲学便肩负着这种使命应运而生。

生态哲学是哲学转向的行动。今天的技术异化、生态危机使人与自然的关系成为这个时代的焦点，如何行动成为哲学关注的主题。生态伦理学或环境伦理学就是在人与自然的关系中关注人的行动。它的出现就是哲学的新内涵。生态哲学和环境哲学基本在相同的意义上被使用，它们使哲学转向生态、转向环境，是哲学范式的转变，主要是理论框架和概念体系的转换，是本体论、认识论、方法论和价值论的理论框架转变，最重要的是其基本概念的转变，要提出新概念，例如"环境问题""生态危机""自然价值""自然权利""生态文化""生态公正"等。关于"目的"，生态哲学、环境哲学认为，不仅人类有目的，生命和自然界也有目的，追求生存、追求存在是所有个体的目的。关于"主体"，生态哲学、环境哲学认为，不仅人类是主体，生命和自然界也是主体，它自主生存、自主发展。生态哲学、环境哲学反对经典哲学关于存在与价值绝对二分的说法，认为事物的存在和价值是同时的、统一的。关于"主动性"，生态哲学、环境哲学认为，不仅人有主动性和创

---

① 张岂之：《关于环境哲学的几点思考》，［英］E.库拉：《环境经济学思想史》，上海人民出版社 2007 年版，第 5 页。

造性，生命和自然界也有主动性和创造性，物质和生命的自主运动和发展，创造了全部自然价值。关于"智慧"，生态哲学、环境哲学认为，不仅人有智慧，生命和自然界也有智慧。生存主体有价值，为了生存它们也有主动性，有评价能力和适应环境的能力，有智慧，有创造性。①对于现代西方哲学来讲，要拥有这些概念的新含义是不可能的。所有这些新的观念，都直接关系到我们人类如何生存的问题，生态哲学、环境哲学就是要思考人类如何生存，让人学会生存。

在人类哲学思维的历史中，从哲学所关注的外在的主题和哲学内在的逻辑发展中可以看出，生态哲学的出现是哲学发展的历史必然。生态哲学不是凭空产生的，而是有着深刻的时空历史背景。在时间维度的整体中，我们考察哲学的历史，可以体会生态哲学是一种"哲学转向"。生态哲学是一种新的哲学方向。这是哲学的外在展现，哲学的转向是哲学的外在展现，哲学的发展还有其内在逻辑。我们就从哲学外在转向和哲学的内在逻辑来解析哲学的发展历程，分析思维整体中的生态哲学思想，由此可以看出，生态哲学提倡关系、有机、整体，以此为基础关注人的行动，是生态性的哲学。

生态哲学是哲学的逻辑完成。从外在的展现看，生态哲学就是哲学的新转向，从内在逻辑看，生态哲学的出现是哲学内在逻辑发展的完成。哲学的外在展现体现为哲学所关注的主题，不同的时代哲学有着不同的关注主题。在哥白尼之前，宇宙学认为，太阳围着地球转，哲学主题的表现是主体围着世界转，主体——人所关心的是世界的构成和物质的运动。哥白尼之后，宇宙学认为，地球围着太阳转，由于文艺复兴，人的地位得到了提升，哲学主题的表现是世界围着主体转，关心的是人的精神、人的意识、世界怎样为人服务。在让世界围着人这个主体转的过程中，否定了世界的主体性，把世界完全降为客体。这是现代技术世界的哲学基础。然而，后现代又解构了人这个主体，倡导生态性的哲学，倡导人与自然的和谐，关注人的行动如何与自然和谐，倡导生态的创造力。在人类理性的思维进程中，哲学在它的历史中发展。生态哲学就是思维时空整体中的哲学发展，是哲学对行动的关注。哲学的主题是

① 余谋昌：《生态文明论》，中央编译出版社 2010 年版，第 86 页。

关于人这个主体如何与世界融合为生态共同体。这既是生态哲学的主题，也是哲学本身的新使命。

生态哲学作为一种新的哲学，是新的世界观和方法论，它以人与自然的关系为哲学基本观点，追求人与自然的和谐发展。生态哲学是哲学的主题转向关系，它是有机的、整体的，以此为基础关注人的行动。哲学涉及包括自然、社会在内的整个世界。哲学最能代表人类思维的极致创造力，它是世界观和方法论，是时代的精华。在人类的历史长河中，每一时代都有其自己的哲学精华。生态哲学作为一种时代精华，是人类思维的创造。这不仅是在地球共同体整体背景下的创造，也是人类思维在时间历程整体中的创造。

二 生态哲学的含义

生态哲学、环境哲学基本在相同的意义上使用，但是，生态哲学、环境哲学毕竟不是相同的词语，肯定有着不同的意义。

从词源上讲，环境是环绕我们的东西。环境哲学这一概念涉及"环境"和"哲学"两个词，首先我们可以肯定环境哲学的性质属于哲学。然后，我们再来分析"环境"这一词语的含义。"环"意指东南西北、上下，四面八方皆可是"环"的范围；"境"就是场景、空间范围。这和英语里的 environment 含义相近，在 environment 这个英语词汇里，vir 这一词根有着环绕的含义，也包含着主体与周围环境的意蕴。从空间上说，个体可以被一切存在物所环绕。① 所以，环境这一概念隐含着一个主体因素，它被所有的环绕物所包围。这一主体因素可以是植物，可以是动物，可以是人。环境哲学包含着主体与周围环境的意蕴。那么，主体与周围环境是什么样的本质关系呢？这种本质关系就是生态关系。生态哲学就是把生态学提升为哲学，以此来解读主体与周围环境是什么样的本质关系。或者可以说，环境哲学包含着主体与周围环境的意蕴，这个主体与周围环境的关系是生态关系。生态哲学就是解读主体与环境关系的，解读其生态本质关系的。正因为如此，生态哲学与环境哲学在相

---

① ［英］E. 库拉：《环境经济学思想史》，上海人民出版社 2007 年版，第 219 页。

同的意义上被使用。

生态学（ecology）一词源于两个希腊词的组合：eco-源自希腊词 oikos，含义是"家、房子"或"生活场所"，-logy 意思是"学问"，组合起来的含义就是有关"家的学问""家务事"。"生态学"（ecology）与"经济学"（economics）的词根 eco-相同，就此而言，所谓经济学 economy 和生态学 ecology 都是关于它的学问，-nomy 是规则，-logy 是体系，所以，有的学者称生态学是"自然的经济学"，经济学是"人类的生态学"。因此，从词源上讲，生态学是研究关于"有机体及其栖息的整体的科学"，用现代语言来说即是"研究生命有机体及其生存环境之间全部关系的科学"，是关于自然界的生物如何利用资源的经济学。生态学有其自己的自然科学渊源。生态学的概念伴随着生物学的发展而诞生。"生态学"一词是德国生物学家海克尔于 1869 年提出的。① 生态学是研究动物与其有机及无机环境之间相互关系的科学，特别是动物与其他生物之间的有益和有害关系。生物的生存、活动、繁殖需要一定的空间、物质与能量。生物在长期进化过程中，逐渐形成了对周围环境某些物理条件和化学成分，如空气、光照、水分、热量和无机盐类等的特殊需要。各种生物所需要的物质、能量以及它们所适应的条件是不同的，由此也决定了它们的不同。

"生态"从汉语字面意义上理解就是生命（物）生生不息的状态。生物的生存、活动、繁殖需要一定的空间、物质与能量。生物在长期进化过程中，逐渐形成对周围环境某些物理条件和化学成分，如空气、光照、水分、热量和无机盐类等的特殊需要。各种生物所需要的物质、能量以及它们所适应的理化条件是不同的，这就是物种的生态特性。任何生物的生存都不是孤立的：同种个体之间既有互助又有竞争；植物、动物、微生物之间也存在着复杂的相生相克关系。人类为满足自身的需要，不断改造着环境，环境反过来又影响着人类。人类也生存在地球大的生态系统内。随着人类活动范围的扩大与多样化，人类与环境的关系问题越来越突出。因此近代生态学研究的范围，除生物个体、种群和生

————

① ［美］唐纳德·沃斯特：《自然的经济体系——生态思想史》，商务印书馆 1999 年版，第 234 页。

物群落外，已扩大到包括人类社会在内的多种类型生态系统的复合系统。人类所面临的人口、资源、环境等几大问题都是生态学的研究内容。

"生态"与"环境"有着密切的联系。一方面，所谓"环境"是环绕某个中心的周围，对人来说，也就是环绕着人的自然界，即自然生态系统。它是人类一切活动所依赖的"场所"。另一方面，人从自然中脱颖而出，就开始承受来自环境场所的压力，他必须不断克服这些压力才能生存和发展。人类自从学会利用火，就凭借着智慧和技术，有了定居生活、语言交往、制度规范、宗教信仰，人的物质和精神需要因此而获得（某种程度上的）满足——这就是文化（culture）。拉丁语 cultura 的本义即耕作、培育，以后才衍生出教育、修养、文化之意（cult 又有崇拜、景仰之义）。文化最初就是以农业（agri-culture，即农耕，拉丁语 ager = agri，即土地）的方式存在的，比起原始的采集、狩猎和捕捞活动，刀耕火种无疑是一次巨大的进步，是人类在自然生态系统中生生不息的进步。这是自然生态、人的生态、社会生态的展现。

生态哲学、环境哲学、环境伦理学基本在相同的意义上被使用。这是因为环境哲学、生态哲学是从环境伦理学上发展起来的。美国戴斯·贾丁斯在其《环境伦理学》一书中曾说，环境问题提出了像我们该如何生活这样的基本问题。这类问题是哲学上和伦理学上的问题，它需要用哲学上较复杂的方式来解决。[①] 这就是被西方称之为的环境哲学，也是环境伦理学。环境伦理学把人的道德关怀扩展到生态环境。西方环境伦理学从人与自然关系的角度研究伦理问题，主要有四大理论派别：现代人类中心主义、生物中心主义、动物解放论和生态中心主义。它们都表示对人类包括子孙后代利益的关心，承认生命和自然界的价值；一致认为，人类道德对象的扩展是必要的，这是人类道德的完善。虽然依据不同的理论，它们提出了不同的道德目标、道德原则和规范，有着非常激烈的争斗，但它们一致认为，维护生物多样性、保护环境，这是符合人类利益的。

环境哲学也被称为生态哲学。有很多学者认为，环境哲学或生态

---

① ［美］戴斯·贾丁斯：《环境伦理学》，北京大学出版社 2002 年版，第 7 页。

哲学是生态伦理学的哲学理论基础。生态伦理学则是生态哲学的价值论表达。这种观点不完全正确。这涉及对环境哲学或生态哲学概念的准确理解，涉及对环境哲学性质的把握，还涉及如何理解环境哲学的构成。

我们可以借助于英语词汇 environmental philosophy 来理解环境哲学的概念。environmental philosophy 的重心在 philosophy，即哲学上，这就肯定了环境哲学的哲学性质。同样，在相同的意义上使用的生态哲学，即 ecological philosophy 强调的重心也是 philosophy，即哲学，这是指"生态哲学"；而 philosophy of ecology 含义的重心则偏向 ecology，即生态学，这是意指关于"生态学的哲学"，就像 philosophy of physics 是物理学的哲学，philosophy of chemistry 是化学的哲学，philosophy of biology 是生物学的哲学一样。它们都是关于一门科学学科的哲学。我们在这里所讲的环境哲学、生态哲学不应该是关于一门科学学科的哲学，而应该从具体科学的层面升华出来，站在更高的角度、更高的层面来进行研究的哲学。所以，我们所说的环境哲学、生态哲学是从生态学理论及方法提升出来的一种世界观和方法论。它是用生态学关于生态系统整体性、系统性、平衡性等观点来探讨、研究和解释自然及人与自然之间相互关系的一门学问。因此，环境哲学、生态哲学实质上是一种生态世界观。

既然环境哲学、生态哲学词汇的核心含义在哲学上，这就决定了生态哲学、环境哲学的哲学性质。environmental philosophy 的含义侧重在哲学上，而 philosophy of environment 的含义是关于"环境的哲学"。如果把环境哲学理解成关于"环境的哲学"，即 philosophy of environment，那么，就会有"环境哲学是生态伦理学的哲学理论基础"这种不正确的表达。正确的理解应该是：环境哲学的构成之一是生态伦理学。既然环境哲学是哲学性质的，属于哲学，那么哲学的本体论、认识论和伦理学相互之间的关系也适用于环境哲学。所以，"生态伦理学是生态哲学的价值论表达"，生态伦理学是环境哲学、生态哲学的构成之一。

三 生态哲学的构成及研究内容

既然生态哲学、环境哲学是哲学本身的发展和继续，那么，生态哲学、环境哲学的构成与哲学的构成就是一致的。哲学是世界观和方法论，是关于自然界、人类社会和人类思维的概括和总结。哲学的构成有本体论、认识论和方法论。生态哲学的构成也应该包括这三个方面：生态本体论、生态认识论、生态方法论。生态本体论体现了生态世界观。对于生态认识论，我们可以从人类哲学思维的历史中来考察，考察人类思维历史中的生态哲学思想，并研究哲学发展的内在逻辑。而生态方法论就是环境伦理学、生态伦理学。由于生态哲学是转向人的实践、人的行动的哲学，它在关注世界、关注人的思维之后，关注人的行动就是发展的必然。环境伦理、生态道德就是人的行为规范，因此，环境哲学才会在环境伦理学领域率先发展起来。

生态哲学是从环境伦理学或生态伦理学中发展起来的，这是它的第一个构成。它是关于人行动的哲学。生态哲学是转向生态、转向环境的哲学，是哲学的范式转变，人的行动与环境的关系是它的主题。这使得生态哲学成为哲学逻辑之完整的发展。关注世界、关注思维、关注人的行动是哲学的进程。转向行动的关注就是关注伦理道德。环境伦理、生态道德就是人的行为规范。环境伦理学把人的道德关怀扩展到生态环境。道德是行为准则，是人们在社会中活动时应遵守的普遍规则，是引导人们做出选择和行动的价值符号。那么价值就是道德哲学的基础。由价值导出的权利使得自然价值、自然权利成为生态伦理学基础理论的研究内容。

关于生态哲学的第二个构成——生态认识论，我们可以从人类哲学思维的历史过程中研究生态思想的历程。哲学涉及包括自然、社会在内的整个世界。哲学最能代表人类思维的极致创造力，它是世界观和方法论，是时代的精华。所以我们可以从哲学思想的历史中解析人类的生态思想历程，研究生态认识论。在人类的历史长河中，每一时代都有其自己的哲学精华。生态哲学，作为一种时代精华，是人类思维的创造。这不仅是在地球共同体整体背景下的创造，也是人类思维在时间历程整体中的创造。在时间维度的整体中，我们考察哲学的历史，分析哲学在每一个不同的时代所关注的主题，这种不同时代哲学所关注的主题就是哲学外在的转向。由此可以体会出生态哲学是一种"哲学转向"。哲学转向生态，生态哲学是一种新的哲学方向。[1] 这是哲学的外在展现，哲学的转向是哲学的外在展现，哲学的发展还有其内在逻辑。

在人类哲学思维的历史研究中，探讨哲学内在逻辑的演变历程也是生态哲学的研究任务。古希腊哲学是哲学的逻辑起点，对物质世界的认识同时肯定了"世界是真实存在的"这一本体论原则以及"认识必然可能"这一认识论原则。从这两个自明原则可以推出"关系是普遍存在的"这一关系原则和"世界是过程的"这一过程原则[2]，它们又是建立在理性必然性基础之上的。理性何以必然？对理性必然性的探索从古希腊苏格拉底、柏拉图和亚里士多德经过中世纪的宗教曲折，哲学从近代走向现代，对理性存在之根据的探索肯定了有机性原则的逻辑必然性。由本体论原则、认识论原则、理性原则可以推出关系性、过程性、有机性的逻辑必然性。生态哲学提倡关系、过程，强调整体和有机。从哲学外在转向和哲学的内在逻辑来解析哲学的发展历程，分析思维整体中的生态哲学思想，这是从认识论维度研究生态哲学思想。内在的逻辑演变和外在的转向研究共同揭示出生态哲学的产生就是哲学本身的走向。

生态本体论是生态哲学的第三个构成。自然科学蓬勃发展的今天，生态哲学的本体论有着丰富的科学基础。科学——人类思维的创造极致——经过400多年的蓬勃发展，沿着哲学所开启的视野，肩负着认识自然的使命。古希腊的自然哲学家转变为今天的科学家，科学不断划分、不断解剖自然并将之揭示给我们，从而从分析的层面回答了哲学上关于世界是什么的悠久问题。哲学把认识世界的任务交付给了科学，那么生态哲学本体论的阐明就离不开认识世界的科学理论，正如恩格斯自然辩证法的创立离不开19世纪的自然科学成果一样。

自然观或生态自然观是生态哲学本体论的首要问题。宇宙论可以说

---

① 余谋昌：《生态哲学》，陕西人民教育出版社2000年版，第37页。

② 李世雁、张建鑫：《关系性—过程性原则的逻辑必然性》，《自然辩证法研究》2012年第10期。

是自然观的另一个别名，它与地球共同体的相关研究都属于生态哲学本体论研究的重要内容。从宗教神话、古代理性思维、近代天文学和现代物理学等方面对人类宇宙观演化进行探讨，能够揭示当今世界生态危机的实质是人的宇宙观、价值观和人的基本信念的危机。作为生态哲学科学基础的生态学、地史地质学、相对论、量子力学、系统论、混沌理论等如何支撑生态哲学，如何深化生态哲学理论是有关生态哲学本体论的研究所回避不了的。具有最彻底生态性的过程哲学是生态哲学本体论研究必不可少的。借助于过程哲学对宇宙的演化过程、生命的进化过程、技术的发展过程进行分析，解析"生态纪"思想所蕴含的"地球的地质—生命过程"的生态本体论内容，可以丰富和深化生态哲学本体论的相关研究，对于建设生态文明有着重要意义。

生态哲学的新维度与新理念

周国文 *

　　立足于生态和谐社会的生态哲学源自于自然式的本真存在，也关联着人类的活动。它是一个持续发现自然的过程。这种哲学式的生态发现，努力搭建生态哲学的新维度，积极阐释生态哲学的新理念。毕竟生态哲学不仅在于以哲学思辨尽量还原自然界的原初状态，而且在于以观念澄清来保持自然界生态本位的内在价值。当然，它并不是鼓吹返回到原始社会，在茹毛饮血的古代世界中寻找自然的本真存在。

一　生态哲学的新维度

　　对应理想的生态和谐社会，如果有一种哲学被命名为生态哲学，我们就需要尤为深刻地理解生态，理解其所拥有的新维度不仅是它的内涵所在，而且是它的外延所期。建立在对自然界多样事物独特的泛情感主义基础上的观念，其所匹配的生态哲学在可能的意义上是否拥有远比环境哲学更宽的蕴含及更大的所指？因为只有辨明了二者的特定所指，才能从界限、价值到趋向上弄清楚它们所存在的不同。在界限上，它是从两个概念区分而形塑的同一类型哲学的两种形态。如卢风所指出的：

　　　　生态文明新时代的新哲学就是生态哲学。生态哲学不是任何一
　　　种一般哲学体系的二级学科，而是在批判继承现代性哲学的基础上

　　*　周国文，福建宁德人，北京林业大学马克思主义学院教授。

建构的一种新哲学。生态哲学的基本内容包括：有机论的自然观；谦逊理性主义的知识论；扬弃了主客二分、事实价值二分的自然主义价值论（axiology）；辩证共同体主义的政治哲学；超越人类中心主义的伦理学和美学；非物质主义的价值观（values）、人生观和幸福观；非经济主义的文化观，等等。①

走向生态文明的生态哲学需要来一次新启蒙。它意味着 21 世纪世界生态思想启蒙所普及的哲学将是生态哲学。生态哲学更加强调其内在协调的有机性，它从价值观到行动纲领上都充分表现出地球命运共同体的定位。它所内含的哲学批判，构建了一个有效共生共存的多元问题域。它在思维互动中所搭建的系统的价值观体系是在一个更宽广的研究边界中考虑问题。

生态哲学是一种更高意义、更宽界域的哲学。它是哲学面向生态环境的一次主动转向，也是生态世界纳入哲学思辨的有效变化。或者说生态哲学带来的是哲学思维方式的重大变革。它构建了一个更加整体的理论模型，创造了一个新的哲学理路。

生态哲学是向自然界全面回归的哲学。它表现出的生态哲学是面对自然界的主动思辨。它是新的符号及理念体系的集成。在价值上，它从动物权利论到自然内在价值论，它所建立的观念认知模型是否拥有对道德价值重新反思的可能？从趋向上来看，它从整体主义到万物有灵论，二者是否以其视域的不同建构了各自不同的理论模型？

若生态哲学所把握的非人类中心主义哲学的向度是足够明显的，那么生态哲学所期待的宇宙主义的有机哲学之界域则是充分自足的。面向地球主义的生态哲学，需要向新的界域拓展。它不仅是向生态哲学延伸其研究对象及内涵所在，而且是向生态哲学的新向度寻找其多学科交融与创新的可能。

生态哲学不应是取代原有生态哲学而生的，它在固有的意义上不仅继承了原有生态哲学的思想遗产，而且可以被理解为生态哲学的一种新

---

① 转引自包庆德《生态哲学：生态文明新时代的时代精神精华》，《鄱阳湖学刊》2017年第 6 期。

转折。它或者作为一种新概念，以生态主义的观念为依托，提示了对生态哲学的更完整定义。与此同时，生态哲学的新维度则更是伦理观、社会观与政治观的整合式突破。它是人类生态意识站在新立足点上的新展示。

生态不言自明，就在那里。它构成了我们无处不在、无时不在的世界，甚至是我们可以触及的宇宙。立足于从描述的意义上诠释生态哲学，不如从规范的层面上定义生态哲学。它提供了一种新的范式，阐释了一个能够触及的生态世界。

生态哲学是生态的哲学，也是生态与哲学的交融。它意味着一种生态学革命的哲学新生态。生态哲学是立足于生态阐述哲学的，更是依循哲学来梳理生态的。其对象更多、范围更宽、范畴更广，显而易见，比起传统哲学是更多元更丰富的哲学。

从生态学而来的生态哲学，其意义是否更加深刻？其意思是否更加明确？其意涵是否更加多样？其意义表达是从事实而来的人与自然关系的价值。其意思是一种意愿的表示及趋向的成立。其意涵则构成了内涵及理念原则的存在。

从人与自然关系的理解来看，从谋生模式、征服模式、剥削模式、托管模式到共生模式，生态哲学创造了一种崭新的生态圈伦理。人类与在地球上和我们共享无垠宇宙的多样动植物的关系是什么？我们拥有何种权利来处置有生命的非人存在物？我们因循怎样的标准来看待人类行为的边界？我们又能把握何样尺度来建构生态和谐社会？

因此以重申生态哲学的固有价值作为承认生态哲学出现的前提性条件，也正是把各种类型的生命存在物加以平等看待。它一方面提升了生物存在的位格，另一方面尊重了生物的多样性。生态哲学的新维度在此有了一种合乎生命伦理的拓展。可见，生态哲学更加注重人作为生物的平等性与相互依存的共生性。

生态哲学的新维度正在创造一种新的链接。这种链接是有机联系的连续性之哲学，其意图是在宇宙圈的部分形成一个更大更好的链接。并且把内在机理的链接塑造成意义的系统。这种新的链接既是需要的功能式链接，又是超越的精神式链接。

处在环境紊乱状态中的人们，在其意识深处的渴望是生态和谐的回归。这是宇宙论背景的宏大诠释及叙事。它揭示出我们与外界事物之间深层的联系。

从物种保护与种群恢复中走来的生态学，需要一种有效的哲学体系来为其寻找理论基础。而当群落结构、景观重建与栖息地建设为生态环境的再造提出新的要求时，同样也为生态哲学的发展提供了契机。生态哲学致力于建立一个统一细致而又全面的理论框架来诠释说明生态环境及其子系统的所有知识。

毕竟，生态系统的关联式存在为生态哲学的产生不仅提供了可能，而且创造了新的研究背景。它努力打开新的视域，不仅向着处于本体地位的人类世界拓展其界域，而且充分打开了一个自足的生态世界。与此同时，人类对生态的认识能否达到一个新的水准？若是不同生态圈的存在提供了生态哲学认知的多元界域，那么它是否已超越了一个统一世界观的前科学尝试？

从境遇主义走向整体主义，从一般认知模式到深层观念图谱，我们对生态系统的哲学理解重新经历着理性主义的审视。生态哲学所论述的界域也可能正是宇宙范畴的。在它完备其内涵与外延的进程中，生态作为主要概念定义其所指，不仅是与人类活动相关的环境，而且是脱离了人类行动的地球。宇宙若是最高的生态系统，贯穿它的哲学会在思辨中提升其所思的境界与域限。生态毕竟是以生命为基础创造一种整体化生存境遇的。没有生命的地方，在地球之外很难说构造了另一种生态。或者说生态是围绕地球而言说，地球生态因人类的存在而成为宇宙生态最活跃的部分。

生态是人类世界中的任何事实，也是诸多生命中的每一个事件。"大自然既非仁慈，也非不仁。它既不反对遭受痛苦，也不支持遭受痛苦。"① 生态若是先天本然的，生态和谐社会则是后天必然的。生态哲学是人类与自然整体和解的哲学。它憧憬着人类自身的生态意识自觉，并表现出第四维的思想观念解放。若说前面的三维是人类之维、物质之维与环境之维的话，那么这个第四维就是重新理解自然性的生态之维。

① ［英］理查德·道金斯：《地球上最伟大的表演》，李虎、徐双悦译，中信出版社2013年版，第323页。

生态之维的辐射效应更加广泛。它投映在一个不断增进思想自觉的生态公民群体里，在对自然的态度上不仅是更加完备式理解的好奇，而且更具有包容的亲和力。

生态哲学愈加重视生物的进化论。在保护人性之外，努力借助伦理观及价值观发现新的生物群落，以开启人类意识世界之新空间、新结构与新趋势。"三种更超验的性质——道德、审美和宗教感情——经常被认为是人类有别于其他动物的独特特点。"① 这并非一种全新的哲学，而是展现出重新定义自然的能力与诠释意图。关键是人类有效地面对及融入，把握形塑生态人的契合感。

作为时空提供者的生态，人类永远在此之中，或者说人类是时空历程的旅行者。生态哲学提供了人类迈向未来之路的预见与目的。它有效超越自然工具论，在本体论的层面树立起生态整体主义的视角。未来则是一张地图，以谋划人类即将展开的有效行动。

因此，生态哲学所创造的关于人类外部世界的知识体系，是一种从平面认识向立体观念的延伸。只有这样，它才能依循自然观念与现象有效阐释其未来。生态哲学所树立的更多元的哲学体系，创造了新时代哲学宽广的平台。这是一个改变原有哲学话语体系的契机。毕竟生态学对于哲学的颠覆，不仅打破了传统哲学的诠释模式，而且打开了哲学论述的新窗口。自然科学知识与工程科学知识对于生态学的支撑，也帮助生态学知识产生对于哲学更新的影响。在新的话语路径与解释逻辑的提升中，生态哲学的出现及其完善，也将帮助越来越多的哲学旁观者进入哲学殿堂，并促进哲学阅读者有效增长新哲学见识。

二 生态哲学的新理念探讨

环境正在经历新的变革，哲学是否也在历经潜移默化的更新？作为从观念上指向人类家园的生态哲学，在 21 世纪的今天需要拥有新的质素与向度。它离不开环境自身的优化，更需要哲思在沉淀中的升华。

---

① ［美］克里斯蒂安：《像哲学家一样思考》，赫忠慧译，北京大学出版社 2014 年版，第502 页。

理念作为柏拉图的哲学概念，它鲜明地指示了它对寻求普遍统一的世界本原的思想。在 2500 年后的今天，我们借助理念的范式来拓展生态哲学的空间与路径，并不是希冀找到重新给生态哲学下定义的方式，而是要借助于环境与哲学的深度契合来提出当代社会的新范式，其所内含的新理念也正在生成。这种扎根于本土的生态哲学之新理念体现在如下几个方面。

（一）生态哲学的新时代气质

哲学作为时代精神的精华，新时代哲学更应该有新时代的气质。作为最具有潜在思辨空间的生态哲学，生态哲学能否展现出其内在自生的多维向度，关键看其自身解决生态问题的能力能否达到新的水准。从西方近代哲学的坎陷中走出的生态哲学，既须走出"片面之主体性"的迷思，又需要抽离"单向度的唯物主义"陷阱。生态哲学的新时代转型，是建立在对当代生态哲学全面了解，在对全球社会的政治经济文化变革主轴加以把握的基础上的。这种新时代气质秉持了中国时代发展的进步要求，是在生态文明伴随着物质文明、政治文明、精神文明与社会文明共同进步的过程中所体现出的时代精神的精华。当然，这种气质在固着于尊重自然的民族风范的同时，也离不开对世界趋势的整体把握。

（二）生态哲学的新问题思路

问题若是人类反思能力的一种体现，那么它是认识在从惊异到怀疑过程中的结晶。环境认识是人类自身智慧的折射。从问题而来，奔着问题而去的环境视域，其哲学思想本源于问题而存在。问题的产生源于认识的深化，认识则来自兴趣之界面的延展。从自然、技术到解放的需要，从人类学到历史解释学，从生态学到哲学分析学，问题一方面是由于理念与事实的落差式困惑而生成的，另一方面是其所针对之对象内部诸理念的不解与矛盾。它也将形成环境问题的可能式存在。环境问题直接触动着生态哲学的问题线索，那么生态哲学的新理念能否贴近现实生活而及时生成？

（三）生态哲学的新结构质素

因人而生的生态环境，由缘思而成的观念哲学，它所具有的内在思维结构也需在新时代背景下重新思考。不再是纯粹的形而上学，而是从形而上学的思虑中提炼并重塑生态哲学的新结构，是从自然、社会与人类的三层结构中寻找生态哲学的新质素。或者说是从自然中挖掘生态的覆盖，从社会中萃取环境的力量，从人类中浓缩精神的象征。把握倒三角形存在的意识结构，以便为审视生态哲学的新形态以及生态哲学致思的新结构创造可能。

（四）生态哲学的新现实面对

新生态哲学所表现出来的应用现实的能力，还亟须加强。它一方面凸显出对这个时代的紧密呼应，另一方面也表达出生态哲学内在的理论逻辑。毕竟，新时代所面对的新生态环境，也离不开有效、有力之理论观念的指导。生态哲学是因应现实而生，它来源于现实，返归于现实。

（五）生态哲学的新世界视域

生态哲学的新世界是一个充满动力与趋势的新世界，如同哈贝马斯在《交往行动理论》中把单一的工具理性扩充为一个具有三个向度之有效性要求的交往理性概念。他所提出的三个向度要求分别是：客观世界的真实性要求、社会世界的正当性要求、主观世界的真诚性要求。从自然存在的客观世界到环境演变的社会世界，再进入人类思维的主观世界，生态哲学步步深化地展示出其不断展开、深入推进的作为新世界的视频。

（六）生态哲学的新实践话语

新实践是人类能动地改造自然与社会的行动，新实践是人类新生力量的整体性展现。以自由意识与自主观念相融入，新实践是新生态哲学生成的基础。根据对自然界的必然性的认识，源于生态哲学的新实践话语，体现出对生态文化的积极追求。中国的生态哲学是世界生态哲学中的一环，它在现代性的路途上接受着观念的检验，也未曾停滞其作为

"未竟事业"的思想者前途。

总之，生态哲学的新理念若能构筑起生态思想的新高地，那么它建构起的将是一种紧密联系时代的新的现实图景。而在新维度的界域范围内，我们将看到一种远比环境哲学更具有宏图大志的生态哲学，它所演绎的自然之思将令人无比动容，它所贯穿的理性之冷静将积极为自然界代言。毕竟，哲学之精神尚未走远，生态之精髓从未离开。那么，以环境作为桥梁，并有效融合生态的哲学将是地球上最具有前景的哲学，它将以人诗意地栖居在大地上的格局展示出最具有永恒感的哲学之脉络。

二

生态文明建设的科学依据

论科学自信*

欧阳志远**

引　言

科学自立是国家自立的基础，科学自立的前提是科学自信。改革开放 40 年来，国外科学得到大幅传播，技术创新能力也在激升，但毋庸讳言的是，科学自信与民族复兴的需要还远不相称，某些方面尚不及 20 世纪 50 年代至 60 年代前期的状况。核心问题是，价值取向基本唯欧美马首是瞻，表现为评判话语和教育话语严重缺失，大量机构和家庭不计成本及实质，盲目追求境外学历与名录，以标榜门户，征逐声利。长此以往可能会导致民族心理的附庸化，危及自主创新和国家主权。科学无国界，学者有祖国。科学是一种兼有物质属性和精神属性的特殊文化，对道路、理论、制度和文化具有基础性和牵引性作用，因此有必要提出科学自信，使之成为四个自信的支撑。任何国家的科学都不是可以孤长的，也不是可以固守的，关键在内因，欧美近现代科学中心就经历了意大利—英国—法国—德国—美国的转移。科学的本性是批判和进取，所以科学自信不在科学存量，而在科学潜质。这种潜质可以从哲理自信、语言自信和精神自信三个方面来体现。

---

　　* 本文原载于《自然辩证法研究》2018 年第 2 期。
　　** 欧阳志远，四川雅安人，哲学博士，中国人民大学哲学院教授，主要研究方向为生态哲学。

一 科学哲理自信

1947 年李约瑟（Needham，J.）提出："在中国完成的发明和技术发现，改变了西方文明的发展进程，并因而也确实改变了整个世界的发展进程。我相信，你对中国文明越是了解，就越是对近代科学和技术没有在那里兴起感到好奇。"[①] 这个问题后来被称为"李约瑟疑难"。围绕"李约瑟疑难"出现了两种对立意见，其焦点是中国古代是否有科学：一种意见认为，中国古代只有技术，没有科学；另一种意见认为，科学概念不能以西方界定为准，中国古代科学属于另一类科学。

在关于中国近代科学落后原因的众多探索中，始终贯穿着一条主线：技术背后是科学，科学背后是哲学，不少探索者常把科学背后的因素称为"形而上学"。"形而上学"（metaphysics）概念起源于亚里士多德（Aristotle），指超越感性经验的学问。17 世纪笛卡尔把人类的知识分为三部分：（1）形而上学，相当于树根；（2）物理学，相当于树干；（3）其他一切科学，相当于树枝。[②] 由此，形而上学与自然科学开始分道扬镳。随着自然科学的不断进步，科学主义抬头并从价值观上开始拒斥形而上学的思维方式；同时，形而上学由于表述混乱及内部纷争而使其本身遭遇困难。在黑格尔哲学中，形而上学除了指研究超经验对象的学问外，还指与辩证法对立的机械性思想方法。这样，形而上学便逐渐衰落下去。

在探究万物本原意义上对形而上学的呼唤来自科学的深入。追求宇宙明晰性与和谐性是从牛顿到爱因斯坦的一贯目标，这种追求显然出于对物质世界可知性和统一性的深刻信仰，但 19 世纪场和粒子的并起，意味着统一的物理学出现了二元基础的矛盾。到 20 世纪初，量子力学进一步揭示出，对微观对象的描述只能通过波动和粒子两种图景的相互补充来进行，从而把问题推到了高峰。20 世纪上半叶，爱因斯坦与玻尔围绕"互补原理"展开了一场大论战，其核心是"定域"物理实在

[①] ［英］李约瑟：《中国古代的科学与社会》，潘吉星译，潘吉星主编：《李约瑟文集》，辽宁科学技术出版社 1986 年版，第 36—37 页。

[②] ［法］笛卡尔：《哲学原理》，关文运译，商务印书馆 1958 年版，第 XVII 页。

观的分歧，即统计性是否带有归根结底的意义。还原原则是经典物理学也是自然科学的指导原则，它分为本体性还原和解释性还原。解释性还原力图用深层规律解释浅层规律，是公认的正确而有效的思路，其基础是"定域"实在观。如果对象失去定域性，科学研究简直无从谈起。但量子力学的发展证明，要有效研究微观世界，波函数的引入不可避免，而波函数与实验值并不能直接对应，于是传统物理实在观便遇到前所未有的危机。

玻尔的同道罗森菲耳德（L. Rosenfeld）对上述局面的描绘是：

> 法国人由于这种对笛卡尔规则的违背而惊慌失措，他们责备玻尔滥用"明暗相间法"和退入了"北方的雾"中。德国人按照他们的彻底精神曾经下功夫来区分互补性的若干形式，并写了几百页的书来研究这些形式和康德的关系。实用主义的美国人曾经用符号逻辑的手术刀解剖了互补性，并且承担了不用任何言词来定义这种正确运用言词的优美艺术的任务。①

对于这些作为，玻尔似乎都不屑一顾。他的表述隐含着这样一种意思：对于西方传统的收敛性思维来说，互补概念显然是一种离经叛道，所以他更倾向于在东方的发散性思维中寻觅知音。他十分欣赏中国的"太极图"，认为这个阴阳鱼环抱的图案，能够表征他的互补思想。

为了诘难互补原理，爱因斯坦等在 1935 年精心设计了一个思想实验，由它导出了著名的"EPR 悖论"：如果量子力学是完备的，那么就必须承认，自然界中空间上相互隔离的物质系统之间存在着某种无时的超距作用，使得两个分离的体系继续保持着神秘联系，但这就违反了狭义相对论关于任何信息传递速度都不可能超过光速的原理。1952 年玻姆（D. Bohm）按热力学思路提出了量子力学的"定域隐变量"解释，后来贝尔（J. S. Bell）根据玻姆的测量方案建立了一个判决不等式，结果这个不等式被 1972 年开始的一系列实验基本上否定，证明分离足够

---

① L. 罗森菲耳德：《尼尔斯·玻尔对认识论的贡献》，戈革译，《自然辩证法通讯》1985年第 3 期。

远的两个相关量子，仍然保持着无时无刻的联系，即不可思议的超光速信息传递确实存在。该结果完全颠覆了传统实在观，后来成为量子通信的理论基础。[①]

卡普拉（F. Capra）1982 年在其著《转折点——科学、社会和正在兴起的文化》中说：

> 科学家在本世纪初接受这一新的物理世界图景绝非易事。对原子和亚原子世界的探索使科学家们接触到了一个陌生的、未及料想到的实在，对这个实在似乎无法作出一致的描述。科学家在努力把握这一新实在的过程中开始痛苦地意识到，他们的基本概念、语言，以至于整个思维方式都已无法描述原子现象。他们所面临的问题不仅是一场智力的危机，而且是一场很强烈的感情上的危机，甚至可以说是一场存在的危机。[②]

这就是西方学界呼唤形而上学的历史背景。但科学危机的根源就是原有的机械性思维，卡普拉认为，可以追溯到笛卡尔的世界图景。近代科学拒斥形而上学乃是一种表象，爱因斯坦把形式逻辑和因果实验称为西方科学的两大基础，其灵魂就是形而上学，另类哲理则无法支撑。现在看来，当初黑格尔把形而上学定义为辩证法的对立面，不无道理。危机酿成后再去求助形而上学，岂非以火救火？有人或许想为形而上学注入新的内容，但形而上学有特定的历史含义，再度祭起这面旗帜，可能会造成思想混乱。

在宇宙发展中形成的自然—社会复合体，本来就是一个严密系统。古代人类采用直观、猜测和整体方式观察世界，这种方式无疑有着粗糙性的缺陷，但也因为不受细节的羁绊，所以在运动性、相对性和系统性方面有相当智慧。到 19 世纪下半叶，近代科学就从分析阶段进入综合阶段，这个阶段是对古代整体自然观的辩证复归。古代希腊是一个复归

---

① 董光璧：《定域隐变量理论及其实验检验的历史和哲学的讨论》，《自然辩证法通讯》1984 年第 2 期。

② F. 卡普拉：《转折点——科学、社会和正在兴起的文化》，卫飒英、李四南译，四川科学技术出版社 1988 年版，第 33 页。

方向，但希腊的整体自然观是原子系统性自然观，其中隐含着离散的种子，当然，它作为分析哲学源头自有其贡献。所以卡普拉等极力推崇古代中国的有机自然观，认为西方思维方式不仅使科学发展陷入迷茫而且带来生态灾难，重新认识中国哲学有拯救世界的意义。

面对西方学者的反思，首先不能自我陶醉，分析科学是科学发展的必经阶段，中国在此阶段的空缺必须努力加以填补。其次无须自我暴弃，西方学者的理性评价，也常被恶意贬低，要防止"假作真时真亦假"。

二　科学语言自信

在中国近代科学落后的原因中，语言是一个方面。从古希腊开始，以公理化方法为滥觞，逻辑学与数学就结下了不解之缘。近代科学的两大基础——形式逻辑和因果实验，都借助数学加以表述，有效地进行了理论思维，其意义表现在三个方面：第一，提供纯粹精确的程式语言；第二，提供数量分析和计算方法；第三，提供推理工具和抽象能力。数学在欧洲的快速发展与符号体系密切相关，克莱因（M. Kline）在《古今数学思想》中说："新的欧洲数学的第一个重大进展是在算术和代数方面。"① "代数上的进步是引用了较好的符号体系，这对它本身和分析的发展比 16 世纪技术上的进展远为重要。"② 符号体系的运用可以追溯到古希腊丢番图（Diophantus）的代数研究，欧洲人使用的是由字母拼接而成的表音文字，用字母做标记有明确指代研究对象的优点，能使推理和抽象大为简便直接。后来，欧洲人又吸收了不少外来符号，使体系愈益健全。从 16 世纪起，由社会需要的压力推动，数学便开始突飞猛进，为分析科学注入了强大活力。

古代中国不乏逻辑研究，春秋战国时期在社会转变过程中，论辩之风极盛，出现了"百家争鸣"的局面。通过法家、儒家、墨家和名家的工作，建立了比较完整的逻辑体系，诞生了以《墨经》为代表的经

---

① 　M. 克莱因：《古今数学思想》（第 1 册），张理京、张锦炎译，上海科学技术出版社 1979 年版，第 290 页。
② 　同上书，第 310 页。

典文献。荀子继承和发展了墨家与名家的正名理论，使儒家的正名思想在逻辑上更加理论化和系统化。中国古代逻辑是一个以辩论形名为开端，以正名为重点，包含名、辞、说、辩内容的名辩性逻辑体系，逻辑的发展与语言的关系特别密切，同时逻辑一直没有脱离对认识论的依附，还直接受到政治和伦理思想的制约，以致最终未能完全取得独立地位而向规范化方向发展。[①] 严格说来，这些问题并不带有根本性，逻辑作为人类思维的基本形式，在中国这样一个文明古国，如能获得有力工具，仍然可以顽强生长，只是符号系统的缺陷恰成了束缚因素。中国古代数学与器械关系密切，加上文字的表意特征，便采用了"筹算"而不是"符算"。这种数形一体的程序化算法，曾经达到遥遥领先于世界的水平，但算筹与算符相比，在逻辑关系的展示方面还是相形见绌的。所以明清时期西学东渐后，中国数学家一旦接触欧洲符号体系，潜质便出现了奇迹般的迸发。

中国科学界有一个特殊现象：这就是"文化大革命"前所涌现的西学翘楚都普遍极富国学造诣，中国基础科学体系主要是由这批人才所建构的。到20世纪60年代，中国提出基本粒子的"层子"模型，以致世界物理学讨论会在北京召开。反观"文化大革命"后几十年的境况：海外留学趋之若鹜，西方学者源源来华，英语水平大幅上升，舶来信息几近爆炸，但公认的大师级人物却少见增加，倒是汉语水平急剧下降。不要说媒体字句谬误百出，就是学术论著也章法紊乱。一些人把科研水平不济归为形而上学缺乏——对此前文已有回答——却很少看到母语的影响。许多后发国家民众的外语水平远高于中国，但近现代科学的水平并不比中国更高，甚至远低于中国。中国技术模仿的能力超强，技术模仿当然不能等同于科学发现，但也值得深思。这种现象的形成有多种因素，可以说母语融炼水平的差异，肯定是一个重大因素。

作为表意文字，汉字曾经被认为是化石性符号，拉丁化一度成为汉语发展的目标。事实证明，拉丁化不可能成为主流，因为汉字的丰富内涵只能通过形象传递。尤其是汉字在计算机处理技术突破之后，拉丁化的理由也就随之消失。以形表意，字义主要靠场合决定，对汉文化圈外

---

① 汪奠基：《中国逻辑思想史》，武汉大学出版社2012年版，第1—44页。

初学者来说，无疑有困难的一面，所以西方人对汉语的准确性始终抱有偏见，事实上如果进入语境，适当辅以西语文字，表述是完全没有问题的。在现代社会，外国人通晓汉语的速度，往往高于中国人通晓外语的速度，一旦汉语精通，便少有歧义问题出现。相反，由于汉字构形需要二维平面，加上反映用字场合的区分，需要三维向度，比起线性的西语文字，在把握对象时需要更大的想象力，思考就容易宽广和透彻。历史表明，逻辑思维与形象思维的结合，是重大科学突破的秘诀。思考总是要在母语模板上进行，放弃母语修养就不伦不类。

汉语共有 21 个声母、39 个韵母，加上 4 个声调的配合，理论上可组成 3432 个音节，由于组合规律的限制，实际上也有约 1200 个音节，比其他主要语言的音节丰富。依靠声调变化，单音词可以表达 4 种意义，双音词能表达 16 种意义，三音词能表达 64 种意义。缺乏以上特点的语种，其描述事物往往必须依靠音节重叠。汉语单词传递的信息量与所用音节数的比例，在世界上首屈一指。信息音节再辅以轻声、儿化和变调，使得汉语单词发音响亮悦耳。① 另外，汉语单词无性、数、格、时、体、态等变化，西语中的这些要求全可通过文字的搭配顺序来灵活体现，这样单词发音稳定，语句构造顺畅。汉字发音有形体附着，对同音字的区分，远比其他语言容易。所以汉语思维的简明程度和快捷程度都遥遥领先，对信息的理解和反馈都相当有利。汉语之所以越来越为各国民众看好，不仅源于经济交往的需要，而且源于社会交往的体验。

汉字通过偏旁部首来归类，西语则通过前缀和后缀来进行，但形象绝不如汉语生动，同时其衍生性也远不如汉语。例如，化学元素除代号外，在各种语言中还有各自的名称。汉语用"气"字头、"石"字旁和"金"字旁，就基本上实现了元素的归类命名。用"火"字旁造出了有特定内容的科学新字，例如"熵""烟""焓""烯"等。用偏正结构配出了大量科学新词，例如"全息""超导""宇称"等。如果偏旁部首加上偏正结构，那更是变化无穷，而且易成体系。在西语中，同类事物的名称往往看不出关联，新事物出现通常采取延伸词长或者完全构造新词来应对，于是常用词汇便臃肿庞杂。为了解决词长问题，西语常用

---

① 丁崇明、荣晶：《现代汉语语音教程》，北京大学出版社 2012 年版。

文字缩略。西文缩略有简明优势，所以也常被汉语采纳，但汉语缩略可以望文生义，西语却往往很难做到，例如"激光"优于"LA-SER"。这种练达表述，能充分满足科学发展的需要。

三　科学精神自信

　　古代神话是民族原初精神的反映，商品经济和自然经济的母体分别孕育出希腊和中国两种神话。前者不乏舍身救世的英雄业绩，例如"天火盗取"等，但很多内容浸染着放纵与仇杀；而后者则充满刚健有为、自强不息，如"夸父逐日""女娲补天""精卫填海""愚公移山"等。中国五千年以上文明之所以历久弥新，靠的是一口"气"。"气"是中国文化的一个核心概念，老子说："万物负阴而抱阳，充气以为和"①，把"气"视为由阴阳两种要素构成的调节万物的基元。孟子提出"我善养吾浩然之气"②，把"气"上升为精神内质。孔子的"仁"主外，孟子的"气"主内，形成一个完整系统。"气"所承载的刚健有为、自强不息精神，一直是中华民族发展的内在动力。过去许多研究都把中国封建社会的王朝更迭视为简单循环，这完全是误解。任何事物都会遵循否定之否定规律，中国社会出现资本主义萌芽比欧洲稍晚，如果没有国际列强的入侵，也会以其方式缓慢地沿"人对人的依赖—人对物的依赖—人的全面发展"路线，实现其价值。

　　判断古代中国是否有科学问题的关键是现象描述还是规律把握。中国古代固然有大量学问停留在表观上，但并不缺乏理论思维，只是比较晦涩而已。主要思想是"取象比类"，即把事物的性质与关系纳入"极""仪""象""卦""行"等符号系统里，根据事物在某些方面的相似或相同点，寻找在其他方面可能有的相似或相同点。与近代科学的类比方法不同之处在于，这种符号系统完全脱离了事物的结构和功能。因为观控层次高，所以解释和预见功能的适应性都相当突出，在功能关

---

　　①　国学整理社：《道德经·四十二章》，载《诸子集成》（三），中华书局1954年版，第26—27页。

　　②　国学整理社：《孟子正义·公孙丑章句上》，载《诸子集成》（一），中华书局1954年版，第117页。

系和动态属性相同的前提下可以无限类推，用于地球和生命这类"黑箱"系统，优于分析科学。地震研究是内部机制探求十分困难的课题，现代中国学者撇开解剖思路，在大量随机事件的背景上，提取其中非偶然的信息，采用取象比类方法，获得了成功。对现代社会中许多历史上见所未见的疑难疾病，西医经常束手无策，但放在中医这种取象比类的理论框架下，都有完整自洽的解释，而且被顺利地攻克。作为取象比类之说的源头，《周易》博大精深，限于历史背景，蒙有一层神秘色彩，许多思想有待发掘，可以被称为独树一帜的"潜科学"。

中国易学传人是一个蔑视功名的特殊群体，他们兼受道家"无为"说与儒家"气节"说的熏陶，形成了一种道儒互补的刚直风骨。他们一方面乐于隐居，另一方面又忧患天下。得宜时毅然入仕，但极其重视学术独立和人格独立；不宜时坦然归山，却更加坚持学术修炼和人格修炼。周敦颐归纳说："实胜，善也；名胜，耻也。故君子进德修业，孳孳不息，务实胜也。"[1] 这种价值观念影响了整个社会，著书立说从来就是精英文人推崇的业绩。唯其如此，才有卷帙浩繁的典籍传世，其中不乏科学萌芽。仅一部《本草纲目》，就足令世界瞠目。

尤其应当指出的是，中国数学家以比较艰奥的符号系统，一度把数学推向世界高峰。13—14世纪中国提出的高次方程解法，至少比欧洲早了约400年[2]，没有足够的境界和毅力，不可能达到此地步。欧洲近代史上的"清教"精神，被视为科学气质，成为独领风骚的底蕴，但类似传统显然并非欧洲专利。工程技术属于自然科学的延伸，可以称其为"准科学"。西方以工匠精神傲视中国，其实这正是中国的强项。先秦时期在理论上就有《考工记》，在实践中就有"越王剑"，后者是迄今仍难以超越的技术奇迹。中国古代工艺享誉全球，留下大量稀世珍宝。

李约瑟说：如果中国和西方的气候、地理以及社会、经济条件倒置，"近代科学就会在中国产生，而不是在西方。而西方人就不得不学习方块字，以便充分掌握近代科学遗产，就像现在中国科学家不得不学

① 周敦颐著，谭松林、尹红整理：《周敦颐集》，岳麓书社2002年版，第33页。
② 杜石然、范楚玉、陈美东等编著：《中国科学技术史稿》（下册），科学出版社1982年版，第38—45页。

习西方语那样"①。但历史没有如果，只有已经。面对国难，无数书生发誓精学救国，"争气"成为强烈呼声，对它所产生的力量世人难以想象。数理化学科由李善兰、徐寿、华蘅芳等的努力，很快就被引入中国并颇有建树，"李善兰恒等式"属于中国创见②，洋务运动失败的责任不在学界而在政界。赴外中国学子悲愤之震撼，攻读之勤奋，惊天泣地。到第二次世界大战前，中国已有了门类比较齐全的近代科学队伍。在孱弱国力所能企及的数学、生物学尤其是地学上成果迭出。在极度艰难的抗日战争时期，中国科学家以铮铮铁骨坚持教学和科研，培养出了像杨振宁和李政道这样的一流人才，王淦昌关于中微子的研究成果甚至达到当时国际最先进水平。

新中国成立后，大批旅居海外的中国科学家，毅然放弃了舒适优越的条件回到祖国。新中国为科学发展所提供的条件，首先不在待遇方面，而在精神方面。马克思主义揭示的自然—社会规律，从根本上激发了科学家的生命活力，否则无法解释在政策失误和物质匮乏时，为何中国科学还能顽强推进。"文化大革命"前物理学、化学和生物学就登上了世界巅峰，"两弹一星"几乎是在一张白纸上迅速突破的。郭永怀在空难牺牲时，一直与卫士紧抱在一起以保资料的安全。类似献身的科学工作者何止万千！科学家不一定有明确的政治宣言，但都明确有"自强"的信念。陆家羲作为民间科学家，在负担极其沉重并被学界长期排斥的背景下，两次冲击与破解组合数学领域的世界难题，成果在离世前后终获国际承认。笔者所著《中国基础科学的辉煌》③一书，记述了西学东渐以来中国科学取得的丰硕成果。新中国科学在短期内的迅猛发展，与当时社会的主流精神面貌密切相关。

"科学技术"这种提法源于苏联，其实科学与技术之间有重大区别。科学本身不含社会因素，而技术则正好相反；技术可以通过市场转让，而科学则只能亲力亲为。就是技术交易也只限成果，不可能含原创

---

① ［英］李约瑟：《中国古代的科学与社会》，潘吉星译，潘吉星主编：《李约瑟文集》，辽宁科学技术出版社1986年版，第93页。
② 杜石然、范楚玉、陈美东等编著：《中国科学技术史稿》（下册），科学出版社1982年版，第251—263页。
③ 欧阳志远编著：《中国基础科学的辉煌》，山东科学技术出版社1995年版。

能力。当这种界限被有意无意地抹杀之后，发达国家便作为最大的文凭卖方，积极培养后发国家民众抑斗扬箕的畸形心理。徒具虚名的留学风潮不仅玷污了科学殿堂，而且坑害了大量家庭，结果导致科学自强精神逐渐淡薄，最后也伤及技术。

四　结论

发达国家借助全球化潮流，凭科学优势进行大规模的文化推销。盲目接受的恶果是：民间资金被盘剥，民众满足被误导，民族意志被磨蚀。科学是社会发展的根本动力，没有科学自立，就没有国家自立，而科学自立的前提是科学自信。

近代科学没有在中国产生，自然经济过于稳定是内因，外力则通过内因强行打断了发展进程。科学自信的消解是经济改革的代价，中国在科学哲理、科学语言和科学精神方面都有独特的潜力，重树科学自信，是否定之否定的辩证复归。

科学自信不是故步自封，对人类文明的所有成果都要认真研究、细致吸收。研究和吸收必须坚持主体性、求实性和择优性，坚决摒弃盲目崇拜和门面装潢。为此要对成果评价和人才评价机制以及教育体制，进行彻底反思和深入改革。

本文所称的"科学自信"，主要指自然科学自信，自信不在科学存量而在科学潜质，而人文社会科学的自信可纳入道路自信、理论自信、制度自信和文化自信方面。科学自信为道路、理论、制度和文化自信提供协助，依托四大自信的作用而确立。

复杂性科学及其生态学应用[*]

邬建国　申卫军[**]

　　与我曾想象的全然不同，科学的进步并不只是依赖于细致的观察，精确的实验，以及据此提炼出的理论。它始于观察者创造的一个抽象世界或其片断，然后与基于现实世界的实验结果进行对照。正是这种想象与实验间的不断对话，才使人们形成了对客观世界渐趋完美的理解。

——法国分子生物学家 Francois Jacob，1998

　　人类面临着环境、政治、经济、社会等各种各样的复杂性问题的挑战。综观生物学、医学、数学、物理学、化学、工程学、经济学、政治学、哲学、社会学、决策科学、计算机科学及人工智能等领域，科学家正在探索这样的问题：是否存在一种普遍理论能够帮助我们理解种类繁多的复杂现象？复杂性科学（the sciences of complexity）是一门新兴的极度概括的综合性学科，其主要目的就是回答上述问题。复杂性科学专门研究复杂现象或复杂系统，以寻找一般性规律，因而涉及诸多学科。对于那些渴望理解和对付复杂现象的人来说，复杂学可谓是理论基础之所在，是锦囊妙计之贮。这一新兴学科吸引了来自不同领域的杰出科学家对其理论框架和研究方法的探索，并正在形成各种各样有关复杂系统

---

　　[*] 本文原载于 J. Wu，X. Han and J. Huang（eds.），*Lectures in Modern Ecology*（Ⅱ）：*From Basic Ecology to Environmental Issues*，Science and Technology Press，Beijing.

　　[**] 邬建国，亚利桑那州立大学生命科学系教授。申卫军，中国科学院华南植物研究所研究员，博士生导师。

的新概念和新理论。

生态系统的组成单元数目多，且不尽相同，单元间常常存在强烈的非线性相互作用。生态系统中反馈与调节的方式多样且不断变化，系统组分与相关过程也往往表现出高度的时空异质性。一般而言，随着生物进化，群落演替过程趋于更加复杂化，并表现出对环境的适应性。以上几个特征使生态系统成为自然界最复杂的系统之一。既然生态系统是复杂系统，那么我们自然会问：复杂性理论对生态学有何指导意义？生态复杂性研究对复杂性理论能做出什么贡献呢？本文将针对这些问题，就复杂性科学的一些新进展及其在生态学中的应用做一简要讨论。

一　复杂性及复杂性科学

（一）什么是复杂性

复杂系统通常具有大量组分，而且组分间存在着非线性相互作用，从而使得系统能够表现出聚现特征（emergent properties）。所谓聚现特征是指单凭研究组分而不可能获得的系统的聚合特征，它是多组分非线性作用的结果，也是复杂系统"整体"大于所有组分之"总和"的根本原因。复杂性就是复杂系统的特征和属性。一个较全面的复杂性概念除了包含复杂系统的固有属性外，还应包括观察者或研究者的特征（图1）。这是因为对客观系统复杂性的表述及其特征不可避免地受到研究者的兴趣、能力，以及学术观点和信仰的影响。尽管科学家追求客观真理，

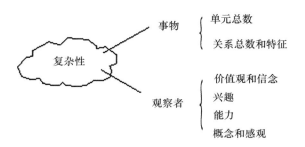

图1　系统的复杂性组分

资料来源：R. L. Flood，1987，"Complexity：A Definition by Construction of a Conceptual Framework，"*Systems Research* 4：177 – 185.

然而科学最终还是客观世界和一群有特殊爱好与追求的人们相互作用的结果。因此，认清科学家作为观察者在研究结果中的作用是十分重要的，也是往往被忽略的一点。

Weaver 依据系统的组成结构特征把复杂性分为三类，即有组织简单性（organized simplicity）、有组织复杂性（organized complexity）和无组织复杂性（disorganized complexity）。① 这与 Weinberg 提出的小数系统（small-number systems）、中数系统（middle-number systems）和大数系统（large-number systems）相对应。② 小数系统的组分数量少，相互作用方式简单，常表现出有组织简单性，因此可以用传统的数学分析方法来研究（如牛顿力学）。大数系统中的组成成分数量庞大，但各组分行为高度自由，表现出随机性，产生所谓的无组织复杂性。这类复杂性问题可用统计方法来有效处理（如统计物理学）。然而大多数生态学与环境科学所要处理的系统是中数系统，它们表现出有组织复杂性。③ 一方面，用简单数学分析方法不能对付此类系统中的大量成分；另一方面，传统统计方法又不宜用来研究中数系统组分间的非线性相互作用。等级理论认为，要处理此类复杂性，要么是把中数系统转化为小数系统，要么是发展出与简单数学分析和统计方法本质上不同的新方法。④ 系统科学正是为了解决这种有组织复杂性而发展起来的。⑤。系统方法强调过程与动态，在处理工程、社会、经济与生态系统中复杂的反馈与非线性相互作用时颇为有效，但在需考虑空间异质性的情况时又有局限性。

根据系统结构本身是否随时间而变和变化方式的差异，还可以区分出静态复杂性（static complexity）、动态复杂性（dynamic complexity）和

①　W. Weaver, 1948, "Science and Complexity," *American Scientist* 36：536 – 544.

②　G. M. Weinberg, 1975, *An Introduction to General Systems Thinking*, Wiley, New York.

③　T. F. H. Allen and T. B. Starr, 1982, *Hierarchy：Perspectives for Ecological Complexity*. University of Chicago Press, Chicago. R. V. O'Neill, D. L. DeAngelis, J. B. Waide, and T. F. H. Allen, 1986, *A Hierarchical Concept of Ecosystems*. Princeton University Press, Princeton. R. L. Flood, 1987, "Complexity：A Definition by Construction of a Conceptual Framework," *Systems Research* 4：177 – 185.

④　J. Wu, 1999, "Hierarchy and Scaling：Extrapolating Information along a Scaling Ladder," *Canadian Journal of Remote Sensing* 25：367 – 380.

⑤　G. M. Weinberg, 1975, *An Introduction to General Systems Thinking*, Wiley, New York, R. L. Flood and E. R. Carson, 1993, *Dealing with Complexity：An Introduction to the Theory and Application of Systems Science*, 2nd edition, Plenum Press, New York.

自组织复杂性（self-organizing complexity）。静态复杂性指一个系统的组成及其结构的多样性，不直接涉及系统的功能和动态。动态复杂性强调系统的功能及时间格局，但系统结构本身不因时而变。自然界中的许多系统与其赖以存在的环境协同进化，而且组分间的非线性相互作用导致系统的聚现特征。[①] 这些聚现特征又可以引起系统结构及功能的变化，产生所谓的自组织复杂性。这类复杂性是生物学家最感兴趣的，也是目前复杂性科学的主要研究对象。需要指出的是，尽管人们通常似乎把复杂性看作复杂系统的属性，简单的物理系统在发生相变或处于临界态时表现出聚现和自组织特征，其行为可谓复杂。因此，复杂性概念应注重与系统行为复杂性有关的特征。[②]

（二）复杂性科学

诺贝尔经济学奖得主、等级理论的集大成者之一，赫伯特·西蒙（Herbert A. Simon）把 20 世纪有关复杂性的研究分为三个阶段。[③] 第一阶段是第一次世界大战后，以"整体论"（holism）、"完形论"（或格式塔，Gestalts）、"创世进化"（creative evolution）等概念和术语为代表，具有强烈反"还原论"（reductionism）的色彩。第二个阶段出现在第二次世界大战后，以"普通系统论"（general systems）、"信息论"（information）、"控制论"（cybernetics）和"反馈"（feedback）等理论和概念为特征，主要强调反馈及平衡过程在维持系统稳定性方面的作用。现在的复杂性研究的兴趣则聚焦于复杂性的产生、维持机理以及研究方法诸方面。近 30 年来，各种有关复杂性的观点和理论不断涌现，如"等级理论""耗散结构"（dissipative structures）、"自组织临界理论"（theory of self-organized criticality）、"混沌"（chaos）、"灾变"（catastrophe）、"分形"（fractals）、"细胞自动机"（cellular automata）和"遗传算法"（genetic algorithms）等。这些理论或概念强调了复杂性研

① G. Nicolis, and I. Prigogine, 1989, *Exploring Complexity: An Introduction*, W. H. Freeman and Company, New York. S. A. Levin, 1999, *Fragile Dominion: Complexity and the Commons*, Perseus Books, Reading.

② G. Nicolis, and I. Prigogine, 1989, *Exploring Complexity: An Introduction*, W. H. Freeman and Company, New York.

③ H. A. Simon, 1996, *The Sciences of the Artificial*, 3rd edition, The MIT Press, Cambridge.

究的不同侧面，也在一定程度上反映了当今复杂性科学的指导思想和研究手段。现在所说的复杂性科学可以认为是西蒙所言的复杂性研究第三阶段的聚焦点。

近年来出现的许多有关复杂性的概念和理论实质上与20世纪六七十年代盛行的三大论（系统论、信息论和控制论）以及非线性非平衡态热力学有着千丝万缕的联系。远离热力学平衡态的非线性开放系统可以表现出自组织行为，它们通过不断从外界吸收能量来维持其组织状态，形成耗散结构。① 例如，生态系统不断地与外界交换能量与物质，使它远离热力学平衡态，表现出结构和功能上的有序性。这也是生态系统等级结构产生的热力学理论基础。② 自组织性、临界性、相变和稳定性都是复杂性科学中的重要概念，近年来，在复杂性研究中有广泛影响。Bak等甚至认为，自组织临界性是自然界的普遍现象，是复杂系统最本质的东西。③ 目前，复杂性研究在方法上也逐渐形成了明显的特色，如细胞自动机法（简称CA法）、遗传算法（简称GA法）、人工生命系统（artificial life）、博弈论（game theory）、分形几何（fractal geometry）等。对于生态学来说，目前的一系列著作和论文似乎代表着又一次复杂性理论和实践研究热潮的开始。④

二 复杂适应系统

美国圣特菲研究所（Santa Fe Institute，SFI）是目前复杂性科学研究的"圣地"。该研究所是在美国Los Alamos国家实验室的数位资深物

---

① G. Nicholis, and I. Prigogine, 1977, *Self-Organization in Non-equilibrium Systems*, Wiley, New York. G. Nicolis, and I. Prigogine, 1989, *Exploring Complexity：An Introduction*. W. H. Freeman and Company, New York. I. Prigogine, 1978, "*Time, Structure and Fluctuations,*" *Science* 201：777－785.

② 邬建国：《耗散结构、等级理论和生态系统》，《应用生态学报》1991年第2期。R. V. O'Neill, D. L. DeAngelis, J. B. Waide, and T. F. H. Allen, 1986, *A Hierarchical Concept of Ecosystems*, Princeton University Press, Princeton.

③ P. Bak, C. Tang, and K. Wiesenfeld, 1987, Self-organized Criticality：An Explanation of 1/f Noise, *Physical Review Letters* 59：381－384.

④ G. Hartvigsen, A. Kinzig, and G. Peterson, 1998, Use and Analysis of Complex, Adaptive Systems in Ecosystem Science：Overview of Special Section, *Ecosystems* 1：427－430. S. A. Levin, 1999, *Fragile Dominion：Complexity and the Commons*, Perseus Books, Reading.

理学家和诺贝尔奖获得者 Murray Gell-Mann 的倡导下于 1984 年建立的。SFI 旨在将传统科学方法与现代计算机技术结合起来，进行多学科的复杂系统研究。SFI 科学家认为，从物理学到化学、生物学、社会学、经济学等领域的复杂现象和行为来自于自组织、聚现和适应诸过程，故它们是"复杂适应系统"（complex adaptive systems，CAS）。[①] Gell-Mann 认为，复杂适应系统应具有以下特征：（1）系统是开放的，即与其环境有能量和物质交换；（2）系统能识别其动态过程中的一些规律性；（3）系统将无规律的信息作为随机信息处理（大多数信息确实如此）；（4）系统具有记忆、学习和产生对策的能力。[②] Levin 认为，复杂适应系统是一个由多种异质成分组成的聚合体，其结构和功能来源于两个过程的相对均衡：一是多种力量使系统不断产生组成成分的多样性，二是系统在局部相互作用的主导下对这一多样性进行筛选。[③] 复杂适应系统的主要特征是自组织过程（即小尺度上的局部相互作用导致大尺度上有序性的产生），而这种自组织过程往往由于不同的历史事件而产生多种不同的结果。[④]

Levin 指出，复杂适应系统具有四大要素：异质性、非线性、等级结构和流，它们是系统产生自组织行为的根本原因。[⑤] 也就是说，系统通常是通过异质成分间非线性作用而自组织成等级结构的，而这一结构又支配组成成分间的能量、物质和信息流，同时也受其影响。因此，复杂适应系统最本质的特性是自组织性；通过自组织，系统的整体属性由局部成分间的非线性相互作用产生，而系统又能通过反馈作用或增加新的限制条件来影响成分间相互作用关系的进一步发展。因此，自组织过

① M. M. Waldrop, 1992, *Complexity*: *The Emerging Science at the Edge of Order and Chaos*. Simon & Schuster, New York. G. A. Cowan, D. Pines, and D. Meltzer, editors, 1994, *Complexity*: *Metaphors*, *Models*, *and Reality*, Perseus Books, Reading, Massachusetts.

② M. Gell-Mann, 1994, *The Quark and the Jaguar*: *Adventures in the Simple and the Complex*, W. H. Freeman and Company, New York.

③ S. A. Levin, 1999, *Fragile Dominion*: *Complexity and the Commons*, Perseus Books, Reading.

④ S. A. Kauffman, 1993, *The Origins of Order*, Oxford University Press, Oxford. S. A. Levin, 1999, *Fragile Dominion*: *Complexity and the Commons*, Perseus Books, Reading.

⑤ S. A. Levin, 1999, *Fragile Dominion*: *Complexity and the Commons*, Perseus Books, Reading.

程包括"旧约束"的破除和"新秩序"的建立。在复杂适应系统中，"破除"引发"重建"，有序出自无序。这种自组织性不是系统"自上而下"的"预定目标"，而是由于组成成分之间相互作用产生的"自下而上"的集体效应所不可避免的结果。

　　Brown 认为，生态系统是复杂适应系统的典型范例，因为生态系统具有如下的五个特征：（1）具有大量的组分；（2）是开放系统，通过不断地与环境进行能量、物质和信息交换而保持远离热力学平衡态；（3）具有适应性，即生态系统通过其生物组分能够对环境变化做出行为或遗传上的响应；（4）由于生物系统演化和其他原因，生态系统发展的历史不可逆转；（5）具有大量复杂的非线性关系。Brown 指出，"复杂适应系统的一个共性就是，'革新'违背守恒定律的必然结果，从而冲破对系统的束缚，使系统复杂性逐渐演化。进化革新打破了原先存在的各种约束，使有机体能够获取更多的物质与能量，从而使系统离热力学平衡态更远，多样性和复杂性更高。"上述特性确实使生态系统成为无可非议的复杂适应系统。Levin 进而指出，生态系统和生物圈本身是复杂适应系统的典型代表，在这样的系统中，大尺度上的格局是由小尺度上的局部相互作用和选择过程所产生的。理解环境条件和自组织因素在确定系统整体特征中的相对重要性是十分必要的。他认为，人类极度经营的生态系统（如农田和林地）就不是完全的复杂适应系统，因为其简化的结构并不是内在产生的，而是人为设计的。所以，这些系统缺乏适应性，对干扰的抵抗力比较弱（如病虫害爆发就很易使这样的系统崩溃）。Levin 论述了有关生态系统作为复杂适应系统的六个基本问题：[①]

　　（1）自然界存在什么样的格局？

　　（2）这些格局是否仅由局部时空因素所决定，其发展历史也起重要作用吗？

　　（3）生态系统是如何自组织的？

　　（4）进化过程对生态系统的自组织结构有何影响？

---

　　① S. A. Levin, 1999, *Fragile Dominion: Complexity and the Commons*, Perseus Books, Reading.

（5）生态系统结构和功能间有何关系？

（6）进化会否增加生态系统的恢复力（稳定性）？

用传统系统途径来分析生态系统时，生物多样性和空间异质性往往被整合进同质的"库"和"流"中，因此忽略了组分的应变性和适应性对系统宏观特征的影响过程。与此不同，复杂适应系统理论明确强调多样性、异质性及适应性对系统宏观行为的影响，为研究非线性动态系统的结构、功能和动态提供了一个新途径。1998 年，《生态系统》（E-cosystems）杂志出版了关于 CAS 及其生态学应用的专刊①，就 CAS 理论及其在生态学中的应用做了讨论。例如，Bonabeau 讨论了社会性昆虫群体自组织格局的形成及其维持机理，认为蚂蚁通过个体间的交流和自组织产生社群行为，体现了 CAS 的一个重要特征，即聚现特征。Janssen 讨论了如何用 CAS 去管理相互作用和协同进化的社会与生态系统，并用遗传算法模拟了两种管理情况下系统的适应行为。② 显然，生态系统与复杂适应系统在概念上吻合。然而，就目前来说，这一理论在生态学中的应用主要还局限在概念水平上。复杂适应系统理论能否增进我们对生态学中复杂现象的理解还有待于深入探究。Levin 认为，把生态系统作为复杂适应系统来理解和研究不只是创造了一个新名词，它会给生态学家带来新的启迪。③

三 自组织临界性

自组织临界理论（self-organized criticality，SOC）是一个有趣且影响较大的理论。该理论认为，由大量相互作用成分组成的系统会自然地向自组织临界态发展；当系统达到自组织临界态时，即使小的干扰事件也可引起系统发生一系列灾变。Bak 等人用著名的"沙堆模型"（sand

---

① G. Hartvigsen, A. Kinzig, and G. Peterson, 1998, "Use and Analysis of Complex, Adaptive Systems in Ecosystem Science: Overview of Special Section," *Ecosystems* 1: 427 – 430.

② M. Janssen, 1998, "*Use of Complex Adaptive Systems for Modeling Global Change*," *Ecosystems* 1: 457 – 463.

③ S. A. Levin, 1999, *Fragile Dominion: Complexity and the Commons*, Perseus Books, Reading.

pile model）来形象地说明自组织临界态的形成和特点（图 2）。① 设想在一块平台上缓缓地添加沙粒，一个沙堆逐渐形成。开始时，由于沙堆平矮，新添加的沙粒落下后不会滑得很远。但是，随着沙堆高度的增加，其坡度也不断增加，而沙崩的规模也相应增大，但这些沙崩仍然是局部性的。到一定时候，沙堆的坡度达到一个临界值（即对于一个有限大的平台来说，添加沙粒和沙粒散落平台的平均速率相等）。这时，新添加一粒沙子（代表来自外界的微小干扰）可能会引起不同大小的沙崩，小到一粒或数粒沙子，大到涉及整个沙堆表面的所有沙粒。这时的沙堆系统处于"自组织临界态"。有趣的是，在临界态时沙崩的大小与其出现的频率呈幂函数关系，即 $N(s) \propto s^{-\tau}$！式中 N 是大小为 s 的沙崩的数量，τ 是一个常数。

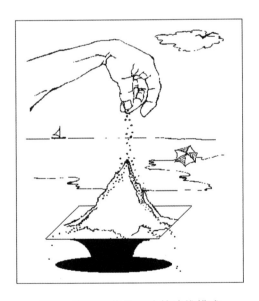

图 2 自组织临界理论的沙堆模式

资料来源：根据 P. Bak，1996，*How Nature Works：The Science of Self-Organized Criticality*，*Copernicus*，New York 改绘。

---

① P. Bak，C. Tang，and K. Wiesenfeld，1988，"Self-organized Criticality，" *Physical Review* 38：364 – 374. P. Bak，1996，*How Nature Works：The Science of Self-Organized Criticality*，Copernicus（an imprint of Springer-Verlag New York，Inc.），New York.

所谓"自组织"是指该状态的形成主要是由系统内部组分间的相互作用产生的，而不是由任何外界因素控制或主导所致。所谓"临界态"是指系统处于一种特殊敏感状态，微小的局部变化可以不断放大、扩延至整个系统。也就是说，系统在临界态时，其所有组分的行为都相互关联。临界态概念与"相变"（phase transition）密切联系；相变是由量变到质变的过程，而临界态正是系统转变时刻的特征。因为在临界态时，系统内事件大小与其频率之间是幂函数关系，这时系统不存在特征尺度（characteristic scales）。也就是说，事件发生在所有尺度上，或与尺度无关［给定 $f(x) = x^a$，$f(kx)/f(x) = k^a$；即 $f(x)$ 的相对变化与 x 无关］。Bak 还把自组织临界态与分形结构联系在一起，并毫不含糊地指出，分形结构是自组织临界态在空间上的"指纹"[①]。因此，根据 Bak 所见，幂函数关系和分形结构分别可用来作为识别自组织临界态是否存在的充要条件（后面我们将讨论这是欠妥的）。Bak 认为，自组织临界理论可以解释诸如地震、交通阻塞、金融市场、生物进化和物种绝灭过程，以及生态系统动态诸现象，并认为 SOC 是目前描述动态系统整体性规律的"唯一的模型或数学表达"。与混沌行为不同，自组织临界态是一个吸引域（attractor），即使改变初始条件，系统最终都会达到这一临界态。Bak 反复指出："复杂系统必然在所有时空尺度上具有信息，简言之，复杂性就是临界性。""自组织临界性是自然界趋向最大复杂性的驱动力。"[②] 就生态系统来说，直接支持自组织临界性理论的证据缺乏。Solé 等发现热带雨林林冠空间结构表现出多重分形（multifractal）特征，从而推论这是该生态系统自组织临界状态在空间上的反映。[③] Keitt 和 Marquet 分析了夏威夷群岛鸟类引入和灭绝的历史资料，发现鸟

① P. Bak, 1996, *How Nature Works*: *The Science of Self-Organized Criticality. Copernicus*, an imprint of Springer-Verlag New York, Inc., New York. 又见 P. Bak, and K. Chen, 1991, "Self-organized Criticality," *Scientific American* 264：46 – 53.

② P. Bak, 1996, *How Nature Works*: *The Science of Self-Organized Criticality, Copernicus*, an imprint of Springer-Verlag New York, Inc., New York.

③ Solé, R. V., and S. C. Manrubia. 1995, "Are Rainforests Self-organized in a Critical State," *Journal of Theoretical Biology* 173：31 – 40.

种灭绝事件的大小和出现频率符合幂函数关系（只有 7 个数据点！）。由此他们认为，这些岛屿上鸟种灭绝可视作生态系统自组织临界态的属性。具体地说，是由内部因素（如种间竞争）引起的，而不是人类干扰（如土地利用变化）所致。[①] Jorgensen 等发现菲律宾 Lanao 湖中净初级生产力（NPP）变化的强度与频率间呈幂函数关系，因此认为这个湖泊系统处于自组织临界态。[②] Nikora 等在研究新西兰一些景观的格局特征时发现，缀块大小的频率分布服从幂函数关系，而且不同景观特征（如植被和水文特征）的缀块性表现出相似的分形特征。[③] 因此，他们猜测，作用于不同尺度上的不同机理产生了不同的景观格局，但其分形特征相似，而自组织临界性理论是解释这一景观缀块性的合理理论构架。上述研究非常有趣，但由于缺乏对过程和机制的考虑，有不少推测的成分，似乎还难以作为证明这些生态系统确实处于自组织临界态的直接证据。

那么，自组织临界态真像 Bak 所描述的那样，遍及自然界，是复杂性之源、多样性之动力吗？自然界或生态系统真是像沙堆那样形成和运转吗？这些问题的完整答案有待于进一步研究，但近年来的不少研究已表明，Bak 所代表的 SOC 理论似乎有言过其实之嫌。Jensen 认为，对究竟什么是 SOC 尚缺乏一个被普遍接受的明确定义。虽然 SOC 理论将自组织、临界性和复杂性这三个极为有趣的概念联系在一起，但还缺乏一个像平衡态统计力学模型那样的数学构架。[④] Bak 等认为，复杂动态系统的行为与热力学系统在相变温度时的情形相同。不论这些系统的绝对空间尺度有多大（大到宇宙，小到沙堆或分子系统），它们都会自组织到这种临界态。然而，从沙堆例子可以悟出，若要保证系统达到 SOC 状态，外部驱动过程必须比系统内部组分间的相互作用过程

---

① T. H. Keitt, and P. A. Marquet, 1996, "The Introduced Hawaiian Avifauna Reconsidered: Evidence for Self-organized Criticality?" *Journal of Theoretical Biology* 182: 161 – 167.

② S. E. Jorgensen, H. Mejer, and S. N. Nielsne, 1998, "Ecosystem as Self-organizing Critical Systems," *Ecological Modelling* 111: 261 – 268.

③ V. I. Nikora, C. P. Pearson, and U. Shankar, 1999, "Scaling Properties in Landscape Patterns: New Zealand Experience," *Landscape Ecology* 14: 17 – 33.

④ H. J. Jensen, 1998, *Self-Organized Criticality: Emergent Complex Behavior in Physical and Biological Systems*, Cambridge University Press, New York.

缓慢得多。[1] 但是，自然界中的驱动力是多尺度的，即轻、重、缓、急皆有。[2] 因此，并非所有多组分、非线性耗散系统都处于或趋于自组织临界状态。Jensen 认为，SOC 只可能出现在那些具有许多相互密切作用的组分、存在局部阈限特征，并为外部因素缓缓驱动的系统里（一个典型的例子就是地震），即所谓的 SDIDT 系统（slowly driven，interaction-dominated threshold systems）。[3] 尽管近年来不少作者声称他们对实际数据的分析支持 SOC 普遍存在的论点，但这些研究的前提假设都是幂函数关系 SOC 分形结构。然而，幂函数关系或分形结构的存在并不能完全保证所研究的系统处于自组织临界状态。[4] 即使在一些影响颇广的 SOC 文献中[5]，尚存在种种资料引用、分析和解释方面的错误。[6] 将 SOC 理论应用到生态学研究中时，上述几个方面的问题必须明确地认识到。

无论如何，许多复杂的生态学现象是不可能由自组织临界理论来解释的。难以想象所有具有自组织特征的物理和生物系统都像堆沙堆一样向自组织临界态演化！Bak 得出如此极端的论断的原因之一，就是他完全忽略了格局和过程的多尺度特征及其对系统动态的重要影响。与等级理论或其他整体论观点不同，自组织临界理论认为复杂系统中"自上而下"的约束作用对系统动态的控制根本不重要，这显然是与许多生态学现象不相吻合的。

① H. J. Jensen，1998，*Self-Organized Criticality*：*Emergent Complex Behavior in Physical and Biological Systems*，Cambridge University Press，New York.

② B. T. Werner，1999，"Complexity in Natural Landform Patterns，" *Science* 284：102 – 104.

③ H. J. Jensen，1998，*Self-Organized Criticality*：*Emergent Complex Behavior in Physical and Biological Systems*，Cambridge University Press，New York.

④ D. M. Raup，1997，A Breakthrough Book？*Complexity* 2：30 – 32. H. J. Jensen，1998，*Self-Organized Criticality*：*Emergent Complex Behavior in Physical and Biological Systems*，Cambridge University Press，New York.

⑤ P. Bak，1996，*How Nature Works*：*The Science of Self-Organized Criticality*，Copernicus，an imprint of Springer-Verlag New York，Inc.，New York. R. V. Solé，S. C. Manrubia，M. Benton，and P. Bak，1997，Self-similarity of Extinction Statistics in the Fossil Record，*Nature* 388：764 – 767.

⑥ D. M. Raup，1997，A Breakthrough Book？*Complexity* 2：30 – 32. J. W. Kirchner，and A. Weil，1998，No Fractals in Fossil Extinction Statistics，*Nature* 395：337 – 338.

四　讨论与结论

复杂适应系统是目前复杂性科学研究中的主要对象。复杂适应系统可由一种状态转变为另外一种性质明显不同的状态，这类似于物理学中的相变现象。如前所述，自组织临界理论也与相变概念密切相关，但SOC的重点在于事件发生的频率与大小之间的幂函数关系。临界现象在自然界中非常普遍，近年来引起了生态学家们的广泛注意。[①] 与耗散结构理论一样，复杂适应系统理论强调"有序来自无序"，这一特点意味着这些复杂系统能够在其发展和成熟过程中，通过内部因素的相互作用而表现出临界现象。这与渗透理论和空间相变理论在概念上是相同的。例如，当景观联结度增加到某一临界值时，景观格局及其相应的功能特征就会发生显著的骤然变化。[②] 目前，自组织临界性、等级组织与稳定性之间的关系尚不明确。Levin认为，自组织临界性不可能是自然界中的一种普遍属性。例如，强烈的外部干扰可使种间竞争关系局部化，从而使物种之间的关联度下降，而相似的效应也可由非常强烈的内部作用引起，如强烈的竞争关系会使物种在空间分布上相对隔离。[③] 当种间关联度下降后，干扰的影响就会被削弱，系统出现大规模波动或突变的可能性就得以减小或避免。因此，Levin认为，人们在自然界所观察到的系统是各种各样的：一些接近自组织临界态，另一些具有等级组织或模块化（modularized）结构，而大部分系统则介于这两种情况之间。[④]

我们赞同Levin的观点，但认为大部分生态学系统在不同程度上具有等级结构。这里，我们在Levin的基础上进一步提出自组织临界态—等级结构连续带假说（SOC-hierarchy continuum hypothesis，如图3所

---

① 邬建国：《景观生态学：格局、过程、尺度和等级》，高等教育出版社2000年版。

② 同上。

③ S. A. Levin, 1999, *Fragile Dominion*：*Complexity and the Commons*, Perseus Books, Reading.

④ J. Wu, 1999, "Hierarchy and Scaling：Extrapolating Information along a Scaling Ladder," *Canadian Journal of Remote Sensing* 25：367 – 380.

示）。① 这一假说认为，SOC 系统与等级系统分别代表系统结构连续带的两极，随着系统等级结构化程度的增强，系统自组织临界性逐渐减弱。大多数生态系统既不完全是 SOC 型，也不完全是等级型，而是兼具两者的某些特征。然而，我们认为等级结构特征在生态系统中更为普遍（见图 3）。这是因为一般来说，等级结构可以容纳更大的空间异质性和多样性，并且可以增加非线性系统的稳定性（阻力、恢复力、持续力和恒定度）。② 对于 SOC 系统而言，环境因素对系统动态的影响是微弱的、缓慢的、非主导的，但在等级系统中其作用可以是多样的、非常重要的。虽然上述观点只是猜测，但我们希望这一等级观点能为更深入地研究系统的行为和探索生态学复杂性提供一些启示。

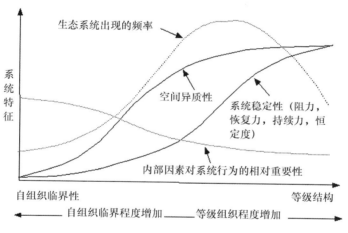

图3　自组织临界性—等级结构连续带假说

① S. A. Levin, 1999, *Fragile Dominion: Complexity and the Commons*, Perseus Books, Reading.

② 邬建国：《生态学范式变迁综述》，《生态学报》1996 年第 5 期。J. Wu, 1999, "Hierarchy and Scaling: Extrapolating Information along a Scaling Ladder," *Canadian Journal of Remote Sensing* 25: 367 – 380.

中国博物经验的哲学价值

——基于新亚里士多德主义的视角[*]

刘孝廷[**]

20 世纪以来，形态学的方法逐步扩展到社会科学领域，形成了社会形态、意识形态、文化形态等概念，知识形态也是这一运动的产物。法国哲学家米歇尔·福柯就依据形态学的方法建立了谱系学，并以谱系学为基础提出了他的知识型理论。[①] 这个理论认为，人类的一切认识，只有在知识型的意义上讨论才更规范和彻底。从知识型视角出发，可以发现人类古往今来建立了三种最大形态的知识主导类型，那就是古代的博物学知识、近代的数理学知识和现代的科学技术与社会知识。[②] 从亚里士多德主义的视角来看，这三种知识型的变化发展不仅直接影响着关于哲学的理解，也关涉着不同哲学的命运，其中博物学范式具有极为深远的影响。

一 人类知识的博物学传统

博物学，按其字面意思，就是指能"辨识许多事物"，适如孔夫子

---

* 本文原为"第 23 届世界哲学大会"论文，题为"The Philosophical Value of The Chinese Experience of Natural Historyl：is the Perspective of Nno-aristotelism，"后刊于 *Biocosmology-Neo-Aristotelism*，Vol. 4，Nos. 1 & 2，Winter/Spring 2014，pp. 80 – 88，Novgorod。本次中文发表又经重新校订，但内容未做实质性改动。

** 刘孝廷，北京师范大学哲学与社会学学院教授。

[①] ［法］莫里斯·哈布瓦赫：《社会形态学》，王迪译，上海人民出版社 2005 年版，第 3—12 页。

[②] 刘孝廷：《STS 视野中的科学传播》，《科普研究》2012 年第 5 期。

所说的"多识于鸟兽草木之名"。西方人把博物学叫作"Natural History",译成汉语叫自然史或自然志,有时也叫博物志,指对大自然的宏观观察和分类,包括今天所说的天文、地质、地理、生物学、气象学、人类学等学科中的部分内容。①

根据先民生产和生活的特点,博物学作为古老的知识,其产生方式主要有这样几条途径:(1)个体的生活亲知,也就是日常活动中的感受和体知;(2)集体或族群的劳动协作;(3)先民经验的传承;(4)知识分类,这也是博物学最主要的工作,通过分类,各种知识就有了自己的脉络和谱系。

博物学是基于初民在大地上最基本的生存经验而形成的,因而它就具有自然性、切近性、涉身(embodied)性、个体性、具体性和本土性等特点,并体现为与人安身立命直接相关的基础性或根源性。所谓自然性,是说博物知识大多数是自然地获得的,因为获得这些知识的活动本身就是由于人的生存自然而然地发生的。所谓切近性,是说这些知识就是人们身边的知识,这些知识一般具有实用的特点。具体性和有情性,是说古人面对的是一个附魅的世界,其内容表述则是附丽的、有情有意的。本土性是说,古人由于活动范围的限制,他们所获得的知识都具有比较明显的地域性或乡土性,是典型的"地方性"知识。这实际上就是人生存于当地的生存智慧。它与当地人的生活习惯、社会秩序保持一致,是"一方水土养一方人"的智慧结晶。所以,从总体上看,博物学是与农业时代的生产相适应的以观察为主的知识。观察以不改变对象为前提,自然地获得事物的信息。所以,在博物学的眼光里,万物皆有光辉,皆能自我显现。

在人类知识史上,博物学传统是比现在的数理传统古老得多,在古典时代又长期占据主导地位的研究范式。所谓近代哥白尼—牛顿的科学革命,说到底就是数理科学传统对博物学传统(那时叫自然哲学传统)的颠覆。博物学有四个特性值得我们重视:

第一,从发生学上看,博物学作为原始古老的知识形态,也是一般知识的原初形态,就是说,现今的所有学科都有一段博物学意义上的发

_____

① 刘华杰:《博物人生》,北京大学出版社 2012 年版,第 76—99 页。

生史。

第二，由于知识是供人使用的，现在的许多知识还留有博物学的特性，特别是需要手工操作的技术实践类型的知识，比如医学的临床实践，在相当程度上还是一门手艺的技术，需要经验；电的使用和技术规范，地质学和天文学的实践等，也是如此。

第三，就思维方式而言，博物学的思考是整体论而非还原论的，是有机论的而非机械论的，是多元论的、有情的而非简单排他的、无情的。

第四，由于数理程度较低，最初的博物知识大多是和其他知识融汇在一起的。在博物学看来，世界上存在的东西没有没用的，这就像一片森林，其中的任何一样东西都是不能随便抛弃的。只是社会在某一时段的侧重点不同，形成了知识不同的系统性特征。比如，在物质财富没有明显增加，社会结构大体稳定的情况下，人天关系、人伦原则就分别上升为主导关系，这是维护共同体存在的一种基本手段和形式。

这样我们就发现，博物学作为一种古老的知识范型，是一种关于"集体智慧"的学问。它不是争斗性的非常跋扈的知识，而是宽容性的厚道性的学问；它是一种有机的世界观，因而不会打着进步主义的旗号随便宣布别人为非法；博物学的立场和态度就是对话的建设性的，是可以沟通和合作的，是和谐文化的典范。于是，当我们把博物学的精神上升为一种纲领和准则即博物论时，它就成了与数理学所推崇的现代性极为不同的观点和立场，成为现代思想对话的重要推动者。这对完整地理解古往今来的哲学是至关重要的。

二　哲学的博物性

哲学是非常古老的学问，它和宗教、艺术一样，经历了知识的三种形态，因而深深地扎根于人类的博物学知识传统中。哲学当然也就不能不沾染博物学的色彩或特性，就像今天受到自然科学的影响一样。只是由于所谓的现代科学革命，数理科学得以兴盛，博物学被人为地挤到边缘而处于被遗忘的状态，这才导致我们在面对一系列哲学问题时的失语。现在可以归纳的哲学史上的许多重大争论，都可以通过博物的方式和态度得以诠解。

哲学在古希腊后期之所以被叫作"物理学之后"，而不是数学之后，是因为那时的物理学相当于一般的自然之学，还保留着博物学的特性。其实，我们现在所说的本体论或存在论，就属于古典的自然哲学，也就是具有博物学属性的东西，所以现代哲学回答不了这样的问题。

比较而言，早期的物理（自然）是"多"，是具体；数学是"一"，是抽象。于是，古希腊哲学中一与多的争论，其实体现的就是已经萌芽了的博物（自然）范式与数理范式的争论。结果，我们就看到，亚里士多德虽是形而上学的奠基人，但他同时也是博物学大师。

本来，古代的数学、物理是分着的，代表严格科学思路的主要是数学。到了近代，数学与物理学结合，形成了数学范式的物理学，这才有了近代的科学革命。

数理科学是以数学方式加工由物理方式所获得的经验而形成的知识类型，包括现代各门常规学科。在数理科学中，世界本身被二分为作为表象的物理性杂多和作为抽象的数学本质，也就是世界被数学图像化了。这样的知识由于突出自我中心特性的纲领过强，因而具有强烈的排他性，成为一种争斗的文化，引发了近代人类知识的许多领域出现传统与现代的激烈斗争。数理科学由于其地位的提升而要求哲学科学化。为了能够科学化，人们必须在知识学上给哲学奠基。于是，哲学在近代就成了知识形而上学。我们今天所说的"主流"哲学形而上学，主要对应的就是数理学的知识类型和世界模型。按照海德格尔的说法，这样的哲学早已背离了哲学的本性，是需要消解的。当代科学、技术与社会的兴起恰恰在知识获得和使用方式上，为哲学恢复其博物的本性提供了最基本的条件。

科学、技术与社会（即 STS）正是针对数理科学的这个顽症而崛起的。科学、技术与社会是由以科学、技术、社会三者为端点所构成的三角域为基础存在结构的[1]，它强调三者联系起来所组成的系统具有独立的、不能被还原为原有三个端点进行解释的新质。这表明，STS 本身就是一个复合范畴，是"多元"的，它不以彼此取代为能事，而以相互

---

[1] 刘孝廷：《STS 视野中的科学传播》，《科普研究》2012 年第 5 期。

二　生态文明建设的科学依据

集成为选择。社会的介入，对科学、技术与社会的根本影响即是"人性"归来，即科学对社会和人类生存及其本质的不可分离性，它的存在和运用必须考虑实践着和活动着的人的状况。于是，实践哲学兴起，规则开始代替规律，成为哲学思考最核心的对象，许多人甚至因此认为，伦理学或政治哲学应该代替传统的本体论而成为第一哲学。

　　科学、技术与社会的出现，体现了人的生存世界的博物特性及与此相关的建设性原则。它在价值论上讲究共生、互利和共赢；在方法论上主张共容、相互尊重乃至赞美和欣赏；在存在论上强调多样性共在和他者优先。哲学作为对这种状况的反思和体现，刚好借此摆脱数理性的羁绊而回归其博物的存在，展示其自身的博物品格与情怀。因此，博物学在今天的重新发现和回归，不仅可以给哲学的学科特性提供不同于数理科学的一些互补性解释，还可以使我们获得一些新的建设性哲学原则，从而对古往今来许多哲学问题和知识争论做出系统总结。

三　中国博物经验的构成

　　博物学的复兴使我们有机会重新理解哲学和各民族的哲学史。其中，我们关注的是中国哲学的历史。因为人们在反思中国哲学时，大多依据的是自柏拉图至黑格尔的数理哲学传统，据此评判中国哲学总是南辕北辙。现在，这一传统在海德格尔的《形而上学导论》中已经受到质疑。他认为，真正原初的哲学不仅与此大为不同，而且有着更古远的传统，根据现有的文献，至少可以追溯到赫拉克里特甚至更远。今天的任务就是要恢复这种始源意义上的博物哲学。

　　海德格尔的这样一个思路，不能说和中国哲学一点关系也没有。根据一些比较哲学史的研究，这一恢复性的传统与古老的中国哲学的传统大体是相近的。否则，我们就很难说清楚海德格尔后期为什么倾向于中国哲学。而且我们也知道，海德格尔从中年开始，一直关注和学习中国古代哲学特别是老庄哲学。就此而言，中国智慧应该属于古老的哲学传统。

　　中国古老哲学长期存在一种弃智传统或否智的传统，它否的就是知性的形而上学，即知性论的传统。中国古代有"哲人"，没有"哲学"，

· 200 ·

也表明先民不是把哲学仅仅当作一门学问，而是一种生活态度和生活方式。庄子就讲"有真人而后有真知"①。中国哲学的独特内容和形式，主要表现在对天人关系、群己关系和身心关系三大关系的探讨上。这与西方哲学中人与自然、人与社会、人与自身三大关系，也有着宽泛的对应性。只是中国哲学不以理论趣味为目标，而以躬行践履、教化修身为追求，体现出明确的实践趣味。这和古希腊哲人把哲学当作一种生活方式在根本上是一致的。其实，早期西方哲学的爱智慧也是要超越知识的，也就是说爱智慧就是在实践中身体力行的准则。②

当代实践哲学的兴起则是对这种古老的博物智慧的一种回归，而这种向源头的顾盼也是爱智慧，即护根固本的过程。

中国是最古老的农业国家，因而也是人类历史上绝无仅有的博物大国。中国的博物经验具有实践性、体知性、集体认知性、内在心性和伦理性即善的传统。③ 这在人类历史上独树一帜，涵蕴深厚，是比流行的西方哲学高一阶的智慧，虽非完全独有，但至少是硕果仅存，因而具有不可穷竭的价值。它提示我们，不仅可以从博物学视角重新理解哲学特别是中国哲学，甚至可以由此重建当代的哲学，让哲学在多样性中实现联结。这与当下人类的多样性世界观是并行同步的。

20 世纪哲学的一个集体特性是对同一性哲学的反叛。其中，大部分学派强调对人的生命和生存经验的回复。而在从同一性哲学体系走向差异和多样性哲学联盟的过程中，中国实践哲学提供了基础经验，在对抗科技经验方面具有主导性的价值。

中国博物经验的形态主要包括下述几个方面：

（1）历史性经验。通过由祖先崇拜所形成的血缘传递传统，保证了文脉的连续性，在今天依然发挥着作用。中国古话叫作"老磨坊一辈留一辈"。

（2）人文性经验。由于中国古来没有一神教，它对经验的把握主要体现在人天关系、群己关系、身心关系上，具有德性和修身的特点，并由此形成了人伦教养和集体共处的经验与原则——"天下"经验与和

---

① 《庄子·大宗师》。
② ［法］阿多：《古代哲学的智慧》，上海译文出版社 2012 年版，第 51 页。
③ 刘仲林：《中华文化人生亲征》，华中科技大学出版社 2007 年版。

的原则。

（3）身体性经验。主要是通过艺匠传统传递的体知经验。中国古人有非常强势的轻言否知传统，而特别注重在行动中把自己的修行体现出来。身体、力行，戒除空谈成为中国人为人处世的基本原则和体知经验的基本形式。

（4）内在性经验。所谓内在性经验主要指心灵性的经验。中国文化由于佛教的传入而在唐代形成具有本土特色的禅宗，到宋代则整体向内转，至宋明时期三教合流，形成心学。心学强调个体的内在体会和心灵认知，由此形成了个人修养的境界文化，达到传统思想的高峰。

（5）文典性传统。中国是四大文明古国，古文字的形态得以基本保留，这些文字以经、史、子、集的形式汇聚和记载历代的家国私人经验，代代延续，体量庞大，浩如烟海。但这还远远不是中国文献的全部，大量野史、轶文，少数民族的文献等大多散失，保留至今的不足1%，更何况还有许多未能见诸文字而仅凭口传和身受的经验，多已绝迹。即便如此，它仍是世界上最丰富璀璨的智慧宝库，值得研习和参鉴。

四　以博物方式复活中国经验

中国作为一个在历史上从未断裂的博物传统深广之国度，是能提供纠治现代性病症最重要传统资源的国度。只是博物学有其自己的存在方式和延展形式，它的最大特征是整体存在性。若仅仅按照现代性的要件性模式，从中寻找有利于当下情形的若干元素，不过是继续沿袭"反向格义"的路数，最终导致杀鸡取卵的局面。为此，必须深入探究如何按照博物学的原则和特征开出新的教育方式和承继形式以复活中华博物智慧。①

首先，需要在普遍的文化精神方面倡导和建立博物的情怀或提倡博物的精神。所谓博物情怀或博物精神，也即一种建设性的精神，它是以对既存事物和状态的某种接受与承认为前提的，通过非激烈性否定的方

---

① 刘啸霆：《以博物方式繁荣中华古典学》，《光明日报》2014年2月19日。

式促进事物完善和系统提升的一种态度、准则、规范和行动体系。

其次，整体性地开展传统文化教育，将其列入基础教育和终身教育的体系中。人类各民族的知识史中存有丰富的博物学资源，它们是人类与大自然打交道的第一手经验，但是这种教育不应支离破碎地进行，而应系统地展开，包括系统的实践训练和体知。现代科学技术主要是知识和技法层面上的，而博物学直接关涉人文等安身立命的意义，改造今天的科学教育实际上就是回复一种博物学的教育。

最后，复活中国博物经验要落实在行动上，因为实践性是中华古学的根本特征。把口头上的真理在行动中加以实现，既是中国古来一贯的传统，也应成为衡量今天"做人"水准的一个基本尺度。因此，让道德的呐喊者，重新成为道德的践行者，应成为知识人历史转型的一项根本任务。

今天，整个地球已连为一体，文化相互交往和成为一个命运共同体，已成为一种现实，这要求人类在生存中展开更多的合作和包容，所以复活中国博物经验不是一个孤立事件，更不是排他性地搞中国传统一枝独秀。它与当代新亚里士多德运动具有内在的契合性。可以预见，中西文化精神的互动必将积极推动人类智慧融合而走向未来的新文明。

论博物学的复兴与未来生态文明[*]

刘华杰^{**}

反思人类工业文明，憧憬、建设新的生态文明，有许多文化资源可用，博物学只是其一。恰当运用，需要琢磨和创新；如果运用不当，博物学也未必有利于生态文明建设。

在99.9%的人类历史中，我们的祖先并非靠近300年才发展起来的科技而过活，而是靠博物学和传统技艺。人类在这个星球上如果还想持久延续，博物学依然是可以依赖的，根本的一点是，应从总体上看它是不是适应自然环境的学问。从理论上讲，世界各地都有自己的博物学，但近代以来的人类文明具有典型西方化的特征，并且以展现强力和征服为荣耀。按塞尔（Michel Serres）的说法，西方思想家"一生都在奉献自己的思想，以离开生地"，本来可以寄予厚望的自然科学，"在使生地进一步客观化的同时，更是将它置于千里之外"，多种因素的合用使我们进入了一个可与地质力相比拼的"人类世"①。塞尔所说的生地（biogée），指水、空气、火、土壤、生物等，简称生命与土地，类似于利奥波德（Aldo Leopold）所讲的包括人及其环境在内的土地"共同体"。其实，无论"生地"还是"共同体"，原则上都没有费解之处，搞懂其含义不需要高深的数理基础和特别的哲学思辨。但是，近代以来无数高智商的人都理解不了它们，历史资料显示，仅有少量非主流的思

* 本文原载于《人民论坛·学术前沿》2017年第3期（上）。

** 刘华杰，北京大学哲学系教授。

① ［法］塞尔：《生地法则》，邢杰、谭弈珺译，中央编译出版社2016年版，第40、67—98页；［美］科尔伯特：《大灭绝时代》，叶盛译，上海译文出版社2015年版，第150页。

想家（其中包括若干伟大的博物学家）和大量非主流民众，真正理解了这类概念。这也是今日在各门学术均十分发达的状况下，依然要重启古老博物学的一个理由。

在中华人民共和国成立前的近代中国，博物学名气很大，当时受过一点教育的人都十分清楚其含义。不过，也有夸大的时候。比如钱崇澍曾说："根本的学术者，博物学是也。"而这与吴家煦（冰心）在《博物学杂志》（上海博物学研究会编）创刊号上所说的"我敢大声疾呼以警告世人曰根本的学术者博物学是也"，几乎一个模式。事后看来，当时部分学人误把自然科学放在了博物学内部来考虑。随着西方各门分科之学接连引入中华大地，几乎没人再把那"根本的学术"当真了。不过，在1949年之前，在高等学校中，博物部、博物系、博物地学部、博物地理系等建制还是有的。

中华人民共和国成立后，博物学三字很少在图书、报刊上出现了，各级教育系统中也不再有博物学字样的课程。主要原因是，科学技术向纵深发展，"肤浅"、无力的博物学难以满足国民经济建设的急需，博物学的其他功能当时不可能受到重视。经过半个多世纪的发展，中国科学技术取得了相当大的成就，中国高校每年颁发了全球数量最多的自然科学博士学位，中国已成为世界第二大经济体，同时中华大地又遭受着各种各样难以对付的环境问题，此时古老的博物学又被重新发现。博物学与生态文明的关系，也在21世纪之初进入学者的视野。

一　平行于自然科学的博物学

博物学大致对应于英文词组 natural history，而 natural history 来源于拉丁语 *historia naturalis*，与老普林尼的巨著《博物志》有关。而老普林尼的用法与古希腊学者的用法有关。关键的一点是，词组中的 history（*historia*）与现在人们所熟悉的"历史"没有直接关系，它的原义是探究、记录、描述，对应于英文的 inquiry。也就是说是指在"时间"相对固定的情况下对一定范围事物的某种记录，相当于按下快门拍摄照片。在 F. 培根那里 history 的两种用法（指探究和历史）都有，见于《广学论》（即《学术的进展》）、《新工具》和《新大西岛》。据新大西岛上外邦人宾馆负责人介绍，他们还保存着所罗门王撰写的《博物志》，"一部关于一切植物，从黎巴嫩的香柏木至生在墙上的苔藓，以及一切有生命、能活动的东西的著作"①。培根也特别用过 natural and experimental history 这样的表述，指的是"博物探究和实验探究"，而这两者是为他所设想的自然哲学或新科学服务的。② 近代以来，博物学对大自然的探究与自然哲学、数理科学、实验科学的探究有所不同，虽然偶尔有风光的时候，但大部分屈居从属地位。

博物学有着悠久的历史，形成了一个重要的传统，这毫无问题。问题是，如何对这一传统进行定位，这涉及当下及未来人们如何看待博物学，如何复兴博物学。其中最为关键的一个子问题是，博物学与自然科学是什么关系？如今谈到环境治理、生态保护，人们最容易想到的是借自然科学的思想和技术来解决问题，这里有博物学什么份？博物学是科学的一部分，还是它只是科学的初级阶段、肤浅形式，即前科学、浅科学？论及肤浅形式，容易将博物学与"科普"挂钩，于是有人想当然地认为，博物学是地学、生命科学、古典天文学、环境科学的某种普及形式。

博物，涉及认知和知识积累，于是它与自然科学一定有联系，想斩断这个联系是不可能的，事实上学者通常也不想切断其联系，而是走向另一个极端：过分强调两者的相似性。

相似性是存在的，特别是从历史上看。现代学校课堂上所讲授的自然科学，其产生的历史较短，不过才几百年时间，严格讲不到 200 年。之前，自然科学所做的那些探究并不以"科学"之名统一地实施，比如牛顿的书还叫《自然哲学的数学原理》呢。回顾历史，人类所进行的各种探究，哪些算在科学题下哪些不算，有相当大的弹性，这涉及科学编史学理论，与编史纲领密切相关。事实上，科学史的编史纲领一直处在变动当中，学者对当下已有的科学通史并不满意，仍然依据新的理念不断重写科学的历史。我们也提出过自然科学的四大传统中包含博物

---

① ［英］培根：《新大西岛》，何新译，商务印书馆 2012 年版，第 20 页。
② 刘华杰：《从博物的观点看》，上海科学技术文献出版社 2016 年版，第 94 页。

传统，还提了博物学编史纲领的大胆想法①，但其着眼点并非只在于人类文化中科学这一子集。

在现代社会，科学具有相当的话语权，人们也习惯于将"好的归科学"（田松博士发明的一个有趣的讽刺用语）。"好的归科学"，在操作意义上，展现了唯我独尊的霸权意识。划归了科学，便相当于宣布这东西是正确的，是你们应当学习、遵守的。与未归入科学的东西相比，归队的就有了等级优势。对于博物学，情况又如何呢？

博物学中显然有些内容可以经过筛选、提炼而转化为正规科学，进入荣誉殿堂，享受某种待遇。比如，可以对 G. 怀特的《塞耳彭博物志》和登载梭罗作品的刊物进行仔细辨识，找出如今生态学所承认的某些个别论断，从而把他们追认为生态学先驱、生态学家。这样做有一定的合理性，但是不能就此认为怀特和梭罗所做的只有这一点点可怜的意义。本来，怀特和梭罗也不以自然科学家自称，他们的作品中有多少科学成分未必是作者在乎的。英国 1964 年成立了生物记录中心（BRC），半个多世纪以来此"公民科学"（citizen science）组织在生物多样性调查、环境保护、自然教育方面做了大量有益的工作②，补充了科学家研究的不足。BRC 号称它所做的是公民科学，实际上并不纯粹，也引起了一些争议。严格讲，它继承了英国悠久的博物学传统，他们开展的工作大部分也是博物性质的，仅有一小部分可以归属于科学。

相对于把博物学仅视为科学事业的从属部分，我们愿意在此提出更有吸引力的一种新的"平行论"定位：博物学是平行于自然科学的一种古老传统。在这种新的定位中，博物学的价值、意义并不完全依据科学来评定。此定位有一个宏大的时代背景：在全球范围里建设生态文明。

平行论有两方面的优势：第一，平行论与历史资料更相符合。历史上博物学家做了大量工作，出版了比现在认定的自然科学著作多得多的

---

① 刘华杰：《近代博物学的兴起》，刘兵等主编：《新编科学技术史教程》，清华大学出版社 2011 年版，第 212—232 页；刘华杰：《博物学文化与编史》，上海交通大学出版社 2014 年版；张冀峰：《博物学不是闹着玩的》，《中华读书报》2016 年 3 月 4 日。

② Michael J. O. Pocock, Helen E. Roy, Chris D. Preston, David B. Roy, "The Biological Records Centre: A Pioneer of Citizen Science, " *Biological Journal of the Linnean Society*, 2015, 115 (03): 475 – 493.

作品。博物学家的作品中只有一小部分能够纳入科学的框架。从平行论的角度看问题，人们能够更公平地看待丰富的博物学史料。也正是基于这样的考虑，我们通常提"博物学文化"，而不是简单地提"博物学"。这表明，我们更愿意从文化史、生活史的角度理解博物学，有意淡化博物学的认知方面。当然，这不等于说博物不涉及认知，只是不强调现代实验室科学意义上的认知而已，实际上博物过程涉及许多非常有趣的认知方面，如亲知、具身认知、个人知识等。第二，平行论有利于当下及将来复兴博物学。如果博物学只能借助于科学、科普而获得价值承认，那么没必要单独考虑博物学，趁它式微任凭它死掉好了。的确有人欢呼博物学的衰落，认为它就应该死掉。问题是，也有相当多的人不这样看问题。当今世界面对许多难题，古老的博物学恰好可以大显身手。比如生态环境问题、教育问题、幸福问题。

不利于平行论的一个重要方面是，博物学相对于自然科学中的还原论成果，不够深刻。换言之，博物学比较肤浅。比较好的回应策略是，首先以退为进，承认这一指责。接着追问：那又如何？深刻又怎样？有利于普通百姓幸福生活，就有利于生态文明？不但不能给出肯定的回答，在相当多的情况下恐怕会给出相反的回答。这就是关键所在。求深刻、求力、讲究对大自然和人类社会进行支配、控制的科学技术，并非每个因素、结果都是受人们欢迎的。博物学纵然肤浅（姑且接受这一"美名"），它也有现实意义和长远意义。

博物实践，可以让广大参与者，特别是非科学家，更好地了解人们生存的环境；时刻明白人这个物种只是大自然中数以百万、千万物种中的一种，人的良好生存、持久生存离不开其他物种，离不开养育人的土地及地球盖娅。这种肤浅的实践与严格的正规科研相比，各有优势，两者应当是互补关系。就情感和价值观培育而言，显然博物活动更有优势。

平行论并没有否定博物与科学交叉的事实。人类文化本来是一体的，命名活动不可避免地人为划分出若干领域、学科。许多博物学家是科学家，这容易理解。许多博物学家不是科学家，对此人们考虑得不多，稍思考一下也可以认定这是事实。有些博物学家事后被追认为科学家，这也是事实，但这样表述会被视为别有用心。其实别有用心是被逼出来的。某个博物学家多出个称号、头衔并不可怕，可怕的是遗忘了他们本来的身份，将博物学的功劳据为己有。这还是"好的归科学"思想在作怪。

当人们津津乐道地谈论生态学、共生、国家公园、保护生物学、防止化学品污染时，是否还记得怀特、达尔文、缪尔、利奥波德、卡森这些伟大博物学家的名字？也许人们可以事后给他们安上某某科学家的桂冠，但他们无疑个个都是典型的博物学家，这是他们天然的身份，如利奥波德所言"we naturalists"（我们博物学家）。强调他们的身份，这有意义吗？回答是：非常有意义。博物学视角的探究可能比自然科学视角的探究更有利于生态文明。

二　世界图景：演化论基础上的共生哲学

哲学雕刻时代精神。理论上哲学应当是一种宏观的、综合性把握世界的学问，天然带有博物的色彩。但是，当今世界主流的学院派哲学是反博物的，它或者模拟、假冒自然科学，或者故作清高，哼唱着不着边际的玄学曲调，在不自觉中放弃了时代担当，将话语权拱手让给它曾经哺育的其他学科。

在缤纷的现代性大潮中，主流哲学遭遇了危机，越来越丧失对公共政策的话语资质，经济学、社会学、政治学、博弈论对于决策和舆论引导显得更为有用。在历史上的某个时候，决策者可能还要听听哲学家的意见，现在则可能转而请教经济学家、金融学家、社会学家、房地产商甚至同性恋问题专家。对于哲学（界）的危机，人们有不同的看法，有人甚至非常乐观，认为哲学从未如此繁荣，比如哲学论文、专著空前高产，各种级别的学术会议此起彼伏。不过，依然能够觉察到哲学的危机：（1）相当一部分哲学模仿或冒充科学，不断专业化、碎片化；（2）脱离"生活世界"，仿佛思想可以不借助经验、历史、数据就可凭论证、演绎而蒸馏出来；（3）过分看重人类中心论的理论算计，实际上是小尺度的短程算计，对大自然的演化适应考虑不够。表面十分理性，实则理性不足、视野狭隘。

两千多年前的《道德经》《庄子》是优秀的哲学、博物学作品。如今，哲学是外表严谨的一堆东西的混杂（在中国它包含若干人为划分的、几乎不往来的二级学科和若干专业方向），作为一个整体的哲学几近消亡，对霾、经济复苏、文明演进、天人共生等不再发声。哲学应当从博物传统的演化论里汲取营养，对自然、社会重新获得感受力和判断力。

从思想史的角度讲，现代世界观源于"从封闭世界向无限宇宙"的转变，此转变也伴随着从人格化的意义世界向客观化的无意义世界的转变。这样一场惊心动魄的观念革命与地心说被日心说取代有关，与哥白尼等一系列思想家有关。这些故事已经被描述过无数次，细节、版本有所不同，但总的意思差不多。人类并没有止步于日心说，宇宙学不断更新着宇宙的边界，实际上现在人们不知道宇宙有多大，也不承认宇宙有单一的中心。对生命的理解也远远超出 19 世纪地质学、分类学、演化论的结论，而进入了分子层面，科学家正对基因编辑、转基因投入极大的精力，生命科学似乎暗示着遗传密码便是一切。

不过，这只是一种过时的习惯。马古利斯（Lynn Margulis）的研究成果或许要取代哥白尼，而再次对人们的世界观发生影响。但因为马古利斯的观念太反传统，在相当长的时间里她的观念不可能得到普遍认可，虽然就自然科学层面她的理论所经历的许多曲折在过去的十多年里已经写进了中学教科书。

马古利斯不只是一名普通的科学工作者，或者是有足够创新能力的科学家，她同时是一位伟大的思想家。她的名气远不如其前夫萨根（Carl Sagan），但就科学成就、思想成就而论，明星人物萨根完全不足称道。他们夫妻的离婚正好也象征了两种科学、两类思维方式、两种世界观的分离。哥白尼关注的是天体如何运动，马古利斯关注的是生命如何演化。一个是简单系统，一个是复杂系统。

达尔文对思想史的贡献也不亚于哥白尼，事实上他与哥白尼属于同一类型，他们的工作共同推进了现代性世界观的建立和流行。达尔文的工作属于博物传统，本来包含精致的内容，其成就亦可做多种解读，但着急的现代人迫不及待地用"社会达尔文主义"来理解达尔文思想的全部。达尔文伟大的工作几乎都被做了相反的解读。比如，他的理论本来蕴含着非人类中心论，即人只是演化树上的一个普通物种，但达尔文之后，人类中心论变得愈加强势。他的理论认为演化是没有方向的，只不过是局部适应，但其信徒和传播者把它曲解为"演化即进步"，一切终将向着某些人认为好的方向发展。回头看看，处于资本主义上升阶段及全球扩张变得十分流行的特定时代，达尔文的思想不被曲解，几乎是不可能的。在19世纪和20世纪上半叶，达尔文的演化理论在全世界包括在中国都被无意或有意地曲解了。

因此，达尔文在思想史上虽然重要，但他只能扮演承前启后的角色。达尔文把现代性世界观由无机界推广到有机界，最终推动了竞争范式或者斗争范式的建立。对于即将到来的新革命，他的工作处于准备阶段，而新革命的主角是提出连续内共生理论（SET）的马古利斯。马古利斯所遭受的非议、受到的阻挠，事后看都非常自然，因为她的理论是反现代性的，完全更新了演化论，她的工作否定了一种旧的世界观，最终将促成"现代性"观念的变革。

马古利斯在前人研究的基础上系统地构造了生命演化的连续内共生理论。简单地说，她认为生命的重要基础细胞是"化敌为友"共生演化的结果。比如细胞中的线粒体和叶绿体原来都是"敌人"，但在长期的相处过程中，最终"敌人"由外到内成为自己的一部分。竞争中的两个主体在长期演化过程中实现了"化二为一"，在新的平台上原来两个主体彼此合作，在新主体下扮演各自的角色。这样的过程不是一次性就能完成的，在漫长的生命演化过程中反复进行，形成了连续多次的共生，于是称其为连续内共生理论。此种内化过程对于整个生命世界的物种演化具有特别重要的意义，它终结了原来线性分枝之"生命树"的简单演化图景。如果现在还要用树的形象来隐喻生命演化的话，这种树也不再是只分枝的普通树了，而是类似榕树那种有分有合的树。就生命演化大的分类单元的形成而言，比如在域、界的层面，这种内共生占据了主导地位，因而就大尺度生命演化而言，在一对矛盾中，合作共生是主要的，竞争斗争是次要的，至少从结果上看是这样的。

从博物的视角可对马古利斯的理论进行哲学阐释：首先，简单的二元对立思维是不够的，甚至是有害的。竞争与合作是矛盾的两个方面，对于理解生命演化，只用一个是不够的，特别是只强调竞争是一种巨大的偏见，严重影响了人们对世界图景的理解，进而降低了人们耐心相处的能力。

其次，自亚里士多德以来西方人习惯的"实体/属性"捆绑描述模式有其固有的语言学弱点。语词的命名以及由此产生的指代、指称关系是近似的过程。好比在量子力学之后，人们虽然可以继续使用位置、速度、质量、能量这样的老概念，但是要明确新体系下的概念仅仅沿用了原有的写法，含义已经发生了巨大的甚至不可通约的变化。对于描述生命体，语词的局限性更加突出。原来自由生存的细菌，在演化过程中形成了如今的细胞器（经过多个阶段），就几何结构而言，是你中有我，我中有你。这不是传统的欧氏几何所能描述的，需要用 20 世纪芒德勃罗发展起来的分形（fractal）几何来描述。现在，仍然可把原来的细菌、中间阶段的细胞器，以"实体"的名义进行粗略的描述，但是它们不可能是分离意义上、客观的自存之物，而是网格意义上，内在地包含了异己成分的模糊主体，此主体内部有结构，其部分彼此构成环境，整个主体也生存在更大的环境之中。分离、阻隔后的主体不再是活的生命体，只是方便描述、称谓的对象而已。

最后，生命不是一次性起源，而是演化过程中不断起源着的。对某类生命之前状况的追溯，是起源研究的课题。最终，起源问题只是一个问题，甚至只有象征意义，而中间阶段的各次起源才是科学问题、哲学问题。生命演化涉及大尺度过程，对这类现象的洞察、理解自然需要大尺度的思维，需要大历史观。如果眼光仅仅盯住一天、一年、十年、百年，可能根本看不到这种宏大的生命演化进程！在小尺度上重要的力量、因素、事情，在大尺度上看，可能完全不重要，那些纠缠、恶斗和局部得失，可能只是一种可忽略不计的涨落。

来自博物传统的演化论的基本事实、理念，正在超出自身，将全面更新人们的世界观。不过，这不是可以立即完成的，在此之前机械论的世界图景（工业文明与之相伴）还要长期占据统治地位。恩格斯早就批判过机械论的形而上学，但多年过后那种哲学依然流行。是不是西方文化传统天生喜欢机械论或者必然导致机械论？似乎得不出这样的结论。科学史家戴克斯·特霍伊斯通过西方古代遗产、中世纪科学、经典科学的黎明、经典科学的演进这四个阶段描述了机械论世界图景的形成。① 但是，这并不表明西方的文化遗产只能提供这样一种世界图景。如果区别于戴克斯·特霍伊斯对人物、材料和编史观念的选取，比如不过分地将学科限制于力学、物理学，而更多地考虑医学和博物志，放弃理论优位而更重视丰富多采的自然探究实践②，则有可能得出不同的世界图景。同样是科学史家，考克罗杰则得出了稍有不同的结论，甚至指出机械论（力学观）在 17 世纪末 18 世纪初就已崩溃（collapse）。③

从"封闭世界到无限宇宙"的拓展，本来基于神是宇宙大机器的唯一设计师的基督教大前提，发展的结果却导出了令牛顿等人有些担忧的唯物主义机械论：世界从古至今不过是一些原子在那里撞来撞去，想象中的神不存在，辽阔的宇宙完全无意义。部分科学主义者对此祛魅过程倒不在乎，甚至得出完全相反的看法，认为唯物并不可怕，"生活世界"不如"科学世界"重要，科普的目的就是要消除百姓的主观而达于科学家的客观。这种客观化进程取得了一些有益的结果，颠覆了众生的朴素世界图景，使人们能够从旁观者的角度冷静地审视与自己无关的无限世界。但是客观化将大自然置于对象的角色，让人误以为大自然足够坚韧，资源无限丰富，人类可以为所欲为，结果，仅用了几百年时间，人类的行为就危害了天人系统的可持续生存。也许如《无限与视角》的作者哈里斯（Karsten Harries）所言："我们需要一种新的地心说！"④ 无限宇宙、无限资源的自然观不利于珍视我们的地球家园。

从拉夫洛克的盖娅理论、马古利斯的内共生思想、阿克塞尔·罗德的博弈理论⑤，到黑川纪章的共生哲学⑥、张立文先生的和合学⑦，共生的理念现在已经不再局限于"民科"、非正规科学、正规科学，而进入

---

① ［荷］戴克斯·特霍伊斯：《世界图景的机械化》，张卜天译，湖南科学技术出版社 2010 年版。

② 吴彤：《走向实践优位的科学哲学：科学实践哲学发展述评》，《哲学研究》2005 年第 5 期。

③ S. Gaukroger, *The Collapse of Mechanism and the Rise of Sensibility*, Oxford: Clarendon Press, 2010.

④ ［美］哈里斯：《无限与视角》，张卜天译，湖南科学技术出版社 2014 年版。

⑤ ［美］阿克塞尔·罗德：《合作的复杂性》，上海人民出版社 2008 年版。

⑥ ［日］黑川纪章：《新共生思想》，中国建筑工业出版社 2015 年版。

⑦ 张立文：《和合学》（上、下），中国人民大学出版社 2016 年版。

人文社会领域。但显然还远没有成为主流思想，在相当长的时间内似乎也做不到。不过，努力的方向是正确的，生态文明的基础离不开有博物色彩的演化、适应、共生哲学，世界秩序的探讨也与此有关。① 高明的竞争不是实质上消灭对手，而是建构新规则和模式，让对手在新体制下自愿为自己服务。实际上，严格地讲也不是为"自己"服务，而是各行其职。全球恐怖主义问题、巴以冲突、叙利亚内战、南海争端等热点问题的解决，也可以从上述新世界观中得到启示。解决之道可能在于发挥想象力，构建各方都能接受的"命运共同体"，求得共赢的结果。

三　博物学文化之于生态文明，不充分但有重要关联

对当下科学要反思，对既有文明也要反思。从批判的角度看，进化即退化，文明即野蛮。推进文明的手法有两大类型，都跟恃强凌弱有关。第一种可称之为排污圈地，第二种可称之为排污榨取。塞尔在《生地法则》中提出一种见解：文明的前提是肮脏，文明通过圈地、污染而发展起来。具体地讲，通过类似于尿、粪、血、精液的喷洒（即人类的排污）而占有，从而推动文明前行。② 如今，展望生态文明，就要对上述文明推进手段进行彻底的批判。塞尔的结论是，大自然需要代言人，即为大自然说话的人，谁能胜任？一种特殊类型的科学家。但并非过去一般意义上的科学家，而是一些使用"生地语言"，关注天人共生的研究"生命与地球科学"的学者。我们相信，其中就包括博物学家。除了塞尔讲述的为达圈地目的而不惜污染疆土的文明推进手段外，还有更赤裸裸的通过远程遥控攫取他乡资源、财富或者倾倒废弃物而污染弱势国家、地区的文明推进手段。发达国家转移工业污染已经司空见惯。矿山老板在落后地区建厂采矿，造成当地水土、大气的快速污染，而他自己却居住在杭州、海南甚至国外度假胜地，他们用资本剥削了贫穷而短视的当地人，留下了一系列癌症村，费金（Dan Fagin）的《汤姆斯河》和蒋高明的《中国生态环境危急》都讲了相关案例。按现代性的逻辑，

---

① 刘禾主编：《世界秩序与文明等级》，生活·读书·新知三联书店 2016 年版。
② ［法］塞尔：《生地法则》，邢杰、谭弈珺译，中央编译出版社 2016 年版，第 40、67—98 页；孟强：《生地法则：为社会契约补充一份自然契约》，《新京报》2016 年 12 月 17 日。

这一切罪恶都可以做得"合理合法"甚至天衣无缝，你情我愿。当发现不对头时，问题已经相当严重，污染的始作俑者早已逃之夭夭。解决的办法是维持社会公正，加强基础教育，使落后地区的百姓觉悟起来，不再"自愿"地与资本和权力合作，为了眼前利益而"豁出生命搞开发"。受怎样的教育？如何觉悟呢？博物学有用武之地。

可是，谁能担保这类科学不会再次垄断知识？谁能担保这类科学家不会成为新的权贵？谁又能担保他们不会独霸代言人之位而排斥异己？为此，必须诉诸真正的民主。如塞尔所言，"真正的民主不仅使获取信息成为可能，而且使得人们的参与变得活跃起来"。在三方游戏中，我们每个人都有责任成为"生地居民"，充当生地的代言人，无论是主动还是被迫。这场游戏更是一场集体游戏，每一位生地居民都有权发出自己的声音，并竭力防止它沦为权贵的独白，无论他们是知识权贵、经济权贵还是政治权贵。①

也就是说，单有"生命与地球科学"、博物学是远远不够的，配合以充分的民主与完善的法治，生态文明才有希望。从科学史的角度看，博物学是自然科学的四大传统之一，而且是其中最古老的一个。作为与西方数理科学、还原论科学相对照的西方博物学经过漫长时间的发展②，本身也具有相当的丰富性，也可划分为不同的类型。有些博物学家视野宽广，从大尺度上思考问题，富有预见力，他们的想法对于今日建设生态文明有着重要的启示意义。

如 19 世纪的教育家查德伯恩在《博物学四讲》中所描述的，博物学与认知、品位、财富和信仰均有关系。③ 认知与财富方面容易受到关注，而品位和信仰经常被忽略，但恰好是后两者与情感和价值观有密切联系，涉及天人关系。今日尝试复兴博物学，此四个方面均要考虑到，

① 孟强：《生地法则：为社会契约补充一份自然契约》，《新京报》2016 年 12 月 17 日。
② P. L. Farber, *Finding Order in Nature: The Naturalist Tradition from Linnaeus to E. O. Wilson*, Baltimore and London: The Johns Hopkins University Press, 2000. 刘华杰：《物学服务于生态文明建设》，《上海交通大学学报》（哲学社会科学版）2015 年第 1 期（总第 23 期）；吴国盛：《西方近代博物学的兴衰》，《广西民族大学学报》（自然科学版）2016 年第 1 期。
③ P. A. Chadbourne, *Lectures on Natural History*, New York: A. S. Barnes & Burr, 1860.

不能只在乎认知与财富。受沃斯特（Donald Worster）环境史研究的启发，可将近代以来的西方博物学粗略地划分为两大类型：帝国型和阿卡迪亚型（田园牧歌型）。两者与如今讨论的生态文明都有关系，但并非都是始终有利的简单因果关系。无法得出结论说，所有类型的博物学都有利于环境保护和生态保育。可以找到反例来证明，有些博物学活动中的采集、猎杀、挖掘、贩卖甚至展示，也直接或间接地造成了生态破坏，只是影响力相对小些而已。也就是说，找不到简单的对应关系。无法说某一种类型就完全无害或完全有害。比较而言，这两种类型的影响有一定的差异，阿卡迪亚型对于生态文明建设更具正面价值。

阿卡迪亚型侧重观察、感受和欣赏，并不很猎奇，并不特别在乎新种的发现和对自然珍宝的搜罗。从认知、科学史的意义上考虑，这种类型经常被忽视，因为此类博物学似乎没有对近现代科学做出特别重要的贡献。生态学算是一个例外，但生态学并非当今科学的主流范式。帝国型则得到一定程度的重视，虽然远比不上数理、实验科学。帝国型博物学的成果往往会立即转化成各门具体科学的知识点，被分解注入别的学科，成全了地质学、地理学、植物学、动物学等，也为还原论科学提供了难得的样品。

阿卡迪亚型博物学的代表人物 G. 怀特、梭罗、缪尔、利奥波德、卡森等为生态文明建设提供了极为丰富、重要的思想资源，而他们实践的博物学门槛反而很低，甚至没有门槛。现在面向普通公众考虑复兴博物学，最重要的也是复兴这一种类型，而不是鼓励实践帝国型博物学。现在缺少的不是个人能力，而是观念和兴趣。基础教育广泛开展博物教育、自然教育应当立足这种类型的博物学。可以从自己的家乡、社区、城市做起，从小培育热爱自己家乡的真情实感。1955 年引进的一部《研究自己的乡土》的图书，其具体内容早已过时，但标题和基本思想依然很好，可据此编写出各种类型的本土、本地教材，补充当下普适、脱离实际的一般教材的不足。不了解不热爱家乡的土地、大自然，怎么可能关注他乡及整个地球的环境？情感非言语所能穷尽，也非可视的力量可以完全度量。习近平同志曾指出，当今社会发展快速，"人们为工作废寝忘食，为生计奔走四方，但不能忘了人间真情，不要在遥远的距离中隔断了真情，不要在日常的忙碌中遗忘了真情，不要在日夜的拼搏中忽略了真情"。真情的培养是个慢长的过程，包括人与人的真情，也包括人与自然的真情。中国教育界显然忽视真情的培育，因为相比于"硬知识"的传授，"真情"在各级教育体系中几乎没有地位。

博物学、博物学文化，对于环保、自然教育以及生态文明建设并不充分，没有什么东西是充分的，有重要的相关性就很好。如果归纳法还有意义的话，我们就得重视历史上博物学家的远见和博物学家的丰富实践。

公众如果实践阿卡迪亚型博物学，不但对个人身心健康有好处，也开通了个体与大自然接触的新窗口（这是现代科学所无法提供的通道）；普通人也能如我们的祖先一样在自然状态下感受、欣赏、体认大自然，更容易把自己放回到大自然中来理解，保持谦虚的态度，确认自己是普通物种中的一员，确认与其他物种以及大地、河流、山脉、海洋共生是唯一的选择。以博物思想武装起来的公民还可以如"朝阳区群众"一样，监察环境的变化、外来物种的入侵，及时向有关部门反馈信息或直接采取保护行动。

蠲忿忘忧，永言配命，博物自在！

生态学：生态文明建设的科学依据

卢　风

中国在取得工业发展的伟大成就的同时，陷入了深重的生态危机。中共十七大以来，我们在继续追求新型工业化的同时，开始建设生态文明。中共十八大政治报告说："我们一定要更加自觉地珍爱自然，更加积极地保护生态，努力走向社会主义生态文明新时代。"工业建设的科学依据是分析性的物理科学（physical science），而生态文明建设的科学依据是包含生态学的复杂性科学，生态学是生态文明建设的直接依据。辨析物理科学和生态学的区别，对于生态文明理论研究和生态文明建设都具有十分重要的意义。

一　违背自然规律的教训

人类是大自然长期进化的产物，人在大自然中如鱼在水中。人类实践必须遵循自然规律，违背自然规律而行动，不仅会遭受失败，还会受到大自然的无情惩罚。人类世世代代都在探究自然规律，现代科学在探究自然规律方面取得了最为显著的成就。在一定意义上，遵循自然规律就是遵循科学规律，违背科学规律就是违背自然规律。在许多实践领域，违背科学规律不仅会遭受失败，还会受到大自然的无情惩罚。中国1949 年以后的现代化建设经验可充分说明这一点。

（一）20 世纪 50 年代"大跃进"的教训

20 世纪 50 年代，中国人希望快速建设现代化。1958 年中国共产党八大二次会议后就掀起了"大跃进"和人民公社的经济加速运动。努力提前完成全国农业发展纲要的规划；建成基本上完整的工业体系，5年超过英国，10年赶上美国；大力推进技术革命和文化革命，为在10年内达到世界上最先进的科学技术水平打下基础。

1958年8月，全国参加大炼钢铁的人数达百万人。最高峰时达到9000万人。工人、农民、商店职工、学校师生、机关干部纷纷上阵。在大炼钢铁的高潮中，全国上下共建各种小洋炉、小土炉上百万座，广大群众纷纷参与土法炼钢，砍树挖煤，找矿炼铁，致使大片山林被毁掉。不少地方的群众把家里烧饭用的铁锅投入炼钢炉；大中型钢铁企业也大搞群众运动，打乱了正常的生产秩序和合理的规章制度；各个部门也"以钢为纲，全面跃进"。

1958年的农业夏收出现了极为严重的浮夸风。广东汕头和贵州金沙分别报出晚稻亩产3000斤和3025斤的纪录，6月30日报道河南遂平县小麦亩产3530斤。7月初国家统计局在河北省保定市召开的全国统计工作现场会上提出统计工作要"为政治服务"的口号后，浮夸风达到了罕见的程度。各新闻媒体竞相报道"粮食高产喜讯"。7月23日报道河南西平县小麦亩产7320斤；8月13日报道湖北麻城县和福建南安县早稻和花生亩产分别达到36900斤、10000斤；到了9月18日，各媒体竞相报道四川郫县、广西环江县中稻亩产分别高达82525斤和130434斤。[①]

有人总结了"大跃进"的后果：第一，极大地浪费了人力、物力和财力，仅1958年炼钢补贴，国家就支出40亿元，超过国家收入的1/10。第二，使基本建设规模和职工队伍急剧膨胀。第三，严重地冲击和挤占了农业、轻工业生产。其实，"大跃进"的后果远不止这三点。它还造成了较严重的植被破坏（砍树炼钢），浮夸风对政府公信度和社会风气无疑都有腐蚀作用，经济体制改革上的"冒进"与随后三年的大饥荒无疑有内在的关联。

当时中国共产党的领导人认为，只要有足够强大的政治动员力，能

---

① 贺耀敏、武力：《大跃进狂潮——从放卫星到大炼钢铁》，《决策与信息》2007年第2期（总第267期）。

动员全国人民一起为炼钢而奋斗，就能很快使中国的钢产量超过英国并直追美国。然而，炼钢，或一般地说现代化建设，与打仗不同。一个领袖和一个集团若有足够的号召力来激发众多人一起打仗，就可以打垮强大的敌人。但现代化建设必须遵循科学规律，炼钢、造机器、种田等都必须遵循科学规律。违背科学规律而进行现代化建设不可能不遭到惨败。动员成千上万人用土高炉炼钢以赶超英美，是违背科学规律的蛮干，粮食亩产万斤是违背科学规律的妄想。违背科学规律是不可能不受惩罚的。

在物质生产方面不遵循自然科学规律不行，在制定社会制度和公共政策时不遵循社会科学规律同样不行。"大跃进"失败以后，我国经济建设的冒进被制止了，但政治路线和社会制度方面的错误没有得到纠正。"以阶级斗争为纲"的政治路线和计划经济导致了经济系统的极度低效，以致到了 20 世纪 70 年代末国民经济处于几近崩溃的边缘。

（二）1978 年以后经济快速增长的代价

1978 年，邓小平同志力倡改革开放，提出"发展是硬道理"。"发展是硬道理"应包含两层意思：第一，不发展不行，不发展老百姓会挨饿，中国会被动挨打；第二，发展必须依靠科学技术，而不能凭头脑发热，不能靠群众运动。于是，自改革开放以来，我们越来越重视科技创新，国家对科技创新的投入越来越多。当然，更为直接的改革目标是把僵硬的计划经济体制改为能与世界接轨的市场经济体制，这其实也就是把不符合社会科学规律的经济制度改为较为符合社会科学规律的经济制度。

经过 40 年的改革开放，我国现代化建设的速度大大加快，如今已是世界第二大经济体，我们早已超过英国。如今，家家有彩电、冰箱、空调，人人有手机，越来越多的家庭有汽车，高速公路、高速铁路遍布全国，工厂越来越多，城市越来越多、越来越大……我们取得的现代化成就，端赖现代文明的两大法宝：一是现代科技，一是市场经济。总之，我们之所以取得了现代化建设的巨大成就，就是因为我们在一定程度上遵循了科学规律。

但是，在 40 年快速的现代化建设过程中，我们获得的并非只是成果，也正遭受着空前严重的灾难。快速现代化也便是快速工业化。快速工业化导致了空前严重的环境污染和生态破坏。2013 年以来，全国很多地区经常出现雾霾，江河湖海大多受到严重污染，大面积土壤受到侵蚀。在大开发过程中，森林和湿地日渐萎缩，草原退化，许多野生物种灭绝或濒临灭绝，生态健康受到严重破坏。如今，不仅现代社会所特别看重的发展（以经济增长为基本标志）之可持续性面临着威胁，中国持续了几千年的农业之可持续性也面临着威胁，甚至整个文明之可持续性都面临着威胁。

问题出在哪儿？40 年来，国人逐渐学会按科学规律生产着各种商品：纸、药品、衬衫、运动鞋、电视机、电冰箱、空调、电脑、汽车、高铁……在每个工厂、每个实验室，人们都按照科学规律进行物质生产或科学实验，但全国所有工厂生产和全国人消费的后果是空前严重的全国性环境污染和生态破坏。

造纸厂、制药厂、化肥厂、农药厂、电视机制造厂、冰箱和空调机制造厂、汽车制造厂、炼油厂、发电厂等所严格遵循的是物理学、化学、生物学规律。不妨把现代物理学、化学、生物学统称为物理科学（physical science）。物理科学以分析为主。遵循物理科学规律能确保每个工厂生产的高效率，但在一般情况下物理科学不问物质生产的全局影响和长期后果。例如，物理科学可很好地指导一个造纸厂高效的生产，但它不问造纸厂排出的污水会不会污染工厂附近的河流，更不问一个国家所有工厂的污染物排放会有何种影响。

解决环境污染和生态破坏问题，我们需要另一种科学——生态学。我国在 40 年快速现代化的过程中严重破坏了生态环境，就因为我们高效率的生产和日益增长的消费违背了生态学规律。就像"大跃进"违背物理科学规律会受到惩罚一样，违背生态学规律同样会受到惩罚。如今空调、汽车不稀缺了，清洁空气、清洁水、健康土壤、安全食品却越来越稀缺了，这是我国 40 年快速发展的代价，也是大自然对我们的惩罚。

看近几十年来的中国农业，我们或许能发现类似的成功和代价。我们因大量使用化肥、农药、地膜等而确保了粮食产量的逐年增加，这是史无前例的成就，但大量使用化肥、农药、地膜等所导致的污染以及对土壤的破坏可能会对农业的可持续经营构成根本威胁。我们因遵循现代物理学、化学原理而确保了粮食产量的逐年增长，但也因为违背了生态学原理而可能断送农业的前途。

其实，不仅就中国的发展，我们能得出如上结论，就世界各国的发展，亦可得出如上结论。发达国家和近50年来发展中国家（包括"亚洲四小龙"、中国、印度等国），因遵循着分析性物理科学规律而取得了创造物质财富的奇迹，却因违背了生态学规律而导致了空前的生态危机。如果人类不及时改变发展方向，则可能陷入灭顶之灾。

二　生态学问世的意义

现代工业文明既取得了空前伟大的成就，又导致了空前深重的危机。其成就与危机都与现代科技有内在关联。现代工业文明最突出的成就是物质生产的高效率，而物质生产的高效率源于不断加速的科技创新，没有现代科技创新就没有物质生产的高效率。中国凭借改革开放之后的科技创新，不仅能养活近14亿人口，还将引领近14亿人口奔小康——实现人人有手机、电脑，家家有住房、汽车的目标。与古代时而出现的饿殍遍野现象相比，这无疑是史无前例的成就。全球的发展都仰赖科技创新。全球性环境污染、生态破坏、气候变化、核战争的潜在威胁、基因技术和人工智能技术的异化发展等又直接威胁着人类文明的持存，这是人类文明史无前例的深重危机，这种危机同样源自现代科技。

著名生态学家霍华德·欧德姆（Howard T. Odum）说：人类用微观解剖的方法取得了很多进步。但是，到了20世纪，这种微观知识的加速进步不能解决人类环境、社会体制、经济和生存的某些种类的问题，因为缺失的信息根本不在对微观成分和部分的辨识中。[1]霍华德·欧德姆所说的微观解剖方法就是17世纪发源于欧洲至今仍占主导地位的现代科学思维方式。这种思维方式或方法就是分析的方法，或还原论（reductionism）的方法。

---

① Howard T. Odum, *Environment*, *Power*, *and Society*, Wiley-Interscience, A Division of John Wiley & Sons, Inc., New York, London, Sydney, Toronto, 1971, pp. 9 – 10.

美国著名生物学家斯蒂芬·罗斯曼（Stephen Rothman）说："从最广的意义上看，自牛顿时代以来，科学与以还原论观念所从事的科学研究一直是一回事儿。根据这种观点，将一个人称为还原论者，无非在说这人是一位科学家。而且，说'还原论科学'是啰唆多余，而说成'非还原论科学'则肯定是措辞不当。"① 简言之，现代科学就是还原论科学，还原论科学就是现代科学。

罗斯曼阐述了多种还原论。其中的两种对于我们理解现代科学至关重要。

其一，宏大普适论（Grand Universalism）。"至少在理论上，我们应当能够以一个单一的、最为根本的理解，对自然界中的所有事物给予解释；而且，这种解释既是全面普遍的又是全面综合的，因为它可以把那种全面理解所有事物的认识最终还原为一个法则系统。"② 简言之，用一个逻辑一致的法则系统即可解释自然界的一切现象，或说，存在一个可解释自然界一切现象的逻辑一致的法则系统。

有此信念的科学家会不遗余力地追求科学的统一（抑或统一科学）。例如，爱因斯坦等物理学家以及许多数学家，"一直试图把宇宙中全部已知的物理力量统一到一个宏大的统一理论之中，或一个包括所有事物的理论之中"③。当代著名物理学家、诺贝尔物理学奖得主温伯格（Steven Weinberg）则称这种统一理论为"终极理论"（a final theory），并指出终极理论就是关于自然之终极定律（the final laws of nature）的理论。把握了自然之终极定律就意味着"我们拥有了统辖星球、石头乃至万物的规则之书（the book of rules）"④。这些科学家相信，大自然的根本规律是可用数学语言表述的，或"自然之书"是用数学语言写就的。用逻辑上简单的数学方程式或数学模型可统一地说明纷繁复杂的万事万物。故这种宏大普适论也可被称作数理还原论。用数学语言表示原理、定律、规则等是现代科学最重要的方法之一。多数科学家都是数

---

① ［美］斯蒂芬·罗斯曼：《还原论的局限：来自活细胞的训诫》，李创同、王策译，上海世纪出版集团2006年版，第16—17页。
② 同上书，第24页。
③ 同上。
④ Steven Weinberg, *Dreams of a Final Theory: The Scientists Search for the Ultimate Laws of Nature*, Vintage Books, A Division of Random House, Inc., New York, 1993, p.242.

理还原论者，他们相信，人类可以执简御繁，即用数学之逻辑简单性可驾驭现象之纷繁复杂，或说纷繁复杂的现象可以还原为（抑或归结为）逻辑简单的数学方程式或方程组。

其二，强微观还原论。"我们能根据事物的潜在结构——它们的基本组成部分——的全面知识，来达至对所有现象的理解。"根据这种观点，"所有关于较大客体的事情，都能够归因于它们的组成部分。换言之，客观事物的整体及其任何方面，完全是由它的基本组成部分为构成原因的，或由这一基本组成部分所引发的"。换言之，"整体没有超越其构成部分特性的任何自己的特性"①。

我们都知道水分子是由 2 个氢原子和 1 个氧原子构成的，但水具有氢原子和氧原子所完全没有的特征和性质。现代系统论的一个基本观点是整体大于各部分之总和，这是直接地反还原论的。生态学也是直接地反还原论的，生态学家认为："从分子到生态系统的生物组织诸层次都有各层次涌现（emerge，亦译作'层创'）的行为特征。这些独特行为被称作层创属性（emergent properties），它们为组织的每个层次增添功能，使那个层次的生命本身具有大于各部分之总和的功能。"② 强微观还原论者否定整体大于各部分之总和，否认有层创属性，认为所谓层创属性归根结底是由系统各部分决定的属性，只是决定机制尚未被认识而已。根据强微观还原论，DNA 的发现是生物学的真正进步，因为这标志着人类认识了生命的根本奥秘。还原论者会认为，了解了构成人类身体的 DNA 之后就可以把人定义为 180 厘米长的包括碳、氢、氧、氮、磷原子的 DNA。③

有些科学家不认为还原论仅是一种认知方法，而认为它就是大自然本身的构成法则。例如，温伯格认为，还原论"必须被按其所是地加以

---

① ［美］斯蒂芬·罗斯曼：《还原论的局限：来自活细胞的训诫》，李创同、王策译，上海世纪出版集团 2006 年版，第 36 页。

② Gerald G. Marten, *Human Ecology: Basic Concepts for Sustainable Development*, Earthscan, London, 2001, p. 43.

③ ［德］库尔特·拜尔茨：《基因伦理学》，马怀琪译，华夏出版社 2000 年版，第 68—69 页。

接受，并非因为我们喜欢它，而是因为它就是世界的运作方式"①。

其实，还原论只是一种不可或缺的认知方法，而不表示世界本身的存在状态。现代科学（指分析性物理科学）只揭示了世界的部分规律，而远没有把握世界的全部规律。它严重忽视了事物存在的系统性，忽视了层创属性的客观性。在很多情境中，它"只见树木不见森林"，正因为如此，它才在创造了人类制造活动的奇迹的同时，又导致了空前严重的生存危机——生态危机和核战争的潜在危险。受现代复杂性科学支持的生态学以其整体论、系统论方法弥补了现代科学之还原论的不足。生态学的问世具有伟大的革命意义。

德国学者海克尔（E. H. Haeckel）于 1866 年提出生态学（ecology），按照他的界定，生态学是研究生物有机体与其无机环境之间相互关系的科学。20 世纪三四十年代是生态学基础理论发展的奠基时期，突出地表现在两个方面。一是"生态系统"概念的提出，二是营养动力学的产生和研究方法的定量化。1940 年林德曼（R. L. Lindeman）指出："生态学是物理学和生物学遗留下来的并在社会科学中开始成长的中间地带。"著名生态学家尤根·欧德姆（E. P. Odum）在其 1997 年出版的《生态学：科学与社会之间的桥梁》一书中说，生态学已趋于成熟而堪称关于整个环境的基本科学（the basic science of the total environment）。生态学是一门整合的科学（an integrative science），它具有沟通科学与社会的巨大潜力。② 英国学者斯诺（C. P. Snow）于 1959 年出版的《两种文化》一书曾产生很大影响。斯诺指出，自然科学和人文社会科学在学术界是两种文化，但这两种文化彼此隔绝，自然科学家和人文社会科学家之间无法深度交流。这对文明的发展是十分不利的。斯诺在 1963 年出版的《两种文化》中说：希望能出现"第三种文化"，以弥合自然科学与人文社会科学之间日益加深的鸿沟。欧德姆说："生态学可成为'第三种文化'的候选者，它不仅沟通自然科学和社会科学，

① Steven Weinberg, *Dreams of a Final Theory: The Scientists Search for the Ultimate Laws of Nature*, Vintage Books, A Division of Random House, Inc., New York, 1993, p. 53.

② Eugene P. Odum, *Ecology: A Bridge between Science and Society*, Sinauer Associates, Inc., Publishers, Sunderland, Massachusetts, 1997, Preface, p. XIII.

而且更加宽泛地沟通科学与社会。"①

　　生态学家大多自觉地采用与还原论相对的整体论或系统论方法（兼采分析方法）。霍华德·欧德姆说：我们发现当代世界开始通过系统科学的宏观视角去看待事物，并要求具有分辨由部分构成的系统的特征和机制的方法。② 中国著名生态学家李文华院士说："生态科学的方法论正在经历一场从物态到生态、从技术到智慧、从还原论到整体论再到两论融合的系统论革命。"③ 美国著名环境历史学家唐纳德·沃斯特（Donald Worster）说："'生态学时代'一词出自 1970 年第一个'地球日'的庆祝活动，它表达了一种坚决的希望——生态学科将只是提供保证地球持续生存的行动计划。"④

　　现代科学帮助人类获得了巨大的改造环境、制造物品的力量，如今，人类能上天入地，移山填海，甚至能毁灭地球生物圈。显然，滥用这种力量可能会毁灭人类自身。道德一直是约束个体滥用自己能力（既包括体力又包括智力）的规范，但道德无法约束主流意识形态所指引的集体行动，例如，它无法约束现代主流意识形态所激励的"大量开发、大量生产、大量消费、大量排放"，也无法约束国际军备竞赛。简言之，道德无力约束人类滥用现代科技。人类需要一种新的科学去对现代科学（即分析性的物理科学）进行约束或制衡，生态学有望成为这样的科学。

　　生态学已放弃了现代科学那种力图发现终极定律和万有理论的虚妄目标，而采取了既务实又谦逊的态度和方法。它接受了"当代哲学特别重要的一条经验，即理论不是永恒不变的，相反，它是随着时间的推移

---

① Eugene P. Odum, *Ecology: A Bridge between Science and Society*, Sinauer Associates, Inc., Publishers, Sunderland, Massachusetts, 1997, Preface, p. XIV.

② Howard T. Odum, *Environment, Power, and Society*, Wiley-Interscience, A Division of John Wiley & Sons, Inc., New York, London, Sydney, Toronto, 1971, pp. 9 - 10. 霍华德超越了机械论和还原论而采用了系统论方法，但他仍未摆脱西方主客二分思维模式的束缚，仍试图把各种系统当作可与认知主体分离的客体（对象）。而一些研究量子物理学的物理学家已明白主体与客体处于不可分割的纠缠之中。

③ 李文华主编：《中国当代生态学研究（生物多样性保育卷）》，科学出版社 2013 年版，前言，第Ⅲ页。

④ ［美］唐纳德·沃斯特：《自然的经济体系：生态思想史》，侯文蕙译，商务印书馆 1999 年版，第 395 页。

而变化、发展，部分或全部被放弃的"①。它承认"理论只是产生理解的与自然之科学对话的一部分"②，并认为"理解是科学之首要且最普遍的目标"③。

把科学看作科学家（或人类）与大自然的对话，把理解看作科学的首要目标，这是生态学发出的革命性倡议。这个倡议的革命性不再表现为现代科学所特有的那种征服自然的无畏，相反，它表现为一种保护地球生物圈所必需的诚实的谦逊。有了这种诚实的谦逊，我们才会明白，人类生存是依赖于地球生物圈的健康的，大自然是不可征服的。有了这种谦逊，我们才明白为什么必须"尊重自然、顺从自然"（这一提法出自胡锦涛中共十八大政治报告）。有了整体论或系统论对还原论的补充，我们才既可以在不同的工厂车间按物理科学规律进行各种制造，又不致污染环境、破坏地球生态健康。

自 20 世纪六七十年代始，少数学者开始反省工业文明的得失，极少数学者提出人类必须由工业文明走向生态文明。如今，越来越多的人（非指绝对多数，仅指变化趋势）相信，工业文明是不可持续的，建设生态文明是人类文明的必由之路。中国共产党在 2007 年召开的十七大上明确提出了生态文明建设的伟大目标，这是具有伟大历史意义和现实意义的英明决策。没有生态学的问世，就不可能有生态文明论的提出。

没有欧洲 18 世纪的启蒙运动，就没有现代工业文明。启蒙和现代工业文明都有其伟大的成就，但又都有其严重的错误。建设生态文明必须经历一次新的启蒙。如果说 18 世纪启蒙运动普及的科学知识是以牛顿物理学为典范的物理学知识，那么新启蒙普及的科学知识就是以当代复杂性科学为理论基础的生态学知识。现代工业文明建设的科学依据是分析性的物理科学原理，生态文明建设的科学依据是生态学原理。

里夫金（Jeremy Rifkin）所呼唤的第三次工业革命类似于我们所说的由工业文明到生态文明的革命。里夫金说：

---

① Steward T. A. Pickett, Jurek Kolasa, and Clive G. Jones, *Ecological Understanding: The Nature of Theory and the Theory of Nature*, Elsevier, 2007, p. 26.

② Ibid., p. 32.

③ Ibid., p. 38.

一种新的科学世界观正在逐渐形成，新科学的前提和假设都与支持第三次工业革命经济模式的网络思维方式更为相容。旧科学把自然视为客体；新科学把自然视为关系之网。旧科学以抽离、占有、解剖、还原论为特征；新科学以参与、补给、整合和整体论为特征。旧科学承诺让自然不断产出；新科学承诺让自然可持续进化。旧科学追求征服自然的力量；新科学力图与自然建立伙伴关系。旧科学格外重视人类相对于自然的自主性；新科学则希望人类融入自然之中。①

里夫金所说的旧科学就是以牛顿物理学为典范的现代科学，即分析性的物理科学，新科学就是包含了生态学的复杂性科学。

没有包含生态学的复杂性科学，生态文明建设就没有科学依据。没有生态学知识的普及，就不可能建设生态文明。

三　生态学基本原理

什么是生态学基本原理（本文把"原理""定律""规律""法则"当作大致同义的词）？

丹麦生态学家 Sven Erik Jorgensen 在《系统生态学导论》一书中概括了生态系统的 14 条定律。②

其一，和其他一切系统一样，生态系统物质和能量守恒。这便是热力学第一定律：能量守恒，能量不能被消灭和创生。③ Patten 等人（1997）推测过没有守恒定律的世界会是什么样子：事物的发生会杂乱无章；无中可以生有；数学计算毫无意义。他们得出这一结论：如果有一条定律比其他定律更加根本，那就是物质和能量守恒定律。④ 我们常说，万物生长靠太阳，这也是生态学常识：太阳是地球上一切活动的终

---

① Jeremy Rifkin, *The Third Industrial Revolution: How Lateral Power is Transforming Energy, The Economy, and The World*, Palgrave Macmillan, New York, 2011, p. 224.
② Sven Erik Jorgensen, *Introduction to Systems Ecology*, CRC Press, 2012, pp. 6-7.
③ Ibid., p. 11.
④ Ibid., p. 33.

极能源。没有太阳，地球上的万物都将死亡。①

其二，生态系统的物质是完全循环的，能量是部分循环的。生态系统不使用不可再生资源，而是在系统内部进行元素循环。② 成熟的生态系统会捕获更多的太阳辐射能，但也需要更多的能量用于维持自身。在这两种情况下都有部分太阳辐射能被反射掉。③

其三，生态系统中的一切过程都是不可逆的、熵增的，而且是消耗自由能的，即是消耗㶲或可做功的能的。㶲是一个系统在其环境条件下变为热力学平衡状态时可做功（＝熵－自由能）的量。④

其四，生态系统中的一切生物组分都具有相同的基本生物化学性质。一切生物体的生物化学是基本一致的，这意味着不同类型的生物体的基本构成是高度相似的。原始细胞和最高等的动物——哺乳动物——的生物化学过程有着惊人的相似。因而新陈代谢过程也大致一样。所有植物的光合作用的关键步骤也是一样的。⑤

其五，生态系统是开放系统，需要自由能（㶲或可做功的能）的输入以维持其功能。根据热力学第二定律，所有动态系统的熵都不可逆地趋于增加，系统因此而失去有序性和自由能。因此，生态系统需要输入能量以抵抗热力学第二定律的作用而做功。生态系统不仅在物理上是开放的，在本体上也是开放的。由于生态系统的高度复杂性，生态学认同生态学观察的不确定性原则。⑥

其六，如果输入的自由能多于生态系统维持自身功能的需要，多出的自由能会促使系统进一步偏离热力学平衡。如果一个（生态）系统获得远超过维持其热力学平衡所需的自由能，则额外自由能或㶲会被系统用于进一步远离热力学平衡，这便意味着系统获得了生态㶲⑦。

其七，生态系统有多种偏离热力学平衡态的可能，而系统会选择离热力学平衡态最远的路径。自从量子力学引入不确定性原理以来，我们

① Sven Erik Jorgensen, *Introduction to Systems Ecology*, CRC Press, 2012, p. 11.
② Ibid., p. 28.
③ Ibid., p. 32.
④ Ibid., p. 48.
⑤ Ibid., p. 85.
⑥ Ibid., p. 59.
⑦ Ibid., p. 102.

日益发现我们实际上生活在具有偏好性的世界里，这个世界进行着各种可能性的实现和不同的新可能性创生的演化过程。[①] 所以，说生态系统能做出选择是顺理成章的。一个接受㶲流的系统会尽量利用㶲能流，以远离热平衡态，如果有更多组分和过程的组合为㶲流所利用，那么，系统会选择能够为其提供尽可能多㶲含量（储存）的组合，即使 dEx/dt 最大化。[②]

其八，生态系统有三种生长形式：A. 生物量增长；B. 网络增强；C. 信息量增加。[③]

其九，生态系统具有层级结构。生态系统是由不同层级结构组成的，这使生态系统具有这样一些优势：变化（干扰）会在较高或较重要的层级上减弱，机能失常时易于修复和调整，层级越高受环境干扰越小，本体开放性可被利用。开放性决定着等级层次的空间和时间尺度。生物有机体的构成层级是细胞—组织—器官—个体。生物有机体属于不同的物种。物种在种群中。种群构成一个互相影响的网络系统。网络系统与环境中的非生物成分构成生态系统。生态系统相互影响构成景观。多个景观组成区域。地球上的所有生命物质组成生物圈，生物圈和非生物组分组成生态圈。[④]

其十，生态系统在其每一个层级都有高度的多样性，包括细胞层级的多样性、器官层级的多样性、个体层级的多样性、物种层级的多样性、群落层级的多样性和生态系统层级的多样性。正因为有不同层级的多样性，生态系统才具有很强的韧性，于是，即使在最极端的环境中仍有生命存在。[⑤]

其十一，生态系统具有较高的应对变化的缓冲能力。有三个与系统稳定性相关的概念：恢复力（Resilience）、抵抗力（Resistance）和缓冲力（Buffer capacity）。恢复力通常指一个物体在变形（特别是受压变形）后恢复其原有大小和形状的能力。抵抗力指在受到影响，或强制函

---

① Sven Erik Jorgensen, *Introduction to Systems Ecology*, CRC Press, 2012, p. 118.
② Ibid.
③ Ibid. , p. 102.
④ Ibid. , pp. 155 – 156.
⑤ Ibid. , pp. 169 – 189.

数发生改变，或受到扰动时，生态系统抵抗这些变化的能力。缓冲力与抵抗力密切相关，缓冲力有精确的数学定义：$\beta = 1 /$（∂（状态变量）$/ \partial$（强制函数））。生态系统的多种缓冲力总与其生态㶲有显著的相关性。生态㶲甚至是生态系统之缓冲力总和的一个指标。[①] 我们能在自然界发现的参数在所有情境中通常都能确保高生存概率和高生长速率，于是可避免混沌。有了这些参数，资源就能得到最佳利用以获得最高的生态㶲。[②]

其十二，生态系统的所有组分都在一个网络中协同工作。生态网络是生态系统远离热力学平衡的重要工具，它使生态系统在可供其生长和发育的资源中获得尽可能多的生态㶲。资源在网络中通过额外耦合或循环而提高了利用率。网络的形成使生态系统对物质和能量的利用具有了巨大优势。网络意味着无限循环，网络控制是非局域的、分散的、均匀的。网络对生态系统的影响很重要，这些作用包括协同作用、互助作用、边界放大效应和加积作用（总系统通流量大于流入量）。食物链的延长对网络的通流量和生态㶲具有积极效应。减少对环境的生态㶲损耗或减少碎屑物会使网络产生更强的功能和更高的㶲。较快的循环（通过较快的碎屑物分解或加快两个营养级之间的传输）能使网络产生较强的功能和较高的㶲。在食物链中越早增加额外的生态㶲或能量循环流，所产生的效果就越显著[③]。

其十三，生态系统具有大量的信息。大量信息体现在个体基因组和生态网络两个层面。等级这个概念可用于表示生态网络所显示的信息量，但为了和基因组的信息表达一致，有必要用生态㶲表示信息的流通。进化可被描述为信息量的增加。基因组信息量增加被认作垂直进化，而生物多样性增加所导致的生态网络及其信息的增加被认作水平进化。当生物量增加接近限值时，遗传信息和网络信息仍大有增加的可能性（远离极限）。信息体现于各种生命过程，生命就是信息。信息并不守恒。信息传递是不可逆的。信息交换就是通信。[④]

---

① Sven Erik Jorgensen, *Introduction to Systems Ecology*, CRC Press, 2012, p. 193.
② Ibid., p. 209.
③ Ibid., p. 238.
④ Ibid., p. 241.

其十四，生态系统具有涌现的系统属性。系统大于各部分之总和。生态系统的属性不能仅由其组分加以说明。生态系统远超过其各部分之总和。它们具有独特的整体属性，这些属性能够说明它们是如何遵循地球上的热力学定律、生物化学规则和生态热力学规律而生长发育的。[①]

如此概括的生态（系统）规律显然继承了现代物理科学规律，如继承了物质和能量守恒原理、热力学第二定律等。但同时有极为重要的补充，即增加了系统论和信息论的基本原理。恰是这种补充，使生态学的问世具有了革命性的意义。

巴里·康芒纳（Barry Commoner）曾概括了生态学的四条法则：

第一法则：每一事物都与其他事物相关。[②] 这显然就是系统论的基本观点。由以上所说的第 9 条规律可引申出这一点，那条规律提到：地球上的所有生命物质组成生物圈，生物圈和非生物组分组成生态圈。由此，我们可进一步指出，生态圈中的每一个事物都与其他事物相关。

第二法则：一切事物都必然有其去向。[③] 这也就是物质和能量守恒定律。我们每天烧掉大量的煤和石油，它们并非化为乌有了，而是转化为污染物了。

第三法则：自然所懂得的才是最好的。[④] 这是哲学层面的概括，要求我们尊重自然，服从自然，向自然学习；警示我们：不要肆无忌惮地改造自然。

第四法则：没有免费的午餐。[⑤] 这条法则告诉我们，每一次获得都必须付出代价。例如，如今几乎家家用空调，几十亿人可以免受夏日的酷热，这无疑是一种获得，但我们必须为此付出代价，这个代价绝不仅是必须支付的电费，而是碳排放增加后进一步的地球升温。如今农民不用辛苦地为庄稼除草了，使用除草剂就行了。他们无疑获得了舒适。但这种舒适的获得恐怕也不免要付出代价，如土壤的恶化。

显然，康芒纳的概括较为简洁。我们甚至可以把生态学规律浓缩为

---

① Sven Erik Jorgensen, *Introduction to Systems Ecology*, CRC Press, 2012, p. 261.

② Barry Commoner, *The Closing Circle：Nature，Man and Technology*, Alfred A. Knopf, New York, 1972, p. 33.

③ Ibid., p. 39.

④ Ibid., p. 41.

⑤ Ibid., p. 45.

利奥波德所提出的"大地伦理"法则："一件事若有利于保护生命共同体的完整、稳定和美丽就是正当的。反之则是错误的。"①

生态学家们将会更为细致地描述各种生物之间以及生物与物理环境之间的复杂互动。他们也许会发现新的生态规律，也许会修正某些规律。

不同行业的从业者需要从不同程度上理解和掌握生态规律。各个行业的工程师们（包括现代农艺师）至少需要掌握 Sven Erik Jorgensen 所概括的十四条规律。普通人能深刻理解康芒纳所概括的生态学四法则或利奥波德所提出的"大地伦理"法则，"心诚求之"，则"虽不中，不远矣"。

我们在生产和消费中要同时遵循物理科学规律和生态学规律。对物理科学规律的运用要受到生态学规律的约束。例如，我们可运用物理科学规律去移山填海、上天入地，去从事南水北调、建三峡大坝一类的大工程，但在进行这样的大工程之前，我们必须问一声：这样做会不会破坏生态系统的完整、稳定和美丽？

只有遵循生态学原理，我们才能卓有成效地建设生态文明和美丽中国。

① Aldo Leopold, *A Sand County Almanac and Sketches Here and There*, Oxford University Press, 1987, pp. 224 – 225.

面向生态文明时代的哲学
与科技范式革命
——从非生命世界到生命世界的
科技范式革命*

张孝德**

一　工业文明危机的本质是人类生命危机

党的十九大报告的核心词是新时代，判定新时代的逻辑前提是社会的主要矛盾发生了变化。党的十九大把我国社会主要矛盾界定为"日益增长的人民对美好生活的追求和当前经济社会发展在结构上的不均衡、不充分的矛盾"。在温饱问题解决之后，人民的健康与幸福、生活与生命质量的提升成为经济社会发展的新目标。解决生命质量和健康问题所面临的主要问题，一是消费过剩造成的诸多现代慢性病。二是食品不安全形成对生命健康的威胁。食品的不安全是导致癌症高发，造成很多慢性病甚至精神病的主要原因。三是精神消费严重短缺，按照中医理论，这是情志致病的深层原因。

在新时代背景下，我们发现，解决生命和健康的问题，是一个比解决物质问题更复杂的问题。这是一个关乎天地，关乎每一个社区、每一个家庭、每一个人的大问题，更是一个我们需要什么样的生命观、哲学

＊　此文为作者在第二届中国有机大会上发言的录音整理。
＊＊　张孝德，国家行政学院生态文明研究中心主任、教授。

观与什么样的科技范式的问题。这个问题恰恰是生态文明建设必须解决的大问题。

党的十七大、十八大提出生态文明战略，很多人把生态文明解读为单纯的环境保护，其实，党的十八大提出的"五位一体"的生态文明建设，不能简单地将其理解为环境保护。如果以中医思维对当今人类文明危机进行诊断，则可以发现，环境问题不是当今人类所遇到问题的根源，而是问题的结果之一。比如，用中医的思维看，一个人的眼睛生病，不是单纯的眼睛问题，眼睛是肝的表，治理眼病需要从肝着手。从这种思维上看，环境问题是人类诸多问题的表现，背后是整个人类文明的系统危机。再深入追溯下去，如环境的危机、土壤的危机、社会的危机等，所有这些危机又集中表现为生命与健康的危机。工业文明在给我们带来巨大的物质进步的同时，也带来了文明危机。工业文明的系统危机表现为"五类中毒现象"，即 GDP 中毒、空气中毒、水中毒、食物中毒与精神中毒。

首先是 GDP 中毒。2010 年以来，引起我们关注的 100 多个雾霾城市告诉我们，这些城市的 GDP 中毒现象很严重。GDP 中毒不只是经济问题，而是关系到生命安危的问题。有关数据显示，北京、上海、广州等大城市的肺癌发病率提高了 10 倍。联合国公布的数据显示，全世界每年因环境污染而直接和间接死亡的人数占全球死亡人数的 20%，在中国，每年因环境污染而死亡的人数高达 120 万左右。

其次空气、水与食物中毒。水、空气、食物这三大中毒问题是什么性质的问题，对此需要追问人类生活在地球上的必需品是什么？第一个必需品是空气，第二个必需品是水，第三个必需品是食物。除此之外，其他物品，如汽车、房子，都不是生命的必需品，没有它们，生活质量可能会显得差些，但不会构成生命危机。现代工业文明创造了大量满足人类发展需要的工业产品，但这是以造成人类生存危机为代价的。从这个意义上看，这种中毒问题又表现为人类所面临的生存与发展失衡的危机。工业文明解决了我们的发展问题，但却以对我们生命存在的必需品造成严重的污染为代价，所以它的背后也是生命的危机。

最后是精神中毒。上面谈到的中毒危机，都属于物质层面的危机，除此之外还有精神方面的危机。改革开放以来，市场经济的发展使物质财富大量增长，但是精神病人和抑郁症病人也在增加。国内的离婚率不断提高。而精神病人和抑郁症病人的增长不是中国独有的现象，是世界工业化国家发展到一定阶段之后都遇到的问题。发达国家的自杀率为8%，我国的自杀率为5%，据中国疾控中心统计，中国有精神病人1.6亿，抑郁症病人9000万。随着时间的推移，这些疾病开始从白领、知识分子群体向青少年、农村人口蔓延。

二 生命危机的深层根源是两元对立的战争思维

不可否认，工业文明代表着人类文明的进步，但工业文明不是永恒、完美的普世文明，随着时间的推移，其弊端越来越大，贡献率越来越低。特别是在目前，我们要一分为二地看待工业文明。

从更宏观层次上可以发现这样一个问题：在工业文明时代，凡是没有生命的物质都会变得越来越强大，越来越完善，今天我们已经进入航天飞机和智能化机器人时代，但是生命世界却变得越来越糟糕，地球生命的数量越来越少，从土壤中的微生物到病毒，从植物到动物一直到人类本身。

500年以来的工业文明史，就是一部战争史。从15世纪以来，西方人在殖民地进行了大屠杀，又发动了两次世界大战，战火绵延不断。从哲学角度看战争，以对立思维、战争来解决问题的思维，不仅存在于人类社会，同时也存在于近代以来的科学领域和经济领域。在经济领域，通行的优胜劣汰丛林竞争规则，其实就是战争思维在经济领域的表现。只不过这种竞争式战争比殖民战略更文明一些，不是以牺牲生命为代价，但其原理是一样的。

近代以来的西方科学家也是以这种战争的思维来解决科学领域的问题，比如在病毒世界，抗生素的发现，对人类的贡献是很大的。但研究抗生素的思维，与制造原子弹的思维是一样的，抗生素是以杀害其他病毒生命为目标的科学，可以说近代以来的科学家，是以战争的思维和模式希望把界定为生命中敌人的病毒全部杀死、杀光。然而实践证明，在这场战争中人类并没有取得胜利。就像人类用科技力量制造出原子弹的核战争一样，不是谁胜利了，而是人类面临火并的危机。目前科学对病毒的杀害，导致出现了超级病毒。什么是超级病毒？就是专门吃抗生素的病毒。

同样，在化学农业领域，其实也是另一种人类与其他植物和动物之间战争的延伸。按照战争的对立思维，我们为了满足人类的粮食需要，将粮食之外的所有植物都看作敌人，于是我们发明了农药和除草剂。伴随着科技的进步，农药开始升级到转基因？什么是转基因？从战争的原理来讲，就如同现代战争中原先使用的化学杀人武器升级为核武器。转基因作为一种科学确实属于高科技，但在科技不断升级背后的哲学、思维方式没有发生改变。

生命世界的战争在我们人类身体内部也同样进行着。按照西医思维治疗癌症的医学，也是战争思维的延伸。治理癌症就是人类与癌细胞之间的战争。在现代医学与癌细胞的战争中，我们发现，人类同样没有获得胜利，最近30多年来，治疗癌症的成本增加了25倍，但是痊愈率却没有提升多少。

在生命领域，把认为是对人类生命有危险的敌人杀死的战争，是否对作为最高贵生命的人类本身越来越好？现当代的人类正在饱尝这种战争的恶果，在人类挑起的生命与生命的战争中，人类自身也面临着巨大的危机。

所以，当代人类面临的最大危机不是环境危机，而是工业文明时代所形成的战争思维的哲学危机。要化解现代工业文明的危机，需要一次哲学与思维方式的革命。这个新哲学观就是习近平提出的生命共同体的新生命观。人类是一个命运共同体的新人类观，是对支撑工业文明时代天人对立、战争思维哲学观的矫正与革命。所有的生命是一个命运共同体，我们要活得好，也应该让其他生命活得好。在以战争模式杀死其他生命的战争中，人类不会变得越来越好，而是面临着潜在的生命繁衍的危机。英国科学家的研究表明：20世纪40年代，成年男性每毫升精液中平均含精子1.3亿个，20世纪90年代初，下降到8700万个；到了2007年，又下降了29%。少于2000万个的男性占比高达15%。

中国作为发展中国家，自从进入工业化快速发展以来也出现了同样的问题。我国研究人员从1981—1996年的一项长期跟踪研究表明：我国男性精液数量正以每年1%的速度下降，精子数量几乎减少了一半。

1960 年，因不育而前往医院咨询的男性只占 8%，如今已高达 40%。70 年代，男女不育症患者比例约为 3 比 7，而 90 年代已经上升到了 1 比 1。钟南山院士讲，按照此速度，50 年后人类将失去生育能力。

三　面向未来的新哲学观：从两元对立的战争哲学转向生命共同体的新生命观

当代人类文明危机的根源是生命危机，而生命问题的背后是哲学与思维方式的问题。造成精神中毒、物质中毒的深层根源是基于战争思维而形成的现代科学范式有严重问题。

今天形成的源于西方的技术体系是建立在数理化理论上的现代科学技术。数理化理论从一开始就是围绕如何解决物质问题而形成的物质科学体系。之所以今天的生命世界出现这么多的问题，就是因为现代科学是用解决死物质的科学来解决活体生命而造成的。

地球上的物质形态，一类是无生命的化合物，一类是有机生命物。一方面，现代科学体系是用解决化合物的理论来解决有机生命的，用化学还原的思维，把一个复杂的生命系统还原为一个死物质体系，然后再通过化学理论进行解释。将一个作为人类智慧与文化载体的生命系统还原为一个化学反应系统，这是对生命尊严进行降格的科学。

把一个活的生命变成一个死的化学结构来解读，这是逆生命而行的。生命的演化过程与化合物演化过程是一个相反的过程。化合物是越分解到原子、微观世界，其蕴藏的能量越大。而生命的演化过程恰恰是一个不断聚合的过程，从化合反应到有机聚合、形成细胞、细胞的不断聚合形成了具有宇宙人生感应、感悟能力的智慧生命。可以说人类就是生命聚合进化的最高形态。从这个角度看，所谓现代的生物科学就是把具有精神特征的生命体系还原为物质化学反应过程的科学。

这样的思维方式是导致生命领域灾难的深层原因。而受害最大的领域是与生命相关的农业和医学。不可否认，生命系统确实包含最基本的化学反应，但不能把生命等同于化学反应。支持现代农业的科学技术就是基于化学科学的农业。将植物生命系统还原为化学系统的结果是，以化肥营养替代有机物营养，使汲取天地之能量的生命活力的生产过程变成了一个被人控制的化学过程。土地大量使用化肥的结果是导致土壤中大量微生物的死亡。原来土地生产生命的过程，是大量微生物参与的一个植物与微生物、植物与动物的生命共同体的互养系统，而现代农业生产变成了一个被现代化科学控制的化学反应过程。这样一种化学农业，使满足人类生命需要的诸多营养成分无法合成，而这些营养物的缺失，是造成现代人类诸多慢性病、精神病的原因。

另一方面，以化学理论对人类生命的解读，形成了今天统治整个世界的化合物营养学，即以 A、B、C、D 等维生素、氨基酸为营养物的理论。由此使人类陷入一种恶性循环之中，失去生命活力的食物导致人类诸多疾病，而现代医学在解决现代人类疾病时，再度使用了同样的化学理论来解决健康问题，由此又形成了一个庞大的化学药品的医药体系。最终将人类充满智慧和活力的生命系统，变成了一个低级的化合物生产系统。这就是现代科学对世界生命系统控制的现实，在这个现实的背后是世界生命系统陷入失去生命活力的危机中。所以农业危机和生命危机的背后是现代化科技范式的危机。

在解决现代人类危机的道路上西方人不是不努力，然而经过半个世纪的实践，他们还是没有找到解决这个问题最有效的答案。寻找解决医治现代工业文明病所需要的新哲学和新思维，需要从东方智慧出发。可以说，党的十八大提出的生态文明建设，就是基于东方智慧探索不同于工业文明的新文明之道。我们发现，"五位一体"的生态文明建设战略与中国的五行智慧高度契合。金、木、水、火、土对应心、肝、脾、肺、肾，心、肝、脾、肺、肾对应的是政治、经济、文化、社会与环境五个方面。"五位一体"的生态文明建设战略，是一个以系统思维解决环境问题的新思维。半个世纪以来西方对于环境问题的解决是西医式的，是就环境解决环境的思维。而生态文明建设把环境放在五行生克思维的框架中予以系统化解。在金、木、水、火、土中，土在中央，土的问题解决不好，其他的问题都解决不好，所以生态文明建设，必须从解决土地污染开始。大地是生命之母。目前土地污染的严重程度超过了天的污染，解决土地的问题需要从发展绿色经济，发展生态有机农业开始，而有机生态农业的基础是土壤的修复。修复土壤需要新科技革命，这就是从化学农业向微生物农业转型，从化学西医向植物中医转型。

四　迈向新生命时代需要基于东方智慧的科技范式革命

在这个背景下，迈向生态文明时代需要一个基于新哲学的科技范式，由天人对立的自然观向对天敬畏的天人合一的自然观转变。生态文明时代天人合一观念的背后是新的价值观，是对天敬畏的和谐观。

生命科学需要从化学主义的机械生命观向万物有灵的生命观转变。生命不是冷冰冰的化学反应，生命与化合物最大的区别是有温度的爱与慈悲。生态文明时代的新生命观是万物平等、万物共生的生命观。

要进入新生命的世界，需要从碎片化、单一化思维向系统协调、多元共生的哲学观转变。在新生命观、新哲学观指导下的生态文明时代的生命科学，需要在数理化基础上的生物科学，基于东方的天地人的逻辑来构建未来的新生命科学。

为什么中国古代主张悟性思维，而西方使用理性思维？其原因在于认识世界的逻辑起点，也就是认识世界的范式不同。西方人是从原子世界开始认识世界的，东方人却是从整体的宇宙来认识世界的。对宇宙规律的探索，就是中国哲学家老子所讲的"道"。道的内涵很丰富，最通俗的解释就是，道就是道路，就是你往东走还是往西走，如果走错了方向就会走得越来越远，南辕北辙。

所以当中国走向生态文明新时代时，就是探索一条不同于西方的新文明之路、新科学之道。这个新科学之道就是从西方式将生命还原为化学反应的生命之道，转向东方的从天地人出发认识生命的道上来，回到生命本质的生命科学上来。在东方生命观中，生命是天人合一的产物。从天地人出发看到的生命世界有以下规律：

第一，万物共生一体规律。生命是一个互养系统，每个生命系统既是一个完整的独立体，同时也与其他生命有一种互养关系。这就是大乘佛学讲的一花一世界，道家讲的一人一太极的天人感应规律。非生命世界化合物之间关系的连接，是通过化学反应进行的，而生命与生命之间的联系是比化学反应更高级的联系，即感应关系。生命之间有一种超越时空的同频感应关系。用今天的量子理论来解读，就是量子纠缠。

第二，心物一元互通规律。对于世界存在的物质与精神，不是一种对立关系，是心与物的关系，就像人的手心手背一样，是一个整体的两个方面，而不是独立的两样东西。

第三，多元生克共生规律。不同生命之间是一个生克的命运共生体系统。现代西方哲学过度强调了生命进化中的竞争作用，而忽视了生命之间共生协同进化的一面。现代的化学农业、化学西医就是按照竞争、对立哲学建构起来的科学体系。其实事物之间是一个生克互动的关系。这就和中国古代所讲的五行生克关系一样。按照中国古代的五行生克理论，世界上没有绝对对立的事物，从局部看是对立的，但从整体看却是互生的。事物正是在生克制衡中实现了动态的均衡和有序的协同发展。

第四，阴阳交替的循环再生规律。循环再生是生命的本质，是生生不息的宇宙生命的原动力。循环再生源于阴阳交替互动。孤阴不生，孤阳不长。阴阳之间互动是形成生命与万物之间循环相生的原因。有生命力的循环是阴阳交替作用的循环。自然中白天与黑夜的交替、一年四季的交替，就是宇宙生命在地球上循环相生的表现。人作为自然的产物，也必须遵循这个大循环规律。

基于天地之间的阴阳循环是地球生命之源的原理，由此形成了以天地人三才来解读生命的生命观。3000 多年前编撰的《黄帝内经》就是基于天地人逻辑而形成的独特的中国医学。《黄帝内经》讲，人作为宇宙的产物，健康的生命需要道法阴阳，和于数术。这里的数术就是中国古人发现的人体与天地之间能量的感应交换关系。人体中有 360 个穴位对应着一年 360 天，人的 28 颗牙齿对应天上的 28 个星宿。身体中 12 条经络对应一年 12 个月，一天的 12 个时辰。古人讲的道法阴阳的天人合一生活，就是要按照身体与天感应的节律去生活。比如身体的 12 条经络与一天的 12 个时辰是同频率运行关系。晚上 11 点到 1 点是一天中由极阴转向极阳的时辰，这个时辰在经络中是 12 条经络之首的胆经运行的时间。这个时辰作为生命周期中阳生的开始，需要保证按时休息，在休息中才能完成对生发能量的汲取。但如果在这个时间里不休息，就会影响身体对天地能量的接受，长此以往，就会给生命带来危害。按照《黄帝内经》的理论，人生命的第一营养不是物质，而是来自天的能量，这个东西是物质不能替代的。排在第二位的对生命最重要的滋养是精神。这就是《黄帝内经》所讲的情志致病。良好的精神是生命健康不可缺少的第二滋养能量。最后才是现代科学所讲的物质。而《黄帝内经》所讲的物质营养，并不是现代生物学所讲的化学物质的营养，而是一种生命物质对另一种生命物质的营养，不是单纯的化合物补充。按照中医思维，对目前发生的大量疾病的诊断发现，其深层根源是人们过着违背天道的生活，这是导致疾病的第一原因；其次是精神致病；最后才是物质营养的问题。

源于天人合一的生命观，需要新的生活观、新的营养观。在新生命观指导下的生命观是身心灵一体的生命观。健康的生命需要的不是单一的物质营养，而是来自天地的能量，来自心的精神营养和来自滋养五脏的物质营养。按照这种生命观，健康生命是一种道法自然的生活方式，是一种健康的精神生活。在物质营养上，最需要解决的就是目前的化学农业和采用各种添加剂的化学食品工业。

解决这个问题，最需要的就是从化学农业向基于微生物科学的有机农业转变。

西方单一的科学思维给我们描述的未来世界是一个机器人控制的世界，我不认为是这样的。机器人科学不是影响人类未来的全部，机器人解决了人类的生命问题，但解决不了天一合一的问题。影响人类未来命运的最大革命是生命科学革命。

环境污染不是造成当代人类文明危机的根源，造成危机的根源是作为人类母亲的大地和作为人类父亲的天得了严重的病。要医治人类父母的天地之病，需要一次哲学与科技革命。这个新的哲学就是基于天地人一体共生的生命观，在这个新哲学指导下最需要的一次革命，是人类共同保护人类母亲——大地——的革命。因为相对于天地污染，土地污染的危害比天的污染更严重。所以拯救生命要从农业革命开始，农业革命的核心是有机农业革命。根据德国农业科学家的研究，土壤因施用化肥而导致微生物死亡，使食物中的大量微量元素无法合成，不同食物的营养损失率达到20%—60%。

修复大地母亲的科技革命，需要从天人对立的化学农业向天人合一的生命农业转型，从转基因革命向微生物革命转型，从实验室的农业科技向回归民间乡土科技转型。研究农业的科学家不应该只在实验室里面搞，而应该回归大地，回归乡村。目前我们按照工业化思维和哲学培养出来的大学生是与天地做斗争的大学生；国家大量的科研经费资助的科学研究，是按照二元对立的化学科技思维，研究如何用最具有杀伤力的科技去杀害被认作害虫的生命的科研。我们的农业类大学远离天地，远离乡村，与土地没有感情，与乡村没有情感，只是单纯追求农业产量与效率的提高。所以，迈向新时代科技的革命，拯救人类生命的保护大地母亲的革命，需要教育的革命。

三

生态伦理学

生态伦理的价值定位及其方法论研究[*]

叶　平[**]

一　对非人类中心主义批判的误区

近 10 多年来，在国内生态伦理学问题的研究中，关于生态伦理学的出发点、立论的基础和评价的标准以及最终实现的目的的阐释等有很多争论，并形成了人类中心主义、非人类中心主义以及修正、整合或替代上述两种理论的各种学说。[①] 笔者认为，对争论中所涉及的一些问题，特别是对非人类中心主义生态伦理学的基本概念在学理上的某些质疑，至今仍有讨论的必要。

首先，不能把非人类中心主义简化为或笼统地等同于自然中心主义。对于走出人类中心主义或非人类中心主义立场的理解，大多表现为关于"否定人类利益或不顾人类利益"的判定，并把它们简化为自然中心主义。例如，刘福森认为："自然中心主义（或自然主义）的生态伦理观完全抛开人类利益的尺度，把保持自然生态系统的'完整、稳定和美丽'作为人类行为的终极目的和人对自然的道德行为的终极尺度。"[②] 事实上，在人与自然的关系上，走出人类中心主义不是不要人类，也不是要否定人类思考。非人类中心主义也不是一个生态伦理学的

　　[*]　本文原载于《哲学研究》2012 年第 12 期。
　[**]　叶平，哈尔滨工业大学环境与社会研究中心教授。
　　[①]　余谋昌、王耀先：《环境伦理学》，高等教育出版社 2004 年版，第 142 页。
　　[②]　刘福森：《自然中心主义生态伦理观的理论困境》，《中国社会科学》1997 年第 3 期。

理论学说，它至少包括动物权利论、生物中心论、生态中心论、协同论等思想理论，因此不能将其简化为或笼统地等同于自然中心主义。

其次，不应对走出人类中心主义或非人类中心主义的可能性采取完全否定的态度。有人断言："如果必须在人类中心主义和自然中心主义之间做出唯一选择，人类还是终于会选择前者。这首先是因为人无法取消对自己的价值认同，子非鱼，何以为鱼言其苦乐？"① 实质上，在人与自然关系的伦理考量上，走出人类中心主义是指从单一的人类利益走向人类、其他动物、植物乃至地球生态系统的多元利益的共存。这样讲并不等于试图取消人类的价值，特别是人类生存和健康的价值；它反对的只是单一考虑人类的价值以及不顾具体情境而肆意毁灭其他生命和破坏生态环境的生存方式。这一点是所有非人类中心主义不言自明的前提。此外，我们通过生物学、生态学可以知道，任何生物都有其自身完善的生活方式，故人类只考虑自己的利益便可能对其他生物的利益造成损害。因此，生物中心主义生态伦理的选择，是在"把人与自然关系纳入道德考虑"的背景下，坚持或回复到"生物自身的善"与"人类利益的善"的统筹兼顾、综合平衡的框架上来。所谓"子非鱼，何以为鱼言其苦乐"的问题，归根结底在于：（1）鱼并非与人无关，今天人已经伤害了鱼的生存，造成生态危机；（2）人就生活在这种生态危机的处境中，要追求人类的健康生存就必须维护鱼的利益并以此作为善的追求。之所以提出"子非鱼"的疑问，其关键是不顾人类属于生命世界的成员，不去考虑当前的生态危机包括人和其他生物的生存危机是由人造成的。沿此思维误区，有作者甚至提出："有朝一日，人与自然界某物种不幸处于二者择一的尴尬境地时，他们中唯一有选择能力的一方——人会甘愿牺牲吗？"② 不过，这里事实上拷问的是物种之间在生存斗争中的终极选择，而不是在正常生活中人类对美好生活的自觉选择，因而是两个不同的问题。

最后，坚持人类中心主义的生态伦理，其辩护的理由可以归结为三点：

---

① 赵铁峰：《当代中国的"人—自然"观》，东北师范大学出版社 2008 年版，第 4 页。
② 章建刚：《人对自然有伦理关系吗？》，《哲学研究》1995 年第 4 期。

第一，人是主体，自然是客体。人是主宰，是自然的理想和意志，而自然只是接受人的改造的对象，是有待不断人化的东西。这种观点是在人与自然关系上持极端的人类中心主义立场。即使坚持人类中心主义的西方学者诺顿和墨迪对此也持反对态度。诺顿认为，人类主体对自然客体的各种需要并不都是合理的：基于感性意愿基础上的需要是不合理的，是一种强化的人类中心主义，即主体对自然的需要，自然客体必须给予满足，"只有接受人的改造"，否则就要被征服。①这种"征服自然论"被墨迪称为人类认识的低级阶段。"人最初的认识是他与自然界并不是同一的"，从而产生自治的思想和超越自然界限制的行动。今天"认识到我们行为的选择自由是被'自然界整体动态结构的生态极限所束缚'并且'必须保持在自然系统价值的限度内'，是人类进化过程中又一个具有决定性的一步"。直到人类真正认识到他依赖于自然界并把他自己作为自然界的组分时，"人才把自己真正放到了首位，这是人类生态学最伟大的佯谬"②。

第二，主张"离开了人及其历史性的实践活动，也就无所谓自然"。这一观点从一定意义上讲是对的：确实，没有人，就没有人与自然的关系；没有人类近300年的工业实践活动，就不可能有今天呈现出来的对人类和其他生命造成致命影响的全球生态危机问题；也正是这一点，才激发人们重新审视人对大自然的认识，包括对人与自然关系的认识。但是从存在论的角度审视，我们不能否认自然界是独立于人类之外，客观地存在着的。除了进入人类实践范围的、人工（或属人的）自然外，还有尚未进入人类认识和实践范围的、未知的自然和非人类自然乃至神秘莫测的自然。承认这一点是走出人类中心主义生态伦理学的前提。

第三，认为人类诞生前的自然界是科学的问题；迄今的自然科学所告诉我们的无非那样一个无所谓目的的、运动着的、变化着的自然界；生物圈发生着变化，一些物种消失了，原有的生态平衡被破坏了，但这一切并没有什么意义。这种观点把科学事实和其中所蕴含的价值割裂开

① B. G. Norton, 1984, "Environmental Ethics and Weak Anthropocentrism and Nonanthropocentrism," *Environmental Ethics* 6：131－148.

② W. H. Murdy, 1975, "Anthropocentrism：A Modern Version," *Science* 187：1168－1172.

来。例如，美国"生物圈二号"试验是一个科学实验，但是其探究科学事实的目的也就是要考察生物圈的自我调节机制对人类的价值；"生物圈二号"试验失败，得出"地球生物圈自调节机制不可替代"的结论。这个科学事实不仅揭示了"生物圈自调节机制"是不以人的意志为转移的客观存在，而且蕴含着人与自然关系的伦理价值：其一，生物圈的自调节机制是"大自然历史积累的成就"，是维系人类与其他生物生存和繁衍的根源。这些都在科学思想和伦理根据上支持了美国生态思想家托马斯·柏励（T. Berry）所提出的，我们这个时代正在进入生态纪元的构想。"在生态纪中，人类将生活在一个广泛的生命共同体相互促进的关系中。"① 人与自然关系的伦理性质，不仅在于在经济学的意义上维系人的生存，更在于维系共性的地球生态自然的存在，即生物圈自调节机制的存在。其二，人类至今还不能把握生物圈的自调节机制，但是人类的力量正在破坏这种调节机制，造成地球上自然环境不可逆的改变；人类第一次变得如此强大，飓风、雷暴和大雷雨已经不再是"纯自然的"，而是我们活动的后果。地球生命和人类的未来将取决于人类今天的抉择。这也是苏联学者维尔纳斯基在20世纪30年代提出"人类成为地质因素"②，以及近来美国学者比尔·麦克基本（B. Mckibben）主张"自然终结论"的警示意义：人无知不可怕，不是伦理应当谴责的理由；怕的是安于无知，特别是无知加胆大。③

事实上，走出人类中心主义，构建非人类中心主义的生态伦理学，在今天已被称为新的伦理学。"越来越多的人认识到文明至少是西方文明需要一门新的关于人与自然环境关系的伦理学。借鉴利奥波德的话语，即'需要一门人与大地关系以及人与生长在大地之上的动物和植物关系的伦理学'。这门新的伦理学不是传统的不涉及人与自然关系的伦理学路线"④。

这门新的伦理学在两个方面容易被人误解：一方面，在非人类中

① 转引自李世雁《走向生态纪元》，辽宁人民出版社2004年版，第5页。
② ［苏］维尔纳斯基：《活物质》，余谋昌译，商务印书馆1989年版，第416页。
③ ［美］麦克基本：《自然的终结》，孙晓春、马树林译，吉林人民出版社2000年版。
④ R. Sylvan, 1998, "Is There a Need for a New, an Environmental Ethic?" *Environmental Philosophy*, Prentice-Hall, Inc., p. 17.

心主义的哲学立场上，"中心"是一个模糊的概念。其实，这个中心既不是一种感觉，也不是一件实事，而是相对于人类中心所提出的不同于人类中心"游戏规则"的新东西。尽管在西方确实有"生物中心主义""生态中心主义"的概念，但实质上是无所谓中心的，只是标定伦理尺度是基于生物个体还是生物群落整体，这样做的目的就是要尊重自然。当然，其本意并不是不尊重人而只尊重自然，但是这种尊重自然的道德定位确实没有被阐释清楚。另一方面，西方非人类中心主义的生态伦理学说尽管总体上体现出一种不同于传统人类中心主义人际伦理学的人与自然关系的伦理，具有很大的思想启迪意义，但是，其中的各个派别在理论上各执一端，如个体论与整体论、深生态学与浅生态学、强化的环境主义与弱化的环境主义等，它们的观点甚至是矛盾的。因此，走出人类中心主义确实需要理论的建构：这种建构不仅需要借鉴非人类中心主义的积极因素，也要吸收人类中心主义的合理因素；而首先要明确的是生态伦理学的价值定位以及伦理行为背后指导伦理思想的方法论。

二 生态伦理的价值定位

生态伦理是探讨我们与自然界道德关系的哲学领域，即我们应当怎样思考自然界并采取行动的问题，不可避免地涉及道德价值的定位、取向和评价选择问题。道德价值问题不确证，就不可能建立起一门把自然界纳入伦理道德考虑的生态伦理学。

研究和确证道德价值的定位问题，必须思考三个核心问题。一是道德价值的根源问题：道德价值来自何方？价值是否仅仅依赖评价者才能存在？二是道德价值的内容问题：哪种事物是有价值的？只有人类及其活动是有价值的，还是非人类自然界也是有价值的？三是在我们的道德图景中关于特殊价值的作用问题：我们评价非人类自然界只是为了自然本身的缘故，还是仅仅因为自然界对我们人类利益的贡献，抑或兼而有之？[①]

---

① L. Gruen, and D. Jamieson, 1994, *Reflecting on Nature*, Oxford University Press, p. 41.

关于道德价值定位的第一个问题，首先须承认"人类要有美好的道德生活"，这是作为讨论的前提、不证自明的公理存在的。现实既有美好的一面，也有令人厌恶的丑陋的一面，但是道德来源于人们追求美好生活的理想和愿望。这种道德价值是人发现并认识到的，在这个意义上道德价值是依赖人的，依赖人的认识和评价。由此，有三种关于道德价值来源的定位：

一是人的经验价值。这种价值与个人经验直接相关。自然的价值是被感觉到的价值，其产生机制在于人的想象与以往经验的联系，被想象为重要的东西是通过与以往经验的联系，才产生经验价值感受的。

二是人的理性价值。这种价值论认为，自然价值的发现不一定只有经验价值这一条渠道，还可以有其他理性逻辑推理的形式，即人们要获得自然价值的信息，可以通过一些自然科学的资料，包括过去地质和考古的发现、现在自然信息的通报以及未来可能的预测报告，结合以往经验的类比、联想、灵感，预见并认可某些自然价值。但这不是经验中的价值，而是理性中的价值。这种理性价值与经验价值的直接相比，又称为间接价值。如美国地质学家法鲁克·埃尔·巴兹博士为治理埃及土地的沙漠化，比较了 10 年前拍摄的宇航照片，发现两个惊人的事实：一是埃及西部沙漠以每天 60 厘米的速度向尼罗河谷的肥沃良田推进；二是移动的沙子颜色的不同标志着既有碳酸钙沙粒也有黏土，而黏土颗粒比沙粒更能保持水分，使植物能够生根。这后一个发现彻底改变了关于埃及沙地的传统观念，即认为"这个地方对农业毫无价值"。这对于 96% 的地区已变为沙漠的埃及是非常宝贵的情报。在人类与沙漠化的斗争中，应用高科技手段体现出更高的认识价值。地质学家利奥波德说："过去，我们带着一个放大镜在大象身上爬来爬去，现在我们看见整个大象了。"①

三是人的非理性价值。这种价值主要来源于人们信奉的宗教，如美国土著印第安人信奉"万物有灵论"。据资料记载，1852 年，在得悉政府要向他们购买一些土地后，美国西部土著印第安人部落的首领西雅图写道：

---

① ［美］利奥波德：《沙漠》，时代公司、科学出版社 1981 年版，第 168 页。

华盛顿的总统先生派人表达了想要购买我们的土地的意思。但蓝天与大地怎么可以买呢？这想法对我们来说太奇怪了。这新鲜的空气与闪亮的河水并不为我们所有，那你们又怎能买这些东西呢？这土地上的每一个角落对我的人民都是神圣的。……我们是大地的一部分，大地也是我们的一部分。散发着清香的花是我们的姐妹，熊、鹿，还有雄鹰，都是我们的兄弟。岩石的山顶、草地中的汁液、小马的体热，还有人，都属于同一个大家庭……它与它所支撑的一切生命共有一个灵。①

西雅图的这封信令人感动。西雅图心中的自然价值是神启的价值，是一种非理性的价值。

上述道德价值的来源主要根据人的评价，没有评价者就没有价值。这种观点被罗尔斯顿称为极端的主观价值论。罗尔斯顿则主张极端的客观价值论，即价值不依赖于人类的评价而存在。他说：

地球上既产生自然也产生人类文化，因此，地球是有价值的，也是令人惊奇的。生物进化史已历经了几十亿年，而文化史只有几十万年，但是，不容置疑的是，从今以后文化却日益决定着自然史的持续。一些人说，下个世纪是自然终结的纪元，但另一些人希望的是，下个世纪是我们能够开发出与自然和谐的文化的新世纪。②

罗尔斯顿的观点有一定的道理：其一，地球是从无生命演化到有生命的，直到产生人类，因此如果只承认后来的人类是价值的来源，而否认地球的源泉价值，即地球是万物的价值根源，这在逻辑上难以自圆其说：有价值的人类怎么能从无价值的东西中产生出来呢？其二，当代生态环境问题是人类造成的危及地球生态的危机，这个被破坏的生态是地球千百万年"历史进化积累的成就"；正是在这个地球的历史生发价值

---

① 转引自刘耳《从西雅图的信看美洲印第安人的自然观》，《环境与社会》2000年第4期。

② ［美］罗尔斯顿：《全球环境伦理学：一个有价值的地球》，《环境与社会》2001年第4期。

意义上，我们人类才有义务恢复被破坏的自然生态。

　　然而，罗尔斯顿的观点也有一定的偏颇，因为当代生态环境问题只有在"人为酿成的自然偏离"并"对人类和其他生物生存造成危害"的情况下，才有伦理意义，才成为生态伦理问题，而且至少在这个星球上只有人类才能讨论这些问题，采用影响他们行为的政策。可以说，走出人类中心主义的生态伦理一定不能排除人的因素。即使是从自然价值出发，最终也需要落脚到人的行为上。也就是说，无论做出怎样的自然价值判断，它们都应当影响和改变我们的生活，或至少不应当脱离与我们现有的生活方式的背景关联。

　　关于道德价值定位的第二个问题是道德价值的内容问题，这个问题是与第一个问题相关的。一切价值都要依赖于人的头脑去发现，这是不言而喻的，但这不是人类中心主义的标志。实质上，无论什么主义都是人头脑中的思想和观点，正如当代牛津哲学家威廉姆斯（B. Williams）所说的那样，在我们的价值内容中应当排斥以人为中心，但我们要认识到，我们排斥的只是单一的人类价值尺度。① 所以，生态伦理学发现并确证动物、植物乃至地球生态系统的价值，主张改变人类的身份和角色，从征服者变为"普通一员"和"公民"。托马斯·柏励预言："在物种层次重新发现人类物种"，这个时代已经到来。② 迈兹纳（R. Metzner）赞成这种转变，他坚持现有的文化范式不足以解决我们现在面临的问题，我们需要在与其他物种和生态系统的相互关系中对人类物种进化的智慧做出概括。③ 循此伦理方向和思路，辛格以家养动物有"感受痛苦的能力"④，雷根以野生动物是"有感觉体验并能做出趋利避害选择"⑤，将动物纳入道德考虑；泰勒以"有机体是生命的目的中心，有其自身的善"，将道德价值扩展到一切生灵⑥；利奥波德则以"大地

---

　　① L. Gruen, and D. Jamieson, 1994, *Reflecting on Nature*, Oxford University Press, p. 47.

　　② M. E. Tucker, and J. A. Grim, 1994, *Worldviews and Ecology*, Associated University Presses, Inc., p. 163.

　　③ R. Metzner, 1991, "The Emerging Ecological Worldview," previously published as "The age of ecology," in *Resurgence* 149.

　　④ P. Singer, 1990, *Animal Liberation*, New York Review and Random House, pp. 10 – 11.

　　⑤ ［美］雷根：《动物权利研究》，李曦译，北京大学出版社 2001 年版，第 8 页。

　　⑥ P. W. Taylor, 1986, *Respect for Nature*：*A Theory of Environmental Ethics*, Princeton University Press, p. 61.

生物共同体的完整、稳定和美丽原则"，将物种、生物群落直至整个大地纳入道德价值范畴。①

关于道德价值定位的第三个问题是特殊价值在我们的思想和行动中的作用。我们评价许多周围的事情，因为这种评价影响到某种目的的实现。例如，我们种植速生丰产林的目的是产出木材，这种人工林具有工具价值。但是我们后来发现，这种大面积种植的人工林虫害非常严重，由此激发了对原始森林结构关系的研究，发现人工林都是单一树种，缺乏"生物多样性"这种树林所固有的价值。尽管工具价值和固有价值是有区别的，但是任何事物都可以用这两种价值方式来评价。

大自然有它维持生态稳定的固有价值，人类有意无意地对大自然的价值连锁造成破坏，这是一种冒险的活动。在澳洲，把黏液瘤病引到兔群身上，就冒着其他哺乳类可能感染黏液瘤病的危险。此前，澳洲人还曾输入大量的雪貂、鼬鼠来捕杀兔子，可是后来发现它们对于其他小哺乳类动物和当地的鸟类造成更为严重的祸害。古代埃及文明是依靠尼罗河的恩惠而繁荣昌盛的，可是阿斯旺大水坝虽阻止了一年一度的尼罗河水泛滥，却不能再冲刷掉因蒸发而积集起来的盐分以及那些向河谷进军的沙丘。类似情况在中东某些地区和美国西部也有发生。

三　生态伦理价值选择的方法论

生态伦理是人类仿效生物与自然协同进化的规律来指导人与自然的伦理关系所概括出来的伟大的生存智慧，其相互依存的伦理定位、共存共荣的生态基点和平等交流的方法论，指导着我们正确定位道德价值和路径选择。

（一）相互依存的伦理定位

人类世界与非人类世界有着本质上的区别，但是也有在生存和健康

---

① A. Leopold, 1948, *A Sand County Almanac*, Oxford University Press, p. 224.

共性上的内在本质联系。我们以往只看到区别的方面，没有看到本质的联系。比如，我们习惯于人类的善恶尺度，认为人的需要、利益、价值是真实的，应当被满足；自然界只是人类施展才能的舞台，它们本身没有意义，只是对人类有意义。全球生态危机正是以人类生存危机惊醒了人类，促使人类重新发现地球自然和生生不息的生命世界。人类世界是这个生命世界的组成部分，这种同一性和统一性的根据不在人类也不在其他非人类，而在地球生物圈的结构和功能。其中比较突出的依存与作用关系，基于以下两方面的属性。

1. 整体上的协同性

在非人类世界的生物圈中，包含着众多的生态系统，关联着多种多样的生物要素和无机环境要素，构成错综复杂的显在或潜在的物质、能量和信息交换关系，维持着物种的生生不息和全球生态系统的健康和完善。其中局部的生存斗争与整体所展现的稳态和谐，都可归结为最基本的生态关系，即相互依存和相互作用关系。在这里，整体支配并决定着局部，这种功能的实现是通过生态场即生物圈对生物个体、物种和子生态系统发生作用的。生物圈中的生态场是与无机环境和生命物质相互渗透彼此互补的，它使生物圈中的个体（物种）生态系统具有协同性。

这种内在的协同性是物种与群落、群落与生态子系统、生态子系统与地球生态系统整体之间构成相互依存的根据。任一物种都占有特定的生态位，扮演着系统整体赋予的角色，并与其他物种一起为生态系统的健康和完善做出贡献。生物圈的内在协同性展开为生物共同体和生态环境的内在的生态关系，呈现为生物圈整体系统的结构属性。正是这种结构属性，保持着千百万年基本生态参数（如光照通量、湿度、温度、气候条件、淡水的循环和土壤的生命物质）的动态稳定，使生物的生与灭和环境的熵增与熵减形成基本平衡，使生命的长河源远流长。也正是由于这种属性，人类的生存和发展才得到保障。人类创造的一切无不得益于这种属性的恩惠。因此，生物圈内在的协同性是一种人类应仿效的生存智慧。协同性是一种自然内在价值，蕴含或暗示着人类对自然的行为规范，指导着人与自然的和谐关系。

2. 稳定性与波动性

稳定性是内在于生态系统的关系属性，表现为任一生物的存在既是自在的又是利他的。所谓自在，是指任一生物都是以自身的生存为目标、为中心的，其自组织和对外在环境的适应都自主地定向于生存的目的，既不依赖于他物的评价也不依赖于对他物是否有用；所谓利他，是指任一生物定向生存的自主行为，客观上都是生物群体自组织行为的一部分，任一生物的存在都被并入食物链金字塔结构，都是他物存在的工具或手段。因此，也可以说任一生物的存在，既是目的也是手段。这种相互依存的存在方式创造了生态系统的稳定状态。

与稳定性相对应的生态属性是波动性。在自然生态系统中，稳定性是相对的，波动性是绝对的，是系统进化之源。但是，在现实生态系统的波动性和稳定的相互作用中，我们看到更多的是稳定的生态形态。这是由于地质过程、生态过程都与时空尺度密切相关，地质过程的稳定性与波动性交替作用，出现质变需要几千年甚至几十万年。在我们日常生活中能够见到的生态形态，如山川河流、虫鱼鸟兽，都呈现为稳定的存在。自然的稳定性与波动性的相互作用有其规律性，但我们人为的生态干扰和破坏，已经造成局部地区的生态失衡，呈现出生态的剧烈波动，如物种加速灭绝，全球气候发生异常变化。卡逊告诫我们，不要一意孤行，否则即使春天也是"寂静的春天"①。由此，我们建立生态伦理的最重要目的之一，就是揭示有哪些生态的"是"与人类行为的"应当"之间具有因果关系。让自然的稳定性与自然的波动性自然而然地发生变化，从而在这个整体变化的过程中，特别是在稳定的过程中，实现人与自然的双赢。

（二）共存共荣的生态基点

生态伦理追求的价值内在于生物圈的协同性和稳定性，这种价值要求人们把它转变为人类生存的智慧。需要指出的是，这种生存的智慧并不抹煞人与其他生物的本质区别，并不意味着人要放弃文化属性；相反，协同性允许千差万别的协同形式，其中明智的自我保护和共同创造的进化方向构成了人与自然共存共荣的生态基点。

---

① ［美］卡逊：《寂静的春天》，吕瑞兰等译，吉林人民出版社1997年版，序言。

1. 明智的自我保护

生物活动适应环境，改变环境，创造先前环境没有的物质，刺激环境的发展，同时也有利于其他生物的发展，这是生物与环境的兼容方式。人类以理性指导下的技术与环境相互作用，适应并改造环境。如果人类以这种方式创造了先前环境所没有的物质，在刺激环境发展的同时，也有利于其他物种的生存和发展，那么这种与自然的交往方式就是一种兼容方式。问题在于：以往人们为了自身利益而将技术作用于自然，创造出先前自然所没有的物质，但不是刺激环境发展，而是造成环境污染，不是有利于其他物种的生存和发展，而是造成或加速其他物种的灭绝。这是引发当代生态危机的人类根源和实质。因此，要摆脱危机，就要改变这种人与自然的"不兼容方式"，就要学习并仿效生物生存的自我保护的智慧。

2. 共同创造的进化方向

生态伦理不仅坚持人与自然的相互依存，也坚持二者的相互作用。相互作用是致动之源。物种的进化和退化、生态系统的发展和变化都来自相互作用。相互作用具有多样性，决定了物种和生态系统变化的多样性。但同时我们也应该看到，以往人类对自然的作用已经造成生态的急剧恶化，并且恶化的程度正在超出自然整体性的生态阈限。所以，要改变以往人类对自然发生作用的方式、方向、规模和强度，坚持在相互作用中使人与自然走向共同创造。为此，人类肩负着不容推卸的责任和义务：改变那种单纯的资源观和工具主义的价值观，尊重物种间、物种与环境间、生物与生态系统间内在协同的进化方向，在整体生态系统稳态波动范围内，修补系统内部各个组成部分的人为创伤，促进生态朝着既益于生态又益于人类的方向发展。这是生态伦理学的指导方针，也是确立生态道德态度和规范所依据的基本原则。

（三）平等交流（"对话"）的方法论

我们倡导的生态伦理是一种人与自然协同进化的伦理，也是一种"对话"的伦理。"对话论"就是交流论，指人与自然之间伦理矛盾的真正解决，不能仅仅靠作为环境道德代理人的人类与自然的"对话"（这充其量是代理人进入"物我同一"的道德境界），还要靠生态道德代理人与当事人或利益相关者在利益平台上的"对话"。其特点有两个方面：（1）遵循"双向伦理"模式。即在考虑人与自然关系的伦理问题时，必须考虑相应的人与人关系的伦理问题，从而从人与自然和人与人这两个方面寻求解决的途径和方法。（2）依据境遇条件理论。首先，任何理论都是有针对性的，"一把钥匙开一把锁"；其次，探讨各种观点的异中之同和同中之异的伦理根基，既要坚持科学的理性逻辑，也要关注地域本土经验启示和土著文化背景，包括宗教态度的积极意义；最后，不同国家的环境责任推定，不仅要考虑现实，而且要考虑历史形成的因素，以明辨"共同但有区别的责任"。

生态伦理学是新时代的生态文明哲学，是一门关于人类在地球家园中如何与非人类伙伴同舟共济、共同走向未来的智慧和艺术。伦理的概念已经从人际关系扩展到人与自然的关系。人类文明的发展进程，不仅继续走向尊重人，而且开始走向尊重自然，今天我们已经看到了这种文明变革的曙光。

生态哲学之维：自然价值的双重性及其统一[*]

包庆德[**]

　　随着人类生存环境的恶化，关于自然价值与生态伦理的探讨成为中外生态哲学界研究的热点。20 世纪 90 年代以来，我国学界对此展开激烈的讨论并形成两种截然不同的意见。一种意见认为，生态伦理的价值主体是自然本身，建构生态伦理必须"走出人类中心主义"；另一种意见认为，生态伦理的价值主体应是人类而非其他任何东西，建构生态伦理应该"走进人类中心主义"。我们认为，对自然价值应从"以人为尺度"和"以自然为尺度"两个有机层面给予系统考察。前者是人类为满足自身生存与发展需要，而从事获取物质生活资料活动所不可或缺的有效尺度，但囿于人的认识与实践能力的局限，不可避免地凸显了传统人类中心主义的狭隘化和物化的盲目短视性；后者是人类对整个生态系统的空前退化甚至全面恶化而导致的生态危机的全面反思和人与自然生态环境复杂关系的重新审视，但因撇开人的利益而缺乏感性实践格局的现实感和具体层面的可操作性。只有将两者在现实的实践活动过程中给予双重观照以达到有效统一，才能真正超越传统主客二分的简单化和僵化的历史局限性，从而为人类和生态系统的可持续发展之具体实施扫清观念障碍，并提供强有力的理论与实践理念支持。

---

　　* 本文原载于《内蒙古大学学报》（人文社会科学版）2006 年第 2 期。
　** 包庆德，蒙古族，辽宁省阜新市人，内蒙古大学人文学院教授。

一 "自然价值"的双重性及其表现

自然价值受到学界的广泛关注，体现了当今人类在全球性生态危机日渐严重的情况下，开始对以往的思维方式和行为规范进行深刻的自我反思和全面的自我反省，从而更深刻地展示人类对子孙后代生存发展、自然生态系统协调平衡和地球生命系统和谐繁荣等责任的承担。人类中心主义生态伦理和非人类中心主义生态伦理基于对自然价值的不同理解，提出了迥然不同的救世主张。

人类中心主义认为，在人与自然关系中，人是主体，自然是客体，因而作为主体的需要和利益是制定生态道德原则和评价标准的唯一根据，对非人类的动物、植物乃至整个自然界的关切完全是从人的利益出发的，自然对人来说只具有工具价值。墨迪指出："物种存在以其自身为目的。它们不会仅仅为了什么别的物种的福利而存在。用生物学语言说，一个物种的目的就是求生和繁衍。"① 人类中心主义坚信人类是具有理性的动物，能出于对人类更为整体利益与长远利益的关心而规范自身的需要，促使全球性生态危机的合理解决。

我们认为，人类中心主义生态伦理的这一主张，主要从人的社会属性和文化存在维度比较深刻地阐发了人所特有的生存方式及其价值诉求。诚然，人的社会属性和文化存在是人区别于其他生命体的根本标志。但是，在此需要特别指出的是，人除了社会文化属性之外，还有生物属性的一面，人的存在也是一种自然存在。在此意义上，人和其他生命一样也同样参与自然生态系统的物质循环、能量转换和信息交流。不仅如此，只要人类社会存在，无论其科学如何进步，文化何等发达，也永远具有这种生物属性，永远是一种自然的存在！因此，自然对人来说不只具有工具价值，而且具有生态价值。就此而言，人类也不应该仅以一己的短期局部私利，而一味地强取豪夺。否则，人类面临的便是不可持续的尴尬窘况。实践表明，相对于满足人们包括物质、精神和生态等

---

① ［美］W. H. 默迪：《一种现代的人类中心主义》，雷毅译，《哲学译丛》1999 年第 2 期。

各方面的需要来说，自然价值是有限的。也正是因为这种有限性，对可再生资源的开发、利用应该而且遵循其再生时间过程，再生空间范围，再生数量规模和再生质量效果。而对非再生资源的开发、利用，至少应考虑其怎样利用才能使总的效益最优和最佳化，付出的环境资源成本和代价最低与最小化，以及寻找替代资源的速度如何才能不低于开发、利用的速度。就人的认识而言，自然规律的奥秘又是无限的，由此，人的认识也是一个辩证否定的无限发展的过程，人对自然环境演化规律的认识和满足自身生存发展需要的过程，只能是一个逐步地接近真理并不断地创造价值的动态过程。

非人类中心主义认为，一切生命都具有内在价值。自然应像人类一样赋有道德义务和伦理责任。美国学者 R. T. 诺兰指出："生态意识中所包含的道德问题属于我们这个时代中最新颖的，富于挑战性的道德困境。这些问题之所以最新颖，是因为它们要求我们考虑这样一种可能性，即承认动物、树木和其他非人类的有机体也具有权利；这些问题之所以富有挑战性，是因为它们可能会要求我们抛弃那些我们所长期珍视的一些理想，即我们的生活达到了一定的水准及为了维持这种水准应该进行的各种各样的经济活动。"①

美国学者利奥波德创立的"大地伦理"学说主张把伦理道德关怀的范围从调节人与人、人与社会之间的关系扩大到人与大地的关系：

> 大地伦理使人类的角色从大地共同体的征服者变为其中的普通成员和公民。它蕴含着对它的同道成员的尊重，也包括对共同体的尊重。大地伦理简单地扩展共同体的边界，使之包括土壤、水、植物和动物，或者由它们组成的整体：大地。于是大地伦理反映了生态良心的存在，依次反映了个体对大地健康的确信。健康是大地自我更新的能力，保护是我们了解和保持这种能力的努力。对于我来说没有对大地的爱、尊重、赞美和对它的价值的注意，与大地的道德联系能存在是难以想象的。当然，我所谓的价值是某种比纯粹的

---

① ［美］R. T. 诺兰：《伦理学与现实生活》，姚新中等译，华夏出版社 1988 年版，第435—436 页。

经济价值更广泛的价值。①

可见，利奥波德认为，道德范围的扩大需要改变两个决定性的概念和规范：第一，伦理学正当行为概念必须扩大到包括对自然本身的关心上，尊重所有生命和自然界。"当一种事情趋向于保护生物群落的完整稳定和美丽时，它就是正确的；否则，它就是错误的。"第二，道德权利义务应当扩大到自然界的实体和过程中，"确认它们在一种自然状态中持续存在的权利"②。

国际环境伦理协会前主席罗尔斯顿博士指出："旧伦理学仅强调一个物种的福利；新伦理学必须关注构成地球进化着的几百万物种的福利。""过去，人类是唯一得到道德待遇的物种。他只依照自己的利益行动，并以自身的利益对待其他事物，新伦理学增加了对生命的尊重。"他还认为，如果一个物种仅仅认为它自身是至高无上的，对待其他任何事物都依照自己的用途对待之，那么，在这种框架中生活是一种"道德的天真"③。

在我看来，非人类中心主义生态伦理学从理论自觉维度，特别关注了人的生物属性及其自然存在——人和其他生命体一样是自然生态环境系统的普通成员。这对于传统的人类中心主义的极端性是一个重要的警示——人的生物属性和自然存在是可以随意漠视的吗！因为传统人类中心主义正是在极端张扬人的社会属性和文化存在的同时，极大地漠视了人的生物属性和自然存在这一人类生存发展的基础前提。然而问题在于，在现实的实践格局中，真的可以仅仅关注人的生物属性和自然存在而撇开人的社会属性和人的文化存在，否认人的真实而特有的生存与发展方式，去"承认动物、树木和其他非人类的有机体也具有权利"？甚至只把人看作"大地共同体"的"普通成员和公民"，并"扩展共同体的边界，使之包括土壤、水、植物和动物，或者由它们组成的整体：大地"，以此"必须关注构成地球进化着的几百万物种的福利"？历史上，生态学的两个发展方向，的确淡漠了对合作与竞争优先的争论。一方

---

①　Aldo Leopold, 1945, *A Sand Country Almanac*, New York：Oxford University Press.

②　余潇枫等：《应用伦理学》，浙江大学出版社 1999 年版，第 73 页。

③　余谋昌：《生态文化的理论阐释》，东北林业大学出版社 1996 年版。

面，生态学的联系不再只局限于简单的定性描述而深入了具体的深层的联系及其复杂性上。英国动物学家埃尔顿 1927 年在《动物生态学》一书中，认为自然由消费者、生产者、分解者组成，并由食物链联系在一起。坦斯利的生态系统概念把有机物联系归为物质、能量的交换。这样相互联系的关键不是在生存竞争上，而是转变为相互依存的营养关系、地理化学循环和物质能量转换。埃尔顿 1927 年提出"食物链"概念。它表明低级生物、高级生物都是生态系统存在的必要成员，特别是低级生物是高级生物的存在基础。按照食物链的逻辑，人或高级生物最终依赖于低级生物，这将有助于恢复低级生物质的地位。另一方面，生态学的联系研究又突出了研究联系的目的或结果，美国生态学家克莱门茨在研究演替系列时提出：任何一类演替都经过迁移、定居、群聚、竞争、反应、稳定六个阶段而最终达到"顶级群落"，即与土地、气候、条件保持协调和平衡的群落。① 然而现实的问题是，如果自然界的生命体都彼此相互尊重"权利"而"不允许伤害"，那么对现实存在着的"食物链""生存竞争"又作何解？

很显然，在自然价值问题上，人类中心主义和非人类中心主义各执一端，可谓见仁见智。何为自然价值？我们不妨看"价值"之含义。从词源上说，"价值"一词最初的意思是"掩盖、保护、加固"，后来演化成"起掩护和保护作用的""可珍视的、可尊重的、可重视的"等。可见，这个词是人表述事物与其自己的关系、对其自己的意义的概念。② 价值哲学是在 19 世纪末 20 世纪初形成的。首先明确采用"价值哲学"这个术语的是法国哲学家拉皮埃和德国哲学家哈特曼等。培里把价值分为道德、宗教、艺术、科学、经济、政治、法律和习惯八个领域。刘易斯把价值区分为五种形式：对于某种目的的效用或有用性；外在的或作为手段的价值；固有的价值，如一件作品或艺术品的美学价值；内在的价值，即无论是作为一种目的或是就其本身来说都是好的，这种价值以外在的或作为手段的价值和固定的价值为前提；参与的价值，即对于作为整体的一个部分是好的，莱特区分了工具性的善、技术

---

① 包庆德等：《生态学：学科视界的扩充与研究层次的提升》，《科学学研究》2005 年第 5 期。

② 肖前：《马克思主义哲学原理》（上册），中国人民大学出版社 1994 年版，第 657 页。

性的善、功利性的善和福利等。①

不难看出，"价值"的含义和日常用语中的"好坏"相关。以此来考察自然价值，就会发现自然价值存在不同层面上的"好坏"，即价值。其一是"以人为尺度"，从主客二分以及自然界作为客体对主体——人所具有的有用性的"好坏"价值。就此而言，自然对于人类生存发展具有不可替代的重要的工具价值。其二是"以自然为尺度"，从自然万物共同承载着宇宙大系统的缔结来看，万事万物存在本身就是一种"好"，具有系统价值，特别是对天地系统的生态平衡产生着相互影响和互为制约的作用，在生态系统的物质循环、能量转换和信息交流中具有其不可或缺的功能。因此人在对自然的科学认识和合理改造过程中，要以一种更为宏阔的视野和博大的胸怀来关怀自然万物，切忌为了一己的眼前的局部利益而牺牲自然界生命系统的多元性和多样性。在人与自然的关系中，要承认并尊重自然现实的多元性存在和多维的多样性价值并自觉保护和积极维护人与自然之间多元性的存在关系和多样性的价值联系。

二　"两种尺度"的局限性及其后果

先看"以人为尺度"的局限及其后果。人的尺度是人活动不可或缺的有效标尺。在历史上人类正是基于主客二分的明晰视角，由敬畏自然到变革自然。在机械论哲学视野下，自然界是惰性的、被动的和机械的物质实体，是"物格化"的世界。在其影响下，近代自然科学冲破了自古以来人们对"神格化"自然力量的崇拜、恐惧和敬畏的精神藩篱，拨开了宗教意识给自然界蒙上的泛灵论和神秘主义迷雾，将自然界视为可用技术手段加以剖析、"拷问"甚至"奴役"的对象，把自己从自然的强大压迫和摆布下解放出来，并不断提升自己的主体地位。

首先，普罗泰戈拉的"人是万物的尺度"第一次从理论上彰显了人的主体性。笛卡尔"我思故我在"实质上明确提出了在主客二分世界

---

① 《中国大百科全书·哲学》（上卷），中国大百科全书出版社1987年版，第344—345页。

中主体的至上地位。斯宾诺沙认为："价值本质上是相对于人的，从而在这种意义上是人的创造，善和美并不属于事物而属于它们与人的关系。"① 近代工业革命以来，人类在对象的生产中不仅使自然物的形式发生了变化，而且实现了人本质的对象化，使人的主观目的实现在物质产品中。然而，科技的突飞猛进和人类的唯我独尊并不总是"芝麻开门"，在某种意义上可以说是打开了"潘多拉的魔盒"。恩格斯说："我们不要过分陶醉于我们人类对自然界的胜利。对于每一次这样的胜利，自然界都对我们进行报复。每一次胜利，起初确实取得了我们预期的结果，但是往后和再往后却发生完全不同的、出乎预料的影响，常常把最初的结果又消除了。"② 而马克思着重从社会批判的角度揭示资本主义机器大生产方式的异化的存在。马恩的洞见似乎早就预言了人类必将面对的危机。"以人为尺度"的极端的人类中心主义思维范式的局限，也随着人类片面化的认识活动的放纵以及单向度的实践活动的扩张而暴露无遗。

其次，"以人为尺度"的人类中心主义片面地夸大了人的认识能力。人类在长期的实践活动中在一定程度上形成了对自然科学的理性认识。但这种认识无法从根本上摆脱主体认识的局限性，无法完整无误地认识自然。在科学与认知层面上，历史表明，在每项科技的运用中一开始就蕴藏着不可预料的副作用。特别是对高技术评估的困难更是如此。科学就其本性来说是至善至美的。但科学本身不能至善，它的至善要以技术为中介。而问题是科学的技术应用，对人类可能产生好坏两种后果，即使人们抱着关于人类终极命运的关怀，有些"坏"也是难以预料的。好心办了坏事的先例在历史上还少吗？面对全球性生态危机的严峻现实，布依恩·斯温指出：

> 我们在讲述有关价值和意义的故事时，完全局限于人类世界，宇宙和地球只不过是一个背景。海洋浩瀚，物种繁多，但这些不过是人类活动的舞台。这是我们时代最大的错误。一言以蔽之，我的

---

① 〔英〕萨穆尔·亚力山大：《艺术、价值与自然》，韩东辉、张振明译，华夏出版社2000年版。

② 〔德〕恩格斯：《自然辩证法》，人民出版社2015年版，第313页。

> 立场是：我们今天所有的灾难都直接与我们忽视宇宙，把其排斥在人类活动之外的文化有关。我们对土地和技术的利用，以及人与人之间的相互作用都存在着许多缺陷，尽管缺陷各有不同，但都同样的愚蠢。我们之所以陷入如此荒谬的境地，是因为我们从未置身于宇宙的现实和价值观念当中去。①

因此当我们"以人为尺度"的时候，也应该而且必须"意识到生物多样性的内在价值，和生物多样性及其组成部分的生态、遗传、社会、经济、科学、教育、文化、娱乐和美学价值，还要意识到生物多样性对进化和保持生物圈的生命维持系统的重要性，确认生物多样性的保护是全人类的共同关切事项"②。这才符合全面系统而辩证地看问题的要求。

再看"以自然为尺度"的局限及其后果。与人类中心主义相对的非人类中心主义是自然中心主义生态伦理学的一种理论表现。它是在人与自然矛盾冲突空前激化的前提下对人类以往行为的一种理论反思，它有着重要的现实意义，即表达了人类在宏观和长远的高度上重新审视人与自然既对立又统一的复杂关系，警示人类尊重、爱护自然生态环境，预设自然价值的主体地位。我们认为，传统伦理学只研究人与人之间直接的伦理关系，对于人与人之间间接而复杂的被生态环境中介所掩盖的伦理关系则严重忽略了，对此没有明确涉及和做出自觉揭示。西方非人类中心主义的生态伦理学第一次从伦理自觉维度，把伦理关怀的范围从人与人的关系扩展到了人与自然的关系，使生态环境这一被掩盖了的中介，终于浮出水面。③ 人类中心主义应该特别地从人的生物属性和自然存在维度，对人类生存与发展的生态环境这一中介系统给予认真玩味和仔细斟酌。因为传统人类中心主义即使注重言说人"以自然为尺度"恰恰也是为了人！这里的问题在于传统人类中心主义又恰恰忽视了应该

---

① 转引自〔英〕大卫·格里芬《后现代科学——科学魅力的再现》，马季方译，中央编译出版社1995年版，第62—63页。
② 中国环境报社：《迈向21世纪——联合国环境与发展大会文献汇编》，中国环境科学出版社1992年版，第52页。
③ 包庆德等：《生态伦理及其价值主体定位》，《北京航空航天大学学报》2005年第3期。

而且必须注重遵循自然生态环境规律这一过程的极端重要性！然而，更为深层次的问题还在于非人类中心主义的生态伦理有一种非常抽象而又富于理想甚至幻想的想象色彩，这种价值主体地位的预设无论是在理论上还是在现实实践过程中均困难重重，面临着一系列的操作困境。

第一，伦理诉求上的缺席。这里有这样一个问题，生态伦理是揭示人与自然之间伦理关系的吗？我们认为，人们与自然界没有伦理关系，但是这并不意味着我们可以随意破坏自然界。反过来说，要有效地进行生态环境建设，也并非因为自然界对我们提出了伦理要求。我们之所以强调破坏生态平衡、污染环境是不道德的，是应当受到谴责的，是因为这些行为损害了人类整体的和长远的利益。深层次的问题还在于，从现实的实践格局上审视，正是因为一些人对生态环境的破坏和污染直接或间接地损害到另一些人的利益，所以这种人与自然的关系也就不可避免地成为人与人关系的有机构成，从而具有了伦理意义。我们正是从人类生存与发展的整体和长远的根本利益出发，才应该而且必须维护生态系统的协调平衡，保护动植物资源的生物多样性，使人类生态环境不会因为开发自然资源而遭受迫害和污染。① 就是说，做出生态环境建设的伦理道德选择，是以对生态环境演化规律的认识为前提的，是基于生态系统的稳定和平衡对于人类生存与发展的多层次多维度价值所做的明智选择。

第二，价值评判上的缺失。人的主体性在某种意义上限制了"以自然为尺度"的自然内在价值属性的界定。由于对自然内在价值的评判，需要人类进行价值主体的置换，人类需要站在自然的利益角度来思考其"内在价值"，而这在现实的实践格局中几乎是不可能的。在现实的实践格局中，无论是作为"经济人"的价值诉求，还是"人是目的"这一终极关怀，人类的价值评判往往是以人类的实践活动为基础的，由于人们受限于自身的生存方式，对自然界的价值评判，也必然是以人类自身的思维视角出发做出判断的。

第三，认识实践上的缺位。由于非人类中心主义在"内在价值"评

---

① 包庆德：《生态伦理的实质是人与人之间的伦理道德关系》，《新华文摘》2005 年第14 期。

价理论上的缺失必然导致行动上难逃人类自身利益主体的巢穴，主客体转换的非现实性带来认识上特别是实践上的缺位。非人类中心主义者希望自然按自身内在规律演化发展，使人类也尽可能地回归所谓生态平衡的原始自然。然而，人类要生存要发展，就必须实际地从事认识自然特别是感性现实地改变自然状况的实践活动。也就是说，人必须按人的生存方式，实际地变革自然和社会，从而获取自己生存发展的物质生活资料，这是无论如何不能也不可能超越的绝对前提。只是在当代，人类讲求这种改造自然的科学合理性，比历史上任何时期都显得更为必要和更为紧迫！

第四，现实操作上的缺乏。美国学者默迪认为："如果我们确信，所有物种都有'平等的权利'，或者说，人的权利不比其他物种的权利具有更多的价值，那么这对我们针对自然的行为有什么影响呢？……无情地、肆意地摧残生命固然不是人正当的目的，但该怎样理解我们为了保持健康而消灭病菌的行为，或者我们为了营养而取消了植物与动物的生命的行为呢？"① 在这里有必要指出，没有理由当然不能随意毁灭其他生命。而在传统上，人类却以自我为中心，把人类凌驾于自然万物之上，使人和自然绝对地对立起来。这当然是一种简单肤浅的傲慢和僵化短视的偏见。它在极端地强化人的社会属性与文化存在的同时，也极大地淡化甚至漠视人的生物属性与自然存在，不懂得人的生物属性及其自然存在是人的社会属性与文化存在的自然前提和生物基础。

但不可回避的问题在于，"每一种生命形式都拥有生存和发展的权利"，因此"要尊重生命，不允许伤害生命和自然界"，然而"我们为了吃饭而不得不杀死其他生命"又要"与其他生命同甘共苦"，是何逻辑？人们常说"狼是凶残的"，道理很简单：因为狼吃羊！然而，耐人寻味的是，当人们"涮羊肉片""炖羊肉块""剁羊肉馅""烤羊肉串"的时候，是以什么标准来评判狼的凶残与人的合理的呢？这恐怕与人的生存方式不无联系。

同样地，如果人与其他所有生命体是平等的，因此要遵循其所倡导的"尊重生命，不允许伤害生命和自然界"的思路，那么如何理解我

---

① ［英］W. H. 默迪：《一种现代的人类中心主义》，雷毅译，《哲学译丛》1999 年第 2 期。

们为了吃饭而不得不杀死其他生命的行为？为了健康而消灭病菌的行为？为了营养而毁灭植物与动物的生命的行为？又如何理解医学家为了人类主体的健康，如研制开发消灭 SARS 等病毒的有效药物和疫苗菌苗而进行的临床应用前的一系列必要的然而却是必需的动物实验？尽管在这一过程中应该尽可能地减少动物实验次数，以提高实验的成功率，更应该采取特别有效的措施如麻醉等，以减少动物在实验过程中的疼痛感。由此可见，非人类中心主义无论是在理论上还是在实践上，因为统统撇开了人的利益而缺乏现实感和具体可操作性。

三 "两种尺度"的统一性及其方式

学界对人类中心主义存在着认识上的误区。有一种常见的然而却又似是而非的看法，人类中心主义主张人是宇宙的中心，一切以人为中心，以人为尺度，一切从人的利益出发。这一理解有待纠正。人是宇宙的中心，这可以是一个事实判断。这个层面的人类中心主义早已被自然科学成就所推翻，因此不仅不能成立，而且无疑应当而且必须"走出"。而一切以人为中心，从人的利益出发，则是一个价值判断，价值意义上的人类中心主义又是必需的。只是这种人类中心主义把人的独立性孤立地建立在物质产品的极大丰富上，而完全遗忘了人与自然之间现实存在着的多元关系。如果我们把生态危机归责于"人类中心主义"而对之加以简单的反对，那么，这就是对人类几千年来历史地形成的实践的生存方式的否定，就是完全抛弃了人类社会生产力的现实发展和科学技术的历史进步。那种试图超出"人类中心主义"而建构"非人类中心主义"生态伦理的主张，就有可能流于美丽动听的空话甚至美妙虚幻的梦话。

现实只能是在作为一种人的生存方式的人类中心主义的基础上，利用人类主体的生存发展智慧和不断发展的科学技术成果，特别是人的生态思维方式与生态行为规范的有效培育和有序提升，以及科学技术体系的生态转换来解决全球性生态危机，重建人与自然的和谐统一关系。这种重建是以在历史的辩证法中获得对整个自然系统和人类在自然界中位置的正确认识，逐步摆脱片面功利目的，从而达到或有效实现"社会化的人，联合起来的生产者，将合理地调节他们和自然之间的物质变换，把它置于他们的共同控制之下，而不让它作为一种盲目的力量来统治自己；靠消耗最小的力量，在最无愧于和最适合于他们的人类本性的条件下来进行这种物质变换"①。这便是把"以人为尺度"和"以自然为尺度"的自然价值观结合起来，从而超越和突破了主客二分的狭隘界限和僵化模式，进而摆脱了单方面考察所固有的历史局限。这是因为要使自然生态环境适应于人，为人的生存发展提供条件，必然要求人保障自然生态环境的持续发展，遵循自然生态环境的演化规律，充分考虑自然生态环境的系统平衡协调机制。换言之，建设和谐优美的生态环境，就等于建设人的生存发展的自然基础，也就等于建构经济社会发展的物质前提，从而有利于人类自身生存与发展的价值诉求；相反地，破坏井然有序的自然生态环境，就等于破坏了人的生存发展的自然条件，也就等于解构经济社会发展的基础前提，从而背离了人类自身生存发展的利益追求。

生态哲学把包括人类生存与发展环境在内的整个自然界视作相互联系而不可分割的整体系统，它们之间是相互依赖的共存关系。著名学者巴里·康芒纳认为：

> 环境组装了一个庞大的、极其复杂的活的机器，它在地球表面上形成了一个薄薄的具有生命力的层面，人的每一个活动都依存于这种机器的完整和与其相适应的功能。没有绿色植物的光合作用，就没有氧提供给我们的引擎、冶炼厂和熔炉，更不必说维持人和动物的生命了。没有生活在这个机器中的植物、动物和微生物的活动，在我们的湖泊和河流中就不会有纯净的水。没有在土壤中进行了千万年的生物过程，我们就不会有粮食、油，也不会有煤。这部机器是我们生物学上的资本，是我们全部生产需求的最基本的设备。如果我们毁灭了它，我们的最先进的技术就会变得无用，任何依赖于它的经济和政治体系也将崩溃。环境危机就是这日益接近的

----

① ［德］马克思：《资本论》（第 3 卷），人民出版社 2004 年版，第 928—929 页。

灾难的信号。①

因此，从生态哲学之维审视，人们不再寻求对自然的盲目征服，而是力主与自然协同进化，科技不再是所谓征服自然的统治工具，而是维护并增进人与自然和谐发展的重要手段。随着全球性生态环境危机的加剧和经济全球化进程的加速，全人类的命运和地球上的所有生命越来越紧密地联系在一起。因此我们应在更深的层次上和更广的范围内采取有效的协调行动，共同应对全球性生态危机的严峻挑战，推动人与自然依存关系的整体性与协同进化的协调性进程。

首先，要处理好自然的"工具价值"与"生态价值"的矛盾冲突。从人与自然的价值关系审视，自然物具有两种价值：第一，自然物对人具有"工具性价值"。第二，自然物在生态系统中具有不可替代的功能作用——"生态价值"。这两种价值具有下列不同的性质和特点：第一，自然物的工具性价值是指自然物直接对人的实践所具有的意义（作为改造对象），而自然物的生态价值是指自然物直接对生态系统的稳定平衡所具有的功能。第三，工具性价值只有在"毁灭"了它的生态价值之后才会形成，而生态价值则是只有在它还没有作为工具性价值被消费时才能得到保持。在人类直接而现实的实践中，这两种价值存在着对立和冲突：要使自然物具有工具性价值，就会使其失去生态价值；而要保持其生态价值，就不能把它作为工具性价值来消费。这就是我们为保护生态环境而必须对人类无限占有和挥霍自然物的欲望与行为进行限制的根据。②

其次，要协调好人的"自然属性"与"社会属性"的双重联系。从人的自然属性来讲，人本身是自然界长期发展演化的产物。"人本身是自然界的产物，是在自己所处的环境中并且和这个环境一起发展起来的。"③"我们连同我们的肉、血和头脑都是属于自然界和存在于自然界

---

① 〔美〕巴里·康芒纳：《封闭的循环——自然、人和技术》，侯文蕙译，吉林人民出版社1997年版，第12页。

② 刘福森：《自然中心主义生态伦理观的理论困境》，《中国社会科学》1997年第3期。

③ 《马克思恩格斯选集》（第3卷），人民出版社2012年版，第410页。

之中的。"① 进一步讲，"人直接的是自然存在物。人作为自然存在物，而且作为有生命的自然存在物，一方面具有自然力、生命力，是能动的自然存在；这些力量作为天赋和才能、作为欲望存在于人身上；另一方面，人作为自然的、肉体的、感性的、对象性的存在物，同动植物一样，是受动的、受制约的和受限制的存在物，就是说，他的欲望的对象是作为不依赖于他的对象而存在于他之外的"②。"一个存在物如果在自身之外没有自己的自然界，就不是自然存在物，就不能参加自然界的生活。"③ 换言之，人与自然两者之间的关系，也就是自然界内部的关系。即使是从人的社会属性来讲，在前提和终极意义上，也不能绝对地超越自然界。马克思在分析抽象劳动过程的最简单、最原始的要素时说："一边是人及其劳动，另一边是自然及其物质，这就够了。"④ 这里的"自然及其物质"就包括生态环境。马克思还曾引用威廉·配第"劳动是财富之父，土地是财富之母"⑤ 的名言，来论证劳动和自然是形成产品的两个原始要素，是财富的共同源泉。恩格斯也阐发了这一思想："政治经济学家说：劳动是一切财富的源泉。其实，劳动和自然界在一起才是一切财富的源泉，自然界为劳动提供材料，劳动把材料转变为财富。"⑥ 马克思指出，土地是一切生产和一切存在的源泉，就是说土地是人类赖以生存的立足空间，是一切物质生产的首要条件。⑦ "经济的再生产过程，不管它的特殊的社会性质如何，在这个部门（农业）内，总是同一个自然的再生产过程交织在一起。"⑧ 马克思指出，使劳动有较大生产力的自然条件可以说是"自然的赐予，自然的生产力"。正是在这个意义上我们不得不肯定，包括生态环境在内的自然界是生产力发展、经济繁荣和社会进步的前提条件。

再次，要调控好人和自然之间"适应性"与"不适应性"的辩证

① ［德］恩格斯：《自然辩证法》，人民出版社 2015 年版，第 314 页。
② 同上书，第 105 页。
③ ［德］马克思：《1844 年经济学哲学手稿》，人民出版社 2000 年版，第 106 页。
④ ［德］马克思：《资本论》（第 1 卷），人民出版社 2004 年版，第 215 页。
⑤ 同上书，第 56—57 页。
⑥ ［德］恩格斯：《自然辩证法》，人民出版社 2015 年版，第 303 页。
⑦ ［德］马克思：《资本论》（第 1 卷），人民出版社 2004 年版，第 208—209 页。
⑧ ［德］马克思：《资本论》（第 2 卷），人民出版社 2004 年版，第 399 页。

关系。大自然为满足人类的生存与发展提供了必要的自然前提和基础。而人既是自然的存在又是社会的存在，是其二者的统一。因此自然界与人既有其适应性一面又有其不适应性一面。就其适应性而言，自然提供了人类生存与发展的基本条件，它构成人类生存发展须臾不能分离的生物圈。没有这种适应性也就不会有人类的生成，更谈不上人类的发展。为此人类应该而且必须保护生态系统。就其不适应性而言，人类虽然"脱离"自然界而成为其"对立面"，还必须同自然界打交道，获得生存发展的物质生活资料。但是自然界却无法满足人类无节制的贪欲，地球拥有的生态资源和能源并非取之不尽、用之不竭，自然界也不会自动满足人类的各种需要。自然界只提供了人类生存发展的可能性，而使这种可能性变为现实性，仍需要人类改造自然并创造价值。因此必须呼吁人类的理性和良知，通过伦理道德的协调、制度要素的规范、法律法规的约束等，促使人类把对物欲的单向度追求转换成人的精神境界的审美追求与对生态和谐的完满追求。

复次，要把握好"以人为尺度"和"以自然为尺度"之间的必要张力。传统思维与实践方式具有明显的单向度，如以发展生产力为例，人们只注重对自然的单向的"征服、改造和统治"等索取活动，而对人类自身生存发展于其中的自然生态环境缺乏"保护、改善和建设"等维护平衡的自觉而积极的意识，最终人类顾此失彼，频遭惩罚与报复。因此，有必要明确在什么条件下以人为尺度，在什么条件下以自然为尺度。正确把握和利用自然生态环境的演化规律，自觉而积极地协调改善人与自然、人与社会以及人与自身的复杂关系，这不仅会使生态系统越来越适合人类的生存和发展，而且会不断地满足生产力发展的需要，促进经济社会的持续健康协调发展；而经济社会的发展又可为生态环境的有效改善提供坚实的物质基础，为人与自然的协同进化创造有利的物质条件。

最后，要驾驭好经济社会可持续发展与生态环境保护之间的复杂格局。经济增长必须限制在生态的自我再生能力、环境的自我净化能力以及资源的自我循环能力所允许的阈值内，争取以最小的资源消耗取得最佳的生态经济效益。将生态意识融入人们的日常生活中，在满足基本需要的同时，提升人的需要层次：更多地追求科学、艺术、信仰、审美及精神生活，实现人的自由而全面的发展。总之，经济增长与生态可持续是相互关联而不可分割的：孤立地追求经济增长必然导致生态环境的衰退；片面地追求生态可持续不能解决人类生存发展的经济需要。生态持续优化是前提和条件，经济持续发展是基础和手段，社会持续进步是目标和目的。人类共同追求的应该是自然—经济—社会复合系统全面协调的、可持续的科学发展与和谐进步。

综上所述，日渐凸显的生态危机，促使人们积极思考生存与发展方式以及如何善待自然①，改变以往在人与自然关系上的思维方式与实践方式，有效探求人类家园的重构和人类文明的重建之路②，辩证地扬弃人类中心主义和非人类中心主义理念，双重观照自然价值从而超越传统主客体简单僵化的分离状态，在人类生存发展与生态环境公平有序结合的实践基础上，在经济社会发展与生态环境改善有效并举的现实格局中，在"以人为尺度"和"以自然为尺度"有机统一的前提条件下，适时地缓解、普遍地化解直至有效地消解两者的长期争论，为生态系统的良性运作和可持续发展政策的具体实施，提供强有力的理论支持和高水平的实践理念设计。

---

① 包庆德等：《生态哲学：中国科学哲学界的研究及其关注度》，《自然辩证法研究》2005年第10期。
② 包庆德：《从生态哲学视界看游牧生态经济及其启示》，《自然辩证法研究》2005年第5期。

论深生态学的伦理实践意蕴*

薛勇民　　王继创**

　　"深生态学"由挪威著名哲学家、生态学家阿伦·奈斯（Arne Naess）于 1972 年 9 月在布加勒斯特召开的第三届"世界未来研究大会"上首次提出，后经美国环境哲学家比尔·德维尔（Bill Devall）、乔治·塞欣斯（George Sessions）以及澳大利亚环境哲学家瓦维克·福克斯（Warwick Fox）等人的不断发展，现已成为西方环境哲学和绿色生态运动的一个重要流派。从一定意义上讲，"如果不研究深生态学，对西方环境哲学和环境伦理学的认识就会有一个断层，而且在实践上，难以本质地把握西方环境保护运动的特征和趋势"①。本文主要基于深生态学对浅生态运动的追问，深入分析其所蕴含的伦理实践智慧，及其对当代人类对待自然的行为模式所具有的变革意义。

一　深生态学对浅生态运动的深度追问

　　深生态学作为一种影响深广的社会思潮，其思想主旨在于对生态环境危机何以形成进行"深层"的追问和反思。其创始人阿伦·奈斯认为，只有"深层的""追问"这些词语最能清晰、准确地表达他的思想和态度。因为"形容词'深层的'强调了我们问'为什么……''怎么

---

　　* 本文原载于《伦理学研究》2013 年第 1 期。

　　* 本文原载于《伦理学研究》2013 年第 1 期。
　　** 薛勇民，山西大学哲学社会学学院教授，博士生导师。王继创，山西大学哲学社会学学院博士研究生。
　　① 雷毅：《深层生态学思想研究》，清华大学出版社 2001 年版，序言。

才能……'我们需要对当今社会能否满足诸如爱、安全和接近自然这样一些人类的基本需要提出质疑，在提出质疑的时候，我们也就对社会的基本职能提出了质疑"①。其实，这种"质疑"的核心就是对传统人类中心主义与浅生态运动的怀疑、反思和批判。

概括地说，深生态学的"深度追问"主要表现在以下几个方面：

第一，在世界观上，深生态学旨在超越人与自然的绝对对立思维，以生态有机整体意识与思维方式来指导人类行为，把是否有利于维持与保护生态系统的完整、和谐、稳定、平衡和持续存在作为衡量一切事物的根本尺度，最终确立整体主义的生态世界观。深生态学认为，人类目前的生态环境危机追根溯源存在着某种深层的哲学原因，只有当人们的哲学世界观发生了根本性改变之后，才能找到某种可以彻底医治当前生态环境危机的"良药"。

正是在人与自然的关系上，传统人类中心主义与浅生态运动一直主张人类是自然的主宰者，征服自然是人类的本性。在深生态主义者看来，之所以造成这一错误的认识与行为，并"不是因为它建立在一种不清晰明确的哲学和宗教基础上，而是因为它建立在不正确的哲学和宗教基础上。也就是说它是缺乏深度的，缺乏具有指导意义的哲学和宗教基础"②。

第二，在自然价值论上，深生态学从地球全体居住者的视野思考生态环境问题，提出人类要实现"诗意地安居"，就必须使人们不再仅仅从人的角度认识世界，不再仅仅关注和谋求人类自身的利益，而要以生态整体的利益自觉主动地限制超越生态系统承载能力的物质欲求、经济增长和生活消费，实现全球性的环境正义。在深生态学看来，虽然浅生态运动也反对对自然资源的无限制掠夺和对生态环境的恣意破坏，但其所追求的只是实现社会成员物质生活上的富足，实质上是一种传统人类中心主义的价值论。

这种旧有的价值观认为，人是一切价值的唯一来源，自然资源只有对人类有益才有价值，客观存在的非人类世界对人类只具有工具价

---

① Stephen Bodian, "Simple in Means, Rich in Ends: A Conversation with Arne Naess," *The Ten Directions*, Zen Center of Los Argeles, Summer / Fall, 1982.

② 雷毅：《20 世纪生态运动理论：从浅层走向深层》，《国外社会科学》1999 年第 6 期。

值的属性，离开了人的需要，动物、植物、河流、大地等无所谓权利与价值。对此，深生态学提出了尖锐的质疑并主张所有的自然物都具有内在价值，一切有生命的物种都拥有生存权利，而且非人类成员"顺从自己的发展命运的权利被认为是一种在直觉上是自明的价值规律"①。

第三，在社会发展观上，深生态学揭示了生态环境危机的现实根源在于社会机制和文化价值危机，即由于不合理的社会价值追求、生活方式和文化机制所造成的。也就是说，深生态学完全反对传统人类中心主义与浅薄的生态运动，因为浅生态运动者只是试图在不改变现代化工业文明所形成的伦理价值观、传统的生产与消费方式，以及固守传统社会政治结构和经济制度的前提下，依靠科技理性的进步所推动的新的技术应用来解决人类所面临的生态环境危机。

上述的深层追问实际上体现了深生态学的一种"实践指向"，是"对每一项经济与政治决策公开进行质询的自发性以及对这种质询之重要性的一种重视"②。甚至可以说，"'深生态学'不是哲学，也不是约定俗成的宗教或意识形态。相反，实际所发生的是在运动和直接行动中各种人走到一起，他们组成一个有相同生活方式的群体"③。

二　走向伦理实践的深生态学

纵观现代西方生态运动的发展，深生态学因其关注生命共同体、生态整体和人类未来的特点，而引发并推动了旨在从根本上改变现行人类实践模式和价值取向的绿色生态运动。在推动生态运动向纵深发展的过程中，深生态学实际上建构了一个类似于同心圆式的理论体系（如图1）④，主要包含"最高准则""行动纲领"和"具体规则"三个层次。透视其体系，不难看出它所彰显的伦理实践特征。

---

① 何怀宏：《环境伦理：精神资源和哲学基础》，河北大学出版社2004年版，第488页。

② Arne Naess，"Deep Ecological Movement：Some Philosophy Aspect，" *Inquiry*，1986（08）.

③ 杨通进：《现代文明的生态转向》，重庆出版社2007年版，第54页。

④ George Session，*Deep Ecology for the 21st Century*，Boston：Shambhala Publications Inc.，1995，pp. 64 – 84.

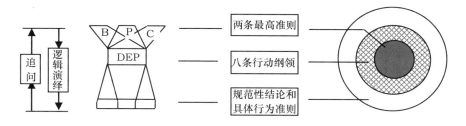

B = 佛教的基本前提（Buddhist）　　C = 基督教的基本前提（Christian）

P = 哲学前提（Philosophical）　　　DEP = 深生态学纲领

图 1　深生态学理论派生关系图

第一，"最高原则"奠基了深生态学伦理实践的人性论预设。"自我实现"原则和"生态中心主义平等"原则，是深生态学的立论基础和理论内核，位于理论体系的中心。两条最高原则深刻地揭示了深生态学所理解的"自我"（Self）是与大自然融为一体的"生态自我"（ecological self），自我实现是指人的自我认知过程，意味着"自我与整个大自然密不可分"，意味着所有生命的实现，意味着"普遍的共生"和最大限度的生物多样性，从而表明深生态学在对"我将成为什么样的人"的追问之中，奠基了环境伦理实践的理性生态人性预设。

同时，从理论建构原则上，遵循了自内而外的"逻辑推演"和自外而内的"深层追问"的方法。自内而外，可以把理性生态人预设从形而上的观念层次逻辑地推演到具体行动的经验层次；与此相应，通过对日常生活经验问题进行深层的"我将成为什么样的人"的追问，又会自外而内地进入形而上的哲学层次。通过这种体系建构原则，则把深生态学人性论基础和具体的伦理实践规范紧密地联系起来，实现了有机的统一。深生态学倡导的以"深生态意识"和"生态自我"的整体主义价值观塑造的理性生态人，正是人类面对生态环境恶化挑战的重要"生存智慧"，是人的潜能的充分展现，是人成为真正人的一种境界。

第二，"行动纲领"建构了深生态学伦理实践的基本原则。为了进一步表达深生态学的环境伦理价值理念，1984 年 4 月，阿伦·奈斯和乔治·塞欣斯在加利福尼亚州的"死亡谷"做了一次野外宿营，他们对过去 15 年来深生态学理论的发展进行总结，提出了深生态运动应遵循的一份原则性纲领，即"八条行动纲领"①。"八条行动纲领"分别从自然内在价值、生态复杂性、生物多样性以及如何应对全球人口问题、地区发展不平衡等方面提出了深生态运动所应遵循的伦理实践原则。

其中，纲领 1 和纲领 3 论证了自然内在价值的客观性，认为"非人类的价值独立于它们对人类的狭隘目的的有用性，并不取决于它们对于满足人类期望的有用性"，提出除非为了满足"根本需要"，"人类无权减少生命形态的丰富性和多样性"的最小伤害原则。

纲领 2 和纲领 4 清晰地表达了深生态学追求人与自然、自我与他者、人与其他存在者和谐相处，倡导一种在整个生物圈里实现无等级差别，实现对人类公正，也对动物、植物、大地、河流、山川等公正的平等体制，提出一种环境正义原则。

纲领 5、6、7 和纲领 8 提出了深生态学的可持续性发展原则，认为现代工业社会设想和实施的经济增长，所追求的"生活质量"的高消费，以及所谓现代性追求的"可持续"仍然只是"对于人类的可持续"，很难真正实现包括经济、社会在内的整体性可持续发展，因而对现行的经济、技术政策必须予以变革。

深生态运动正是基于这个"人们进行环境思考和行动的平台，能够将来自完全不同的宗教和哲学传统的人们紧密地联系在一起"②，从而达到了团结更多的有识之士开展生态运动的目的。

第三，"具体规则"指出了深生态学伦理实践的行为要求。遵循上述行动纲领，深生态学又提出了一系列具体行为规范。诸如："1. 使用简单工具，避免用不必要的工具达到某种目的；2. 参与那些本身有价值和有内在价值的活动，避免只是辅助性的而无内在价值的活动；3. 反对消费至上主义，并努力使个人财产最小化；4. 尽量保持和增加对那些足以为所有人带来快乐的物品的感悟和欣赏；5. 应该没有或仅仅有一点点这样的心态——喜欢新的东西仅仅因为它是新的，应该爱惜陈

① Bill Devall, George Sessions, *Deep Ecology: Living as if Nature Mattered*, Salt Lake City: Peregrine Smith Books, 1985, pp. 66 – 70.
② Arne Naess, *Ecology, Community and Lifestyle*, Cambridge: Cambridge University Press, 1990, p. 36.

旧的东西；……17. 在脆弱的大自然中生活应当小心谨慎，不伤害自然；18. 尊重所有生物而不只是那些被认为是明显对人有用的生物；19. 不要把生物当作工具，即使有把它们当作资源使用的时候，也应当意识到它们有内在价值和尊严；20. 完全或部分的素食主义"，等等。①这些规范十分形象具体，每个人都能身体力行地将之转化为日常生活方式和行为习惯。

当然，每一个具体行动规范的背后都蕴含着深生态学丰富的思想内容和反对传统人类中心主义的鲜明立场。正是为了把深生态学的环境价值理念和行动纲领转换成公众的深生态意识，得到深生态运动者的广泛认同，进而有效地转化为生态实践，深生态学才通过通俗易懂的语言，用具有引导与鼓励性的口号形式表达其具体行为规则。

透析深生态学理论体系的内在逻辑，可以看到其所表现出的两个基本倾向：作为哲学与意识形态的深生态学与作为生态运动的深生态学。前者注重理论的批判和内部建构，后者则主要把深生态理论转变为深生态实践，亦被称为深生态运动。② 而且，正是深生态学重视实践的特性才使其不仅仅是一种伦理价值观而与其他环境伦理学流派区别开来，更成为一种绿色生态运动，对全球生态保护运动的发展产生了积极而深远的影响。近年来，西方很多激进的绿色生态行动组织都是深生态运动的积极参与者与坚定支持者。其中"地球优先组织"（Earth First）以深生态学的基本主张为其行动的指导原则；"绿色和平组织"（Green Peace）更以实际行动给予深生态学以理论声援："我们是生态主义者，积极致力于保护我们脆弱的地球。我们与法国的核试验做斗争并取得了胜利。我们在海上与俄国的捕鲸工业对抗，把他们从北美海域赶了出去。我们公布捕鱼者屠杀海豚的情况，我们揭露纽芬兰地区残杀幼海豹的惨景——以深生态学的名义。"③

---

① Arne Naess, *Ecology*, *Community and Lifestyle*, Cambridge：Cambridge University Press, pp. 133 – 135.

② 雷毅：《阿伦·奈斯的深层生态学思想》，《世界哲学》2010 年第 4 期。

③ Bill Devall, George Sessions, *Deep Ecology*：*Living as if Nature Mattered*, Salt Lake City：Peregrine Smith Books, 1985, p. 200.

三　深生态学的伦理实践智慧

阿伦·奈斯指出："今天我们需要的是一种极其扩展的生态思想。我称之为生态智慧（Ecosophy）。'Sophy'来自希腊语'Sophia'，即'智慧'，它与伦理、准则、规则及其实践相关。因此，生态智慧，即深生态学，包含了科学向智慧的转换"。① 他本人也常常自称是一名深生态运动的支持者，决心以毕生精力致力于对深生态运动做出实证的、哲学的表述。② 作为一种实践智慧，深生态学认为，生态环境保护是一项"系统工程"，需要人类在资源保护、科技利用、生活方式、文化教育等方面发生深刻变革。

（一）"尊重自然"的资源保护观

在资源管理与保护问题上，长期以来人们坚持"科学的管理，明智的利用"模式。其核心观点认为，人们可以根据大多数人的利益或长远利益，对资源进行有计划的开发和合理利用，对荒野与自然资源进行科学的管理。虽然这一模式反对无节制的经济主义，反对政府或企业毫无计划地滥伐森林与开采资源，强调自然资源保护的重要性，但深生态学认为，所谓"科学的管理是以功利的理由来保护大自然，人类细心呵护自然以便自然能更好地关怀人类（自身）"③。

深生态学深刻地批评了这种资源保护观。④ 首先，在对象的选择上，"科学的管理"往往只会把对人类有直接利益的自然资源、生物物种作为科学管理的对象，而常常忽视那些对自然生态系统的稳定与发育有重要作用而对人类社会经济发展作用不大的自然存在。其次，在选择

---

① Stephen Bodian, "Simple in Means, Rich in Ends: A Conversation with Arne Naess," *The Ten Directions*, Zen Center of Los Angeles, Summer / Fall, 1982.

② ［加］A. 德雷森：《关于阿伦·奈斯、深生态运动及个人哲学的思考》，《世界哲学》2008 年第 4 期。

③ ［美］纳什：《大自然的权利：环境伦理学史》，杨通进译，青岛出版社 1999 年版，第180 页。

④ 雷毅：《深层生态学的自然保护观》，《清华大学学报》（哲学社会科学版）2002 年第1 期。

的标准上，"科学的管理"完全按照人类的利益偏好去定义自然资源所谓的"好"或"坏"，而不是出于保护生态系统的完整与和谐。最后，在保护的目的上，"科学的管理"只是为了更好地开发、利用自然资源为人类服务，自然存在的唯一功用就是能够且必须服务于人类的目的。

深生态学在批判传统资源保护观的基础上，从超越功利主义的资源利用目的和审美的角度出发，主张人类应以"尊重自然"的方式对森林、荒野等自然资源进行保护与开发，提出自然不能单纯服务于人的经济目的，"保护的意义远不只是帮助人们享受较好的生活"[①]，自然还兼具现代生活的"避难所"和人们休养生息、体验自然之美的功能，人应该出于自然资源自身的原因而进行保护，而不只是为了利用而保护，其所保护的不只是人在资源中的利益，而且还有资源本身的利益。

在资源保护观上，深生态学尤其推崇中国古代道家"无为而治"的哲学思想。认为"道家思想蕴含着深层的生态意识，为'尊重自然'的生活方式提供了实践基础"[②]。所谓"无为"决不是人类在自然面前应当无所作为，而是应当尊重自然规律，顺应自然本性，不做违反自然规律的事。其实，现代环境伦理学之父奥尔多·利奥波德（Aldo Leopold）在"大地伦理学"中也表达了"尊重自然"的资源管理思想："大地伦理使人类的角色从大地共同体的征服者，变为其中的普通的成员和公民。他暗含着对每个成员的尊敬，也包括对共同体本身的尊敬。"[③]

（二）"敬畏自然"的科学技术观

与上述资源保护观相适应，在科学技术利用上，深生态主义者把浅生态运动的做法称为"改良主义"的技术路线。浅生态主义者认为，生态环境危机的出现不过是一个本质上好的社会所出现的某种"偏差"，是科学技术发展不充分的结果，相信随着科学技术的不断进步足以解决现代社会所面临的各种问题。例如，在解决污染问题上，浅生态

---

① ［美］纳什：《大自然的权利：环境伦理学史》，杨通进译，青岛出版社1999年版，第180页。

② Richard Sylvan, David Bennett, "Taoism and Deep Ecology," *The Ecologist*, 1988 (18).

③ ［美］奥尔多·利奥波德：《沙乡年鉴》，侯文蕙译，吉林人民出版社1997年版，第194页。

主义的做法是，用技术来净化空气和水（应对酸雨的反应是通过研究更多的树种和寻找到高抗酸的树种），减轻污染程度。深生态学则不同意这种简单化的认识与做法，认为"技术应该是仆人而不是主人，科学技术在生态环境问题上的失败，是由于人类无视自然的整体性造成的，不能依赖科学技术，我们必须寻找解决生态环境问题的其他途径"①。

深生态学试图立足于整体主义视角，把资源的开发利用与人类的生产和消费模式联系起来以对现代科学技术进行"深层"追问。"第一，技术解决不能创造一个可持续的社会；第二，对那些已经实现工业化和正在实现工业化的社会作为目标的快速增长具有指数性质，它意味着长期累积起来的危险可能突然产生灾难性的效果；第三，增长所引发的问题存在于一种相互作用之中，也就是说，解决一个问题并没有解决其余的问题，甚至也许加重了其余的问题"②。因此，从根本上讲不能坚持被机械世界观所支配，缺乏系统理念的科学技术观，进而必须充分认识到："技术应该被用来满足人类的需要，但不应该被用来满足人类的贪婪；技术应该被用来促进人类的自由而全面的发展，而不应该被用来奴役人、压迫人、迫害人，使人变成奴隶人、单面人、畸形人。"③

显然，深生态学关注的不只是生态环境危机的表面症候，并不认为技术乐观主义和追求经济效益的方案是根本出路。在深生态学那里，现代科学技术绝不可能代替"大地智慧"④。相反，当代科学技术的研发、应用必须在合理的"敬畏自然"观念的指导下，放弃穷尽自然奥秘的野心，转向倾听自然的言说，叩问自然的心声，从而达到遵循生态系统规律，满足一切存在物（包括人类）权利的目的。

（三）"倡导俭朴"的生活消费观

深生态学在对生态环境危机的深层分析中，进一步提出要彻底转变

① ［英］戴维·佩珀：《现代环境主义导论》，宋玉波等译，格致出版社 2011 年版，第 3 页。
② 雷毅：《20 世纪生态运动理论：从浅层走向深层》，《国外社会科学》1999 年第 6 期。
③ 薛勇民：《走向生态价值的深处：后现代环境伦理学的当代诠释》，山西科学技术出版社 2006 年版，第 141 页。
④ Bill Devall, George Sessions, *Deep Ecology：Living as if Nature Mattered*, Salt Lake City：Peregrine Smith Books, 1985, p. 145.

传统的不合理的价值观念和发展模式，实现生活消费方式的变革。

深生态主义者积极倡导"活着也让他人活着""用简朴的手段来丰富生活""让河流尽情地流淌""轻轻地走在大地上"等素朴理念，并提出了急需变革的日常生活消费方式：选择简单而非复杂的手段；避免做出那些没有内在价值或远离基本目标的行动；认可体验的深度和丰富程度，而非强烈度；通过购买小规模生产出来的产品来使根本需要得到满足；避免太多破坏性的旅游，欣赏所有形式的生命，而非仅仅美丽和有用的生命；如果野生动物的利益和宠物的利益发生冲突，不能伤害野生动物的利益；关心对本地生态环境的保护；如果其他手段无效，选择支持非暴力的直接行动，等等；甚至在富裕国家中，"物质生活标准应该降低，而就一个人内心或灵魂深处的基本满足而言，生活的品质应加以保持或提高"①。

在深生态学家看来，适度而有节制地生活，并不意味着刻意节俭或放弃一些生活的享受。阿伦·奈斯声称："除非是在这样一种意义上，即一种手段简单但目标与价值富足的生活……我喜欢富有，而且当我在我那乡间的小屋里待着时，我感到比最有钱的人都富有，水是我从一个不大的井里打的，柴是我捡拾的。"② 这里，突出体现了一种深生态意识，表现为一种自觉、素朴的生活观念，属于一种通过积极的、深层的考问对生活方式进行沉思而获得的认知和对生命价值的敬畏而产生的"诗意地安居"精神。

（四）"关怀生命"的生态教育观

教育是人类文明的母体。当代人类所面临的所有现实的和潜在的灾难与危机都可以从教育里找到根源："今天的教育世界里，最基本的也是从来没有得到根本改变的精神即是'知识就是强力'。"③ 人类之所以崇尚强力，是因为强力可以征服世界。于是，培养代代相传的

---

① Stephen Bodian, *An Interview with Arne Naess*, *Environmental Philosophy*: *From Animal Rights to Radical Ecology*, M. Zimmerman et al. eds., Englewood Cliffs: Prentice-Hall, 1993, p. 189.

② Ibid., pp. 191 – 192.

③ 唐代兴：《生态理性哲学导论》，北京大学出版社 2005 年版，第 237—238 页。

"弱肉强食"的征服者、掠夺者，就成为当代教育的最重要任务。这样的教育不仅促使社会形成了傲慢十足的物质霸权主义和不可一世的经济技术理性力量，更为有害的是造成了受教育者的内在精神、生命价值的缺失。

深生态学的可贵之处就在于，力图主张一种生命珍贵、自我实现的生态文化教育理念。深生态学强调，应采取明智的"关怀生命"的生态教育对策，超越狭隘的人类"自我"认知局限，从而达至一种包括非人类世界的整体存在的"生态自我"认同，以及在深层追问意义上的"自我实现"。美国深生态学家比尔·德维尔形象地把"自我实现"的过程概括为"谁也不能拯救，除非大家都获救"①。这里的"谁"不仅包括个体的"我"自己，而且包括全人类、动物、植物、微生物，以及大地、河流、山川等。因此，自我实现的过程，就是逐渐扩展自我认同的对象的过程，也就是把自我之外的社会与自然当成自我的一部分来加以认可和接纳的过程，是人从自利走向利他最后达到共利境界的发展过程。

"关怀生命"的生态教育观从生态系统存在的整体视野出发形成了对生命世界的整体关怀意识和人类精神世界的"自我实现"意义——爱自我、他人、人类、自然、地球生命、整个宇宙，培养公众做人的理想，激发受教育者生命存在的大智慧，从而使受教育者真正成为人类新文明的缔造者和开创者。完全可以说，这种"关怀生命"的生态教育观，既是深生态学的出发点，又是深生态运动追求的最高境界。

四　结束语

总之，深生态学作为当代最具变革与挑战性的一种生态哲学思潮，它所主张的生态整体主义的实践智慧富有启迪意义，它通过对传统人类中心主义浅生态运动的"深度追问"和理性批判，主张重建人与自然

---

① George Session, *Deep Ecology for the 21st Century*, Boston: Shambhala Publications Inc., 1995, p. 67.

和谐共生的生态社会。尽管这一理论还存在一定的局限，需要进一步加以发展完善，但深生态学所提出的应当从社会文化价值观念中寻找生态环境危机的深层根源，以及它对支撑工业文明的现代性所进行的全方位的质疑、否定和批判，无疑是富有新意的。尤其是深生态学所蕴含的生态伦理实践思想，不仅影响了现代西方生态保护运动，而且将会对当今世界范围内的生态文明建设起到积极的推动作用。

深层生态学借鉴海德格尔思想
所遇理论困难及应对[*]
——兼论中国环境伦理学借鉴
纲领的局限与超越

王海琴[**]

  如何高效借鉴西方环境伦理学及传统生态文化资源是中国环境伦理学亟待解决的问题。因为前者关乎它能否逐渐摆脱复制模仿而走向真正的独立和国际化，后者则是它具备有特色的本土化建设的根基。实际上，西方环境伦理学也面临着类似的借鉴问题。深层生态学即是如此。它一方面越来越成为富有影响力的绿色精神和伦理，另一方面其内部则充满着争端[①]，外部饱受政治与实践的非议。[②] 深层生态学这种魅力与争议共存的矛盾形象在很大程度上根源于其核心概念"自我实现"的枢纽作用未能得到充分发挥[③]，而后者又与其思想来源复杂而借鉴问题没有得到妥当处理有着密切关联。深层生态学的借鉴问题在它对海德格尔思想的借鉴中有集中体现。探讨深层生态学借鉴海德格尔思想所存在

---

  * 本文原载于《自然辩证法研究》2017 年第 8 期。

  ** 王海琴，河南新乡人，哲学博士，河南师范大学副教授，主要研究方向为现象学科技哲学与生态哲学。

  ① 雷毅：《深层生态学：阐释与整合》，上海交通大学出版社 2012 年版，第 95—96 页。

  ② Bron Taylor, *The Encyclopedia of Religion and Nature*, London, New York: Continuum, 2005, pp. 457–459.

  ③ 井琪：《深生态学面临的三类质疑及其与自我实现概念之关系》，《自然辩证法研究》2016 年第 6 期。

的问题，一方面有利于深入了解深层生态学的优势与局限之处，另一方面也能为反思中国相应的借鉴问题提供参考。本文拟先对之进行解析，然后由之透视我国的相应问题。

一　深层生态学借鉴问题的产生

这里的深层生态学是指以奈斯和塞申斯等为代表的生态哲学思想，"强调促进所有存在者的自我实现是解决生态危机的关键所在"①。从已收集到的文献来看，深层生态学的主流观点是把海德格尔刻画为生态学家，并认为他是西方环境伦理学的先驱。为方便论述，下面把这一观点简称为"先驱论"。

先驱论的核心思想是认为深层生态学的主旨和海德格尔思想有相似之处，二者都认为生态危机的产生源自人类中心主义，走出危机需要人与自然关系的存在论（Ontology）发生转变。此转变的关键在于人对自我与自然的理解和态度的转变。对于深层生态学而言，这就是要人与自然不断实现和谐相处；对于海德格尔而言，就是让人、自然及万物是其所是，人关爱照料自然。显然，深层生态学与海德格尔在新型人与自然关系的勾画上是异曲而同工的。

在 20 世纪 60 年代以后，西方有不少类似先驱论的论断。其中，美国深层生态学家齐默尔曼（Michael E. Zimmerman）的阐释也许最为全面系统，对塞申斯（George Sessions）与德瓦尔（Bill Devall）等深层生态学家有重要影响。② 先驱论思想经由宋祖良等学者的介绍传入我国，为不少研究者承继并发展。③ 不过，其中也有反对的声音，如我国学者宋文新曾对之提出多重质疑。实际上，齐默尔曼后来对先驱论也有自我批评，承认把海德格尔解读为环保主义先驱的努力遭遇到了某些深层生

---

① Michael E. Zimmerman, "Rethinking the Heidegger-Deep Ecology Relationship," *Environmental Ethics*, Vol. 15, No. 3, 1993, p. 196.

② Ibid., p. 195.

③ 如高亮华《海德格尔的新形象：技术哲学家或绿党分子》，《自然辩证法研究》1993年第10期；宋祖良《海德格尔与当代西方的环境保护主义》，《哲学研究》1993年第2期；雷毅《深层生态学：阐释与整合》，上海交通大学出版社2012年版；杨通进《深层生态学的精神资源与文化根基》，《伦理学研究》2005年第3期，等等。

态学家的抵抗，同时也成为一些批评者的靶子。

　　这表明深层生态学借鉴海德格尔思想并非一帆风顺，需要克服不少困难。这些困难主要包括理论、政治和实践三类问题。理论问题指的是深层生态学需要处理它与海德格尔思想上的不一致甚至对立问题；政治问题指的是它如何应对海德格尔与纳粹的密切关系而给他带来的生态法西斯倾向等指责；实践问题则指的是它如何在环境运动中真正彻底贯彻海德格尔思想①，等等。这些问题已经被不少学者注意到了。②

　　在这些问题中，理论问题对于深层生态学更为突出和关键。因为，只有从理论上澄清深层生态学与海德格尔思想的异同，并对其差异之处做出妥当回应，其政治与实践问题才能从根本上被把握、引领乃至解决。鉴于此，本文拟对此理论问题进行评析。

二　深层生态学借鉴海德格尔思想面临的理论困难

　　深层生态学与海德格尔思想在生态危机产生根源与解决途径上的一致性，为前者对后者思想的借鉴提供了理论基础。然而，要使这一借鉴真正得以发生，深层生态学还需要克服以下理论困难：二者思考维度的差异及由之引起的具体观点相互矛盾的问题。

　　海德格尔与深层生态学对生态危机思考的一致性可能会给人这样一种印象：这二者的思考维度是相同的。然而，这只是一个错觉。深层生态学的思考着重于作为存在者的人，关注的中心是"我们最根本的价值是什么？我们为什么而生活？如何实现我们最高的目的？在实现这些目的的时候，我们可以采取什么手段或方式？"③ 其最终目的在于为人提

---

　　① Kevin Michael Deluca, "Thinking with Heidegger, Rethinking Environmental Theory and Practice," *Ethics & the Environment*, Vol. 10, No. 1, 2005, pp. 67-87.

　　② Bruce A. Byers, "Deep Ecology and Its Critics, A Buddhist Perspective," *Trumpeter*, Vol. 9, No. 1, 1992. Vincent Blok, "Reconnecting with Nature in the Age of Technology: The Heidegger and Radical Environmentalism Debate Revisited," *Environmental Philosophy*, Vol. 11, No. 2, 2014.

　　③ Alan Drengson, Bill Devall, "The Deep Ecology Movement: Origins, Development & Future Prospects," *The Trumpeter*, Vol. 26, No. 2, 2010, p. 51.

供具体的生态伦理原则和规范①，由此，深层生态学关于生态问题的思考维度限于存在者，具有鲜明的伦理学诉求，从根本上讲是一种生活和政策智慧。

海德格尔则不同，他的思考着重于存在本身，目的在于揭示存在、此在及其他存在者之间的相互依存关系，无意指导人的具体实践活动。换句话说，海德格尔对人及自然的关涉缘起于这二者与存在之间的特殊关系，而不是出于如同深层生态学那种伦理和价值关怀。所以，在此意义上，试图在海德格尔的思想中寻找伦理学是缘木求鱼，"必定是枉然之举"②。

因此，海德格尔与深层生态学虽然都注重人与自然的存在论转变，但思考维度根本不同，前者面向存在本身，摒弃伦理学，力主沉思，后者则面向存在者，具有伦理诉求。

维度不同使得海德格尔与深层生态学在存在论转变上名称相同而实质不同。对于海德格尔而言，这一转变指的是从存在者转向存在自身，是研究视域的转变；对于深层生态学而言则是指关于人与自然具体观点的转变。在海德格尔看来，对存在与存在者差异的混淆是导致人类中心主义出现的文化根源。只有从存在自身出发才能揭示二者的差异并返回存在之近邻。这需要把眼光从存在者那里抽出来，转向存在自身。当然，这并非要抛弃存在者，而是要让存在者尤其是人在存在之显现中绽放。在这一视域中，深层生态学所谓的存在论转变不涉及对存在与存在者差异的区分，没有达到从存在者转向存在自身的高度。因为具有独立价值的自然，与人是万物中心及作为原材料和工具的自然在视域上没有本质的区别，都是现成存在者，其不同之处仅仅在于关于存在者的具体看法有了改变。在海德格尔那里，任何试图通过改变关于存在者的具体看法来扭转人类无家可归状态的途径都是徒劳的。只有把视域从存在者转向存在本身，才能使得人与自然的关系真正得到奠基。显然，深层生态学的视域还局限于作为存在者的人与自然之上，没有触及存在视域，因而与海德格尔不在一个思考维度上。

---

① Arne Naess, "The Shallow and the Deep, Long-Range Ecology Movement, A Summary," *Inquiry*, Vol. 16, No. 1, 1973, p. 99.

② 韩潮：《海德格尔与伦理学问题》，同济大学出版社 2007 年版，第 7 页。

海德格尔与深层生态学在思考维度上的不同使得二者在关于人与自然的看法及拯救自然道路的选择上也有本质区别。先来看二者在关于人与自然看法上的区别。

在海德格尔那里，自然在根本上是存在之显现与绽放，人作为此在是存在及存在者显现之领域。在这里，海德格尔强调了人与众不同的地位，被称为是一种等级论，与深层生态学"生态圈平等主义"[1] 相对立。深层生态学对于海德格尔的这些看法十分警惕，认为这些看法是一种人类中心主义，与海德格尔反对人类中心主义的思想相矛盾。不少学者对海德格尔思想中的这一矛盾进行了分析。[2]

另外，深层生态学还指责海德格尔早期对待自然的态度也有人类中心主义的嫌疑。例如，他在《存在与时间》中对待自然的态度要么是漠不关心，要么是工具论的。

接下来看海德格尔和深层生态学在拯救自然道路选择上的区别。在海德格尔看来，拯救自然要走返回式道路，即要返回到古希腊早期思想者那里寻找人与存在最原始关系的信息。在其中，科学技术不再起作用，取而代之的是不计功绩的沉思。沉思可以展现人与自然的相依相成关系，转变人们的人类中心主义思想。为方便叙述，以下把这一拯救策略简称为退化论。

深层生态学则认为，拯救自然不能走返回式道路，而是要走进步超越的道路。要汲取科学技术等现代智慧，摒弃其人类中心主义从而超越现代，进而建立人与自然共同自我实现的观念，以下把这一拯救策略简称为进步论。这里，海德格尔与深层生态学在拯救策略上存在着退化论与进步论的对立，对现代性的态度也有单纯批判态度与批判中有肯定和超越的区别。

由于存在以上差异与矛盾，奈斯等学者反对把深层生态学与海德格尔的关系拉得太近，甚至有学者否认二者之间的关联，认为"这种做法

---

① Magdalena Holy-Luczaj, "Heidegger's Support for Deep Ecology Reexamined once again：Ontological Egalitarianism, or Farewell to the Great Chain of Being," *Ethics & the Environment*, Vol. 20, No. 1, 2015, p. 46.

② Michael Zimmerman, "Toward a Heideggerian Ethos for Radical Environmentalism," *Environmental Ethics*, Vol. 5, No. 2, 1983, pp. 99 – 131.

显然不是出于严谨的学术态度"①。

　　显然，在深层生态学借鉴海德格尔思想的时候，需要积极应对这些问题。这对于德瓦尔和塞申斯非常重要。即使对于承认冲突的奈斯而言，也是一个有必要解决的问题。因为，这一方面有助于深层生态学自身的理论建设，另一方面也有助于抵御其他学派的攻讦。

三　深层生态学对理论困难的处理

　　对于以上问题，深层生态学家有调和与包容两类策略，前者以齐默尔曼为代表，后者以奈斯为代表。齐默尔曼主张调和二者的矛盾。奈斯则认为，这些冲突属于围裙表（The Apron Diagram）②的第一个层次，是自然的，对之予以包容理解即可，不必太在意它们。因为环境运动有其自身的价值取向，它受到某种哲学的启发，但并非对该哲学的所有内容都感兴趣。在此意义上，奈斯对齐默尔曼的做法有些不满，认为他对深层生态学与生态运动的阐释哲学味道太浓，深层生态学与哲学之关系没有齐默尔曼想象得那么近。③奈斯这一态度体现了深层生态学的包容性，也凸显了它与哲学不同的维度，同时指出了齐默尔曼的工作所存在的危险，对于理解海德格尔和深层生态学之间的关系有重要促进作用。不过，尽管对于齐默尔曼的做法颇有意见，但奈斯从总体上并没有反对这一做法。这表明奈斯在某种意义上赞同齐默尔曼，并暗示了后者的价值和意义。

　　包容策略使得奈斯没有对深层生态学与海德格尔之间的矛盾提出具体处理方法，调和态度则使得齐默尔曼应对积极，主要有以下三方面思路：

　　第一，应对不同维度问题的思路是认可不同，肯定海德格尔思想的价值，指出调和任务。齐默尔曼指出，海德格尔的研究重心在于存

　　①　宋文新：《海德格尔：环境伦理学的先驱？》，《长白学刊》2003 年第 6 期。
　　②　Alan Drengson，Bill Devall，Mark A. Schroll，"The Deep Ecology Movement：Origins，Development and Future Prospects（toward a Transpersonal Ecosophy），" *International Journal of Transpersonal Studies*，Vol. 30，No. 1 - 2，2011，pp. 110 - 111.
　　③　Arne Naess，"Heidegger，Postmodern Theory and Deep Ecology，" *The Trumpeter*，Vol. 14，No. 4，1997，p. 4.

在，对存在和存在者两种不同维度之间的关系不感兴趣。他从来没有把二者之间的关系说清楚，更没有使二者关系妥帖一致起来。批判者指责海德格尔过分强调存在意义上的自然，"以存在论审美主义告终"①。尽管这一指责有一定的道理，但对海德格尔并不太重要，也不意味着其思想与深层生态学之间缺乏一致性。然而，这对于想要利用海德格尔思想的深层生态学而言，则有着至关重要的意义。因为深层生态学只有澄清存在及存在者两种维度的异同与联系，才能真正揭示其与海德格尔之间的复杂关系，其借鉴才能不舍本求末，而更具有深度。令人遗憾的是，齐默尔曼只是提出了研究这些问题的重要性，并没有提出具体的解决方法。

第二，应对人与自然关系观点对立问题的思路是揭示其一致之处，阐释其对立的价值。齐默尔曼首先指出，这一对立并不威胁深层生态学，反而有益于后者的发展。深层生态学对海德格尔的主要指责是他有人类中心主义的嫌疑，其根据在于后者对待自然的工具论倾向及对人地位的突出强调。齐默尔曼认为，这一指责是错误的。人类中心主义受到诟病的原因在于对自然独立价值的否认及对自然的控制和利用。海德格尔早年的工具论与人类中心主义的工具论有着本质的不同，前者着重于对自然工具性质的描述，其目的并不在于利用自然，是一种策略上和方法论上的考虑，而后者则致力于追求利用自然，忽视自然本身。同时，海德格尔对人地位的突出强调既没有否认自然独立价值的意思，也没有要控制利用自然的倾向，因而与人类中心主义并没有必然联系。尤其需要注意的是，海德格尔专门著文着力对现代性科技关于自然与人的工具论观点进行了详细批判，并在不同场合不断丰富和重申这些思想，在此意义上，海德格尔不可能具有深层生态学所指责的人类中心主义思想。②

在海德格尔那里，人作为使存在及存在者得以显现的澄明之地，保护并让事物自身得以显现，而不是决定、控制乃至利用后者。这些思想与深层生态学尊重、鼓励自然万物的自我实现在根本上是殊途而同

① Charles S. Brown, *Ted Toadvine*, *Eco-phenomenology— Back to the Earth Itself*, Albany: State University of New York Press, 2003, p. 85.

② Michael E. Zimmerman, "From Deep Ecology to Integral Ecology: A Retrospective Study," *The Trumpeter*, Vol. 30, No. 2, 2014, p. 252.

归的。

不仅如此，海德格尔的这些思想还有助于深层生态学解决其自然观的内在问题。这一问题的典型表现是深层生态学在为人保护关爱自然的伦理义务进行合法辩护上具有道德困境。因为深层生态学把人与自然看作一个生态系统，人与其他存在者处于平等地位，将会导致人自身的价值及其对自然的伦理责任处于意义危机之中。即使深层生态学改变人利用自然的态度，提倡人对自然的伦理义务，但在根本上也难以逃脱后者意义空虚的厄运。对此，深层生态学显得无能为力。齐默尔曼指出，海德格尔思想可以为之提供思路。但遗憾的是，他并没有进一步提出具体的应对措施。

第三，应对拯救道路对立问题的思路被认为认可了这一矛盾，同时认为海德格尔的思想是错误的，深层生态学应当与之划清界限。齐默尔曼认为，海德格尔的退化论及对现代性的纯批判态度，是他缺乏伦理维度，与法西斯主义勾连，犯政治错误的重要原因。深层生态学在这方面持有与之相反的态度和立场。他指出，人是不断演进而逐渐成熟的物种。在此过程中，人既要不断回顾学习古老的生活智慧，也要对现代性等思想进行批判性分析。然而，回顾不是退回过去，批判也不只是否定，而是为了更好的进步。例如，以科学为代表的现代性虽有其危害人类社会的一面，但更有积极的一面，所以对之不能一味地加以批判，更应当汲取其正面力量。可以利用现代性中解放等积极因素来超越之，为人及其他物种的自我实现提供基石，不断推进意识与历史进步。所以，深层生态学拒斥退化论，对现代性持有超越思维，从而与海德格尔、法西斯主义的思想分道扬镳。借此不同，深层生态学可以抵御对其自身的政治指责。

四　反思策略与借鉴纲领

在深层生态学发展过程中，齐默尔曼的调和策略与奈斯的包容策略各有重要功能，前者突出应对方略，有助于对海德格尔思想的具体吸收利用，后者强调深层生态学与纯哲学的区别，能突出深层生态学的实践维度。在当今时代，有必要进一步反思这些策略尤其是其背后存在的借鉴纲领，因为后者决定了前者开展的框架，深刻地制约着深层生态学的发展走向。从总体上看，无论是调和策略，还是包容策略，尽管二者具体思路有所不同，但对海德格尔思想的借鉴纲领在根本上是一致的，其基本思路是把海德格尔看作思想支持者，用其为深层生态学的绿色环保原则与思想做辩护，以下简称这一纲领为辩护纲领。

辩护纲领尽管不排斥哲学思想，也超越了生态学的某些具体思想与概念，但在根本上还处于以生态学为代表的现代科学视域之中。现代科学视域相较于近代科学视域，对机械论与二元论有所克服，使深层生态学比浅层生态学对生态和环境问题思考的深度有所提高。然而，从海德格尔存在论视域来看，现代科学视域依然是存在者视域，并没有真正切近存在视域。就海德格尔而言，其最有价值意义的思想即在于超越现代科学的存在论。存在论展示了一个广阔的研究领域——对于人自身之生态伦理的研究，主要包括诠释并规范肉体之人与精神之人及二者的关系，这些诠释规范与人及外在自然伦理关系之间的关系，等等。这一领域所涉及的问题亟待回答。比如，为何充满物质欲求之人如此膨胀，而致力于追求精神之人却时刻感到被挤压，并且曲高和寡？又如，如何保护人之自身生态，也即如何保护人之肉体与精神二者关系的和谐？显然，这些问题要比如何保护动物和自然问题更为关键和根本。因为，如果这些问题得不到重视与处理，针对保护动物与自然所设计的政策条文则很可能践行乏力，会沦为一纸空文。可以通过对海德格尔原始伦理学、传统伦理学及深层生态学之间关系的澄清，为应对这些问题提供思路。

然而，调和策略并没有给予存在论所揭示的研究领域及其问题以应有的关注，更没有真正展开研究，所以就对"深层"的挖掘而言，其做法有舍本求末之嫌。不过，齐默尔曼对调和策略的这一局限性也有所察觉。他指出海德格尔与深层生态学在研究维度上的不同，并肯定了这种不同的价值。这内在地蕴含着开发海德格尔存在论的思路。但是，在齐默尔曼那里，这一重要工作仅仅作为一个需要解决的任务被提出来，而后便没有了下文。他重点解决的是如何揭示海德格尔思想与深层生态学之间的相通之处等辩护问题。这说明，齐默尔曼虽然察觉到了调和策略所存在的问题，但并没有真正认识到这一问题的重要性，更没有深刻反思辩护纲领的问题，这或许是他轻描淡写地提出这一问题而没有真正深入分析的原因。

正如福克斯所言，深层生态学最根本的特征在于其哲学深度①，而这种深度的进一步推进与确立在很大程度上依赖于对存在论及其与科学视域之间关联的挖掘和阐释。深层生态学只有在存在论根基之处对其伦理学立场与纲领有更契合人与自然精神本身的立意和说明，其思想才能真正深入人心而行之久远。令人遗憾的是，受到科学视域的限制，深层生态学对此及其所涉及的研究领域并不重视，更热衷于在实践中宣传推广绿色理念，其行为有轻重倒置之嫌。也许这正是造成轰轰烈烈的绿色理念在现实中践行阻力重重的根本原因之一。

为了改变这种行动乏力的状况，深层生态学有必要在追问深度方面继续推进，在此，海德格尔存在论依然是一个丰富的宝藏，如何借鉴这个宝藏还是深层生态学需要努力思考的问题。显然，深层生态学此处的借鉴在根本上不再是为立身生存所做的辩护，而是着眼于长远发展，就此把这一纲领简称为发展纲领。与辩护纲领求同存异的思路不同，发展纲领注重对海德格尔与深层生态学相互差异思想的汲取。在发展纲领看来，正是这些差异之处才是深层生态学超越保护自然，进而开发对人自身之生态问题加以思考的重要资源，而后者才是环境问题产生的人性根基，忽略了对后者的思考，就难以从根本上揭示并消解人与自然紧张关系的根源。发展纲领着眼于从存在论中撷取思想，用以对其根基处的批判和反思，对更切近人与自然本身的意义与内涵的领会和把握。由此，发展纲领有助于深层生态学向纵深发展。显然，与辩护纲领相比，在当代，发展纲领更具有意义和价值。

反观当前中国环境伦理学可以看出，无论是它对西方环境伦理学还是对传统生态文化的借鉴，其纲领也多是辩护性质的，即利用这些资源来为保护外在的自然与环境提供伦理依据与思路。"这实际上带有明显的'贴牌'痕迹。"② 当然，当前中国环境伦理学也有超越贴牌的倾向。比如杨英姿教授的做法即是如此。她在《返本开新：从"天人合一"

---

① 雷毅：《深层生态学：阐释与整合》，上海交通大学出版社2012年版，第80页。
② 李培超：《中国环境伦理学的十大热点问题》，《伦理学研究》2011年第6期。

到生态伦理》①　一文中论证了从天人合一中开发出生态伦理的学术理路。她这种返本开新的尝试比直接"贴牌"的做法更具有创造性。她革新人生存之道的目的蕴含着与辩护纲领不同的精神。但是，从其行文中可以看出，她所提倡的生存之道从根本上讲依然是我们已经认同的人与自然和谐关系的共识。所以，她所谓的开新虽然与现代性相比的确有其新颖之处，但是，就已经接受了现代性批判思想的学界而言，其实只是常识，其视域依然是西方环境伦理学的，既没有体现出真正的本土性，也没有对人生存之道的新见解。然而，即便如此，杨英姿教授的做法依然具有独特的价值，她至少想突破"贴牌"阶段，有发展纲领意识。不过，一方面保护自然和环境已经成为不争的共识，另一方面置环保于不顾的行为不断发生，环境问题日益突出严峻。在这里，辩护纲领以及仅仅有发展纲领之意识是十分不够的，因为，当前需要更为透彻地思考何以在绿色环保成为共识理念以后，还有这么多不环保行为的发生？何以环境问题还如此严重？对此，海德格尔和天人合一思想都有更多的东西可以给予我们。而这有赖于我们超越科学视域，直面这些思想资源，才能把它们挖掘出来，并且激活它们。

　　这首先需要从根源上揭示评析西方环境伦理学辩护纲领的历史价值及在现时代存在的缺陷，然后反思中国环境伦理学辩护纲领产生的根源及在当代中国的局限性，进而筹划发展纲领。筹划发展纲领面临着众多困难，但只要我们勇于直面当下的现实，真正切近古代先贤与西方智慧，定能够遇水搭桥，逢山开路。

---

①　杨英姿：《返本开新：从"天人合一"到生态伦理》，《伦理学研究》2016年第5期。

四

生 态 美 学

"生态文明美学"初论[*]

陈望衡^{**}

生态学本来是一门产生于 19 世纪中叶的自然科学,它经历过描述性生态学、经典生态学和现代生态学。20 世纪生态学有了重大发展,其主要体现一是它由自然科学领域进入人文科学领域。1922 年,美国地理学家巴洛斯首次提出"生态人类学"的概念,其后,则有生态哲学、生态伦理学等学科出现,生态美学产生得较晚,它一经提出,很快就为诸多美学家及艺术家所认同,一时间,产生了不少论文。然而一直有学者对此提法持质疑的态度,但多为观望,慎予置辞。笔者在 2015 年 7 月 15 日的《光明日报》上发表文章《生态文明美:当代环境审美的新形态》,明确地表示否定"生态美"的提法,要用"生态文明美"来取代,并提出"生态文明美学"这一概念。基于篇幅的限制,那篇文章未能充分阐述观点,现试作如下论述。

一 美不在生态,而在文明

人类的历史从旧石器时代算起,有数十万年了,这数十万年的历史基本上属于旧石器时代,因为新石器时代距今不过一万年左右。这个漫长的时代,学者们称其为"史前"。史前的文化主要为石器文化、陶器文化。新石器时代还产生了玉器。从石器文化到陶器文化、玉器文化,

---

* 本文原载于《南京林业大学学报》2017 年第 1 期。
** 陈望衡,武汉大学哲学学院教授。

突出的演变是文化中的精神成分越来越重。精美的玉器为神的祭品，是部落中高层次人物地位的信物。史前这一段历史，说明人是极力将自己与自然界区分开来的，区分的成果就是文明。美作为人类的基本价值之一，从人类产生之日起，就是人类文明之花。

如果要说自然生态，地球上自然生态之好，没有超过史前的了，然而，那个时代的人类会视这自然生态为美吗？当然不会。在史前人类的眼中，原生态的自然均是恐怖的、神秘的，根本谈不上美。如果说那结了果子的树，那流淌着清水的河，那成为先民豢养物的狗、猪，在先民眼中还存在着美的话，那只是因为那树、那河、那狗、那猪已经人化了，它们都已经成为文明的一部分或是文明的产物。

西方的人类学家一般将史前看成野蛮时代，而将文字产生以后的时代称为文明时代，这个说法其实是不准确的，野蛮时代也有文明，只是那是比较低级的文明，它也有美——文明的美。

人类在告别史前进入所谓文明时代以后，最大的变化是与自然关系的变化。史前人类认识与改造自然的能力是比较低的，因此，自然只是很有限地进入人们的审美视野，更多的审美资源来自人自身。而在人类进入文明时代后，人类认识与改造自然的能力大幅度提高，在这种背景下，自然在更大规模上人化了，有哲学家甚至认为，进入文明时代，整个自然都人化了，这种人化不只是实践上的人化，还有精神上的人化。因此，在文明的第一时代——农业文明时代，自然界成为人们最重要的审美对象。在中国古代的文学艺术中，自然为第一题材。山水诗、山水画很繁荣。这让人们产生了误识，以为自然本身就是美，其实，进入诗、画中的自然均是人化自然。宋代郭熙论画："世之笃论，谓山水有可行者，有可望者，有可游者，有可居者，画凡至此，皆入妙品。"[①]"可行""可望""可游""可居"就是人化。

工业文明中的自然美与农业文明中自然美的本质是一样的，但性质及表现形态有些不同。众所周知，农业文明的生产力很低，人们对于自然的认识很有限，科学认知远弱于诗意的想象；而对自然的实践，依赖与利用远多于征服与改造。在这种基础上，自然对于人，更多的是温馨

---

① 沈子丞编：《历代论画名著汇编》，文物出版社1982年版，第65页。

的、诗意的、审美的。

在工业文明时代，人们对自然的认识则有重大进步，科学的认识至少与诗意的想象并列甚至在一定范围里胜过诗意的想象，而在实践中，对自然的征服与改造在一定范围里胜过对自然的依赖与利用。在这样的基础上，自然对于人更多的是冷峻的、敌对的、反审美的。冷峻、敌对、反审美也是文明的产物，只是这文明为工业文明。

农业文明中的自然美更多地体现为人与自然和谐，不论自然形态是雄伟的还是清丽的，是阳刚的还是阴柔的，均让人喜悦、愉快、志气昂扬。工业文明时代中的自然美更多地体现为人与自然的冲突，它可能是"似崇高"的，说"似崇高"而不说就是"崇高"，是因为这种崇高缺乏人性的温馨，甚至具有反人类的一面。

生态文明时代人与自然的关系，是不同于工业文明的，这种不同主要在于，在实践层面，人不能对自然取一味征服与改造的态度，而应该更多地尊重自然，友好自然，但是，这种尊重与友好，本就是为了与自然建构良好的关系，让人的生存与发展很够获得自然更多的认可与支持。生态文明时代的自然美当然不可能像农业时代的自然美那样具有许多的诗意，因为在生态文明时代，科学技术是比较发达的，甚至超过工业文明。而科技在某种意义上是跟诗意相敌对的。尽管如此，生态文明时代对于自然的尊重与友好，立足于人类文明的传承与发展，这种建立在高科技基础上的对自然尊重与友好，其实质不是生态，而是文明。

完全与人无关的原生态的自然，在生态文明时代不是人们所企望的。人与自然的统一，或者说文明与生态的统一才是人们所企望的。基于此，生态文明自然美的本质仍然是人化自然的美，如果要突出其中的生态价值，要称之为"生态美"，这生态美的本质只能是为人所认可的生态，人化生态。人化即为文明，所以，即使在生态文明时代，美仍然在文明——生态文明。

二 生态文明美：文明与生态共生

生态文明时代的美是一种什么样的美？这涉及生态文明究竟是怎样的一种文明。文明按其本质而言是人认识自然、利用自然、改造自然的产物，它是人类的创造。

如前面所说，人类对于自然的认识、利用、改造，在农业文明时代是比较低下的，正是因为人类对于自然的认知极少，因此，自然更多地对人具有神秘性，在精神上，对于自然更多的是崇拜，迷信兼信仰的崇拜，是审美，是诗意兼宗教的审美。又由于农业文明时代科学技术不够发达，人类改造自然的水平很低，自然的生态平衡没有得到根本性的破坏，人与自然能够实现最低程度的共生。

工业文明的突出成就是对自然的认识取得极大的成就，这种成就依赖于科学。正是由于这种认识，自然基本上被人剥去了神秘的面纱，对自然的崇拜仍然有，但只是崇拜它的伟力。自然不再是人的图腾，不再是神明，人们不需要再迷信它。如果人们对于自然关系仅限于这种认识，其负面的影响倒是不严重的，严重的是，人们利用高科技对于自然实现了前所未有的掠夺与改造，这种掠夺与改造已经在一定程度上造成了地球上自然生态平衡的破坏。生态破坏在农业文明时代也有，但那只是局部的，而在工业文明时代这种破坏是全局的。凭借着高科技的武装，人类对于地球的掠夺"正在奔向地球显而易见的极限"①。

人与自然共生的和谐被打破了，然而在很长时间里，人们仍然醉生梦死于工业文明所创造的舒适享受之中，浑然不觉巨大的生态灾难正在降临。1962 年蕾切尔·卡森的《寂静的春天》出版时，曾引起全世界的惊呼，人们全然想不到餐桌上用过农药的蔬菜、水果竟然含有危害生命的毒药。而那时，全世界还没有环境保护的概念，如此书译者所云："你若有心去翻阅本世纪（指 20 世纪）60 年代以前的报纸或书刊，你将会发现几乎找不到'环境保护'这个词，这就是说，环境保护那时并不是一个存在于社会意识和科学讨论中的概念。"②

虽然工业文明通过高科技在一定程度上、在一定范围内实现了对自然的改造与征服，但从整体上看，从根本上看，这种改造与征服只是人类单方面受益，自然并没有受益，诸多生物品种由于人对自然过度的开

---

① ［美］丹尼斯·米都斯：《增长的极限》，李宝恒译，四川人民出版社 1983 年版，第 173 页。

② ［美］蕾切尔·卡森：《寂静的春天》，吕瑞兰、李长生译，吉林人民出版社 1997 年版，译序第 1 页。

发而灭亡或濒临灭亡，自然界原本具有的维系众多生命良性发展的生态平衡被打破，因此，人与自然事实上不能实现共生。

这种格局不可能长期存在，自然为了实现其自身的平衡，必然会对破坏这种平衡的人类实施报复。虽然在局部上人似乎较自然更有力，但在整体上人根本无法与自然抗衡，人类与自然的抗争，其结局只能是人类的灭亡。生态文明正是在这种背景下应运而生的。从某种意义上讲，生态文明是人类面对自然报复而不得不采取的无奈的自我救赎。

人类重新审视与自然的关系，认识到人与自然的关系从历史上看存在过三种状况：人对自然的屈服，人对自然的利用，人对自然的征服。这三种关系分别对应于史前、农业文明、工业文明。在这三种关系中，唯独农业文明实现了人与自然的共生，然而，这种共生是低层次的，于人显然更有益，于自然，其益基本上可以忽略不计，尽管如此，农业文明至少没有在大范围内对自然构成破坏。新的文明——生态文明从某种意义上讲是对农业文明的回归，是对工业文明的否定，但从根本上讲，它是积聚了人类一切文明后所实现的新的创造。在本质上，生态文明是文明与生态的共生，人与自然的双赢。但这种共生的"生"，第一，它是在工业文明基础上，是一种高层次的人与自然共生；第二，这种共生不是借助于人工劳动如农业生产，而是借助于高科技来实现的；第三，这种共生是一种高收益的共生，于人，它不仅救赎人的生存，而且为发展创造了更大的空间，为人赚取了更多更大的利益；于自然，它同样是高收益的，被破坏的自然界的生态平衡，不仅借生态文明得以恢复，而且创造出更好的生态平衡，有助于自然界诸多生命的发展。

不同的文明创造出不同的美，生态文明作为人类新的文明，必然会创造出新的美。目前，基于生态文明的建设才开始，对它的审美形态还难以做出概括，但有一点是显明的，这种美，它的本质与它的母体——生态文明是一样的，都是生态与文明的共生。

既然是共生，那就是说，任何只是有利于一个方面的美都不是生态文明美。生态文明美不仅是环境审美的新形态，而且是艺术审美、社会审美的新形态。

生态文明审美建立在生态文明实践的基础上，但并不是说它的美就简单的是这种实践的产物。任何文明建设都存在着实践与精神两个层面。虽然从本质上来说，精神建构在实践的基础上，但是，精神未必是实践的产物，它可能产生在实践之前，也可能产生在实践之后，这还具有一定的独立性。在审美的建构上，重要的还不是生态文明的实践，而是生态文明的观念，只有以生态文明的观念来欣赏、创造美，生态文明的美才能产生。

三 朴素——生态文明标志性的美

作为人类的精神生活，审美与人类共同着生命，一方面，它有着共时性，这是因为人类生命具有继承性、延续性，不仅物质生命如是，精神生命也如是。正是因为这样，我们对于古代的美也有感觉，也能欣赏。另一方面，它有着历时性，这是因为人类生命是发展的、变化的，这种发展变化也许于物质生命不怎么突出，但是于精神生活却很突出。正是因为这样，对于古代的美，我们也许不能理解，不能接受，或者只能接受、理解一部分，而且这接受与理解，还是从当今人类的精神出发的。这没有什么不好，正如车尔尼雪夫斯基所说的："每一代的美都是而且应该是为那一代而存在，它毫不破坏，毫不违反那一代的美。"①

农业文明、工业文明均有属于它自己时代的美，生态文明时代也是一样的。时代性的美，是以它的标志性美来显现的。农业时代标志性的美是富裕，工业文明标志性的美是奢华，而生态文明时代标志性的美是朴素。

农业文明，由于生产力低下，从自然界里获取的生活资料非常有限，绝大多数的人生活在饥寒交迫之中，温饱是人们的生活理想，因而富裕成为社会普遍的审美理想，凡能体现出富裕的事物，它的形象就成为美。正是因为富裕不易，人们对于财富特别珍惜，浪费财富的行为遭到全社会的谴责。这样与浪费相对立的节俭就成为美德。节俭的行为被视为美的行为，以节俭为美，这是全人类农业社会共同的美。

朴素是以节俭为其重要内容的，作为生活方式，它的重要表现是节约。节约是不是也应有底线呢？有的，就是生存。生存是人对生命的基

---

① ［俄］车尔尼雪夫斯基：《生活与美学》，人民文学出版社 1959 年版，第 125 页。

本要求，这种要求基于人的本性——生命的"必需"，这种"必需"就是本色。这方面，从哲学上予以充分阐释的是中国的道家学说。老子说他有"三宝"，这"俭"是其中之一。①又说"治人事天，莫若啬"②。"俭""啬"均以生存为底线。这种底线的生存，老子称之为"朴""素"。他认为，人必须守住它，称之为"见素抱朴"③。基于当时社会生产力的低下，能够生存就是人类最大的幸福了，因为老子将"朴"与"素"提到宇宙本体及生存法则的高度。"朴""素"就是道，这是生活的总原则，"朴散则为器"，那是指具体的生活形态。具体的生活形态如果精神符合"朴"，那就是美。

工业社会的生活理想是奢华。奢华虽然立足于富裕，但与富裕是不同的概念。富裕仍然可以做到节俭，节俭不论是对于财富所有者还是对于社会均有利，而奢华则与节俭对立，它的本质是浪费，不仅是浪费财富，而且是浪费资源。

生态文明建立在工业文明的基础上，社会是富裕的。但是，它的生活理想不是奢华，而是朴素。就推崇朴素这点来说，生态文明与农业文明似是相同的，但它们有着本质的区别，区别之一是目的不同：农业文明的朴素，其原因是社会不富裕，崇尚朴素为的是积累财富。生态文明不需要追求富裕。因为社会本就是富裕的，之所以要崇尚朴素，是因为人类需要尽可能地少向自然索取，以维护生态平衡。这是两种不同的节约，一是节约财富，一是节约资源。农业文明是不会看重资源的，资源如果不变成财富，于人类就没有意义；生态文明是看重资源的，只有资源才是自然，才是生态，而财富不是。它之于人类的意义，在生态文明时代远胜于财富。

用现在人们熟知的概念——"绿水青山""金山银山"来说，绿水青山是资源，金山银山是财富。资源可以变成财富，正如绿水青山可以变成金山银山一样；但自然界绿水青山有限，如果无尽地索取，绿水青山就会变成枯水死山，即算人类已经拥有了大量的金山银山，终敌不过因生态平衡被破坏所招致的灾难而走向死亡。

---

① 《老子注释及评介》，中华书局1984年版，第470页。
② 同上书，第465页。
③ 同上书，第449页。

朴素这一理念启示人们：人虽然需要财富，但够用就可。够用就可，为的是节约资源。节约资源，一方面于自然有利，保住了绿水青山，维系了生态平衡；另一方面，于人类有利，不仅保住了生命之本，而且可以持续地发展。这双利、两赢是生态与文明共生所结出的硕果。

朴素本来是一种生活方式，这种生活方式既是真的、善的，也是美的。美从来不脱离真善而存在，它的本质是真是善，美是真与善的形象显现。

既然生态文明时代朴素美的内核是对自然资源的节约，那么，它的表现形式就不局限于"平淡"与"简洁"。它可以绚丽多姿、流光溢彩，也可以复杂丰富、千变万化；它可以最大限度地满足最大多数人的审美需求，也可以最小限度地只是满足某一个人的审美需求。朴素美拥有最大的自由性，但是，它必须坚守一个基本的原则：保护自然，维系生态平衡，实现生态与文明共生。

四　构建生态文明美学体系

生态文明是人类正在建设的文明，它既是对此前诸多文明的扬弃，又是对此前诸多文明的吸取与发展。这一性质同样体现在它的精神形态之生态文明美学上。

生态文明美学的建构有几个要点：

第一，重新确认自然神性，重建对自然的崇拜。自然以及自然美在文化及美学体系中的地位是很能反映文明的性质的。反思人类文明的发展史，大体上，在农业文明时代，自然是有地位的，那个时代，人们对自然的态度主要有三：一是崇拜。自然在人的心目中，就是神灵，就是主宰。二是利用。人们对于财富的获取，主要通过两种方式：一是直接获取。二是通过模仿自然，以制造第二自然。农作物耕种、农禽家畜豢养，均属于此类。三是游赏。人们对自然物特别有感情，人们的审美对象逐渐由史前的以人自身为主转移到以自然为主。山水诗、田园诗、山水画于是成为中国古代文艺的主体。西方中世纪属于农业社会，在文艺领域，除了宗教情调外，就是田园牧歌情调了。

在工业文明时代人与自然的关系发生了很大的变化，从根本上看，工业文明是视自然为被掠夺对象的。凭借高科技，工业文明对自然的掠夺也取得了诸多重要的成就，也正因为此，自然在人们眼前便不再神秘了。人们对于自然也不再崇拜了。当然，自然也一直在反击、报复着人类，这种反击与报复越来越猛烈，人类终于明白高科技从根本上讲是无法拯救人类的。当年，古希腊的哲学家普罗泰戈拉说的这句豪言——"人是万物的尺度，是存在者存在的尺度，也是不存在者不存在的尺度"①，在工业文明的后期已经不再为人们视为经典了。此时，生态文明时代悄然降临！

生态文明时代将重建人与自然的关系。在某种意义上需重树自然的神性，对自然奉行新的崇拜。这种崇拜似乎是对农业文明的回归，但它有质的不同。生态文明时代所树立的自然神性有两个要义。其一，神性不取神灵的意义，而是取其神秘、无限的意义。虽然人是万物之灵，凭借工业文明所创造的科学技术，人类对于自然界秘密的了解较之农业文明有很大的进步，自然界的有些领域对人不再具有神秘性。但是，自然界是无限的，人类了解自然越多，反而觉得人类越渺小，自然伟大。自然的神秘是无限的。如果说工业文明是给自然去魅，那么，生态文明必然要给自然复魅。其二，神性，重在生态性。在生态文明时代，人们对于生命的关注越超对于财富的关注。对于自然崇拜，主要原因已不在它是财富之源，而在它是生存之本。

于是，自然美在新的美学——生态文明美学上的地位突出了，它的美学品格丰富多彩，但基本品格是崇高。康德论美学崇高，也是以自然美为例的，他得出的美学上的崇高，一是量的崇高，二是力的崇高。应该再补充一点：生态崇高。崇高是以畏惧为基础的，没有畏惧就没有崇高。美国学者阿诺德在谈及自然环境审美时强调自然的无限性与神秘性，并认为，这种无限性与神秘性会导致崇高经验的发生。②

第二，重新确认科技人性，重建对科技的信任。工业文明自它创建起，就不乏对它的批判之声。批判集中在科学技术上。大体上，在工业社会中期，主要批判工具理性，认为科技的霸权导致人文理性的失落。

① 北京大学哲学系：《西方原著选读》（上卷），商务印书馆2007年版，第154页。
② ［美］阿诺德·伯林特：《环境美学》，张敏、周雨译，湖南科技出版社2006年版，第153页。

这种批判以法兰克福学派为代表。在工业社会后期，主要批判生态平衡被破坏。这两种批判其实都是批错了对象，科技无罪，有罪的是错误的理念。

就前一种批判来说，科技作为理性是没有错的，错在它不应成为霸权，科技本是人的工具，它之所以凌驾于人的头上，完全是因为人类没能处理好科技理性与人文理性的关系，而之所以处理不好这种关系，还是因为人对财富的贪婪。科技因为迎合或者说成就了人的贪婪，故而被置于至尊的地位，由此导致人文理性的失落以及与之相关的人性的异化。

就后一种批判来说，的确，科技特别是高科技成为人们征服与掠夺自然的重要杀手，生态环境被严重破坏的确是由高科技所致，但同样，高科技只是人的工具，决定高科技如何用的，还是人的观念。不要说，工业文明时代所出现的人与自然关系紧张，自然生态平衡被破坏，高科技不应负责，而且生态文明建设仍然需要高科技。

科技其实是双刃剑，它在工业文明时代的运用，固然严重地破坏了自然环境，但也为人类创造了前所未有的巨大财富，这是不争之事实。在美学上高科技的效果主要有三：

一是淡化了自然的神秘性以及与这种神秘性相关的崇高感。这种淡化，一方面因为人们对自然规律有了更多的认识，自然不再神秘，对于自然的威力，人们有了一定的防范与抗拒能力。另一方面，由于交通工具以及信息技术的先进，人们从事野外活动不再像以前那样艰难。《沙乡年鉴》的作者奥尔多·利奥波德认为："机械化的旅行充其量也只是像牛奶和水一样淡而无味的事情。"①

二是创造了安全舒适的生活情调，与此相应，优美感成为人们审美的主旋律。

三是"乡愁"淡化，与之相应，田园牧歌情调的审美成为历史的回忆或是难得的精神奢侈品。道理非常简单，信息技术的高度发展，已经名副其实地让地球成为地球村。视频、图像、声音可以随心所欲地发送，空间距离不再成为问题，人们的思乡病、思友病、思亲病以及由这

----

① ［美］奥尔多·利奥波德：《沙乡年鉴》，侯文惠译，吉林人民出版社1997年版，第184页。

些美好的病所生发的审美感情，在当今社会似乎变得微不足道。

高科技所带来的审美的这些变化不能简单地被说成是问题，它是文明进程带来的美学现象，现代人们在享受高科技的成果时，也自然能够接受这些审美现象。

生态文明在某种意义上是对农业文明的回归，却不是重复，而是飞跃；生态文明在某种意义上是对工业文明的批判，却不是简单的否定，而是发展。由此决定并影响着生态文明的审美观，这是一种集工业文明审美、农业文明审美精华却又有所创新、发展的新的审美观。生态文明审美观与人类已有审美观的根本区别，在于审美标准的一元化与多元化。一元化是指决定美丑标准的根本原则是生态与文明共生。多元化则是在审美现象上有着更大的包容性、自由性与个性。生态文明既是人类对自然最大限度的保护，也是人类自我意识及自由本质的良性发展。

第三，提升"家园"的品格。人类诸多文明最终均落实在人及人的家园身上，人与家园是一体的。因此，我们可以将诸多文明建设的成果落实到家园上。不同的家园体现出不同的文明性质与特色。

农业文明的家园是建立在小农经济基础上的家园，这个家园以农业为基础，农民为主体，以承载着农业生产的土地及相关的自然物为客体。在这个家园中，人与自然是亲和的，表现为人对自然的依赖、崇拜和亲爱。人在对自然物的审美中大量运用拟人化的比喻，于是，自然物在人的审美中就成为似是有血缘关系的祖先、母亲、情人、兄弟……"一团亲情"是农业文明审美的突出特点，田园牧歌成为农业文明审美的基本调值。

工业文明让大多数人脱离自然，来到城市，人与自然那种血缘般的联系淡化了，离开了青山绿水，离开了自然母亲，住进了由钢筋水泥构筑的城市，人们的心是慌的，觉得没有家了。"弃儿"感油然而生。对城市一直存在着陌生感、疏远感。在百般无奈之下，人们只能努力去建设城市这个家，在城市中建各种不同形式的公园、私园、动物园、植物园，在某种意义上就是为了满足人们对自然的渴念，寻找农业文明那种家园感。

生态文明将重建人类的家园感。这个家园具有与农业文明家园相类似的特点：它能比较充分地满足人类对自然的渴念，实现人与自然的亲和，但它并不限于农业生产的背景，也不局限于农业生产的环境。整个地球甚至包括影响地球的天象天体均是人类的家，均是人类关心、亲爱的对象。这个家园也吸取了工业文明家园的优点，人类仍然可以生活在城市，仍然可以享受城市的先进文明，只是这城市不是工业文明时代的城市，它不仅具有不低于甚至高于工业文明的科技品位，而且具有远胜于工业文明的生态品位。不管居住在地球上的什么地方，在人们的心目中，他的家园既是人的家，也是自然的家，是人与自然共生共荣的家园。这是人类历史上从来没有过的最大的家园。罗尔斯顿说："正如'生态学'的词源学意义所见证的，地球是我们的家。"① 生态文明美学应该是人类历史上最大的家园美学。

"乐生—乐居"是人类美学永恒的主题，生态文明时代的美学也一样，只是它的"乐生—乐居"，要加上"生态"这一修饰词，它的"乐生"是"生态乐生"，它的"乐居"是"生态乐居"。

---

① 〔美〕霍尔姆斯·罗尔斯顿三世：《哲学走向荒野》（上册），吉林人民出版社 2005 年版，第 26 页。

整体主义：环境美学之本质性立场[*]

薛富兴[**]

一　问题的提出

作为美学的新兴分支学科，环境美学自从 21 世纪初被引入中国后，在短短十多年里已成为一门显学，专著纷呈、论文泉涌，至为壮观。[①]诚然，环境美学之所以成为显学，根本的乃是因为审美现象之外更为迫切的现实环境问题、环境危机问题；但是，若从美学学科内部的学术脉络看，环境美学又绝非全然外在牵引的学问。至少，环境美学所关注的自然审美问题实为传统美学的基础话题之一。正因如此，艾伦·卡尔松（Allen Carlson）在追溯环境美学发生史时，将对自然美问题之重视视为环境美学产生的标志。[②] 这意味着若从美学自身发展逻辑看，环境美学与传统美学之一部分——自然美研究或曰自然美学有着内在的理论关

---

　　* 本文原载于《学术研究》2017 年第 5 期。

　** 薛富兴，南开大学哲学院教授，主要从事环境美学与环境伦理学研究。

　　① 在中国，这一新兴学科又有一似乎更为通行的名称，叫"生态美学"。以"生态美学"命名的此学科出现得似更早，此可以徐恒醇的《生态美学》（陕西人民教育出版社 2000年版）为例。就研究领域与主题而言，"环境美学"与"生态美学"二者名异而实同。一定要言二者之异，则可曰"环境美学"以研究领域命学；"生态美学"则以研究视野或方法——"生态学"言学。前者言外，后者言内。本文欲专门讨论者正是后者。然因前者更易于被理解，且已通行于中西学术界，故作为学科命名，笔者则乐于接受前者。

　　② Ronald Hepburn, "Contemporary Aesthetics and the Neglect of Natural Beauty," Allen Carlson and Arnold Berleant Edited, *The Aesthetics of Natural Environments*, New York: Broadview Press, 1966, pp. 43 – 62.

联。正因如此，当代西方环境美学家多关注自然审美问题，甚至喜欢径自将此问题之讨论视为环境美学。① 在西方学者示范下，国内学者纷纷仿效之，迅速地用传统美学话语来讨论环境美学问题，得出一系列学术成果。在一定程度上，中国的环境美学似乎已被转化为一种中国美学史之专题研究，学者们往往喜援老、庄与《易传》哲学作为重器，以发达的写景言情诗文词赋为资源，将环境美学研究转化为对中国自然审美传统之歌颂。那么，到底什么是环境美学？环境美学与传统自然美学到底是什么关系？

笔者以为，若言二者之联系，可将传统的自然美学理解为环境美学之初级形态，而将环境美学理解为自然美学之高级阶段，对自然审美之关注乃此二者之重合部位。若言二者之异（此异尤为关键），要言之，实际上有两种自然：一曰对象自然（nature as object, nature as individual），即呈现为个体对象与现象的自然；二曰环境自然（nature as environment），即呈现为群体或集团的自然。前者乃传统自然美学之核心，后者则为环境美学的主要对象。

环境美学何以可能？什么是环境美学的恰当出发点？什么是区别环境美学与传统自然美学之关键？在当代西方环境美学家中，卡尔松对此问题最早表现出学术敏感。虽然他的环境美学也从对自然审美问题的讨论开始，但他的学术努力主要建立在对自然审美传统的严格反思，而非继承上。经过对西方自然审美传统的反思，他发现了西方人自然审美欣赏中所存在的严重问题。一曰形式主义（formalism）趣味，即只欣赏自然对象外在的感性形色声音特征。二曰景观模式（landscape model），即倾向于从特定距离、角度欣赏自然，而非全方位地观照自然。三曰对象模式（object model），即喜欢将自然对象视同孤立的艺术品，将自然对象与其特定的生存环境相分离。他在此基础上正面提出：恰当的自然审美欣赏方法应当是他所提倡的"环境模式"（environmental model）。虽然与大多数其他环境美学家一样，卡尔松的环境美学研究也从继承传统自然美学主题——自然审美欣赏开始，然而卡尔松在此所做的对象模

---

① Malcolm Budd, *The Aesthetic Appreciation of Nature*, New York: Oxford University Press, 2002.

式与环境模式之区别，特别是其对环境模式之正面提倡，标志着环境美学与传统自然美学之分道扬镳，标志着环境美学之学术自觉。对"环境模式"这一环境美学关键词，卡尔松只是描述性地解释为"自然是自然的"与"自然是环境的"，未有深意。况且，"自然的"不一定就是"环境的"，"环境的"乃自然之一种情形。这说明卡尔松虽然敏锐地探测到环境美学得以成立之关键，但未能在深入论证环境美学哲学基础上实现理论自觉，未能为其所提出的环境模式做出深刻、有力的论证，甚至未能为此论证找到有效的理论资源。①

确实，对象自然还是环境自然，乃环境美学区别于传统自然美学之分水岭。然而环境美学要实现充分自觉，就需对"环境自然"或"环境模式"展开正面、深入的讨论，要提炼出正确感知、理解与体验环境自然的基本方法，要透彻地把握环境自然之内在机理，如此环境美学方可自立。

二　个体主义 VS 整体主义：来自环境伦理学的参照

在 20 世纪 70 年代的北美环境运动中，提倡关注动物处境，尊重动物权利的动物自由运动（animal liberation movement）成为环境伦理之生力军。彼得·辛格（Peter Singer）认真调查北美地区家畜在工业化养殖场和动物实验室里所面临的任人宰割之悲惨命运，呼吁人们认真反思自己的残酷行为，以同情之心体会动物处境，因为这些家畜也像人一样，能够感受到痛苦，应当戒除视漠其他生命痛苦之物种主义（speciesism）偏见。汤姆·里甘（Tom Regan）则认为，非人类物种动物也像人类一样拥有生命，乃生命之实体，因此其生存权也应当得到人类的充分尊重。

应当承认，动物自由运动乃 20 世纪环境运动之重要组成部分，它在激发社会大众环境意识与环境伦理方面，有重要的启蒙作用。然而，J. 贝尔德·克里考特（J. Baird Callicott）对此运动则加以严厉质疑。他

---

① 关于对西方自然审美传统的反思及自然审美欣赏之恰当方法——"环境模式"，见 Allen Carlson，"Appreciation and the Natural Environment," *Journal of Aesthetics and Art Criticism* 37 (1979): 267 – 276.

认为，该运动所提倡的对动物之仁慈与关爱诚然可敬，但不幸的是，其哲学立场从根本上讲是错误的，甚至算不上是一种环境哲学或环境伦理学。要言之，该运动之根本错误在于：它所持有的观察问题、解决问题的立场或视野是原子主义（atomism）或个体主义（individualism）的。该运动之提倡者所关注的是个体动物或个别物种动物的生存权利，并非所有动物的生存权利。问题在于，即使他们维护所有动物的生存权利，依克里考特的观点，这仍不能成为一种恰当或真正的环境哲学或环境伦理学。因为在克里考特看来，环境哲学或环境伦理学之所以区别于传统伦理学，是因为其根本立场的整体主义（holism），而非个体主义。应用此整体主义立场，克里考特成功地揭示了动物自由运动所存在的诸多理论与实践困难。比如，他们只关注家养动物的权利，而不关心野生动物的权利。根据克里考特的观点，其实后者对生态安全有着更重要的意义。又比如，如果我们像动物自由运动倡导者所主张的那样，为充分尊重家养动物的生命自由权，将它们全部从养殖场、试验室与动物园中解放出来，当是怎样的情形呢？其结果并不像动物自由运动提倡者所想象的那样美妙，而是会很惨：这些家养动物由于长期接受人类的喂养，它们已然失去独立生存能力，它们可能的命运将是要么被其他野生动物吃掉，要么被饿死。再比如，为体现当代人类对动物的仁慈，所有人都遵守"不杀生"之诫，变成素食主义者，其后果又如何呢？克里考特的推论是：我们将因此而需要更多地种植庄稼，这意味着需要开辟更多的土地为人类提供粮食，意味着破坏更多的野生自然环境。如此等等，不一而足。

经对动物自由运动之认真反思，克里考特得出两个重要结论：其一，在原子主义或个体主义视野下，个体动物或个别物种当拥有无上、绝对的权利。然而，若真正立足于环境，即整体生态系统视野，我们将会发现，在特定生态系统下，作为该系统组成部分或要素的任何生命个体，以及特定物种生命权利的实现性及其意义都将是相对、次要的；相反，特定生态系统整体功能之健康与持续才是第一位的。其二，亦最重要者，环境哲学与环境伦理学要想真正有助于解决环境问题，其根本哲学立场只能是整体主义的。个体主义视野下的环境保护与环境伦理诉求看似可爱、动人，其最终结果很可能与环境保护之宗旨适得其反。这也就意味着：为了特定环境之整体利益，个体动物、特定物种的生命权利在必要时需做出让步。① 那么，这种整体主义的环境立场或视野可有成功范例？有的。克里考特提出，不是彼得·辛格与汤姆·里甘所代表的动物自由运动，而是奥尔多·利奥波德（Aldo Leopold）的"大地伦理"（land ethic），才是环境哲学与环境伦理学的最佳学术示范。

> "大地伦理"越来越多地强调作为整体的环境之有机性、稳定性与美，越来越少地强调个体植物与动物生命、自由与追求幸福之生物权利。②
> 一种以生物共同体之有机性、稳定性与美为至善的环境伦理，除植物、动物、土壤与水之外，并不会赋予其他之物以伦理关注，而是将前者，共同体整体之善作为评估相关价值及其组成部分的相关秩序之标准。③

如果说在环境伦理学范围内，克里考特成功地界定了环境伦理学与传统伦理学之本质区别，明确指出环境伦理学要将"环境"这一关键词落到实处，必须自觉捐弃近现代西方传统伦理学之个体主义立场，而将整体主义作为其安身立命之地，否则环境伦理学将名存而实亡；那么，对环境美学而言，我们也必须明确这一问题：何为传统自然美学与环境美学转折之关捩？何为环境美学自我树立，不得不坚守之哲学底线？必曰整体主义。未能实现此整体主义立场自觉者，虽名为环境美学，实则是传统的自然美学而已。这便是我们从当代环境伦理学那里得到的核心启示。

---

① 关于卡利科特对动物自由/权利运动之系统反思，见 J. Baird Callicott, "Animal Liberation: A Triangular Affair," *Environmental Ethics* 2 (1980): 311 – 338.

② J. Baird Callicott, *In Defense of Land Ethic*, New York: State University of New York Press, 1989, p. 88.

③ Ibid., p. 25.

三 生态学与生态系统：环境美学原型

在环境美学视野下欣赏自然，其正确的欣赏方法只能是"环境模式"。"自然是环境的"当是环境美学对自然的基本规定。然而如何才能将"环境模式"落到实处，具体地实现"自然是环境的"这一规定？曰"整体主义"哲学立场。换言之，我们在此将环境美学家卡尔松的学术成果——"环境模式"与环境伦理学家克里考特的学术成果——"整体主义"结合在一起，用后者深化、充实前者，便实现了环境美学本位立场之自觉。以环境伦理学既有成果促进环境美学之自觉与深化，当是一个不错的思路。

那么，何为作为环境美学根本哲学立场或视野之"整体主义"？如何在具体的环境审美实践中可操作性地落实这种"整体主义"？当代中国环境美学界的许多学者喜用"生态美学"指称"环境美学"，可谓得其要领，然多数学者仅在哲学层面讨论"生态"这一关键词，未能进行更具体的分析。我们认为，环境美学（"生态美学"）不能停留于生态哲学原则这一正确立场上，尤其不能独倚古典时代的传统自然哲学，比如道家与儒家《易传》的自然哲学，而当有更精准的学术资源、现代生态科学。

依传统观点，伦理学当是一门主观人文科学，以人类的整体价值追求为宗旨，以人类集团内部的利益冲突调节为主题。然而，环境伦理学家则另有卓见。他们认为，传统伦理学的人类中心主义立场与个体主义视野不仅无益于当代环境问题之解决，相反，它们成为诸多环境问题之内在观念根源。因此，环境伦理学立身之处不在伦理学内部，而在看起来与之似成水火关系之另一端，即现代科学，具体地讲，是现代生态学。"20世纪杰出的科学发明并非电视与收音机，而是大地有机体的复杂性。只有对它了解最多者方可欣赏其神秘。"①

正像环境伦理学越善越求真，从现代科学的一个特殊门类——生态

---

① Aldo Leopold, *A Sand County Almanac: and Scketches Here and There*, New York: Oxford University Press, 1949, pp. 176 – 177.

科学中找到其理论原型一样，当代环境美学要想真正自立，成为一门迥异于传统美学的新兴学科，也需要告别传统审美趣味，从现代科学——真的视野，具体地讲，从生态学视野获得其独特的理论灵感与现实智慧。

　　生态学（ecology）：有机体与其环境间关系之研究。生理生态学聚焦于个体有机体与其环境之物理与化学特性，行为生态学家研究个体有机体对其环境做出反应的行为。种群生态学包括种群遗传学，乃影响动物与植物种群分布与丰度之过程。群落生态学研究由植物与动物种群所组成之群落如何发挥其功能及如何构成。古生态学乃研究有机物化石之生态学。生态学家经常关注特殊的分类学群体或独特环境。应用生态学将生态学原则应用于农作物与动物种群之管理。理论生态学家提供对特定实践问题之模拟，拓展总体生态相关性之模式。①

　　在某种意义上，我们可以将生态学理解为一种自然关系学。它所研究的自然不是个体自然，尤其不是那种作为独立对象或绝对独立存在的自然。相反，它研究的是自然之群体或集团。此乃对生态学的实体性描述。即使是对个体自然之研究，如上面所提及之行为生态学，它也不是孤立地考察自然个体，比如某个动物，而是着重考察该对象的个体行为与其所生存环境之间的关系，比如倾向于将个体动物的日常生活行为主要地理解为对其所生存环境的一种积极反应，而不是其独立个性之展示。

　　生态学考察自然的合理单元乃生态系统，即自然对象（有机物）与其环境间所形成的功能性依赖或反应的自然集合。

　　生态系统（ecosystem）是指一定时间和空间内，由生物群落与其环境组成的一个整体，各组成要素间借助于物种流动、能量流

---

　　① *Britannica Concise Encyclopedia*, Shanghai：Shanghai Foreign Language Education Press，2008，p. 517.

动、物质循环、信息传递，而相互联系、相互制约，并形成具有自调节功能的复合体。①

　　由于生物群落（community）又以种群（population）为构成单元，所以此生态系统必须是一个有着较大空间规模，包括了众多生物对象的自然单元，甚至是一个区域性地理空间，比如某区域之热带雨林生态系统或某湖泊水系所构成的生态系统。然而，对现代生态学早期开创者，比如阿瑟·G. 坦斯利（Arthur G. Tansley）而言，生态系统只是一个自然单元，并无特定的硬性规模标准，可小可大："［由］生物与环境形成的一个自然系统。正是这种系统构成了地球表面上具有大小和类型的基本单元，这就是生态系统。"②

　　据此，则"交交黄鸟，止于棘"（《诗经·秦风·黄鸟》）或"鹤鸣于九皋，声闻于野"（《诗经·小雅·鹤鸣》）即可构成一个最小规模的生态系统，因为它们已成功且典范地展示了动物（黄鸟）与植物（棘）或动物（鹤）与无机物（野）间所构成的功能性生态关系。当然，为充分理解生态学的这种关系属性或关系视野，我们又可以人们所能把握到的自然关系之最大单元、最大规模的生态系统——"地球生态圈"为例：

　　　　起初，生命的金字塔低而粗，食物链短而简。进化给这条链子加了一层又一层，一链又一链，人类是此进化食物链数千次增添后，处于此金字塔顶端的最复杂的一层。对此金字塔科学尚存许多疑惑，但至少有一点是确定的：进化的趋向是生物的精致化与多样性。③

----

①　戈峰主编：《现代生态学》，科学出版社 2008 年版，第 352 页。
②　Arthur G. Tansley, "The Use and Abuse of Vegetational Concepts and Terms," Leslie A. Real and James H. Brown editeds, *Foundations of Ecology*, Chicago：The University of Chicago Press, 1991, p. 333.
③　Aldo Leopold, *A Sand County Almanac：And Scketches Here and There*, New York：Oxford University Press, 1949, pp. 215 - 216.

这便是生态学视野下自然所展开的关系网，这便是生态学对当代环境哲学根本立场——"整体主义"的具体阐释。在此视野下，地球上、大自然中无一物是绝对独立的，无一物可离他物而独存。相反，地球上所有事物，植物、动物与无机物，都生存于一个"枝枝相覆盖，叶叶相交通"的关系网——地球生态系统中。与之相较，现代传统哲学那种倾向于独立地考察单个自然对象属性的视野，包括人类中心主义态度下所习惯的将人从自然系统中特别地摘出来，以显示其伟大文明特性的做法，在生态学家看来特别不靠谱，乃由偏见而造成的浅陋之见，因为这种个体主义视野从根本上误解了地球上众生物的最基本生存原理。

立足于这种对自然做整体观照的视野，利奥波德将地球生态圈根本地理解为"生物共同体"（biotic community），或径直称之为"大地"（land）。据此整体主义视野，利奥波德提出环境伦理"金规则"："一物导向保护生物共同体的有机性、稳定性和美时为是；它当趋于相反时则为非。"①

这便是现代生态学对整体主义自然观的具体阐释，这便是生态学关系视野所导出的新的环境伦理价值观。据此，生态系统或自然整体之健康或功能完善，乃自然之至善。不能认为当代环境伦理学所倡导的整体主义视野，以及现代生态科学所研究之自然关系乃开天辟地的新观念、新原理。实际上，关于天地自然之宏观概念，以及自然对象间之相互关系，中西古典文明时代均早有探测与总结。在一定意义上，我们可将当代环境哲学及现代生态学理解为对中西早期自然哲学所表达的古典智慧之重温。之所以有此重温，当然乃当代深重、迫切之环境危机所致，重温古典智慧当然是为了切实破解当代现实问题。然而更重要的是，我们需清醒地意识到：唯现代生态科学与环境科学为当代人类深度解析自然内在的生命机制提供了精准、明晰的路线图。即使中西古典自然哲学在宏观层面原则正确，要具体、明确地破解自然关系网，仍需主要地倚重生态学与环境科学。对环境美学而言，这便意味着生态学乃环境美学理

---

① Aldo Leopold, *A Sand County Almanac: And Scketches Here and There*, New York: Oxford University Press, 1949, pp. 224 – 225.

解自然关系，深度欣赏环境之美、自然生机的方法论原型，规模大小不等的生态系统则是当代人类感知、理解与体验环境之美，即环境自然之实体原型。

"自然美"乃传统美学概念。然而，如上所述，自然实又可分为对象自然与环境自然两种。作为整体主义视野下以洞察集团自然内在关系为要义的环境美学，其审美观照的合法对象便不再是抽象的自然美，而是具体的环境自然。借用生态学术语，其合法的审美欣赏对象将是规模、层次不等的群体自然—生态系统，或曰"生态美"。

四 整体主义视野下之生态美

"一点儿也不奇怪：数学家总是那些发现了这个世界之美与愉快的人们——它的对称、曲线、模式。我们现在进一步主张：对这个世界生态式的欣赏可以发现这个世界的美。"① 在环境美学建构之初始阶段，卡尔松曾正确提出自然审美到底欣赏什么，恰当的自然审美到底当如何欣赏的问题。那么，当我们不是贸然地径直以自然美学为环境美学，而将自然美学界定于"对象自然"范围内，即关于特定个体自然对象与现象之审美欣赏问题；将环境美学界定在"环境自然"范围内，即关于群体自然对象与现象之审美欣赏问题后，对何为"恰当"或"正确"的自然审美欣赏这一问题，自然美学与环境美学便有了各自不同的答案。环境审美到底欣赏什么？欣赏群体自然的生态之美。如何欣赏？当且仅当我们持有一种整体主义，而非个体主义视野，着意于探测特定群体自然或自然集团内部诸要素或成员间复杂、内在的互依共存机理，理解与体验由此而来的自然群体或集团之善时，方可谓恰当或正确地欣赏自然环境之美。在此意义上，我们便可将环境审美主旨理解为感知、理解与体验群体自然的"生态之美"。具体地，它包括以下几种基本类型。

---

① Holmes Rolston Ⅲ, *Environmental Ethics*, Philadelphia: Temple University Press, 1988, p. 235.

（一）动物与动物

夜对于飞禽也是非常可怕的，甚至在我们这里危险好像比较少的地方也如此。黑夜里隐藏着无数妖魔鬼怪，在一片漆黑之中有多少令人骇怕的东西啊！夜间奇袭的敌人一般都是这样，悄悄地猛扑过来。枭寂静无声的双翼飞翔着，像是足下垫了棉花。顽长的臭鼬巧妙地钻进鸟窝，连一片树叶都没碰到。性情暴躁的榉貂嗜血成性，它是那样迅疾，只一下子就叼住禽鸟和幼雏，扼杀了全家。①

此乃对动物间自然关系之一——生存竞争，特别是特定动物与其天敌——捕食者之间消极关系的忠实呈现，这是自然界勃勃"生机"之必然组成部分。当然，动物间关系并不限于此种消极关系。与人类社会一样，动物间有斗争也有合作。比如在狼群或猴群中，不同个体间除竞争，比如性竞争之外，同时也存在有效的分工合作关系。哺乳动物家庭成员间的相互关爱更是让人动容。以同情的眼光悉心体察动物社会内部的纷争与互助，当是环境美学视野下自然审美的重要内容。依环境美学，人情之外尚有物情存焉。于人有义，于物无情，此并非动物界的遗憾，实乃人类之浅陋。

（二）动物与植物

没有10年，或更长的时间，是没有一棵橡树能长到兔子够不着的高度的。在这10年或更长的时间里，每年冬天都要掉一层皮，每年夏天又重新长出来。这的确是再清楚不过了：每一棵幸存的橡树都是因为要么兔子没注意到它，要么就是兔子少了的结果。有一天，会有一位耐心的植物学家画出一张橡树生长的频率曲线，从上面可以看出，每隔10年，表中的弧线便要突出来，而每一高出的

① ［法］米什莱：《散文三篇》，刘锋杰编：《回归大自然》，北京大学出版社2006年版，第142页。

部分都是因为兔子的繁殖在这期间处于低潮。①

　　动物对植物界之依赖，以之为食物或居所，乃自然关系之又一基本形态。一般人所能感知到的，是个体动物与其周围环境性植物间的依存关系。但此处，利奥波德则以生态学家的专业眼光，向我们揭示出植物集团——橡树与动物集团——兔子间的关系，兔群对橡树数量与生存状态之制约。于是我们始意识到：物种主义（speciesism）视野下在动物与植物间区分优劣是浅薄的。动物与植物二者实际上构成一个更大规模的命运共同体。一方面，特定动物群体周围植物种群的生态健康状态将直接决定该动物种群之生存质量。另一方面，生存于特定植物种群范围内特定动物之生活习性，比如兔子对橡树的过度关注，也将严重影响该植物种群的生命节律。于是，自觉放弃物种主义偏见与优越感，以"众生平等"的视野悉心体察与领悟各物种间相互影响、相互依赖的命运伴侣关系，当是环境美学所倡导的生态审美之重要内容。

（三）植物与植物

　　只要一个美妙的春天来临，人们就会发现，一种新的杂草已经布满了牧场。一个最显著的例子就是侵入中部山区和西北部山丘的雀麦，又被称作窃草……今天，西北部山区侧边的蜂蜜色的山岳的景观，并不是来自一度覆盖其上的茂盛和有用的禾本草类和须芒草，而是那种代替了本地草类的劣质雀。机动车司机为那流水般的轮廓而惊叹，它把司机的眼睛引向了远处的最高峰，但他并未意识到这种替换。他意识不到，这些山岳是因为搽上了生态学的香粉，而呈现出损坏了的肤色。②

　　就一般人的印象而言，似乎只有动物间才存在严酷的生存竞争、资源争夺关系。在此，利奥波德向我们展示了植物内部，本地物种与外来

---

　　①　［美］奥尔多·利奥波德：《沙乡的沉思》，侯文蕙译，经济科学出版社1992年版，第6页。
　　②　同上书，第150—151页。

物种间的生存竞争关系，外来物种由于没有天敌之制约，会全范围地替代特定的本地物种。由此可见，植物间的生存竞争亦很无情，植物间的生存竞争关系可谓一场没有硝烟的无声战争。与动物界所普遍存在的拳头相向、生死搏杀现象相比，人类对植物世界的感知则是一种充满了阳光与春风的宁静、和平景象。如果说动物间厮杀所造成的血腥场面是暴力的绝好象征，植物世界所呈现的葱茏绿色则成了和平与安详的最佳代言者。可是生态学家告诉我们：与动物界一样，植物界也存在资源争夺战，各物种及同一物种的个体间也要争夺生存空间。由于人类感知能力的限制，我们看不到植物的拳头与牙齿，也就很难了解植物世界的生存方式与矛盾解决方案。以热带雨林生态为例，其中之乔木高大参天，并不是为了满足人类对身材的审美趣味；其下之灌木丛也并非有意地不求上进。在特定空间阳光、雨水等重要生存资源有限的条件下，各物种间采取了差别化发展的不同生存策略。利奥波德所提供的物种替代当是植物界生存竞争最严酷的案例，它相当于人类社会所发生的"反人类"式种族屠杀，是一种你死我活式的生存空间争夺战，是一种植物对另一种植物所犯下的"反植物罪"。只有在此生态学视野下，我们才有能力发现植物世界之另一面，它将颠覆我们对植物世界的原有印象。

同样，植物世界自身也构成一命运共同体，除相互竞争、搏杀，同样也有相互依赖与利用之例，比如藤蔓植物之于乔木。

（四）动物与无机界

在热带地区，走兽比寒带或温带地区更高大和更强壮；它们也更大胆，更凶猛。它们所有的特性似乎都来自气候的炎热。狮子生活在非洲或印度的烈日之下，是所有动物中最强壮、最凶暴、最可怕的：我们地区的狼，我们地区的其他食肉兽，远远不是它的对手，可能仅仅够得上做它的供应者。美洲狮如果名副其实的话，就像那里的气候一样，远远比非洲狮更温和。①

———————————

① ［法］布封：《狮子》，刘锋杰编：《回归大自然》，北京大学出版社2006年版，第182页。

　　自然界万物纷呈，类品浩繁，然而人类则特别地偏爱生命，即生物或有机物；然而须知有机物并不能独存，地球上支撑着一个庞大生命世界的，乃是一个更加庞大，然不事自夸的无机界。无机界之山、水与岩石、天气（温度、湿度等），对地球上各种生命形式起着最为基本的支持与规定作用。这里作者所观察到的便是特定地理与气候条件对本地区动物物种生理与心理特征的基础性规定，使人们感知到不同地区同一物种形态与性格之异。

（五）植物与无机界

　　　　每棵树都过着孤独的生活，形成独自的形态，映照着独特的影子。它们是与山有密切关系的隐士与战士。因为任何一棵树，尤其是山上的树，为了生存生长，必须和风、气候、岩石作沉静的长期苦战。每棵树都紧紧支撑自己的体重，因此才有独自的形体，承受独特的伤痕。其中有些银松被风侵袭，只有一侧生长树枝。有的树干像蛇一般纠缠在突出的雕石周围和岩石相互紧抱支撑。它们像战士般凝视着我，唤起我畏惧和崇敬之心。①

　　这里呈现出山石对树木的塑造。由于地理条件太严苛，树木之生存十分不易，因此生存于斯，虽然山石也仍然以其特定的矿物养分滋养着树木，但是树木同时感受到的，似乎又是一种挑战，一种抗争。对无机界生态功能的感知与认识，正挑战当代人类生态意识之高端。如果说植物曾面临动物界之歧视，那么面对有机界，最受歧视的当是无机界，好像有机物可以独存，无机界可有可无一样。生态学家告诉我们：一切有机物所需之生命能量，最终均来自于无机界。就个体有机物而言，死亡或无机化乃其必然的宿命，也只有无机化，原有机物才可以作为生命能量进入下一次能量流的循环过程，为新的有机物所利用。这便是有机界与无机界的生态依赖关系："落花不是无情物，化作春泥更护花。"

――――――――――

　　① ［德］赫·黑塞：《热爱自然的心声》，刘锋杰编：《回归大自然》，北京大学出版社2006年版，第15页。

（六）无机界

予观雁荡诸峰皆峭拔险怪，上耸千尺，穹崖巨谷，不类他山，皆包在诸谷中，自岭外望之都无所见，至谷中则森然干霄。原其理，当是为谷中大水冲击，沙土尽去，唯巨石岿然挺立耳。如大小龙湫、水帘、初月谷之顺，皆是水凿之穴，自下望之则高岩峭壁，从上观之适与地平，以至诸峰之顶亦低于山顶之地面。世间沟壑中，水凿之处皆有植土龛岩，亦此类耳。今成皋、陕西大涧中，立土动及百尺，迥然耸立，亦雁荡具体而微者，但此土彼石耳。①

此乃在无机界发现的山水相互作用，具体地，是水对山石的塑造作用。由此可见，即使"最低级"的无机界，其要素间也相互依赖、影响。生态学的关系视野就是要呈现存在于无机界的这种普遍性物理作用关系，就像在有机界所普遍存在的互依共存机制那样。

总之，生态学即自然关系学，就像政治学与社会学乃人类关系学一样。如果说传统自然美学视野下的自然审美以个体自然对象之特性为中心（property-centered），那么环境美学视野下的自然审美，则以自然对象间关系为中心（relation-centered），环境审美之重心乃是感知、理解与体验自然内部对象间（动物与动物、动物与植物、植物与植物、动物与无机物、植物与无机物及无机物间）所存在的功能性或生存性互依关系，并将此普遍存在于自然对象间内部的深层共生互依关系称为"生态美"（ecological beauty）。

何为环境美学环境审美欣赏之恰当起点？虽然在最广泛意义上，"环境"概念可以包括三种基本类型：自然环境、人类影响环境与人类文化环境，但是环境审美欣赏要想从根本上区别于传统的人类文化趣味，特别是以艺术为核心的审美趣味，它便只能以对自然环境，具体的自然生态系统的感知、理解与体验为恰当起点，只能将生态美首先理解为一种自然生态之美，而不是一上来就将生态理解为人类生活现象。若

---

① 沈括：《梦溪笔谈》，中华书局 2009 年版，第 266 页。

环境美学（生态美学）满足于以自然为隐喻言说人类生活，以人类文化环境为唯一讨论对象，而没有独立、深入地讨论自然环境之环节，它在本质上仍然将不得不是一种传统美学，即将传统审美观念与趣味应用于环境领域的美学。①

　　功能而非特性乃生态学关系视野的核心，欣赏生态美便是欣赏自然对象间关系的内在意义，理解特定关系对于利益攸关方不可或缺的生存性价值。如果说上面所举之例还是个体自然对象间关系，那么生态学之核心还是呈现出部分与整体间之关系，特别是整体对个体的压倒性意义。

　　　　道德关注的适当单元就是发展与生存的基本单元，爱狮子而恨丛林是一种错置的热情。一个接受了生态学教育的社会必须热爱丛林中的老虎，生态系统中的有机体，否则便会发生视野或勇气上的错误。②

　　在传统自然美学视野下，温顺的鹿可爱，而狮子与老虎则可恶，因为后者是捕食者，以鹿为食，代表了一种令人恐怖的血腥与残忍；但是罗尔斯顿告诉我们：从生态学即森林整体的角度看，狮子与老虎这些捕食者对森林而言也是必要的，甚至是善的，因为作为食物链之顶层管理者，它们通过掠食鹿等食草动物，控制着特定森林与草原上食草动物之种群规模，从而也就保护了森林与草原的持久、整体健康。特定森林与草原若没有了这些可恶、可怕的捕食者，食草动物将会泛滥。"物无善

---

　　① 在此方面，可以徐恒醇的《生态美学》为例。徐先生认为："所谓生态美，并非自然美，因为自然美只是自然界自身具有的审美价值，而生态美却是人与自然生态关系和谐的产物，它是以人的生态过程和生态系统作为审美观照的对象。"（徐恒醇：《生态美学》，陕西人民教育出版社 2000 年版，第 119 页）又，作为中国第一本以"生态美学"命名的专著，该著并无对自然生态系统之专门讨论。陈望衡的《环境美学》（武汉大学出版社 2007 年版）虽然将"环境"细分为自然环境、农业环境、园林与城市环境，但此著之自然环境部分亦未有关于自然环境各要素关系之具体讨论，更未正面涉及生态科学。曾繁仁著《生态美学导论》（商务印书馆 2010 年版）的主体理论资源则是海德格尔的存在主义哲学与中国的传统哲学，亦未正面认识到自然环境及生态科学对环境美学（生态美学）的基础性意义。

　　② Holmes Rolston Ⅲ, *Environmental Ethics*, Philadelphia: Temple University Press, 1988, p. 176.

恶，多必为灾。"没有了狼、狮子与老虎等猛兽的监督，"温顺的"鹿将会啃光树皮与野草，美丽的森林与草原也将不复存在。这便是狮子、老虎对森林与草原的生态价值。正因如此，罗尔斯顿才告诫我们："爱狮子而恨丛林是一种错置的热情。"反之亦然。

在传统视野下，我们倾向于根据人类自身的利益、需求或审美趣味将自然界万千对象与现象分成好的与坏的，或美的与丑的。然而，若将生态学考察视野放至生态系统之最大单元——地球生态圈之健康与持续中，那么，对于这个世界乃至于其各部分，我们将得出完全不同的结论："如果大地有机体作为整体是好的，那么，它的每一个部分也是好的，不管我们是否了解它。"① "每个有机体有其本类之善，它保护着自身种类作为好的种类。在此意义上，当你知道了什么是蓝云彬时，也就知道了什么是好的蓝云彬。"②

据此则自然界物无善恶，每一物对其所属物种而言，只要能健康地生存与发展，便都是好的，此言其自身之善；且每一物对其所属生态系统整体而言，均自有其不可替代的特定生态功能，此言特定个体对所属生态系统整体之善。据此，我们将不得不得出大不同于传统美学的审美判断：至少对自然生态系统而言，各自然物并无美丑之别，实际上，在自然界根本没有"丑"这种东西：

> 许多好心人都相信：美洲鳄是由魔鬼创造的。这样描述是因为其无所不食，而且丑陋。但无疑，这些创造物活得很自在，它们充满了我们所有伟大的创造者所批准它们生存的地方。在我们看来，它们凶猛、残暴，但在上帝眼里，它们却很美。③

> 若有人说一片沙漠，或是苔原、火山爆发之地是丑的，那他正在做出一项错误的陈述，举止失当。生态系统，至少作为景观，只

---

① Aldo Leopold, *A Sand County Almanac*：*And Scketches Here and There*，New York：Oxford University Press，1949，p.177.

② Holmes Rolston Ⅲ，*Environmental Ethics*，Philadelphia：Temple University Press，1988，p.101.

③ 约翰·密尔语，转引自 Holmes Rolston Ⅲ，*Environmental Ethics*，Philadelphia：Temple University Press，1988，p.240.

具有积极的审美特性。就像云彩从来就不丑一样，它们只存在美的程度上的差别。其他自然对象亦如此：山峰、森林、海滩、草地、悬崖、峡谷、瀑布、河流。（天文景观亦如此——恒星、星系、行星，它们或多或少，总是美的。）①

为何会有如此判断？这便是由于环境美学的独特审美立场——整体主义所致。立足于特定生态系统整体，我们发现了每一组成部分不可替代的独特生态功能——对系统的支撑功能。在此视野下，传统审美趣味以为丑陋的东西，均首先被理解为一种生态之善。至少，一物若有此善，其丑（若有的话）从欣赏者的认知心理上便成为可容忍的。若最终从生态系统整体效果评价之，由于它被判定为善的，因而也就只能是美的：

在一种更为精致的批评性意义上，美学家得出这样的判断：冲突汇入共生的价值之毁灭不再是一种丑，而是一桩美的事情。这个世界本来就不是一片纯快乐之地，不是迪士尼乐园，而是充满了斗争、忧郁之美，衰败乃繁荣之阴影。②

自然美可以是成本高昂的、悲剧性的，在毁灭面前，自然仍然可以是一幅永远确认其美的景观。在这种景观中，当各个部分被有机地组合进动态的进化生态系统中，丑的部分不是被分离出来，而是丰富了这个整体。丑被包含、克服、整合进一种积极、复杂之美。③

这便成功地证成了自然美学中的一种特殊取向——"肯定美学"（positive aesthetics）——认为自然本质上无丑。该美学立场可有两种表现形式。每一特定物种及其每一个体，就其自身之善而言，均有其存在

① Holmes Rolston Ⅲ, *Environmental Ethics*, Philadelphia: Temple University Press, 1988, p. 237.
② Ibid., p. 239.
③ Ibid., p. 241.

的合理性，都是善的，因而也是美的。故而天下无丑乃肯定美学之量的判断。地球生态圈整体之生命创造、维护功能乃是一种至善，因而至美。在此意义上，自然界或利奥波德所言之"大地"（Land）本质上是善的，因而是美的，故而自然即美乃肯定美学之质的判断。

于是我们发现：肯定美学实可谓环境美学之宿命、必然结论。换言之，从质与量两个角度对自然所有个体对象乃至自然之整体做全面、毫无保留的正面价值判断，乃是环境美学整体主义立场下对自然美的最高表达形态，是其终极审美价值判断，至少在自然环境范围内做审美判断当如此。

由此我们也便发现了环境美学于生态文明建设之价值：它从审美判断立场对自然生态价值毫无保留的全面肯定，成为当代社会环境意识启蒙与发扬之恰当出发点，它从审美判断的角度得出了与环境伦理学完全相同的结论。在此，生态学的科学立场、环境伦理学的伦理立场与环境美学的审美立场完全一致，形成合力，岂不妙哉！

生态美学：生态学与美学的合法联结
——兼答伯林特先生*

程相占**

在 21 世纪的国际美学理论图景中，生态美学无疑是引人注目的一个亮点。作为生态美学构建的参与者之一，笔者秉持"全球共同问题，国际通行话语"的学术准则，努力改变中国传统的学术研究方式或曰知识生产方式，力图通过国际同行之间的学术交流来构建生态美学。

在这个过程中，笔者既得到了国际学者的热情鼓励，比如说，加拿大学者艾伦·卡尔森（Allen Carlson）在其为 2015 年版《斯坦福哲学百科全书》撰写的"环境美学"辞条中论及笔者的生态美学，其参考文献列举了笔者与三位美国学者合著的《生态美学与生态规划设计》一书，并特别列举了笔者所负责的两章[①]，这是中国生态美学首次被写入国际权威辞书。与此同时，笔者也受到了国际学者的尖锐批评，比如说，美国学者阿诺德·伯林特（Arnold Berleant）于 2015 年撰写的《生态美学的几点问题》一文，比较全面地质疑了笔者生态美学的理论思路

---

* 本文原载于《探索与争鸣》2016 年第 12 期。

** 程相占，山东大学文艺美学研究中心副主任，山东大学生态文明与生态美学研究中心副主任，博士生导师，目前主要研究领域为中国美学、环境美学与生态美学，也涉及生态批评。

① 参见 Allen Carlson, "Environmental Aesthetics," *The Stanford Encyclopedia of Philosophy* (Spring 2015 Edition), Edward N. Zalta (ed.), URL = < http: //plato. stanford. edu/archives/ spr2015/entries/environmental-aesthetics/ > .

与核心要点。①

笔者与伯林特初识于1993年②，2006年以来保持频繁的学术通信，2008年邀请伯林特参与笔者主持的国家社会科学基金项目"西方生态美学的理论构建与实践运用"，2013年共同出版了该项目的最终成果中英文对照版《生态美学与生态评估及规划》。③ 笔者负责撰写该书的序言、第一章和第三章，伯林特则撰写了本书的第二章。伯林特批评笔者的主要依据就是这本书，特别是其第三章"论生态审美的四个要点"。

对于笔者来说，国际著名学者的鼓励固然重要，但有理有据的批评更有价值，因为只有从学理上回应了对方的严厉批评，才能进一步发展与完善生态美学，最终将之建构成经得起国际学术界严格考验的新型审美理论。根据笔者的判断，伯林特批评生态美学的原因主要有两个：第一，生态学既不能作为美学研究的模型，也无法与美学研究有效地联结起来；第二，以他与卡尔森为代表的环境美学已经比较成熟，没有必要构建与环境美学并行的生态美学。因此，生态美学能否成立，关键要看它能否回答如下两个问题：其一，生态学与美学如何联结？其二，生态美学究竟如何区别于环境美学？究其实质而言，第二个问题依然是第一个问题的合理延伸，因为只要我们充分地解释了生态学与美学的合法联结，就表明它已经超越了紧紧围绕"环境审美"与"环境价值"而展开的环境美学。因此，笔者对于伯林特之批评的回应主要围绕第一个问题展开，希望借此机会将我们的学术讨论引向深入。

一 生态美学是否偏离了美学

顾名思义，"生态美学"就是"生态的美学"或者"生态学的美

---

① 参见［美］阿诺德·伯林特《生态美学的几点问题》，李素杰译，《东岳论丛》2016年第4期。本文所引用伯林特的话都出自这篇文章，不再一一注明。2015年10月，山东大学文艺美学研究中心主办了"生态美学与生态批评的空间"国际研讨会，本文就是伯林特先生应邀提交的会议论文。该文的英文版已经正式发表，具体信息为：Arnold Berleant, "Some Questions for Ecological Aesthetics," *Environmental Philosophy*, Spring 2016, pp. 12－135.

② 伯林特教授曾于1993年应邀访问山东大学，做了题为"解构迪士尼世界"的学术演讲。笔者当时是山东大学中文系二年级博士生，参加了与伯林特教授的学术座谈。

③ 程相占、［美］阿诺德·伯林特、［美］保罗·戈比斯特、［美］王昕晧：《生态美学与生态评估及规划》（中英文对照版），河南人民出版社2013年版。

学"。因此，讨论生态美学必然遇到的一个前提问题是：将生态学与美学联结在一起是否合法？伯林特首先质疑的就是这个问题。

伯林特指出，在过去的半个多世纪里，对美学的一个重要影响是运用某些特定的科学理论来解释审美现象。他并不简单地反对这种做法，他指出，一旦试图将审美纳入某一科学模型而偏离了审美体验的首要地位，这种努力就误入歧途了，因为"这些尝试所蕴含的危险在于，试图通过某种形式的科学认知模型或范式来约束或解释审美的独特力量"。伯林特明确提出，他写这篇文章的目的是"倡导对科学在美学中的运用加以限定，质疑其作为具有普适性的诠释模型的大一统地位"；"对把进化论理论和生态学理论应用到自然美学的做法加以限定，因为这一做法已经使得美学变成了进化论或生态学的一个分支"。究其实质，伯林特质疑的问题是"生态学在社会和人文科学领域的适用性"，他坚持美学研究应该将审美体验放在首要地位，不同意用生态学这样的科学理论来解释审美现象。从这种学术立场出发，伯林特含蓄地批评笔者的生态美学研究是误入歧途。

坦诚地讲，伯林特的这一质疑也是国内批评生态美学的学者们共同的问题。笔者这里需要依次辩解的问题如下：第一，生态美学是否将审美体验放在了美学研究的首要地位？第二，如果生态美学并没有忽视审美的独特力量，那么，它是如何借助生态学展开美学论述的？第三，将生态学作为美学研究的新范式是否合理可行？

作为一个术语，"生态美学"的中心词无疑是"美学"而不是"生态学"，也就是说，生态美学必须是"美学"而不是"生态学"，笔者对此非常清楚。与此同时，生态美学作为美学，必须将审美问题而不是生态问题的研究放在首位。这不仅是伯林特的立场，笔者所构建的生态美学其实也正是这样做的。国内外研究生态美学的学者不少，不同学者对于生态美学的研究对象有着不同的理解，笔者明确将之限定为"生态审美"，笔者的"论生态审美的四个要点"一章对此进行了详尽说明①，伯林特应该比较清楚，读者单从标题就可以明白笔者的落脚点之所在，

① 程相占、［美］阿诺德·伯林特、［美］保罗·戈比斯特、［美］王昕晧：《生态美学与生态评估及规划》（中英文对照版），河南人民出版社 2013 年版。

这里无须重复。

坦诚地讲，笔者将生态美学的研究对象概括为"生态审美"受到了环境美学的启发。环境美学的学术出发点是超越艺术哲学，其着眼点是对于艺术之外所有事物的审美欣赏，其中主要是对于自然或曰自然环境的审美欣赏。因此，环境美学的关键问题就是有别于"艺术审美"的"环境审美"。为了回答如何欣赏环境这个问题，环境美学家们提出了一系列的审美模式，诸如卡尔森的环境模式、伯林特的参与模式，最终都是为了解决环境审美问题。

环境美学清醒地意识到环境区别于艺术品的各种特性，在解释"怎样欣赏环境"这个核心问题时涉及生态学等自然科学，认为生态学所提供的科学知识有助于环境审美。这无疑是正确的。笔者看到了环境美学的这种生态取向，进一步在生态批评的启发下追问了如下一个问题：生态知识有助于环境审美吗？能否借助生态学知识去欣赏艺术？1978年正式出现的生态批评肯定地回答了这个问题。生态批评最初被界定为生态学与文学的结合，很多生态批评论著大量借鉴了生态知识。这就意味着生态知识的引入，必然改变包括文学在内的艺术欣赏乃至艺术创作。就艺术批评而言，除了文学意义上的生态批评之外，生态电影批评、生态绘画批评已经出现；就艺术作品而言，生态文学、生态影视、生态绘画等层出不穷。那么，美学研究如何面对这些新的艺术批评与艺术样式呢？如果美学也应该从审美的角度研究这些问题，这种美学的名称应该是什么呢？显然不是环境美学，因为环境美学从其出发点上就是对于艺术品与艺术哲学的超越。因此，笔者构想的生态美学既包括对于环境的审美欣赏，也包括对于艺术的审美欣赏，与传统美学的区别在于是否借助生态知识与生态伦理，其深层底蕴在于人类中心主义还是生态整体主义。现代美学比如康德美学既研究自然审美又研究艺术审美，但它显然没有涉及生态知识与生态伦理，其深层底蕴是高扬人类主体性而不是生态系统整体观。生态美学是在生态学的影响日益扩大的情况下，伴随着生态伦理学的兴起而产生的一种美学新形态，其核心是借助生态知识与生态伦理来进行审美欣赏，无论审美欣赏的对象是艺术品还是各种环境。简言之，笔者在构建生态美学的过程中，自始至终都将"审美"问题而不是"生态"问题置于美学研究的核心或者说首要位置，比如，笔者 2015 年发表的《论生态美学的美学观与研究对象》一文提出了一种以"审美"为核心的美学模式，即"审美能力—审美可供性—审美体验"三元模式，尝试以之为框架构建以"生态审美"为研究对象的生态美学。① 这些事实表明，担心"生态美学"成为忽视审美问题的"生态学"是完全没有必要的。由于无法阅读汉语文献，伯林特无法完全把握笔者生态美学的新进展，他的误解情有可原。

二　生态美学如何借助生态学而展开美学论述

生态美学毕竟是与"生态"问题密切相关的美学，那么，它究竟怎样与生态学发生关联呢？换言之，美学与生态学的内在关联究竟何在？笔者认为可以概括为如下五点：

第一，生态学对于各种人文学科的最大冲击之处在于，它以科学的方式揭示了严重威胁全人类生存与发展的生态危机，如何拯救生态危机成为所有学科都无法回避的严峻问题，美学当然也不例外。简言之，生态美学就是在全球性生态危机的整体背景下展开的美学新思考、新探索。如果没有生态学所揭示的生态危机及其催生的生态意识，就不可能有生态美学的产生。

第二，生态学提供了大量的生态知识，这些知识对于我们的审美体验有着巨大的影响，甚至能够从根本上改变我们的审美对象与审美体验。比如，一个科学知识丰富的生态学家对于一片风景的审美欣赏，很多地方不同于那些毫无生态知识的一般欣赏者：生态学家能够感受到特定生态系统的整体性，感受到生态系统中各个成员之间的互动关系，能够发现那些不为一般欣赏者所注意的审美现象。这方面的代表性人物包括《沙乡年鉴》的作者利奥波德，《寂静的春天》的作者卡逊等，他们都是以生态学家的身份进行文学创作的，精湛的生态学造诣深刻地影响了他们的审美观念、审美体验和审美表达。环境美学家卡尔森特别重视生态学知识在自然审美欣赏活动中的重要性，他将其环境美学立场概括

---

① 参见程相占《论生态美学的美学观与研究对象——兼论李泽厚美学观及其美学模式的缺陷》，《天津社会科学》2015 年第 1 期。

为"认知立场"，用以区别于伯林特的"交融立场"，从而形成了环境美学领域"双峰并峙"的格局。卡尔森与伯林特之间进行过许多学术争论，伯林特批评笔者追随了卡尔森的"审美认知主义"，其实只不过是二人学术论争的继续。伯林特尽管多处批评了康德，但他在这里却坚持了康德对于审美与认识的明确区分，甚至认为审美与认识（其结果即知识）无关。这不仅是对于康德的误解，而且是对于审美活动实际情况的无视。康德只不过是通过对比审美判断与认知判断（或曰逻辑判断）的差异来说明审美判断的特点，他丝毫没有否定审美与认知的关系；而在我们的实际审美活动中，根本无法排除知识的存在——笔者无法想象对于一个一无所知的对象，我们如何能够进行审美欣赏。就像卡尔森多次论述的那样，知识（包括生态学知识）不但为我们"恰当的"审美欣赏提供了基础，而且能够增强或丰富我们的审美体验。正因为特别重视生态学知识的重要性，卡尔森甚至认为他的环境美学可以部分地被称为"生态美学"，或曰"环境美学框架中的生态美学"①。

第三，生态学改变了人们的伦理观念，催生了生态伦理学（又称环境伦理学），而生态伦理观念又在很大程度上影响甚至塑造了新型的审美体验。究其实质，伦理是对于他者的态度与准则，是对于"我该做什么"这个问题的回答。传统伦理学的"他者"主要指"他人"，协调的是人与人之间的关系；与此相应，生态伦理学的核心要点是扩展伦理共同体的范围和边界，将"他者"的范围从人扩展到地球共同体及其所有成员并关怀其健康，从而改变了人类对于人类之外其他事物的态度和准则：从占有与掠夺到尊重与关怀。这种转变深刻地影响了人们的审美偏好和对于审美对象的选择，使得那些极少甚至从未出现在现代审美活动之中的对象，诸如荒野、湿地、蚂蟥、麋鹿尸体等，开始成为能够带来丰富审美体验的审美对象。这方面的典型例子是两位著名环境伦理学家罗尔斯顿和考利克特提供的：前者详尽讨论过对于荒野的审美体验，

① 参见 Allen Carlson，"The Relationship between Eastern Ecoaesthetics and Western Environmental Aesthetics,"*Philosophy East and West*，forthcoming. 该文认真细致地讨论了中国生态美学的理论思路和贡献，甚至在笔者所论述的"环境美学与生态美学之关系"五种立场的基础上，提出了二者关系的第六种立场，即"借鉴生态美学发展环境美学"，表明卡尔森对于中国生态美学有着高度的重视和评价。

甚至提出过"生态美学"（ecological aesthetics）这一概念①；后者则曾经描述他访问沼泽时被蚊虫叮咬的经历，认为这种体验尽管不太令人愉悦，但"总是从审美上令人满足"②——这是传统审美观念根本无法解释的审美现象。笔者觉得，这两位生态伦理学名家所讨论的审美体验，就是受到生态伦理观念根本影响的生态审美体验，这方面的理论成果值得我们认真总结。③ 简言之，生态意识、生态知识与生态伦理都会对人们的审美体验产生重要影响，这促使我们从生态视野出发重新思考知识、伦理道德与审美体验的关系，是生态美学应该深入探讨的核心问题。

第四，生态学所揭示的生态价值引导欣赏者从生态健康的角度出发去看待事物的审美价值，在价值序列中将生态价值置于审美价值之前，从而引发了生态美学对于"审美破坏力"的反思与批判。与动物只能根据本能行事不同，人类通常根据价值观而行动。问题的复杂之处在于，人们的价值观往往是各种价值观的综合体，这些价值观之间并不总是完全一致，事物的不同价值之间往往也会发生冲突。审美体验与价值的问题是审美理论的核心问题，同样是生态美学的关键问题。伯林特对此提出严正质疑：生态价值与审美价值何者优先？他批评笔者赋予生物多样性和生态系统健康以无与伦比的重要性，他认为，这些的确是生态系统评价中的重要考量因素，"但它们与知觉毫不相干"，所以，他认为笔者"所接受的影响是生态和伦理的价值观，而不是审美的价值观"，"在强调生物多样性和生态系统健康为生态价值原则时，好像已经完全忽略了审美"。

针对伯林特的上述批评，笔者觉得有必要厘清事物的各种价值及其相关之间的关系。简单来说，事物总是包含各种价值的，比如，著名生态伦理学家罗尔斯顿就提出，自然具有供养生命价值、经济价值、休闲价值、科学价值、审美价值、基因多样性价值、历史价值、文化象征价

---

① Holmes Rolston, III. "From Beauty to Duty: Aesthetics of Nature and Environmental Ethics," in Arnold Berleant, ed., *Environment and the Arts: Perspectives on Environmental Aesthetics*, Aldershot: Ashgate, 2002, p.139.

② J. Baird Callicott, "The Land Aesthetic," *Environmental Review* 7 (1983): 345 – 358.

③ 笔者指导的博士论文《当代环境伦理学思想中的审美问题研究》（曹苗，山东大学，2015）对此进行了一定的探讨，可以参考。

值、性格塑造价值、多样性统一价值、稳定性与自发性价值、辩证价值、生命价值、宗教价值等。① 笔者这里提出的一个关键问题是：当生态价值与审美价值发生冲突时，二者之中何者应该优先考虑？在缺少生态价值参照的情况下，传统美学会毫不犹豫地将优先权赋予审美价值，似乎审美价值具有无可争辩的合法性。但是，生态美学研究者发现了审美价值并非天然合理的，比如说，森林的游客可能偏爱整洁而希望清除森林中的枯枝与落叶，但从森林生态系统的健康来说，这些枯枝与落叶却至关重要。那么，游客所要面对的尖锐问题就是：坚持他的审美偏好，还是尊重森林的生态健康并改变他的审美习惯？这个问题可以借助当前流行的减肥时尚来分析：身体健康与时尚之美，究竟哪个更重要？如果从历史的角度来看就会发现，在人类不同文明形态中都出现过畸形的审美偏好，比如，中国古代文人对于所谓的"三寸金莲"的偏好，龚自珍《病梅馆记》所尖锐批判的病态审美偏好。生态美学的革命性意义在于，它从生态审美的角度，一方面严厉批判忽视生态健康的传统审美偏好，另一方面努力揭示被纳入资本运行逻辑的所谓的"审美价值"的严重破坏力，比如，对于自然美的欣赏所导致的对自然环境的严重破坏——那些所谓的"海景房""湖景房"与"山景房"，哪一个不是那些利欲熏心的房地产开发商的牟利工具？简言之，笔者认为，因为追求审美价值而形成的"审美破坏力"是导致生态危机的罪魁祸首之一，审美价值必须在生态价值的引导下进行重新评价。这绝不意味着笔者忽视审美价值，而意味着深入反思并重新定位审美价值。

第五，生态学的核心关键词"生态系统"揭示了一个基本事实：生态系统中的每一个个体都必须依赖其他事物而存在或生存，处于食物链顶端的物种必须依赖处于低端的物种，而处于低端的物种则无须依赖处于高端的物种。这个基本事实表明，人类这一自命不凡的物种必须依赖其他所谓的"低级的"物种才能生存，比如，为人类提供蔬菜的各种植物，为人类提供肉食的各种动物，而这些物种却根本不需要人类为之提供任何东西——恰恰相反，如果没有人类的干预和掠夺，它们能够生

---

① 参见 Barbara MacKinnon, *Ethics*: *Theory and Contemporary Issues*, Peking University Press, 2003, pp. 368 – 376.

存得更好。因此，生态学向人类揭示的基本事实是，所谓的人类的存在或生存，必然是也只能是"生态存在"——依赖生态系统的存在。曾繁仁先生借鉴海德格尔的存在论治学而将其生态美学称为"生态存在论美学"①，关键原因正在于此。笔者这里愿意做更进一步的发挥：如果我们从"本原"的意义上理解"本体"这个歧义丛生的概念的话，那么，我们可以尝试提出"生态本体"这个比"生态存在"更进一步的概念。所谓"生态本体"是指，生态系统是任何生命存在的本原或本根——如果没有正常运行的（也就是健康的）生态系统，生命就根本不可能产生，即使偶然产生了也不可能存在，更遑论发展了。简言之，笔者这里尝试提出的"生态本体"概念就是构建生态美学的本体论基础，用于取代古今中西哲学史上所出现的各种本体论，诸如自然本体论、神学本体论、道德本体论、历史本体论、情感本体论等。② 这无疑是生态学与美学的深层关联。

三 将生态学作为美学研究的新范式是否合理可行

除了上述五点外，生态学与美学的关联途径还有第六种，也就是在生态学研究范式的基础上构建新的美学研究范式。这是生态学与美学最深层、最重要的关联，也是为目前学术界所忽略的一点，应该单独拿出来进行讨论。

伯林特是一位著述丰富的学者，他对于生态学在社会和人文科学领域的适用性有过严肃而深入的思考，甚至讨论过"审美生态学"。比如，他在《审美生态学与城市环境》一文中提出，生态学已经从其原来的生物学意义扩大为解释人类及其文化环境关系的概念，这种转变已经形成了另外一场科学革命，其重要性堪与哥白尼革命相提并论。③ 然而，令人颇为费解的是，他在批评笔者的这篇文章中似乎放弃了他自己

① 参见曾繁仁《生态存在论美学论稿》，吉林人民出版社 2009 年版。
② 参见陈炎《形而上的诱惑与本体论的危机——兼论康德、牟宗三、李泽厚的得失》，《清华大学学报》（哲学社会科学版）2015 年第 5 期。
③ ［美］阿诺德·伯林特：《审美生态学与城市环境》，程相占译，《学术月刊》2008 年3 月号，中国人民大学《复印报刊资料·美学》2008 年第 7 期转载。

早先的观点，不同意用生态学这样的科学理论来解释审美现象。

笔者这里提出的观点与伯林特的看法正好相反。众所周知，生态学这个术语的希腊文是 Oikologie，它由希腊语"家"（oikos）和"学问"（logos）组成，因此，从字面上来说，生态学就是"关于家的学问"，它所关注的就是生物在其家园中的生活。作为一门自然科学，生态学本来是生物学的一个分支学科。德国生物学家恩斯特·海克尔（Ernst Haeckel）于 1866 年首次提出了生态学定义，将之界定为研究"有机体与其环境之关系"的科学。这个定义包括如下三个关键词：有机体、环境、关系。我们不妨以野兔为例来理解生态学的研究方法。按照传统的研究方法，要研究野兔，就要把野兔捉住关进实验室，将野兔麻醉后放在手术台上进行解剖，从而了解野兔的各种生理结构，诸如骨骼、内脏、血液循环等。这种研究方法固然有其价值，但是，实验室并非野兔本来的生存环境，手术台上被解剖的野兔并不是活生生的生命体，因此，通过实验室解剖所得到的野兔知识，对于我们认识野兔非常有限。要想真正地认识野兔的本来生命状态，就必须到野兔的真实生存环境之中，去观察活生生的野兔如何觅食，如何筑巢，如何躲避敌害，如何繁衍生息，等等。这就意味着生态学的研究方法，就是把野兔当作活生生的有机体，研究它与其生存环境的关系。因此，相对于传统的实验室研究方法而言，生态学作为一种研究方法具有革命性意义。

研究方法背后所隐含的是研究思路和研究框架，某一个学科之所以被称为"生态的"，诸如生态人类学、生态社会学、生态心理学等，是因为这些学科的研究思路与框架就是"有机体与其环境之关系"；各种以人为研究对象的人文学科之所以可以借鉴生态学的研究范式，是因为人这种物种归根结底也是一种"有机体"，也像其他各种有机体一样，与其生存环境时时刻刻发生着血肉联系，比如，能量与信息交换。正是在借鉴生态学的研究思路与框架的基础上，芬兰学者贾伟图（Timo Järvilehto）于 1998 年提出了"有机体—环境系统"（Organism-Environment System）理论。该理论的基本假设是：在任何功能性意义上，有机体与环境都是无法分离的，二者只能形成一个一元系统。有机体没有环境就无法存在，而环境只有在与有机体相连的情况下才具有描述属性。尽管为了各种实践目的我们将有机体与环境分离，但这种常识性的起点却在心理学理论中造成了无法解决的问题。因此，有机体与环境的分离根本无法作为科学地探索人类行为的基础。"有机体—环境系统"理论引导我们重新解释很多研究领域的基本问题，避免将精神现象还原为神经活动或生物活动，避免各种精神功能之间的分离。根据这一理论，心理活动是整个有机体—环境系统的活动，传统心理学概念仅仅描述了这个系统组织的不同方面。因此，心理活动不能与神经系统相分离，但神经系统仅仅是有机体—环境系统的一部分。① 简言之，在"有机体—环境系统"中研究人类的心理活动，就是区别于传统心理学的"生态心理学"。

其实，早在这位芬兰学者之前，美国著名心理学家詹姆斯·吉布森（James Jerome Gibson）就深入研究了"生态知觉理论"，其代表作是出版于1979年的《视知觉的生态立场》②，其核心要点是：视觉并不始于静态的视网膜阵列，而是始于移动于视觉信息丰富的环境之中的有机体。正因为吉布森既强调知觉者移动的功能，又强调知觉者与其所处环境的整合，他的生态知觉理论被视为新兴的"具身认知"（Embodied Cognition）理论的一个例证。③ 国际美学界对于具身认知理论及其与美学理论的关系了解不多，这不能不说是一件遗憾的事情。笔者曾经从身体美学的角度论述了"身体化的审美活动"，认为它是完整的身体美学图景的第三个层面，传统美学理论中的关键词特别是审美主体、审美体验等，都应该增加一个修饰语"身体化的"④。所谓"身体化的"，是三年前笔者对于英文单词 embodied 的翻译，现在觉得将之翻译为"具身的"更加恰切。

将审美活动与审美体验理解为"具身的审美活动"与"具身的审美体验"，不仅是对于西方现代身心二元论哲学与美学的重大突破，而

---

① Timo Järvilehto, "The Theory of the Organism-Environment System: I. Description of the Theory," *Integrative Physiological and Behavioral Science*, 1998 Oct-Dec, 33（4）: 321 – 34.

② James Jerome Gibson, *The Ecological Approach to Visual Perception*, Boston: Houghton Mifflin, 1986.

③ Robert A. Wilson, and Lucia Foglia, "Embodied Cognition," The Stanford Encyclopedia of Philosophy（Winter 2015 Edition）, Edward N. Zalta（ed.）, URL = < http://plato. stanford. edu/archives/win2015/entries/embodied-cognition/ >.

④ 参见程相占《论身体美学的三个层面》，《文艺理论研究》2011年第6期。

且是将美学理论研究导向生态学框架的初步尝试。我们都知道，以笛卡尔与康德为代表的现代哲学家，在突出心灵的功能与地位的同时，贬低身体的功能与价值，甚至将之视为欲望和罪恶的根源。心灵没有广延，不占据任何空间，也不需要直接与环境进行能量交换。所以，现代哲学无不表现为突出心灵能动性的主体哲学，也就是仅仅关注心灵的一元论哲学。针对这种哲学思路和倾向，20世纪很多哲学家开始重新思考身心关系，严厉地批判了现代心灵一元论哲学的缺陷，深入研究了身体敏锐的感知功能，身体与心灵活动密不可分的关系，身体为人的生存奠基的根本地位，等等，法国哲学家梅洛—庞蒂的身体知觉现象学可以作为这方面研究的突出代表。这就把心灵一元论的现代哲学改造为身心有机统一的二元论哲学。

在此基础上，笔者尝试参照生态学研究范式，提出"身—心—境"三元合一的新型研究模式，其前提是对人所做的如下界定：人是身体与心灵相连，处于特定环境之中的有机体，也就是身体、心灵、环境三元融为一体的独特物种。如果这个假设成立的话，那么，任何人文学科在对人进行研究的时候，都不能忽视"身—心—境"三元中的任何一元。从当今国际美学前沿领域来看，这一研究模式贯通了环境美学、身体美学与生态美学，这三种美学最终统一为坚持"人—环境系统"这个基本框架的生态美学。这就意味着，环境美学可以视为生态美学的有机组成部分。生态美学除了研究对于各种环境的生态审美欣赏之外，还研究各种生态艺术所表达的生态审美观念，而环境美学的逻辑起点就是对于艺术欣赏的批判与排除。这就从研究范围的角度清晰地区分了生态美学与环境美学的异同。伯林特站在他的环境美学的立场上批评生态美学的合法性，其前提应该是辨析二者的异同。

四　结语

生态美学自1972年正式诞生以来，一直受到国内外两个学术群体的质疑乃至否定。一个群体是环境美学的研究者，其核心质疑是：相对于环境美学而言，生态美学提出并论证了哪些独特问题呢？如果没有的话，那么，在环境美学之外另起炉灶构建生态美学，就是一个多余之举乃至误导之举；另外一个群体是那些遵循美学研究的传统思路进行科研的学者，他们的核心质疑是：美学就是美学，在"美学"之前添加一个修饰语"生态的"或"生态学的"，其合法性根据何在？这个问题其实也就是在追问：美学何以是"生态的"或"生态学的"？

客观地说，来自这两方面的质疑都是合理而有力的，因为到目前为止，倡导并从事生态美学研究的中外学者，并没有圆满地解答这两个问题。这固然是生态美学尚未成熟的表现，同时也是生态美学走向成熟的契机——如果生态美学能够切实地回应这两方面的质疑，那么，生态美学的说服力就会大大增强。伯林特对于笔者的批评，促使笔者严肃地面对并努力回答这些问题。

生态学作为一门科学，不仅包含一系列概念与观念，而且包含独特的研究方法。笔者认为，以是否借鉴生态学的概念、观念与方法为标准，可以将整个美学学科划分为生态美学与非生态美学；而根据从生态学所借鉴的内容之层次，又可以将生态美学划分为表层生态美学与深层生态美学。表层生态美学将生态学的概念及其所启发的思想观念引用到美学研究中，提出并论证了一系列为非生态美学所忽略的审美问题，是生态美学的初期形态；与此相应，深层生态美学则重在借鉴生态学的研究方法，尝试在"有机体—环境"系统这一生态学研究框架中，反思和批判现代美学的哲学路径及其理论话语的根本缺陷，重新探讨人类审美活动的特性，创造新的理论话语与关键词来描述和解释审美活动，以对于生态审美体验的理论阐释为核心构建生态美学，从而彻底反思并改造此前的非生态美学。生态美学要走向深入与成熟，必须从现有的表层研究尽快进入深层研究。这是笔者回应伯林特之批评的最大收获，也是笔者进一步完善生态美学的努力方向。

五

生态马克思主义

慎待有机马克思主义[*]

陈永森^{**}

有机马克思主义是继 20 世纪 90 年代之后，近几年在我国学术界流传较广的西方马克思主义思潮之一。对于这种自称为建设性后现代主义的马克思主义，我们需要谨慎对待，甄别分析。不要因为有"马克思主义"的名号，肯定中国的传统文化，强调"生态文明的希望在中国"，我们就引以为知己而追捧之；也没有必要因与我们的见解不同而追杀之。只有讲道理，摆事实，理性评判才有说服力。本文仅选择有机马克思主义的几个理论问题加以考察。

一 如何看待有机马克思主义对经典马克思主义的批评

有机马克思主义对经典马克思主义的质疑可以归结为如下几个方面：

一是历史发展有无根本动力和规律性？有机马克思主义认为，马克思深受黑格尔的影响，把历史看成一个必然的过程。尽管马克思把黑格尔头脚倒置的哲学翻转了过来，但历史进程的可预测性和有规律性思想是共同的。黑格尔把历史看作绝对精神的展现；马克思把社会经济条件看作历史发展的根本动力。因此，"马克思并没有跳出黑格尔的思考框

---

   * 本文原载于《理论与评论》2018 年第 1 期。
  ** 陈永森，福建师范大学马克思主义学院教授。

架。结果，他不加修改地接受了黑格尔的决定论历史观"①。

二是世界是否会变得越来越好？否定进步主义是后现代主义的一般特征。有机马克思主义也认为，"世界会变得越来越好"并"最终出现一个乌托邦的理想社会"是来自基督教弥赛亚主义错误的现代性话语。他们认为："部分是因为自身的犹太教背景，马克思深受这些假设的影响。"② 不过，与永恒的天国不同，马克思开创了一个世俗版的乌托邦。有机马克思主义认为，资本主义世界贫富差距不断扩大，而弱者、穷人却不愿或无力改变现实，以马克思主义为指导的国家有许多老大难的问题仍然没有解决，这说明现代进步主义只是思想者的一厢情愿。

三是马克思是否有生态思想？在有机马克思主义看来，尽管马克思和恩格斯对人与自然的关系有深刻的洞察，但总体上，他们并不特别关注生态环境问题，"根据经典马克思主义的观点，自然界构成了阶级斗争的背景，但它只是作为唯物主义的'质料'、原材料供应者以及工作场所而存在，它也许是人类斗争得以展开的舞台，但它本身并没有被充分纳入经典马克思主义的分析中"③。

四是如何看待文化因素在历史进程中的作用？有机马克思主义认为，马克思的早期著作确实把一切人类历史看作社会经济结构发展的产物，而把思想和意识形态仅仅看作对历史不产生真正影响的"上层建筑"，但后期有所变化，因此这种思想不能代表马克思成熟的思想。不幸的是，西方学术界往往只关注早期而忽视了后期，而"庸俗化的马克思主义"也忽视了思想、文化的作用。因此，有机马克思主义不仅要研究资本、阶级和生产资料的历史，而且要研究包括思想文化在内的促使社会进化的所有因素。在有机马克思主义者看来，"有机马克思主义代表着一种对唯物主义的更广泛的理解，今天一些哲学家称之为'广义的自然主义'。广义的自然主义者认为，自然的进化不仅包括生物维度的进化，还包括思想的、文化的甚至世界观等维度的进化"④。

---

① ［美］菲利普·克莱顿、贾斯廷·海因泽克：《有机马克思主义——生态灾难与资本主义的替代选择》，孟献丽等译，人民出版社 2015 年版，第 61 页。
② 同上书，第 64 页。
③ 同上书，第 68 页。
④ 同上书，第 201 页。

如何看待有机马克思主义对经典马克思主义的批评？

就历史的规律性而言，马克思无疑主张历史的演进是有规律的，但马克思并没有把欧洲尤其是西欧的发展轨迹泛化为普世性规律，因为各个国家的历史、文化各异，无法"以一统万"。1881 年 3 月，马克思在给俄国女革命者维拉·伊万诺夫娜·查苏利奇的回信中强调，他在《资本论》中关于从封建社会向资本主义社会过渡的"历史必然性"的理论"明确地限于西欧各国"，并强调"农村公社是俄国社会新生的支点"，故东方国家社会发展的规律只能根据各国的历史特点做出判断。由此可看出，马克思反对把西欧的发展模式套用到任何国家中。马克思只是依据唯物史观揭示了人类历史的一般进程，但没有也不可能预知各个国家的具体的历史轨迹，否则真的会像柯布所说的那样，陷入"错置具体性谬误"中。

就文化影响历史进程而言，马克思无疑是否认文化的决定性作用的。历史的决定性因素归根到底是物质资料的生产和再生产，不是意识决定物质，而恰恰相反，是物质生活决定人的精神生活，但是马克思又反对把经济因素看作历史发展的唯一决定因素，认为上层建筑、文化也会在特定时期和范围内改变历史的进程和面貌。当一些追随者把马克思的唯物史观解读为"经济决定论"时，恩格斯澄清道："根据唯物史观，历史过程中的决定性因素归根到底是现实生活的生产和再生产。无论马克思或我都从来没有肯定过比这更多的东西。如果有人在这里加以歪曲，说经济因素是唯一决定性的因素，那么他就是把这个命题变成毫无内容的、抽象的、荒诞无稽的空话。经济状况是基础，但是对历史斗争的进程发生影响并且在许多情况下主要是决定着这一斗争的形式的，还有上层建筑的各种因素。"[1] 恩格斯讲得很清楚，经济因素很重要，但其他诸如宗教、政治等因素也在历史的进程中发挥着重要作用，甚至能从根本上改变某个国家的特定历史阶段的进程和面貌。

就历史是否不断进步而言，马克思无疑如有机马克思主义所言，确实是一个进步主义者。社会形态依次更替理论就是一种进步主义。在马克思看来，从前的文明社会都是阶级社会，随着生产力的发展和生产关

---

[1] 《马克思恩格斯文集》（第 10 卷），人民出版社 2009 年版，第 591 页。

系的变革，历史最终要被共产主义社会所取代。有机马克思主义自称是建设性的后现代主义，但在反对马克思主义的历史进步论上，与解构的后现代主义如出一辙。有机马克思主义把中国和印度与欧洲人的时间观进行比较，赞赏把时间理解为周期性，把历史看成由序列周期构成的东方时间观和历史观，贬低欧洲的世界会变得越来越好的"世界改良论"。西方的线性时间观和历史观固然有其缺陷，但中国的所谓兴衰治乱、往复循环的"历史周期律"明显是错误的。有机马克思主义把错误的历史观作为其反对历史进步主义的依据，难以服人。进步潮流不可阻挡，有机马克思主义以及形形色色的后现代主义对历史进步的否定缺乏历史和现实的依据。一个马克思主义者同时也应该是历史乐观主义者，建立在唯物史观基础上的进步主义并没有错。

就马克思主义的生态性而言，有机马克思主义的观点有一定的合理性，但否定唯物主义辩证法在思考和解决生态环境问题上的作用，显然是错误的。这一点，有机马克思主义显然比福斯特的生态马克思主义退步了。在马克思和恩格斯生活的时代，资本主义生态环境问题已经初现端倪，马克思揭示了当时英国伦敦的环境问题，恩格斯揭示了英国工人恶劣的工作条件，他还警告人类不要过分陶醉于对自然的胜利。马克思和恩格斯关于未来社会人与自然矛盾的和解，要求把保持良好的土地传给下一代，憧憬城乡融合的社会等，直到今天还有重要的启示价值。但在马克思的时代，生态环境问题并未像今天这样严重，环境问题也未充分展示出来，当时最突出的问题是工人阶级与资产阶级的矛盾，马克思主要关注的是如何实现工人的经济和政治解放以及人类的解放，因此，尽管在生态环境问题上他们有许多深刻的见解，但没有构建完整的生态学理论。应该说，有机马克思主义反对"尽在马克思中"是有道理的，但总体上它对马克思有关生态环境问题的洞见未给予足够的重视，没有看到唯物论和辩证法在分析生态环境问题的世界观和方法论上的意义。

二　如何看待有机马克思主义的神学性

从思想的来源和基本内容看，有机马克思主义带有浓厚的宗教色彩。美国有机马克思主义的阐释者和倡导者基本上是有神论者。有机马克思主义的鼻祖柯布在西方世界通常被称为神学家、哲学家和环境保护主义者。《有机马克思主义》的作者之一克莱顿在美国被称为宗教哲学家和科学哲学家，曾任职于克莱蒙神学院。不管他们是不是"借马克思的影响力兜售基督教哲学"①，神学性都是有机马克思主义的基本特征，中国读者在阅读他们的论著时，必须特别注意它的过程神学底色。

首先，作为有机马克思主义哲学基础的怀特海有机哲学带有神学的神秘性。正如柯布所言："我们中的一些先知基督徒欣赏怀特海的批判，部分原因是，它重新开启了所听优先于所见的圣经/先知理解。"② 怀特海把上帝看作现实的源泉。在怀特海看来，实在世界就是由具体的显相（occurrence）组成的，它是全部潜存于可能性领域内的无限多的世界中的一个；实在世界是选择的结果，最终决定这一选择的是上帝。他指出，上帝把限制施于无限多的可能世界，才使这个唯一的世界得以实际产生，所以上帝是现实性的源泉，也是限制性的根源。由于限制的根源必定存在于运用了限制才产生出来的世界之外，理性也就不能够发现这一限制性的根源，因此，我们只能从上帝的存在上得到解释，而这种认识是反理性的。只谈活动或过程而不谈活动的物质载体，只看到个体之间的联系所产生的变动，忽视事物内部的固有矛盾而引发的物质运动，这与西方用因果链条来论证上帝存在的神学观如出一辙。

其次，有机马克思主义看问题的角度和生活态度带有明显的宗教倾向。有机马克思主义的宗师小约翰·柯布在西方世界被称为神学家，作为"一个美国的基督教思想家"③，"我更多的是根据神学和社会中教会的作用而非一个世俗的观察者来看待历史的"④。宗教性不仅影响其思想而且指导着他们的行动。有机马克思主义者正是以一种宗教的虔诚来从事他们的活动的，正如柯布所言："我们这些从内心明了基督教信仰

① 尹海洁：《拆穿"有机马克思主义"的画皮》，http://www.haijiangzx.com/2016/1214/1554444.shtm，2016年12月14日。
② ［美］B. 柯布：《论有机马克思主义》，陈伟功译，《马克思主义与现实》2015年第1期。
③ ［美］B. 柯布：《马克思与怀特海》，曲跃厚译，《求是学刊》2004年第6期。
④ 同上。

力量的人……将信仰的力量导向对生命的肯定和对生命共同体的归属感，是我们毕生的一个目标。"①

最后，有机马克思主义对基督教的新诠释顺应了当代生态保护的诉求。其表现一是把"上帝"理解为"整体大全"。柯布所理解的上帝，不是传统的基督教的上帝，而是过程哲学的上帝，即作为一个整体的或有机的宇宙，柯布称之为"整体大全"。在柯布看来，所有事件都在这个"整体大全"中发生，而忽略这个"整体大全"就会导致困惑和矛盾。"正是凭借那个特征，各种可能性与现实世界相关，并成为现实。我们认为这在整个宇宙都是普遍的，而不是地球生命的一个突出特征。因此我们把它与整体联系了起来，我们把它称作上帝。"② 柯布认为："当人的生命来自上帝和为上帝而活时，人才活得最为丰富多彩而且最为公正恰当。"③ 他进一步指出，这种上帝中心论为生物圈视角提供了坚实的基础：首先，它抑制了偶像崇拜。所谓的偶像崇拜，在柯布那里指把不是终极的东西当作终极的东西，把部分当作整体，把值得相对信仰的东西当作终极信仰。在他看来，把人类个体或者把人类集体当作终极价值已经导致人类走向毁灭，而把这个"整体大全"作为终极目标就可以避免种种片面的信仰，把人类引导到维护整个生态圈的利益上来。其次，可以把所有事物都包含在内并赋予相应的价值。"正是在上帝那里，每一种价值都恰好是它自己，并与所有其他的价值处于适当的和睦关系中。"④ 再次，这种信仰引起人们的忠诚并指引承诺的方向。柯布认为，生物中心论只关注整体的地球系统，而忽视了个体生命所受的苦难；拉夫洛克的"盖娅假说"没有公平地对待每个生命和每个生命在整个生物圈的内在价值；而他的有神论的非生物主义的生态圈理念，则要求在特别关注整个生态圈价值的同时又充分尊重生物圈中每个成员的价值。"生物圈丰富的多样性和复杂的模式，都为神圣的生命贡献丰饶之美。而且它的每一个个体成员都既与其自身直接相关，也与上

① ［美］赫尔曼·达利、小约翰·柯布：《21世纪生态经济学》，王俊、韩冬筠译，中央编译出版社2015年版，第424页。

② 同上书，第419页。

③ 同上书，第420页。

④ 同上书，第422页。

帝直接相关。"① 最后，它为理解我们与未来的关系提供了基础。在柯布看来，从理性的视角可能会使人们对未出生的后代漠不关心，但如果把对上帝的信仰包含在理性中，就会有不同的结果。"上帝是永恒的，对上帝来说，未来的生命与现在的生命同样重要。侍奉上帝，可不能为了满足当下的奢侈欲望而要求牺牲未来的生命。上帝的信徒们知道，他们所属的共同体是随时间不断扩展的。一个人不能将与上帝直接联系的未来贴现。"②

二是把人类中心主义变成整体主义。我们知道，在《圣经》中有这样一段话：神把大地赐予你们，你们要治理好这地，要管理好海里的鱼和地上的动物，你们不必惧怕地上的走兽和飞禽，凡活着的动物都可以作为你们的食物。基督教的教义包含了这样的思想：人受上帝的委托主宰自然。柯布认为："基督教有神论对造成世界现在所处的危险境况负有很多责任。它以各种各样的形式支持了人类中心主义，忽视或者轻视自然世界，反对阻止人口增长的努力，使人们的注意力远离现世迫切的需要，将那些旨在影响一个非常不同的世界的教义当作今天的绝对权威，引起人们错误的希望，给予错误的保证，而且声称上帝许可所有这些罪过。"③ 在柯布看来，人不是自然的主宰，而仅仅是生物圈的一个物种；人类历史都是在自然中发生的，与自然连接在一起；自然不仅有工具价值也有内在价值。当然，承认自然万物都有内在价值，与深生态学的万物平等论有所区别。柯布认为："与一只蚊子或者一个病毒相比，人类具有更大的内在价值。"④ 当然，这种内在价值的判断与判断一个物种与其相联系的整体的重要性是不同的。人有更高的价值，但人类不是中心；人与自然构成一个整体，只有从整体主义角度，人才能领悟上帝，也才能确立人的价值。

从以上内容可以看出，有机马克思主义确实带有浓厚的宗教色彩。有机马克思主义者常常以宗教的眼光来评判事物并以宗教的热情来从事

---

① ［美］赫尔曼·达利、小约翰·柯布：《21世纪生态经济学》，王俊、韩冬筠译，中央编译出版社2015年版，第423页。
② 同上书，第423—424页。
③ 同上书，第424页。
④ 同上书，第402页。

他们的活动。当然，我们也要认识到，有机马克思主义的宗教观与传统的基督教有所区别。如果说，路德和加尔文的宗教改革顺应了新兴市民阶级的要求及其生产和交换的要求，使"个人主义"在宗教领域得以确立，促成了西方由集体本位向个人本位的转变；有机马克思主义的宗教观则顺应了生态环境保护的要求及其相应的观念和生活方式的要求，有助于唤醒人类的生态意识和激发积极的行动。

　　有机马克思主义对基督教的新阐释对保护生态环境的积极作用是仅就基督教本身的发展而言的。但我们应该谨慎待之，切不可无原则地赞同乃至随意搬用有机马克思主义的神学话语，更不可把他们的话语当金玉良言。生态环境保护，不必将自然披上神的外衣。马克思的唯物论和辩证法、当代的系统论和生态学已经能够为生态文明建设提供世界观和方法论指导以及科学依据，而不必求助于过程神学。世界是物质的，运动是物质的根本属性，世界是联系和发展着的，"人是自然的一部分""自然是人的无机身体"，要尊重自然规律以避免"自然的报复"等思想就是建立在无神论基础上的过程哲学、有机哲学。马克思主义哲学能够为生态文明建设提供世界观和方法论的指导。"绿水青山就是金山银山"已经成为共识，建设生态文明已经成为国策。建设生态文明是基于对自然规律的科学认识，是可持续发展的客观要求，是一种历史责任。无论是理论依据还是内在动力，中国的生态文明建设都不必求助于一种新宗教。

三　如何看待有机马克思主义的中国文化元素

　　有机马克思主义把它自己看作综合有机哲学、中国传统文化和马克思主义的产物。因包含中国文化的要素而被一些国人所称道。实际上，他们对中国的传统文化并不了解，存在诸多误读。

　　柯布、克莱顿、海因泽克等都对中国传统思想的有机性大加赞赏，认为《易经》阐述了不断变化中天地万物之间的联系；儒家把人看作共同体的人，强调在社会关系中实现自我，把仁当作理想交往形式；道家讲流变以及人类与自然的和谐共存；中国佛教传统的"华严宗"把世界描绘为相互依存的网络。所有这些都与过程哲学所强调的宇宙的构成物是事件而非物体，人是社会性的而非孤立的个体，人类与宇宙万物和谐共生，各种存在物的相容性和渗透性等相一致。克莱顿赞赏中国皇帝的人格典范。他认为："目前，世界上没有一个国家能够直接从现代化之前跨越到后现代化时代。如果有这种可能，那只有中国，因为它已经有2500多年的中央集权与合作的传统。即便是古代帝王也认为他们是代表上帝来为人民服务的。这样的古代传统被中国人保留至今。"①

中国传统文化确实包含与生态文明原则相符合的元素，但我们要认识到中国的传统文化是建立在农耕文明基础上的，且与2000多年的帝制密不可分。有机马克思主义对中国传统文化的理解有其片面性。

首先，高估了前现代文化的生态性或"有机"性。中国传统文化是农业文明的产物。在农耕时代，对自然的利用、改造能力有限，农业靠天吃饭，遵四时之气，循二十四节令，与天行之常有更紧密的联系，由此形成了朴素的天人合一的理念与实践。《易传》讲阴阳两两对应、相反相成，包含丰富的辩证法思想，但许多是牵强附会的，总体上是用猜测代替现实的联系；儒家讲关系，但这种关系主要是宗法关系、等级名分关系，所谓的"共同体"实际上是宗法血缘共同体；道家讲顺应自然，但反对技术进步，推崇小国寡民；佛教要人摆脱尘俗世界烦扰而回归内心平静，循着这种生活原则，物欲、情欲将受到抑制，人类的生态足迹也将受到限制，但这种人生观是建立在灵魂转世信仰上的；传统医学讲辩证疗治有其合理性，但也有模糊性的弱点。有机马克思主义把中国传统文化与怀特海的有机哲学联系起来，以强化世界有机性和过程性观念的合理性，没有多大意义，因为当代对世界的整体性、系统性、联系性和过程性的理解已经远远超出农耕时代的水平，也超出了怀特海的理解。

其次，看不到民本理念与政治实践的背离。中国确实有源远流长的民本思想。周武王就是打着"敬德保民"的旗帜讨伐纣王的。孟子是民本思想的集大成者，他强调"民为贵，社稷次之，君为轻"（《孟子·梁惠王下》），他甚至喊出了"仁政无敌"（《孟子·梁惠王上》）

① ［美］菲利普·克莱顿：《中国如何避免西方的现代性错误》，闫玉清译，《红旗文稿》2013年第2期。

的口号；荀子把君民关系比作船与水的关系，"水则载舟，水则覆舟"（《荀子·君道》）。中国的皇帝也深谙得民心对稳固家天下的重要性，没有一个皇帝敢公开与民为敌，而总是把爱民、保民、重民、惠民挂在嘴边。但诸子的一片苦心、皇帝的承诺，不能制止帝王的专权、腐败，无法保证子民的安居乐业。稍微有一点政治学知识的人都会明白，家天下的制度设计决定了君王冠冕堂皇的承诺都将被残酷的权力斗争所碾压。历史上，践行民本思想较好的皇帝是李世民。但就是这样一个缔造了"贞观之治"的开明皇帝在晚年也趋于专断和奢靡。在贞观晚期，百姓为了逃避繁重徭役甚至自斩肢体，名曰"福手""福足"。在王权社会，顺天保民思想根本无法与王权至上的原则相抵抗。"普天之下莫非王土，率土之滨莫非王臣。"为了满足自己的淫乐，宫妃成群，并御用宦官看管；在位时就要劳师动众为自己建造寝陵，驾崩后还要活人陪葬；百姓食不果腹，皇帝照样一日三餐山珍海味，当大臣奏报有人因饥荒而饿死时，晋惠帝的回答是："何不食肉糜？"历史记载，慈禧太后有128人的厨师队伍，正餐有100多道菜肴。这里，还可以看到克莱顿想象的所谓"代表上帝为人们服务"的贤君吗？如果他多了解一些中国古代历史，可能就不会这么想了。

四　如何看待有机马克思主义相对
自给自足的共同体思想

有机马克思主义的社会理想是：一个基于万物相互联系理念而建立起来的共同体。共同体不要求成员之间都有亲密关系，但要求成员意识到自己作为社会成员的身份，能广泛参与到支配其生活的决策中，同时要求社会作为一个整体对其成员负责，尊重其成员的多样化个性。共同体有大有小，大到国际组织，小到家庭。共同体的基本特征是成员之间的竞争从属于他们为了整体利益的合作，且在共同的福祉中谋求个人的福利。为了"共同体"的共同福祉可以说是有机马克思主义的价值旨趣。在有机马克思主义看来，共同的福祉、人类生存条件的保护，要比无休止的经济和军事竞争、无止境地追求更高的生活水平更重要。这种理念有助于我们进一步思考全球化与保护民族国家利益关系、全球化与保护全球生态环境关系的问题。但有机马克思主义的反全球化主张是违背历史潮流的。逆全球化未必能增进相关国家的利益，也未必能对卷入全球化国家的穷人有好处。这种反全球化的声音还可能被保守主义和民粹主义所利用，危害本国和全球的利益。

有机马克思主义认为，自由贸易和全球化损害了共同体的利益，为此主张共同体相对的自给自足。具体来说，全球化的恶果包括：

一是全球化所带来的全球贸易的增长过多地消耗了地球的有限资源。为了增强产品在全球贸易中的竞争力，就要求专业化、规模化生产。柯布认为，以专业化、规模化、高效率以及大市场为主要内容的自由贸易理论"没有把有限的资源和地球容纳废物的能力对经济的物理规模所施加的限制考虑进去"[1]。商品和服务在国家间的自由流动，推动了经济增长，不断的经济增长消耗了更多的有限资源。

二是助长了发达国家资本对落后国家劳动力的剥削。贸易全球化的理论基础是比较优势理论。在柯布看来，依赖于对资本和劳动力流动限制的比较优势理论，在资本全球流动的今天已经不成立。"资本和商品（而不仅仅是商品）的自由流动意味着投资是由绝对收益而不是由比较优势支配的。"[2] 绝对优势主要体现为劳动成本。由于工会和政府的干预，当今一些发达国家的劳动力工资已上升到远远高过维持生存的水平，因此，发达国家的资本便流向低劳动成本国家，从而助长了发达国家资本对落后国家劳动力的剥削。

三是削弱了民族国家的控制力。全球化使跨国公司摆脱了母国的限制，在某种意义上成了一个独立的王国。在柯布看来，"自由贸易者们已经摆脱了国家层次的共同体的制约，并且已经进入了全球化世界，全球化世界不是一个共同体。这样，他们就已经有效地使自己从所有共同体的责任中摆脱出来"[3]。

四是全球化对跨国公司的少数精英有利而对普通大众不利。柯布认为，跨国公司的资本输出只对跨国公司的精英有利，而没有给输出国的

---

① ［美］赫尔曼·达利、小约翰·柯布：《21 世纪生态经济学》，王俊、韩冬筠译，中央编译出版社 2015 年版，第 217 页。

② 同上书，第 220 页。

③ 同上书，第 240 页。

大众带来好处，作为曾经主导经济全球化的美国工人的生活水平实际上
已经降低，国家背负了沉重的债务；靠国际资本投资而走上工业化的第
三世界国家，精英阶层变富了，大多数人的生活却变得更差了。

如何减少全球自由贸易，阻止外国商品涌入本国？柯布认为，最有
效的方法就是增加关税。"关税将保护现在遭受威胁的工业免受进一步
的侵蚀，并且让它们开始收复失地。关税也会鼓励在美国变得依赖进口
的那些领域建立新企业。"[①] 有人认为，这可能会提高美国商品的价格
并降低消费者的购买力。柯布的回答是，在自由贸易背景下国家已经背
负了沉重的债务，美国工人的生活水平实际上已经降低，如果美国继续
参与自由贸易，就要为其工人的生活水平和未来经济力量付出高昂的代
价，明智的选择是追求自给自足和掌控自身的经济生活。关税必然给贸
易伙伴带来影响，柯布认为，这是不得已的选择。因为美国的衰弱，同
样会殃及它们；而且贸易自由可能对它们带来的破坏更大。他建议各个
国家放弃出口导向型的经济增长，而转向依靠国内需求的增长模式；第
三世界国家不必依赖国际资本的投资，因为靠国际资本投资的工业化只
是对国内精英阶层有利。对第三世界国家，柯布认为："唯一能够帮助
大多数人的'发展'将是建立在'恰当'技术的基础上的，这种技术
增强了普通人应对问题的能力，但外国投资者对此并没有兴趣。"[②] 柯
布要第三世界国家清醒地认识到"在没有国际投资和援助的情况下会变
得更好"[③]，因为国际资本摧毁了这些国家自给自足的能力，而且使得
之前依赖自身的大多数人不能照顾他们自己了。

柯布认为，经济独立最根本的是粮食自给自足。他要求美国作为一
个共同体实现可持续农业的自给自足并希望把自给自足扩展到农庄，以
保护和重建美国的农村共同体。他认为，尽管让每个农庄都能够养活它
自己是不现实的，也不是一个理想目标，但让单个农户家庭生产其所需
的大部分食物和燃料是可取的。他指出，为提高生产率的单一栽培，以
农业综合企业替代相对自给自足的家庭农庄带来了一系列恶果：减少了

①　［美］赫尔曼·达利、小约翰·柯布：《21世纪生态经济学》，王俊、韩冬筠译，中央
编译出版社2015年版，第296页。
②　同上书，第300页。
③　同上书，第301页。

对农业劳动力的需求并减少了农村地区的人口；把社会成本和生态成本排除在外，损害了土地的可持续利用；专门面向出口的生产并使农村人口无法养活自己。他认为，所谓的大企业能够实现规模经济是可疑的，小规模的家庭经营实际上在每英亩土地上的生产效率更高。当然，农庄的自给自足并不意味着不交换，农民在养活自己的同时，将满足周围城镇市民的需要。

柯布认为，由于粗放耕作、广施化肥、滥用农药，美国的土地已经退化了。品种的改良已经无法抵消土地退化对农作物的影响，同时生产每一个单位作物所需要的能源不断上升。为使农业实现可持续发展，应少用化石燃料。在石油成本不断飙升的情况下，传统家庭农庄的劳动密集型生产将有更高的效率；尽管农庄的农业生产可能会比具有一定规模的农业企业平均能源消耗要大，但它们能够通过人力或畜力以及太阳能来代替石油；同时以动物粪便为原料的沼气系统所带来的节约也立竿见影；农业向家庭农庄的有机耕作转变，减少了运输、加工和包装环节。

有机马克思主义相对自给自足的共同体理想，尽管其某些主张有些道理，如一个国家不能完全依赖国际投资，要有独立的民族经济；反对工业化农业，提倡有机农业；土壤的利用要考虑可持续性；减少不可再生资源的使用，充分利用可再生能源，但总体上，它的许多主张是逆历史潮流的、不切实际的且不适合中国。

全球自由贸易有消极的一面，但总体上是积极的；适当的利用关税保护民族经济是必要的，但闭关自守则是违背潮流的；今天美国出现的种种问题，不是全球化带来的结果，而是美国的国家治理出现了问题，没有全球化，美国可能比现在更糟；全球化可能会使一些发展中国家的经济出现片面发展，但如果发展中国家善于利用国际资本、现代技术和先进管理，也能使其民族工业实现转型升级，因而造福国人。

在此，笔者要特别指出，有机马克思主义提出的相对自给自足的经济政策主要是针对美国的，而不是针对其他国家的，更不是像有些人所说的那样是"为了遏制中国的发展"。达利和柯布合作的《21世纪生态经济学》第三部分的标题就是"为美国的共同体提出的政策"。他们的建议与其说是遏制中国的发展不如说是可能会限制美国的发展。因为如果实行他们的主张，将减弱美国军事和经济的国际竞争力。

　　今天的美国政府已举起反全球化的大旗。不过，特朗普的反全球化政策是为了"美国第一"，而有机马克思主义主要是为了保护生态和节约能源。事实上，反对全球化也未必对本国经济有利，通过排斥全球化来达到生态保护的目的也是缘木求鱼。全球化是双刃剑，关键在于如何利用。我国利用全球化大大推进了现代化进程。当美国从全球化的开路先锋变为排斥全球化时，中国却扬起全球化的风帆，"一带一路"可谓中国主导的经济全球化。这种全球化不是削弱民族经济而是为"一带一路"沿线国家提供发展机会；不仅对这些国家的精英有益，而且会造福于普通百姓；不是破坏生态，而是在建设中寻求经济发展与生态保护的平衡。"一带一路"是人类命运共同体互利共赢之路。有机马克思主义的反全球化可谓用心良苦，但其招数显然落伍了。

马克思 "人与土地伦理关系" 思想探微[*]

解保军^{**}

一 问题的提出：马克思有"人与土地伦理关系"的思想吗

当读到本文标题时，人们的疑问或许会接踵而至：马克思有关于"人与土地伦理关系"的思想吗？依据什么理由认为马克思有该思想呢？如果有的话，主要内容有哪些呢？在生态思想发展史上，马克思是最早阐发该思想的学者吗？笔者认为，这些疑问都是正常的。生态伦理学界普遍认为，美国早期自然保护运动的积极活动家、著名的生态伦理学家奥尔多·利奥波德创立了"大地伦理"思想，他在 1949 年出版的《沙乡年鉴》中首次提出了土地伦理学理论。本文的目的不是讨论究竟是马克思还是利奥波德是"土地伦理学"的创立者，而是想说明在马克思卷帙浩繁的著述中，有关于"人与土地伦理关系"的思想。所以有学者认为，马克思"人与土地伦理关系"思想"比被誉为美国人的以赛亚的利奥波德 1949 年出版的《沙乡年鉴》中的'土地伦理学思想'，早了大约近一个世纪"①。

在人与自然的关系中，人与土地的关系是其重要内容。"伦"原本

---

* 本文原载于《伦理学研究》2015 年第 1 期。

** 解保军，哈尔滨工业大学马克思主义学院教授，哲学博士。主要研究方向：马克思恩格斯生态哲学思想、生态学马克思主义。

① 晔枫、谷亚光：《马克思的生态思想及当代价值》，《马克思主义研究》2009 年第 8 期。

仅指人与人的关系，"理"是道理和规则，"伦理"就是处理人们相互关系应遵循的道理和规则。"大地伦理"思想主张扩展人类的伦理范围，建立人与土地之间的伦理关系，其要旨就是关爱土地，保护土地生态环境，维持人与土地之间的和谐。

那么，依据什么理由说马克思有"人与土地伦理关系"思想呢？

首先，马克思的"人化自然观"蕴含着人与土地的伦理关系。众所周知，马克思把自然界视为人的"无机的身体"，人是自然界的一部分。自然界不是孤悬于人类社会之外的"异类"，而是我们的"同类"，是与人类有关系的存在物。所以马克思说："被抽象地孤立地理解的、被固定为与人分离的自然界，对人说来也是无。"[①] 人与自然界不仅有着"同类"关系，而且还有共同的价值论基础——"生命价值"。人类为什么要爱护自然界，养护土地？因为它们同人类一样，都是生命的存在，都具有生命价值。"同类"之间的关系决定了人类应当像对待自己和同胞的生命一样对待土地的生命。

其次，马克思对资本主义破坏土地行为的批判体现出人与土地的伦理关系。马克思认为，土地是人类赖以生存的自然基础，但资本主义工业化不断破坏、剥削土地肥力，不断污染土地。资本主义对待土地的做法是"恶行"，不是"善为"。为了善待土地，不要使人类"无机的身体"遍体鳞伤，我们必须批判任何伤害土地的行为，构建人与土地之间的和谐关系。

再次，马克思反对"土地私有化"，提倡人类要像"好家长"一样善待土地。这些观点无不明确地揭示出人与土地的伦理关系。马克思把人与土地关系比喻为"家长"和"孩子"的关系，是精细照顾，还是盘剥榨取我们的"孩子"——土地，这里当然存在着伦理关系。

最后，马克思列举的改良土壤、土地养护方面的具体举措也表达出人与土地的伦理关系。针对资本主义对待土地的"恶行"，马克思以生态农业的思路，提出了许多具体的保护和提高土地肥力的方法，阐发了土地养护的思想。这些都充分说明马克思是关爱土地的，对土地充满着善良的暖意。

---

① 《马克思恩格斯全集》（第42卷），人民出版社1979年版，第178页。

总之，从实践唯物主义立场看，人类决不是站在自然界之外、之上，而是站在自然界之中的，谨记"我们的肉、血和头脑都是属于自然界和存在于自然之中的"（恩格斯语）。人与土地之间存在着生态意义上的伦理关系，养护、善待土地应当成为人类的不二选择。

二 马克思"人与土地伦理关系"思想的主要内容

马克思虽然没有关于"人与土地伦理关系"思想的专门论述，但笔者从马克思的相关文献中，依然可以清晰地梳理出该思想的主要内容。

（一）关爱土地，承认土地的价值

土地作为人类社会赖以生存的自然基础，在任何时代都被赋予极高的价值。事实证明，合乎伦理规范地利用土地，是人类社会可持续发展的自然基础；而土地利用伦理规范的缺失和错位，最终将导致土地肥力的衰竭而殃及人类自身。

马克思充分肯定了土地对人类的价值，认为土地在提高生产效率方面发挥着重要的作用。在《哥达纲领批判》中，马克思认为，劳动不是一切财富的源泉，自然界同劳动一样也是使用价值（物质财富）的源泉，而且是劳动资料和劳动对象的第一源泉。在《资本论》中，马克思也阐发过同样的观点："劳动并不是它所生产的使用价值即物质财富的唯一源泉。正像威廉·配第所说，劳动是财富之父，土地是财富之母。"[①] 可见，土地既是物质财富的根本源泉，也是社会生产力的自然基础。在《资本论》中，马克思还特别强调"生产的自然条件"对农业劳动生产率的重要影响，在自然条件中，土地的状况、土壤的肥力无疑是最重要的因素。马克思说："农业劳动的生产率是和自然条件联系在一起的，并且由于自然条件的生产率不同，同量劳动会体现为较多或较少的产品或使用价值。"[②] 马克思还认为："直接生产者，第一，必须有足够的劳动力；第二，他的劳动的自然条件，从而首先是他所耕种的

---

① 《马克思恩格斯全集》（第46卷），人民出版社2003年版，第56—57页。
② 同上书，第924页。

土地的自然条件，必须有足够的肥力……如果劳动力是微小的，劳动的自然条件是贫乏的，那么，剩余劳动也是微小的。"①

当人们把土地视为"财富之母"时，这里势必蕴含着如何对待土地"母亲"的伦理关系。土地养育了人类，人类理应善待土地，要像关爱母亲那样去关爱土地，要像呵护母亲的健康那样去养护土地的生态平衡。

（二）批判资本主义对土地的虐待，展现出对土地的伦理情怀

马克思"人与土地伦理关系"思想不仅体现在承认土地的价值方面，而且表现在对资本主义生产方式肆意掠夺土地资源、破坏土壤肥力行为的批判方面。在马克思看来，资本主义生产方式在生态伦理意义上是虐待土地的，对待土地是"有害的、造孽的"（马克思语）。

首先，马克思明确指出，资本主义原始积累是反生态的，是破坏、掠夺、剥削土地肥力的。"剥夺人民群众的土地是资本主义生产方式的基础。"② 因此，马克思认为，资本的真正存在是以两种关系的解体为前提的。第一，劳动者把土地当作生产的自然条件的那种关系的解体。第二，劳动者是劳动工具所有者的那种关系的解体。正是这种人类劳动与土地之间有机关系的解体，才使资本主义制度下的资本原始积累成为可能。

资本主义原始积累历史上臭名昭著的"羊吃人的圈地运动"表明，资本家一开始就把土地等自然资源视为榨取利润的自然基础，始终从资本理性视角看待土地资源和土壤肥力。他们垂涎土地的经济价值，根本不可能关心土地的生态价值，更遑论从"大地伦理学"的视角保护土地的生态系统了。

其次，马克思深刻认识到资本主义农业对"人类生活的永恒的自然条件"的破坏。在他看来，资本主义农业生产模式导致了人与土地关系的疏离、异化。马克思注意到，资本主义城乡对立的严峻现实严重破坏了土壤肥力，以各种食物和纺织纤维等不同形式输送给市民消费的农产

---

① 《马克思恩格斯全集》（第 46 卷），人民出版社 2003 年版，第 895 页。
② 《马克思恩格斯全集》（第 44 卷），人民出版社 2001 年版，第 880 页。

品，实际上是把土壤肥力转移到了城市，而城市排泄物等饱含有机肥料的垃圾由于得不到循环处理，而成了贻害无穷的污染源。马克思说："消费排泄物对农业来说最为重要。在利用这种排泄物方面，资本主义经济浪费很大；在伦敦，450万人的粪便，就没有什么好的处理方法，只好花很多钱来污染泰晤士河。"① 恩格斯在《论住宅问题》一文中指出："消灭城乡对立并不是空想……消灭这种对立日益成为工业生产和农业生产的实际要求……当你看到仅仅伦敦一地每日都要花很大费用，才能把比全萨克森王国所排出的更多的粪便倾抛到海里去，当你看到必须有多么巨大的建筑物才能使这些粪便不致弄臭伦敦全城，——那么你就知道消灭城乡对立的这个空想是具有极实际的基础了。"② 在他们看来，人类社会新陈代谢所产生的排泄物、废弃物，作为自然界完整的新陈代谢循环的重要部分，理应以有机肥的形式返还到土壤中去，以增强土壤的自然肥力。这个观点体现了对土地的伦理关爱，对克服现代"城市病"很有启发。

最后，马克思批判了资本理性对农业生态环境的破坏。马克思认为，资本理性是肮脏的、可恶的。它血腥的贪婪性是与生俱来的，追求利润最大化是资本的天职，只要有利润可赚，资本就敢冒天下之大不韪。对待农业，资本理性也是如此。所以，资本理性与农业生态理性是矛盾的。马克思指出，在农业生产方面"资本主义生产指望获得眼前的货币利益的全部精神，都和供应人类世世代代不断需要的全部生活条件的农业有矛盾。"③ 马克思还提到："纽约州特别是它的西部地区的土地，是无比肥沃的，特别有利于种植小麦。由于掠夺性的耕作，这块肥沃的土地已变得不肥沃了。"④

可见，资本家对待土地极不道德，大肆采用掠夺性耕作，导致土地肥力衰退，破坏了土地的生态环境，断送了农业可持续发展的自然根基。为什么会是这样？马克思认为，这是资本主义土地私有制的恶果，"因为土地所有权本来就包含土地所有者剥削地球的躯体、内脏、空气，

---

① 《马克思恩格斯全集》（第46卷），人民出版社2003年版，第115页。
② 《马克思恩格斯选集》（第2卷），人民出版社1972年版，第542页。
③ 《马克思恩格斯全集》（第25卷），人民出版社1974年版，第687页。
④ 同上书，第755页。

从而剥削生命的维持和发展的权利"①。

马克思掷地有声地得出这样的结论:"历史的教训是（这个教训也可以从另一个角度考察农业时得出）:资本主义制度同合理的农业相矛盾,或者说,合理的农业同资本主义制度不相容（虽然资本主义制度促进农业技术的发展）,合理农业所需要的,要么是自食其力的小农的手,要么是联合起来的生产者的控制。"②

资本主义掠夺、盘剥和虐待土地的事实,从反面激发起马克思对人与土地伦理关系的思考,在这个过程中马克思具体阐发了他关于"人与土地伦理关系"的思想。

（三）提出关爱土地的"好家长"理论,表达对土地的伦理呵护

马克思指出:"从一个较高级的社会经济形态的角度来看,个别人对土地的私有权,和一个人对另一个人的私有权一样,是十分荒谬的。甚至整个社会,一个民族,以至一切同时存在的社会加在一起,都不是土地的所有者。他们只是土地的占有者,土地的受益者,并且他们应当作为好家长把经过改良的土地传给后代。"③马克思的这段论述对我们理解其"人与土地伦理关系"思想是至关重要的。在这里,马克思首先批判了资本主义制度下的"土地私有论"并且旗帜鲜明地强调了在一个较高级的社会经济形态中土地的共有性、公共性。其次,马克思要求土地占有者和受益者不能只顾眼前直接的经济效益而掠夺式地糟蹋、祸害公有土地,而应该像好家长悉心呵护其孩子成长一样关爱土地,保护土地的生态环境。马克思要求土地占有者和受益者要像好家长关爱孩子一样看护好、养护好、修复好土地,就是直接表达了人与土地的伦理关系。在马克思看来,应当把父母与孩子之间的伦理关系扩展到人与土地之间。人们应当像父母呵护孩子的成长一样去关爱土地,珍惜土地,人类只有善待土地,反过来土地才能善待人类。孩子是会生病的,需要父母精心照顾;土地作为"人的无机身体"也是会"生病"的,人类也应当给土地"体检"和"治疗",养护土地,恢复土壤肥力。这应当

---

① 《马克思恩格斯全集》（第25卷）,人民出版社1974年版,第875页。
② 同上书,第137页。
③ 同上书,第878页。

是人类对土地不可推卸的伦理责任和道德义务。最后，马克思告诫人们，土地占有者和受益者不应当以竭泽而渔的方式虐待土地，一定要花气力改良土地并把改良后的良田传给后代。因为土地不是当代人私有的，而是当代人从后代人那里借用的，好借应当好还。这里，当代人不仅与土地具有伦理关系，通过土地生态状况，两代人之间也存在着代际伦理关系。"把经过改良的土地传给后代"体现出马克思关于土地可持续利用的思想。当今可持续发展思想的本质——"既满足当代人的需要，又不对后代人满足其需要的能力构成危害的发展"就与马克思的上述观点有着内在的契合性。

（四）恢复土地肥力的方法和土地养护的具体措施，表达出对土地的真挚情感

马克思痛恨资本主义生产方式对土地的剥削，他说："资本主义生产方式只是缓慢地、非均衡地侵入农业，这是我们在英国这个农业的资本主义生产方式的典型国家中可以看到的。"① 在《资本论》中论述"大工业和农业"问题时，马克思确信，资本主义城市化导致了人与土地之间物质变换的断裂，工业盘剥农业，城市搜刮乡村，从而造成了资本主义农业的生态危机。马克思指出：

> 资本主义生产使它汇集在各大中心的城市人口越来越占优势，这样一来，它一方面聚集着社会的历史动力，另一方面又破坏着人和土地之间的物质变换，也就是使人以衣食形式消费掉的土地的组成部分不能回归土地，从而破坏土地持久肥力的永恒的自然条件……资本主义农业的任何进步，都不仅是掠夺劳动者的技巧的进步，而且是掠夺土地的技巧的进步，在一定时期内提高土地肥力的任何进步，同时也是破坏土地肥力持久源泉的进步……因此，资本主义生产发展了社会生产过程的技术和结合，只是由于它同时破坏了一切财富的源泉——土地和工人。②

---

① 《马克思恩格斯全集》（第46卷），人民出版社2003年版，第762页。
② 《马克思恩格斯全集》（第44卷），人民出版社2001年版，第579—580页。

　　这里，马克思提出了一个值得我们深思又富有生态农业意味的观点，那就是城市的生产和生活垃圾"回归土地"的问题。农谚讲："庄稼一枝花，全靠粪当家。"但现实是，城市的各种垃圾不能变为有机肥料回归到土壤里，大量使用化肥又破坏了"土地持久肥力的永恒的自然条件"。美国生物学家蕾切尔·卡逊《寂静的春天》一书，就揭露了资本主义农业对土地大量实施化肥、农药所导致的生态灾难。

　　与资本主义农业对土地掠夺式耕种的虐待行为相反，马克思怀着对土地的伦理情怀，为土地肥力的恢复与提高提出了具体的方法。他说："农业的改良方法。例如，把休闲的土地改为播种牧草；大规模地种植甜菜，（在英国）于乔治二世时代开始种植甜菜。从那时起，沙地和无用的荒地变成了种植小麦和大麦的良田，在贫瘠的土地上生产的谷物增加两倍，同时也获得了饲养牛羊的极好的青饲料。采用不同品种杂交的方法增加牲畜头数和改良畜牧业，应用改良的排灌法，实行更合理的轮作，用骨粉作肥料等等。"① 马克思在《资本论》中阐发"级差地租"理论时也谈到了上述问题。马克思说：

　　　　在自然肥力相同的各块土地上，同样的自然肥力能被利用到什么程度，一方面取决于农业中化学的发展，一方面取决于农业中机械的发展。这就是说，肥力虽然是土地的客体属性，但从经济方面说，总是同农业中化学和机械的发展水平有关，因而也随着这种发展水平的变化而变化。可以用化学的方法（例如对硬黏土施加某种流质肥料。对重黏土进行熏烧）或用机械的方法（例如对重土壤采用特殊的耕犁），来排除那些使同样肥沃的土地实际收成较少的障碍（排水也属于这一类）。②

　　在这里，人们可以真切地体悟到马克思对土地的道德关爱和伦理情怀。因为道德伦理说到底，并不是为了证明这个人是怎样一个人，而是

---

① 《马克思恩格斯全集》（第47卷），人民出版社1974年版，第599—600页。
② 《马克思恩格斯全集》（第46卷），人民出版社2003年版，第733页。

要看他如何处理人与人、人与物（土地）之间的关系。马克思是热爱土地的，为了土地改良，增加土壤肥力，马克思提出了符合生态农业措施的方法。这些养护土地的方法主要有化学改良法、机械耕犁法、改良排灌法、合理轮作法、有机肥料法、土地休耕法等。这些对待土地的方法在科学上是生态的，在伦理上是善良的。

（五）通过科学技术手段改良土壤，让坏地变成好地

马克思认为，土地必须受到保护，土地的肥沃程度也不是永远不变的，人类可以利用科学技术的方法使土地肥力发生变化。原初贫瘠的土地不会一直贫瘠下去，经过人类的精心养护，也可以变成肥沃的土地。马克思说："随着自然科学和农艺学的发展，土地的肥力也在变化，因为可以使土地的各种要素立即被利用的各种手段发生变化……有的土地所以被看作坏地，并不是由于它的化学构成，而只是由于机械的、物理的障碍妨碍它的耕作，所以，一旦发现克服这些障碍的手段，它就变为好地。"① 马克思还特别提到，法国以及英格兰东部各郡以前被视为坏地的砂质土地，最近已上升为头等土地。的确，有的土地只是受原初地貌所限，地块分散，岗地洼地错落参差，不太平整，有碍于耕种。如果人们用农机平整地块，把分散的地块连成大片的平地，改造过的耕地同样是好地。

马克思"人与土地伦理关系"思想是丰富的，笔者在这里只是勾勒了其思想的主要内容。通过研读马克思的著作，笔者感到，马克思明确肯定土地的作用，承认土地的价值，十分珍爱并尊重土地。马克思主张用科学的方法改造土地，保护土地的持久肥力，以生态农业的方式协调人与土地之间的关系。这些思想都体现出马克思对土地的浓郁情怀和伦理呵护。

三　马克思"人与土地伦理关系"思想的当代价值

研究马克思"人与土地伦理关系"思想，并不是要在人类生态思想

---

① 《马克思恩格斯全集》（第46卷），人民出版社2003年版，第870页。

史上为马克思"树碑立传",也不是想拿马克思与其他"土地伦理学"思想家进行比较研究,笔者只是想把马克思论述过的、以往被人们忽视的关于"人与土地伦理关系"的思想挖掘出来,展示该思想的当代价值和借鉴意义。

从经济学角度看,土地是人类的劳动对象,是人类一切经济活动的自然前提,地球上所有人和其他生物都依赖土地生活。但是,现在的土地遭受到严重的破坏,人与土地的关系发生了前所未有的异化,从而刺激人们反思人与土地的关系,提出了人与土地之间的生态伦理问题。土地伦理学家利奥波德指出:"我不能想象,在没有对土地的热爱、尊重和赞美,以及高度认识它的价值的情况下,能有一种对土地的道德关系。"①

从人类文明史的角度看,土地与人类文明息息相关。美国学者弗·卡特和汤姆·戴尔在《表土与人类文明》一书中,研究了人类文明与赖以生存的表土之间的关系,其结论是:土地状况的恶化导致了曾经光辉灿烂的人类文明的溃灭。为什么是这样?作者指出:"人类在文明进步的过程中,虽然已经发展了多种技能,但是却没有学会保护土壤这个食物的主要源泉。令人费解的是:人类最光辉的成就却大多导致了奠定文明基础的自然资源的毁灭。"② 是的,人类在文明的进程中,不仅忽视了对土地的文明、对土地的关爱,相反,在人类文明的"凯歌"声中,人们却实施了对土地的暴行和虐待。所以,"文明人跨越过地球表面,在他们的足迹所过之处留下一片荒凉"③。

当下,由于缺乏对"人与土地伦理关系"的重视,忽视对土地的道德关爱,我国土地的污染状况令人震惊。据《环球时报》2013 年 4 月 12 日报道,在过去 30 年里,中国为了获得粮食高产,过量使用化肥,河流和农田因此受到污染。有毒物质留在土里,土壤污染已成为中国最大的健康隐患之一。科学家在土壤样品中发现了有毒重金属和禁止使用的除草剂,一些专家认为,我国耕地总面积的 70% 已受到污染。目前,

---

① 〔美〕A. 利奥波德:《沙乡的沉思》,经济科学出版社 1992 年版,第 221 页。
② 〔美〕弗·卡特、汤姆·戴尔:《表土与人类文明》,中国环境科学出版社 1987 年版,第 3 页。
③ 同上书,第 5 页。

中国每公顷农田使用 318 公斤化肥，是世界平均水平的 2.5 倍。大多数中国农田实施化肥后只有 35% 有效，65% 是将污染物残留在土壤中。

那么，为了解决人与土地的异化问题，马克思"人与土地伦理关系"思想有什么价值，会给我们什么启迪呢？

首先，我们要承认人与土地之间存在着伦理关系。从一定意义上说，土地是人类的"衣食父母"，是人的"无机的身体"。人与其"父母"和"身体"当然存在着伦理道德关系，人类是以"有害的、造孽的"（马克思语）方式，还是"在最无愧于和最适合于他们的人类本性的条件下"（马克思语）处理人与土地的关系，这是完全不同的伦理诉求。所以，人类应当尊重土地的价值，及时治疗土地的"创伤"，保护土地的生态安全。

其次，要重视对马克思"物质变换断裂"理论的研究。马克思很早就认识到，资本主义人口的集聚使得自然的系统不能循环，土壤肥力得不到恢复。特别是人类排泄物不能用来增加土壤肥力，反而排入江河湖海之中，污染环境，损耗地力，这样裂缝就产生了。其结果是：一方面垃圾包围城市，另一方面大量使用化肥。现在的农民不再愿意实施农家肥，嫌它见效慢。增加粮食产量的要求又促使农民大量使用化肥，导致土壤环境的严重破坏，农田中的有机质含量大幅度减少。我们应当重视马克思的观点，把城市垃圾变成有机肥料，从化肥回归到有机肥上来，"减化肥，增粪肥"，这样地才会越种越肥，对化肥的用量必然下降，对水和农药的需求也将减少。

再次，要重视马克思提出的土地养护的具体措施。马克思对土地的伦理关怀还体现在养护土地的具体举措上，他提出的休耕法、排灌法、轮作法、实施有机粪肥等措施都是符合现代生态农业方法的。这些方法已经被农业生产的实践所证实，是养护土地的好方法。

最后，要重视马克思关于采用科学技术手段来保护土壤的论述。马克思十分看重用科学技术手段改良土壤，这给我们改良饱受污染破坏的土地指明了方向。在我国，农田重金属污染情况是严重的，改造它需要农业化学技术。农业地膜使用后的残膜所造成的"白色污染"已成为我国粮食生产和土地安全所面临的一大难题，完全生物降解塑料技术是治理"白色污染"的首选。

通过上面的论述，我们可以清晰地看到，马克思对土地有着浓郁的伦理情怀，主张善待土地。他关于"人与土地伦理关系"的思想是丰富的，很有指导意义，尤其对中国这样一个人口众多、城镇化步伐大大加快的农业大国来讲更是如此。因此，我们应当从马克思"人与土地伦理关系"的论述中获取理论支撑，像对待我们的生命一样对待土地的生命，像善待我们的同胞那样善待土地。

历史唯物主义的生态思想背景

——生态学创始人海克尔与达尔文、
马克思、恩格斯、列宁和
毛泽东之间的历史联系[*]

刘仁胜[**]

马克思恩格斯等经典作家有"生态"思想吗?[①] 历史唯物主义与现代"生态学"有内在的逻辑关系吗? 关于这两个问题,国际学术界有完全不同的回答,即便在生态马克思主义学派内部也有完全不同的答案;甚至国内学术界关于"生态"概念也有完全不同的理解,曾有中国学者将"生态"等同于"环境",或者将其与"生态环境"并列一处[②],因而

---

[*] 本文原载于《鄱阳湖学刊》2016 年第 4 期。

[**] 刘仁胜,中央编译局副研究员。

① 在中国古代汉语中,虽然存在"生态"两字,但是,其中的"生"属于动词,表示"产生";"态"属于名词,表示"姿态、仪态",因而不具有现代"生态学"意义上的"生态"语义。比如,南朝·梁·简文帝《筝赋》中的"佳人采掇,动容生态";唐·杜甫《晓发公安》中的"隣鸡野哭如昨日,物色生态能几时";《东周列国志》中的"目如秋水,脸似桃花,长短适中,举动生态";明·刘基《解语花·咏柳》词中"依依旎旎,嫋嫋娟娟,生态真无比",等等。据已故中国生态学家阳含熙院士在 1989 年的《生态学的过去、现在和未来》一文中介绍,现代汉语中的"生态"一词源自日本明治·大正·昭和时代的植物学家三好学,他留学德国莱比锡大学期间接触到海克尔的生态理论,并将海克尔所创造的"oecologie"译成"生态学";中国武汉大学植物学教授张挺先生在 1935 年左右将"生态学"术语引介到中国学术界。

② 1982 年,全国人大常委、中国科学院地理研究所原所长黄秉维院士参与讨论中华人民共和国第四部《宪法(草案)》时,建议将 1978 年《宪法》第十一条中的"保护环境"改为"保护生态环境",以纠正当时学界关于"保护生态平衡"的不妥提法;理由为"生态平衡"属于"动态平衡",因而无法"保护"。全国人大当时采用了黄秉维院士的建议,但没有对"生态环境"一词进行宪法解释。后来,黄秉维院士查阅了大量中外学术资料后认识到,将"生态"与"环境"两词放置在一起存在学术问题。政协前副主席钱正英院士在 2005 年《建议逐步改正"生态环境建设"一词的提法》一文中,专门转述了黄秉维院士的声明——"我这个提法是错误的";而且,黄秉维院士承认"生态环境"就是指"环境",并建议中国自然科学名词委员会"有权改变这个东西"。

很难对这两个问题做出合乎"生态"概念的学术判断。其实，"生态学"源自查尔斯·达尔文（Charles Darwin），创立自恩斯特·海克尔（Ernst Haeckel）。1866 年，海克尔在《有机体普通形态学》中首次将"生态学"定义为"研究生物与其环境之间相互关系的科学"①。1869年，海克尔在耶拿大学哲学系的就职演讲中对"生态学"概念做出进一步阐述："简而言之，生态学就是研究达尔文所称谓的作为生存斗争条件的所有复杂的相互关系。"② 海克尔所定义的"生态"或者"生态学"至少有三个变量，即生物（主体）、环境（客体）和关系（互动）。从这三个变量入手研究生物与环境的相互关系，以及生物之间为了生存条件而必然产生的竞争关系和共存关系，即为"生态"和"生态学"所表达的基本含义。历史唯物主义中的生产力、生产关系和社会发展形态等理论概念和研究方法，既与现代生态学高度契合，也与人类生态学和社会生态学高度耦合。因此，美国生态马克思主义者霍华德·帕森斯（Howard Parsons）在 1977 年的《马克思和恩格斯论生态》一书中写道："在德国动物学家恩斯特·海克尔于 1869 年创造'生态学'这个术语之前，更远在当今'生态危机'和'能源危机'之前，马克思和恩格斯就已经获知了生态学方法。"③ 马克思和恩格斯是历史唯物主义的创立者，列宁和毛泽东则将历史唯物主义原理具体运用到建立国家政权和社会主义建设当中。马克思、恩格斯和列宁曾多次引用海克尔的研究成果，毛泽东则将海克尔列为影响其世界观形成的四位德国人物之一。④ 梳理海克尔与达尔文、马克思、恩格斯、列宁和毛泽东之间的历史联系，有助于我们理解历史唯物主义的生态思想背景，有利于我们正确把握生态文明建设的历史唯物主义原则。

---

① Ernst Haeckel, *Generelle Morphologie der Organismen*, Reimer: Berlin, 1866, p. 286.

② W. C. Alee et al., *Principles of Animal Ecology*, W. B. Saunders Company, 1949, p. 5. Robert P. McIntosh, *The Background of Ecology Concept and Theory*, Cambridge University Press, 1985, pp. 6 – 8.

③ Howard L. Parsons, *Marx and Engels on Ecology*, Greenwood Press, 1977, p. xi.

④ 袁志英:《〈宇宙之谜〉在中国》，《读书》2006 年第 7 期。[德] 赫尔穆特·施密特:《伟人与大国》，梅兆荣等译，海南出版社、人民出版社 2010 年版，第 309 页。根据袁志英先生《〈宇宙之谜〉在中国》一文，毛泽东同志将其世界观的形成归功于四位德国人，分别为黑格尔、马克思、恩格斯和海克尔。——作者注

一　海克尔与达尔文

海克尔 1834 年 2 月 16 日出生于普鲁士王国（今日之德国）的波茨坦。海克尔从小就显示出对自然和植物的热爱，在 12 岁的时候就成为当地优秀的植物鉴定家；在中学期间，他收集的植物标本就达到 12000 多种。[①] 正是在中学期间，他仔细阅读了达尔文的《一个自然科学家在贝格尔舰上的环球旅行记》，因此，当 1852 年高中毕业之时，海克尔即有志于研究植物学。但是，海克尔的研究因为风湿性关节病而暂时搁浅；同时，其父亲也认为植物学知识无法谋生而建议海克尔到梅泽堡学习医学。在学医期间，海克尔有幸师从世界著名病理解剖学家、细胞病理学创始人鲁道夫·微耳和（Rudolf Virchow）与世界著名生理学家约翰·穆勒（Johanne Muller）等国际知名生物学家。青少年时期的海克尔对植物学的痴迷和后来对动物学的系统学习，为他科学地理解植物、动物和人类之间的关系奠定了坚实的理论和实践基础——正是在这些具体科学的基础之上，海克尔才能够创立宏观的生态科学，从而系统地研究生物体与其环境之间的相互关系。海克尔在 1858 年放弃了从医，专注于研究其老师穆勒所研究过的放射虫，最终发现了 4000 多种新品种，并于 1862 年发表了著名的《放射虫》专著。在此期间，达尔文在 1859 年发表了影响人类社会的《物种起源》，海克尔在《放射虫》中高度评价了达尔文的进化理论，称之为将有机界统一到一种科学的自然法则，取代了神秘的创世说，打破了创世说关于物种之间的界限。从此，海克尔不仅将进化论用于解释物种起源，而且进一步运用进化论来解释人类起源，并将所有物种与更加广泛的自然环境联系在一起，更加坚定地站在科学的角度反对宗教世界观，反对当时欧洲的宗教政治制度，初步建立起一种唯物主义的一元论世界观。

1866 年秋天，32 岁的海克尔见到了 57 岁的达尔文。同年，海克尔出版了《有机体普通形态学》一书——正是在此著作中，海克尔第一次

---

① ［德］乔治·乌士曼：《赫克尔的生平及其工作》，庄孝德译，科学出版社 1955 年版，第 3 页。"赫克尔"又译"海克尔"。——作者

提出"生态学"的概念，并将生态学与达尔文联系在一起。他在该著作中从进化论的角度阐述了生物的形态结构，并以"系统树"的形式表达各类动物的进化历程和亲缘关系，力图揭示生物体与其环境之间以及生物体之间的相互关系。海克尔在《有机体普通形态学》一书中将"生态学"初次定义为"研究生物与其环境之间相互关系的科学"①。在1868 年出版的《自然创造史》中，海克尔建议在动物学中开辟一门二级学科，专门研究动物物种与其有机和无机环境之间的关系。在《自然创造史》中，海克尔结合其丰富的生物学知识，比较通俗地阐述了动植物在自然界中的进化过程，并将人类的进化列入自然进化过程②，因而被当时深受宗教创世说影响的科学家和宗教人士称为"耶拿的猴子教授"。1869 年，海克尔在耶拿大学哲学系的就职演讲中对生态学概念做出进一步阐述："我们所称谓的生态学是指一种关于自然经济的知识体系，即研究动物与其无机环境和有机环境之间的所有关系，首先包括该种动物与那些与其有直接或间接联系的动物和植物之间的友善与有害的关系——简而言之，生态学就是研究达尔文所称谓的作为生存斗争条件的所有那些复杂的相互关系。"③ 1872 年，海克尔出版了三卷本的《石灰质海绵》，该著作重点研究了海绵体早期胚胎所经历的内陷过程——原肠形成；在 1874 年的《古原肠胚学说》和 1875 年的《动物的原肠胚以及受精卵的分裂》中，海克尔继续研究水螅和水母等低等动物的胚胎发育，从而得出所有多细胞动物都是从一个共同的原始型——原肠祖进化而来的，即生物科学史上著名的"原肠祖说"④。1877 年，微耳和在慕尼黑德国自然科学家和医生第五十次代表大会第三次全体会议上作《现代国家中的科学自由》的报告，坚决反对在课堂上讲授达尔文的进化论，断言达尔文主义和社会主义有密切联系，同时建议德国资产阶级政府限制科学自由；海克尔为此出版了《自由的科学和自由的讲授》

---

① Ernst Haeckel, *Generelle Morphologie der Organismen*, Reimer: Berlin, 1866, p. 286.

② ［德］赫克尔：《自然创造史》，马君武译，商务印书馆 1936 年版，第 1 页。

③ W. C. Alee et al., *Principles of Animal Ecology*, W. B. Saunders Company, 1949, p. 5. Robert P. McIntosh, *The Background of Ecology Concept and Theory*, Cambridge University Press, 1985, pp. 6 – 8.

④ ［德］乔治·乌士曼：《赫克尔的生平及其工作》，庄孝僡译，科学出版社 1955 年版，第 18 页。

的论战性小册子①，捍卫了科学研究自由和达尔文进化论，与其老师彻底决裂。

达尔文在 1882 年去世，海克尔在爱森纳赫举行的自然科学家集会上发表了《达尔文、歌德和拉马克的自然观念》的演说，认为一种与自然科学相协调的世界观与基督教的道德和博爱的基本原则并不矛盾。该演说不仅捍卫了从拉马克开始的进化论自然观，而且通过一种妥协的方式向基督教和教会政权提出了挑战。但是，海克尔的妥协并没有得到当时主流自然科学家和教会政权的谅解，学校仍然不允许讲授进化论思想，因此，海克尔开始不断从更广泛的意义上思考哲学问题。在 1892 年的"作为自然科学与宗教之间纽带的一元论"演讲中，海克尔借用了 18 世纪德国数学家和哲学家 C. 沃尔夫所创造的"一元论"概念，将宗教中超然的"上帝"融入物质世界之中，阐述上帝在物质之外没有任何作用，而是与物质世界形成一个统一体；精神不能脱离物质世界而存在，没有精神的物质世界同样不可想象。1895 年，俄国的马克思主义思想家普列汉诺夫为了逃避沙皇政府的审查，同样借用"一元论"代替"历史唯物主义"，出版了在国际共产主义运动史上占据重要历史地位的学术著作《论一元论历史观的发展问题》。1896 年，恩格斯发表了《劳动在从猿到人转变过程中的作用》，不仅公开将进化论系统地应用于人类进化研究，而且重点阐述了劳动作为人类与自然之间进行新陈代谢（物质变换）中介在人类进化过程中的关键性作用。

1899 年，海克尔遵循一元论哲学思想完成了总结 19 世纪自然科学发展成果的《宇宙之谜》。列宁对《宇宙之谜》推崇备至；鲁迅先生在 1907 年的《人之历史》中就介绍了《宇宙之谜》的主要思想；马君武先生在 1916 年的《新青年》上翻译发表了《宇宙之谜》前三章的内容，并于 1920 年完整地翻译并以《赫克尔一元哲学》之名出版了《宇宙之谜》。毛泽东在青年时期就深受《宇宙之谜》的影响，并因此将海克尔作为影响其世界观形成的四位德国哲学家之一。海克尔的"一元论哲学"促进了人类世界观的解放，即从中世纪的宗教世界观转变到以自然科学为理论基础的唯物主义世界观。马君武在《赫克尔一元论哲学》

---

① 《马克思恩格斯文集》（第 9 卷），人民出版社 2009 年版，第 599 页。

的中文版序言中写道："世界各处皆有一元学会之设，欲以此代宗教，气势极盛。予译此书，予甚期望吾国思想界之有大进化也。"①

二　海克尔与马克思、恩格斯

1848 年，马克思和恩格斯发表了《共产党宣言》。同年，由于欧洲革命的失败，马克思和恩格斯开始从不同的角度总结法国和德国革命的经验和教训，并为未来无产阶级革命进行必要的理论准备。马克思在关注自然科学发展的同时偏重于政治经济学的研究，恩格斯则在经营商业、研究经济的同时偏重于自然科学的发展，他们两人各自从不同侧重点出发共同创立了历史唯物主义。1858 年，马克思重新研究了黑格尔的《逻辑学》，恩格斯则开始研究黑格尔的《自然哲学》，并在此基础上开始构思《自然辩证法》。在 1858 年 7 月 14 日给马克思的信中，恩格斯因为发现生理学革命对自然哲学的意义而异常兴奋："请把已经答应给我的黑格尔的《自然哲学》寄来。目前我正在研究一点生理学，并且想与此结合起来研究一下比较解剖学。"② 在 1859 年达尔文发表《物种起源》之后，马克思和恩格斯几乎同时发现了进化论的科学价值。恩格斯在 1859 年 12 月 11（12）日给马克思的信中表示："我现在正在读达尔文的著作，写得简直好极了。目的论过去有一个方面还没有被驳倒，而现在被驳倒了。此外，至今还从来没有过这样大规模的证明自然界的历史发展的尝试，而且还做得这样成功。"③ 马克思则在 1860年 12 月 19 日给恩格斯的信中回复道："在我经受折磨的时期——最近一个月——我读了各种各样的书。其中有达尔文的《自然选择》一书。虽然这本书用英文写得很粗略，但是它为我们的观点提供了自然史的基础。"④ 进化论是历史唯物主义最重要的自然科学基础之一，但是，马克思恩格斯在接触进化论之前首先发现了生理学和解剖学对历史唯物主义的重要价值。海克尔作为德国著名生理学家、解剖学家以及"德国的

---

① ［德］赫克尔：《自然创造史》，马君武译，商务印书馆 1936 年版，第 1 页。
② 《马克思恩格斯文集》（第 10 卷），人民出版社 2009 年版，第 162—163 页。
③ 《马克思恩格斯全集》（第 29 卷），人民出版社 1972 年版，第 503 页。
④ 《马克思恩格斯全集》（第 30 卷），人民出版社 1974 年版，第 130—131 页。

达尔文"，其研究成果自然引起了马克思恩格斯的关注；恩格斯在《自然辩证法》和《反杜林论》中多次引用海克尔的生物学观点，甚至用海克尔的观点批评达尔文进化论的不足之处。恩格斯在《反杜林论》中首次系统地阐述了马克思主义理论的三大组成部分，在《自然辩证法》中则全面总结了19世纪自然科学的最新发展，从社会科学和自然科学两个方面论述了历史唯物主义的科学性和革命性，因而，达尔文的进化论和海克尔的生态学都成为历史唯物主义的有机组成部分。

达尔文的《物种起源》不仅为自然哲学提供了最新的科学资料，也为欧洲无产阶级提供了最新的世界观，整个封建贵族、资产阶级和基督教教会的意识形态受到了严重冲击。从19世纪50年代开始，马克思恩格斯就开始思考整个无产阶级运动的科学理论和意识形态问题。恩格斯在康德的《宇宙发展史概论》和黑格尔的《自然哲学》中得到启示，开始研究自然科学特别是生物科学的最新发展，试图运用自然科学的最新成果形成无产阶级的世界观，海克尔在生物学方面所取得的成果自然成为马克思恩格斯所重点关注的内容之一。在《反杜林论》序言的注释中，恩格斯在谈到旧自然哲学和未来新自然哲学时同时肯定了海克尔和黑格尔在自然哲学方面的功绩：

> 旧的自然哲学包含许多谬见和空想，可是并不比当时经验自然科学家的非哲学理论包含得多，至于它还包含许多有见识的和合理的东西，那么自从进化论传播之后这已开始为人们所了解。例如，海克尔完全有理由承认特雷维腊努斯和奥肯的功绩。奥肯在他的原浆说和原胞说中，作为生物学的公设提出的那种东西，后来真的被发现是原生质和细胞。如果特别谈到黑格尔，那么，他在许多方面远远超出他同时代的经验科学家。①

恩格斯在批评达尔文自然选择的局限性时也引用了海克尔的研究成果，认为"通过海克尔，自然选择的观念扩大了，物种变异被看作适应和遗传相互作用的结果，在这里适应被认为是过程中引起变异的方面，

---

① 《马克思恩格斯文集》（第9卷），人民出版社2009年版，第14页。

遗传被认为是过程中起保存作用的方面"①。在反对杜林关于生命起源的相关论述时，恩格斯不仅认为相比于达尔文"海克尔更大大前进了"②，而且将海克尔的研究成果直接作为批判杜林关于生命起源标志的错误观点：

> 如果只有在真正的分化开始时才开始有生命，那么我们就必须宣布海克尔的整个原生生物界是死的，而且根据对分化概念的不同理解，也许还要宣布更多的东西是死的。如果只有在这种分化可以通过一种较小的胚胎模式转移时才开始有生命，那么至少包括单细胞有机体在内的一切有机体都不是有生命的了。如果物质循环通过特别管道的中介是生命的标志，那么除去上面所讲的，我们还必须把全部高等腔肠动物（最多把水母除外），因而把各种珊瑚虫和其他植虫从生物的队伍中勾销。如果认为物质循环通过起始于一个内在的点的特别管道来进行是生命的根本标志，那么我们就必须宣布一切没有心脏的或有几个心脏的动物是死的。③

在批判杜林关于适应和遗传这两个进化论最基础的问题时，恩格斯完全赞同海克尔的观点，认为海克尔的观点是完全正确的："海克尔认为，就物种的发展来说，适应是否定的或引起变异的，遗传是肯定的或起保存作用的。相反，杜林在第122页上却说，遗传也造成否定的结果，引起变异（同时还有关于预成的妙论）。……我们必须把握事实真相，并加以研究，于是当然可以发现，海克尔是完全正确的，在他看来，遗传在本质上是过程中保守的、肯定的方面，适应是过程中革命的、否定的方面。驯化和培植以及无意识的适应，在这里比杜林的一切'精辟的见解'更令人信服。"④而且，"海克尔的'适应和遗传'，无需选择和马尔萨斯主义，也能引起全部进化过程"⑤。

---

① 《马克思恩格斯文集》（第9卷），人民出版社2009年版，第75页。
② 同上书，第77页。
③ 同上书，第83页。
④ 同上书，第350页。
⑤ 同上书，第547页。

海克尔在 1868 年出版了《自然创造史》，1873 年恩格斯开始着手创作《自然辩证法》。恩格斯在 1874 年给马克思的信中提到 1873 年第四版《自然创造史》："丁铎尔的开幕词是迄今为止在英国的这类会议上所发表的最大胆的演说，它给人以强烈的印象并引起了恐惧。显然，海克尔的远为坚决的姿态使他坐立不安。"① 在《自然辩证法》的"札记和片断"当中，恩格斯也多次引用了海克尔《自然创造史》中的内容。"在奥肯那里（海克尔，第 85 页及以下几页），可以看到从自然科学和哲学间的二元论中所产生出来的荒谬言论。奥肯通过思维途径发现原生质和细胞，但是没有人想到要用自然科学的方法来研究这个问题——据说思维就能完成这件事！而当原生质和细胞被发现之后，奥肯就名声扫地了。""自然科学家的思维：阿加西斯的造物谱，根据这个图谱，上帝是从一般的东西进而造出特殊的和个别的东西（首先造出脊椎动物本身，然后造出哺乳动物本身，食肉动物本身，猫科本身，最后才造出狮子等等），这就是说，首先造出关于具体事物形态的抽象概念，然后再造出具体事物！（见海克尔，第 59 页）。"② 但是，对人类自然科学进行哲学总结并不是一件容易的事情，从 19 世纪 50 年代开始一直到 1895 年逝世，恩格斯仍然没有最终完成对《自然辩证法》的写作工作。《自然辩证法》试图从历史和哲学两个方面对于人类自然科学的发展进行总结和概括，不仅普及了人类自然科学发展的最新成果，将人类科学生活从基督教创世说中彻底解放出来，而且为人类特别是无产阶级提供了一种科学的世界观和通向理想社会的科学武器。因此，海克尔在生物学方面所取得的科学成果就必然为马克思恩格斯所关注，并成为无产阶级唯物主义世界观的有机组成部分。

三　海克尔与列宁、毛泽东

在恩格斯创作《自然辩证法》的同时，海克尔也在对 19 世纪的自然科学进行哲学总结。虽然恩格斯在《自然辩证法》中批判了海克尔

---

① 《马克思恩格斯文集》（第 10 卷），人民出版社 2009 年版，第 400—401 页。
② 《马克思恩格斯文集》（第 9 卷），人民出版社 2009 年版，第 461 页。

唯物主义的不彻底性和认识论的局限性，但是，海克尔的《宇宙之谜》
还是早于《自然辩证法》而在 1899 年出版了。《宇宙之谜》阐述了人
类、自然、思维和宗教的历史发展过程，成为康德《宇宙发展史概论》
和黑格尔《自然哲学》之后最伟大的自然哲学著作。截至 1918 年，
《宇宙之谜》已经出第 11 版了，被翻译成 24 国文字①，对世界科学的
发展、科学知识的普及和人类社会的进步起到巨大的历史作用。1909
年，列宁在《唯物主义和经验主义批判》中高度评价了海克尔的《宇
宙之谜》，并在著作的最后一章专辟一节来阐述海克尔的思想。在关于
自然科学和唯物主义的关系中，列宁在批判马赫的唯心主义并阐述自然
科学和唯物主义的一致性时，首先就引用了海克尔作为典范："唯物主
义和自然科学完全一致，认为物质是第一性的东西，意识、思维、感觉
是第二性的东西，因为以明显形式表现出来的感觉只和物质的高级形式
（有机物质）有联系，而'在物质大厦本身的基础中'只能假定有一种
和感觉相似的能力。例如，著名的德国自然科学家恩斯特·海克尔、英
国生物学家劳埃德·摩根等人的假定就是这样，至于我们上面所讲的狄
德罗的猜测就更不用说了。"② "如果我们把著名的自然科学家恩斯特·
海克尔和（在反动市侩中间）享有盛名的哲学家恩斯特·马赫作个比
较，那么我们就可以看得更加清楚了。"③

　　历史唯物主义对 19 世纪资产阶级和基督教教会的联合统治起到革
命性的颠覆作用，唯物主义与自然科学天然地形成哲学和科学的联盟；
但是，当时占统治地位的意识形态在否定唯物主义的同时，也部分地否
定了自然科学，甚至拒绝接受早已经成为科普知识的进化论思想。作为
无产阶级的革命领袖，列宁绝不会像统治阶级当权者一样掩耳盗铃，他
清楚地认识到《宇宙之谜》在自然科学、自然哲学和社会制度变革中
的历史价值，因此，远在俄国的列宁坚定地捍卫海克尔，并给予《宇宙
之谜》极高的评价：

---

　　①　［德］恩斯特·海克尔：《宇宙之谜》，上海外国自然科学哲学著作编译组译，上海人
民出版社 1974 年版，第 1 页。［德］恩斯特·海克尔：《宇宙之谜》，郑开琪等译，上海世纪
出版社、上海译文出版社 2002 年版，第 1 页。袁志英：《〈宇宙之谜〉与海克尔其人》，《德国
研究》2003 年第 2 期。
　　②　《列宁全集》（第 18 卷），人民出版社 1988 年版，第 39 页。
　　③　同上书，第 365 页。

恩·海克尔的《宇宙之谜》这本书在一切文明国家中掀起了一场大风波，这一方面异常突出地说明了现代社会中哲学的党性，另一方面也说明了唯物主义同唯心主义和不可知论的斗争的真正社会意义。这本书立即被译成了各种文字，出版了定价特别低廉的版本，发行了几十万册。这就很清楚地说明：这本书已经"深入民间"，恩·海克尔一下子赢得了广大的读者。这本通俗的小册子成了阶级斗争的武器。世界各国的哲学教授和神学教授们千方百计地诽谤和诋毁海克尔。①

当然，针对恩格斯生前所指出的海克尔关于思维和存在之间关系的粗陋认识，列宁在 20 世纪能够更加理性地看待海克尔个人及其所处的历史背景。他首先认为，海克尔本人专注于自然科学，并没有对自然科学进行系统的哲学思考，而且不善于区分唯物主义和唯心主义在认识论上的区别："他没有去分析哲学问题，而且也不善于把唯物主义的认识论跟唯心主义的认识论对立起来。……他从唯物主义者的观点来嘲笑哲学家们，但他不知道自己是站在唯物主义者的立场上！"② 其次，列宁不仅解释了海克尔本人拒绝"唯物主义"称呼并主张科学与宗教结合的貌似唯心主义倾向的主客观原因，同时，通过剥离海克尔的历史背景而还原了海克尔所坚持的唯物主义自然科学的坚定立场：

尽管恩·海克尔在哲学上是素朴的，他缺乏确定的党派目的，愿意考虑那些流行的反唯物主义的庸俗偏见，他个人对宗教有妥协的倾向而且还提出建议，然而这一切都更加突出地显示了他这本小册子的总的精神，显示了自然科学的唯物主义是根深蒂固的，他同一切御用的教授哲学和神学是不可调和的。……海克尔这本书的每一页都是给整个教授哲学和教授神学的这种"传统"学说一记耳光。这位自然科学家无疑地表达了 19 世纪末和 20 世纪初绝大多数

---

① 《列宁全集》（第 18 卷），人民出版社 1988 年版，第 365 页。
② 同上书，第 369 页。

自然科学家的虽没有定型然而是最坚定的意见、心情和倾向。他轻而易举地一下子就揭示了教授哲学所力图向公众和自己隐瞒的事实，即：有一块变得愈来愈巨大和坚固的盘石，它把哲学唯心主义、实证论、实在论、经验批判主义和其他丢人学说的无数支派的一片苦心碰得粉碎。这块磐石就是自然科学的唯物主义。①

在 20 世纪初期，《宇宙之谜》理所当然地引起中国知识分子和革命仁人志士的关注，并对近现代中国产生了巨大的社会影响。当 1840 年鸦片战争和 1894 年中日甲午战争之后，中国农业文明所缔造的世界秩序开始崩溃，中华民族的文明光环开始退却，严复 1897 年翻译出版的进化论名著《天演论》成为中华民族凤凰涅槃的开始。"物竞天择，适者生存"的社会达尔文主义比起达尔文的进化论更加直接地走进中华民族的觉醒灵魂之中，激发出无数中国仁人志士的"灭种亡国"的危机意识，其中也有少数前辈开始直接使用具有进化论色彩的中文名字，比如"适之""竞生"，等等；因此，海克尔集进化论之时代大成且具人类（社会）生态学雏形的《宇宙之谜》一书自然引起了中国学人的关注。东渡日本的鲁迅先生在 1907 年以"人之历史"为题首先简要译介了海克尔出版于 1874 年的《人类发生学》，该书形成了《宇宙之谜》第一部分的主要内容；因此，医学出身的鲁迅先生成为中国介绍海克尔及《宇宙之谜》内容的第一人。马君武先生则从 1916 年开始翻译《宇宙之谜》，并在《新青年》上陆续发表前三章内容；最后在 1920 年出版亚洲第一本根据德文版译介的《宇宙之谜》，比日本栗原古城根据英译本翻译出版的《宇宙之谜》早一年，且栗原古城因多重转译而错讹之处居多。② 马君武不仅陆续翻译出版了海克尔的《宇宙之谜》《自然创造史》和达尔文的《物种起源》等著作，而且他早在 1903 年就在当时《译书汇编》上发表了《社会主义与进化论比较》，成为当时除梁启超之外对马克思主义和进化论具有比较全面认识的中国知识分子和政治活动家。

---

① 《列宁全集》（第 18 卷），人民出版社 1988 年版，第 367 页。
② ［德］赫克尔：《赫克尔一元哲学》，马君武译，中华书局 1920 年版，第 1 页。

马君武翻译出版的《宇宙之谜》成为中国知识分子理解世界自然科学发展和西方社会发展的教科书，即便恩格斯的《自然辩证法》在1925年正式出版，也没有损害《宇宙之谜》的科学价值和历史功绩。毛泽东同志在1975年会见西德总理赫尔穆特·施密特（Helmut Schmidt）时仍将海克尔列为影响其世界观形成的四位德国人物之一。《宇宙之谜》的作用对于中国人而言主要就是建立科学的宇宙观和人类观，至于其中所阐述的宇宙历史和人类进化只不过是对20世纪科学事实的陈述而已。如果要说《宇宙之谜》具有革命性，那么，其革命性远不如达尔文的《物种起源》和恩格斯的《自然辩证法》。但是，当1974年新版《宇宙之谜》被翻译出版之后，上海人民出版社专门出了大字本，不仅毛泽东同志本人要看，而且发送政治局委员人手一册。①海克尔在《宇宙之谜》中阐述了四个问题：人类、思维、宇宙和宗教。虽然时间过去了100多年，《宇宙之谜》所阐述的诸多科学知识已经成为科学常识，但是，海克尔在《宇宙之谜》中提出的这四个问题仍然属于世界之谜；对于大多数中国人而言，《宇宙之谜》仍然为我们粗略地构建了一个世界观框架，有助于我们形成科学的宇宙观和人类观，有利于我们真正理解生态学所表达的"生物与其环境以及生物之间的相互关系"，促使我们实现人与自然、人与人和人与自身的三大和谐。1967年，毛泽东向刘少奇推荐《宇宙之谜》时，他其实已经读过恩格斯的《自然辩证法》，但是，毛泽东向刘少奇和其他政治局委员推荐的不是更加科学、更加现代的《自然辩证法》②，而是经典作家所批评的具有18世纪机械唯物主义缺陷的《宇宙之谜》。③因为毛泽东深知《宇宙之谜》对于中国乃至世界的科学价值和社会价值，也深知其所具有的机械唯物主义缺陷，两者相较，毛泽东仍然向刘少奇等政治局委员推荐该书。联系到毛泽东当年嘱咐毛岸英到苏联学习自然科学知识，更进一步表明毛泽东对自然科学和唯物主义的重视，深知中国当时社会发展和社会科学之弊端所在——恩格斯说过："随着自然科学领域中每一个划时

① 袁志英：《〈宇宙之谜〉在中国》，《读书》2006年第7期。
② 参见刘爱琴《我的父亲刘少奇》，人民出版社2009年版。
③ 毛泽东在向刘少奇推荐海克尔这部著作的时候，并没有使用马君武先生早期译本的名字《赫克尔一元哲学》，而是使用了经典作家的批判之语《机械唯物主义》。

代的发现，唯物主义也必然要改变自己的形式；而自从历史也得到唯物主义的解释以后，一条新的发展道路也在这里开辟出来了。"①

　　海克尔及其生态思想在整个历史唯物主义的发展历程中占有非常重要的历史地位，这对于我们从历史唯物主义的角度理解生态文明具有重要的理论价值和现实意义。生态学的内涵和种类随着人类社会的不断发展和科学技术的不断进步而不断拓展和增加，但是，生态学研究生物与其环境之间相互关系的基本内涵却没有发生根本改变。从生态学角度而言，历史唯物主义的生产力表现为人与自然之间的关系，生产关系则表现为人与人之间的关系，历史唯物主义的研究对象和研究方法与生态学的研究对象和研究方法具有高度的重合性和一致性。人类为了获取生活资料，必须通过劳动中介来认识自然、征服自然、改造自然和尊重自然，人类的这种劳动能力表现为生产力。随着生产力的不断发展，人类必须通过各种劳动关系而结合在一起，各种劳动关系形成人类历史上各种不同的生产关系。历史唯物主义基本原理认为，生产力决定生产关系，生产关系对生产力具有反作用；因此，历史唯物主义的基本原理决定了现代社会生态学的基本原则，即"人与自然之间"的关系决定了"人与人之间"的关系，而"人与人之间"的关系又反作用于"人与自然之间"的关系。在整个人类历史发展过程中，任何一种文明形态的转型，都是人类与自然之间基本矛盾不断推动发展的必然结果；任何一种文明转型，最终都是生产力和生产关系之间基本矛盾的妥善解决。因此，中国生态文明建设首先要发展生态生产力和生态生产关系，彻底克服工业文明以"生产—消费—废弃"为特征的生产和消费方式，代之以"零污染、零排放"的循环再生式生产方式和消费方式；同时，如果要解决当今全球性生态危机，则必须变革资本主义生产关系，克服资本主义对人类和自然的双重掠夺，避免全球性生态环境的进一步恶化。生态文明建设有助于中国成功实现经济社会转型，在国际社会中占领生态道德制高点，最终在全球生态文明建设中发挥主导力量，为当今人类福祉和未来人类文明做出中华民族的应有贡献。

---

　　① 《马克思恩格斯文集》（第4卷），人民出版社2009年版，第281—282页。

六

中国古代哲学对生态哲学的启示

道家的"无为而治"及其
可持续发展意义*

陈红兵　杨　龙**

国内外学术界对道家道教的生态环保意义关注颇多，相关研究成果很多。但相关成果多从哲学、伦理学角度进行分析，而很少从社会政治角度做出的探讨。道家社会政治思想的中心观念是"无为而治"。本文主要探讨道家"无为而治"思想和实践对当代可持续发展的现实意义。

一　"道法自然"对"自发秩序"的信任

道家"无为而治"思想是建立在"道法自然"基础上的。所谓"无为而治"即反对人为治理天下，主张以道治理天下。"道法自然"出自《老子》第25章"人法地，地法天，天法道，道法自然"。"道法自然"要求人效法、顺应自然之道，体现了道家对天地万物自然运化过程、规律、秩序的信任。

"道法自然"从根本上说即是对天地万物及人类社会自然运化过程、规律及"自发秩序"的效法和顺应。所谓"自发秩序"，即依循自然规律形成的自生自发秩序，区别于人为建构的秩序。"道法自然"实际上蕴含这样一种价值观念，即肯定自然、社会、生命系统的自然状

---

　* 本文原载于《江苏行政学院学报》2017年第2期。
　** 陈红兵，山东理工大学法学院、山东省生态文化与可持续发展软科学研究基地教授，哲学博士，主要研究方向为中国传统思想文化与生态文明建设；杨龙，新西兰怀卡托大学管理学院在读博士，主要从事中国传统文化与可持续发展研究。

态、自组织演化机制、过程和自发秩序是"好的",优于人为构建的秩序。老子所谓"我无为而民自化,我好静而民自正,我无事而民自富,我无欲而民自朴"(《老子》第57章),其中即体现了对社会系统自组织演化机制及秩序的肯定与信任。老子认为,统治者"无为而治",百姓能够自发趋向和谐有序("自化"),自己规范、管理自己("自正"),自己满足自身的生存需要("自富"),恢复自身的自然本性("自朴")。黄老道家突出"因循",主张因时、因物、因民,顺应天地万物及百姓的本性及其自然运化过程等,体现的也是对自然、社会系统自组织演化机制、过程和自发秩序的肯定。

对自然、社会系统自组织演化机制、过程及秩序的肯定与信任,又是针对人为治理天下的观念而言的。道家思想反对人为治理天下,认为人为治理天下,只会扰乱自然、社会的自然演化过程及秩序,破坏人与万物的自然本性。如在《庄子·在宥》篇中,广成子批评黄帝人为治理天下:"自而治天下,云气不待族而雨,草木不待黄而落,日月之光益以荒矣。"将人为治理天下视作自然生态失调,万物丧失自然本性的社会根源。

道家对自然、社会本身自组织演化机制、过程及秩序价值的肯定和信任,与当代生态思想家肯定生态系统复杂演化机制,肯定自然本身的智慧等具有一致性。当代越来越多的学者肯定自然生态系统本身具有趋向和谐有序、共生繁荣的机制和能力。如余谋昌教授在其著作中强调,生命和整个自然界从自身的生存发展出发,"知道"什么是对自己"好"的。植物生长在适应的土地上,它的枝干、叶片和根系有利于充分吸收阳光、水分和其他营养元素;所有生物都"知道"如何寻找食物、修补创伤、抵御死亡和维护自身的生存;而生命和自然界也存在解决自己面临问题的"智力"①。美国生态学家康芒纳把生态学规律概括为四条法则:第一,每一种事物都与别的事物相关;第二,一切事物都必然有其去向;第三,自然界所懂得的是最好的;第四,没有免费的午餐。② 其中所说的"自然界所懂得的是最好的",实际上肯定了自然生

---

① 余谋昌:《自然价值论》,陕西人民教育出版社2003年版,第117—139页。

② [美]巴里·康芒纳:《封闭的循环》,侯文惠译,吉林人民出版社1997年版,第25—37页。

态系统自组织演化过程、秩序的智慧或价值。

从可持续发展的意义上说，道家"道法自然"的观念，对于我们今天纠正现代文明的物质主义价值导向、人与自然关系上的人类中心主义价值观念，重新认识人与自然的关系，遵循自然、社会生态系统自组织演化规律，充分发挥自然、社会生态系统自组织演化机制、过程在社会文明发展过程中的作用，具有积极意义。

二 "虚无为本"的整体性思维

《史记·太史公自序》云："道家无为，又曰无不为，其实易行，其辞难知。其术以虚无为本，以因循为用。"以"虚无为本""因循为用"概括了汉初黄老道家思想的重要特征。"虚无为本"体现的是道家对主体认识思维境界的要求。在道家看来，主体只有心灵处于虚静状态，才能与"道"相应。

道家"无为而治"观念要求统治者在精神境界及思维方式上以"虚无为本"。道家认为，心灵的虚静是身体达致和谐安定的前提或根本法则。与此相应，要实现社会的和谐安定，也要求统治者保持精神的虚静状态。《管子·心术上》中的一段话即充分说明了这一点："心之在体，君之位也；九窍之有职，官之分也。心处其道，九窍循理。嗜欲充盈，目不视色，耳不闻声。故曰，上离其道，下失其事。毋代马走，毋代鸟飞，使弊其羽翼。毋先物动，以观其则。动则失位，静乃自得。"以"心"喻君，以"九窍"喻臣，强调君主虚静无为，臣下才能按照其职分行事，天下才能得到治理。同时，统治者也只有保持精神的虚静状态，才能从整体高度静观事物的变化法则。

从社会治理的角度而言，道家"虚无为本"观念主要体现为，统治者观照自然、社会状态及变化发展规律，制定相应法令制度，因循时势治理天下的整体性智慧。

首先，"虚无为本"是一种整体性的观照智慧，荀子将其描述为一种"大清明"的境界。荀子曾在稷下学宫三为祭酒，其思想吸收融合了道家的思想成分，其"大清明"观念即是对稷下黄老道家相关思想的继承和发展。《荀子·解蔽》说："虚壹而静，谓之大清明。万物莫形而不见，莫见而不论，莫论而失位。坐于室而见四海，处于今而论久远，疏观万物而知其情，参稽治乱而通其度，经纬天地而材官万物，制割大理而宇宙里矣。"是说主体处于虚静清明状态，能够观照万物的情状，考察社会治乱的根源，掌握宇宙运化的根本规律，具备经纬天地、治理天下的整体性智慧。

其次，黄老道家将"无为而治"也理解为"名正法备，则圣人无事"（《管子·白心》），并且认为名法制度的确立必须建立在"以道观之"的整体性思维基础上。《庄子·天地》（属庄子后学黄老派作品）言："以道观言而天下之君正，以道观分而君臣之义明，以道观能而天下之官治，以道泛观而万物之应备。……故曰，古之畜天下者，无欲而天下足，无为而万物化，渊静而百姓定。"所谓"以道观……"实际上即是从道的高度从整体性智慧出发，强调"无为而治"应从整体性的思维高度考察君主的名位、君臣不同的职分、臣子的职责、百姓的整体生存状态。"名正法备，则圣人无事"，即是说君臣等明白自身职分，尽好自身职责，即是"无为而治"的理想状态。

最后，"虚静"也是主体顺应万物做出正确反应的重要前提。《管子·心术上》较早阐述"静因"之道："是故有道之君子，起初也，若无知；其应物也，若偶之，静因之道也。"所谓"静因"，即以"虚静"的心态应对事物。《黄帝四经·十大经·名刑》也说："欲知得失，请必审名察刑（形）。刑（形）恒自定，是我俞（愈）静；事恒自施，是我无为。静殹（也）不动，来自至，去自往。""万物群至，我无不能应。"在黄老道家看来，只有主体精神处于虚静状态，才能顺应万物，处理好各方面的事情。与此相关，统治者作为最高的决策者，需要了解国家政治、经济、社会等各方面信息，也只有保持精神的虚静状态，才能理解、理顺各方面信息，做出正确决策。

道家"虚无为本"对当代可持续发展的意义，主要体现在其所蕴含的整体性智慧当中。当然，道家所说的整体性智慧的主体一般是指国君、皇帝及宰辅大臣，这与我们今天国家战略决策的运作模式存在很大差异。但是，道家对决策主体"虚无为本"的思维要求，其中所体现的基本原则，对于今天可持续发展的社会政治实践仍具有启迪意义。首先，它要求决策者从旧的思想观念当中解放出来，根据社会经济发展的实际情况，根据时代发展的要求，适时调整战略目标。如改革开放之初，调动人民群众的积极性、创造性，发展经济是时代的要求，但从改革开放到今天，经济社会发展的不平衡，粗放型经营所导致的生态环境危机，已成为社会进一步发展的障碍，这就要求我们适时转变社会发展模式，协调各方面矛盾，树立可持续发展的战略目标。其次，当前我国社会、经济、文化发展存在诸多复杂矛盾，要协调好方方面面的矛盾，客观上要求决策者有清醒的头脑，从整体出发，通盘考虑。最后，在经济社会发展导向上，可持续发展要求我们改变物质主义价值导向，从社会—经济—自然复合生态系统整体的可持续发展出发。如经济社会发展应从老百姓幸福安定出发，而不是从官员的政绩出发，不是从少数企业对利润的追求出发，人为地刺激经济发展；应从自然生态系统的承载力出发，从社会—经济—自然的协调发展出发，而不是从对现代化的狭隘理解出发，从片面促进物质生产出发，等等。

三 "因循为用"：因时，因物，因民

"因循为用"是"道法自然"观念与现实治理实践相结合的产物，是黄老道家对老子"无为而治"思想的丰富和发展。"因循为用"是司马谈概括的汉初黄老道家思想特征之一。所谓"因循为用"即是在社会治理实践中顺任天、地、人万物的自然本性及自然规律。黄老道家"因循为用"思想包含因时，因物，因民三方面：

"因时"本身有两层意义：其一是"因天时"，主要是指顺应农牧业生产的季节性规律。《黄帝四经·十大经·观》说："夫并时以养民功，先德后刑，顺于天。"所谓"并时以养民功"即遵循农牧业生产的季节性规律，保证老百姓农牧业生产的正常进行。其二是"因循时势"，主要是指根据时势发展的要求，及时调整社会治理措施。建安时期，以曹操、曹丕为核心的建安名士即非常注重这一方面。如曹操制定政策的指导思想是"设教因时"。傅嘏评论说："自建安以来，至于青龙……权法并用，百官群司，军国通任，随时之宜，以应政机。"[①]

---

① 陈寿：《三国志》，中华书局1982年版，第380、623页。

"因物"主要是指顺应事物的本质及其变化发展。《淮南子·原道训》说:"是故圣人内修其本而不外饰其末,保其精神,偃其智故;漠然无为而无不为也,澹然无治而无不治也。所谓无为者,不先物为也。所谓无不为者,因物之所为。所谓无治者,不易自然也。所谓无不治者,因物之相然也。"可见,道家所谓"因物",一是要求主体"偃其智故",反对从主观成见出发,人为滥用理性;二是顺应事物自然本性及其自然变化。

"因民"包含"因民之性""因民之利"和"因其俗"等多层意义。《淮南子·原道训》说:"因民之性以治天下。""因民之性"包含尊重、维护百姓自然本性的意义。在道家看来,物质生活的富足只是百姓本性追求的一方面,"反性",即返璞归真,获得身心的和谐安定是民性的更重要内容;"因民之利"即"因民之利而利之"(《淮南子·原道训》)。其具体内容则是:"为治之本,务在安民;安民之本,在于足用;足用之本,在于无夺时;无夺时之本,在于省事;省事之本,在于节欲;节欲之本,在于反性;反性之本,在于去载。"(《淮南子·诠言训》)强调的主要是物质生活方面,包含物质生活的富足与社会生活的安定,是古代民本思想的重要内容。黄老道家较少发挥"因其俗"方面的内容。但"因其俗"本身是对民间社会习俗、自发秩序的顺应,是道家"无为而治"的重要内容。当初姜太公治齐,在施政纲领上即非常强调"因其俗,简其礼",即顺应齐地的民俗,简化西周礼节在齐地的运用。

"因循为用"的可持续发展意义是多方面的,关于"因时",上文已论述"因循时势"确立可持续发展战略目标的意义。在这里,我们主要从"因物""因民"两方面择要论述之。

道家所说的"因物"主要是指尊重、顺应事物自然本性、自然存在状态。从其对可持续发展的意义来说,即要求我们今天慎用科学技术及人为手段改变事物的自然本性及自然存在状态。现代社会往往从一时的功利出发,有意无意地改变事物的自然本性。如20世纪五六十年代滥用杀虫剂,没有意识到它对生物及人体的毒害作用;又如饲养动物,在所用饲料、药物中添加了过多的抗生素、避孕药等;今天,人们为了增加粮食产量,又开始运用转基因技术……这些做法不仅会改变事物的自然本性，而且最终会伤害人自身。自然万物是在自然环境中千万年来形成的，本身具有复杂的自然演化机制和秩序，人类对自然生态系统、生命的内在机制、秩序及其内在合理性所知甚少，如果为了一时的利益，不顾潜在的风险而任意改变事物的自然本性和过程，必然会带来更大范围的自然生态效应，等到人们意识到其对生态环境及人类自身的危害，可能为时已晚。从这方面来说，道家强调顺应、维护事物的自然本性及自然存在状态，在今天仍具有深刻的现实意义。

"因民"的可持续发展意义可以从两方面来理解：一是道家所说的"因民之性""因民之利"，其中包含的一个重要内涵是关于"什么是对老百姓真正的好"的理解。道家非常强调"因民之性"，而"民性"并不单纯是对物质需求的满足，相反，从官员政绩、企业利润出发，人为地刺激百姓的物质欲求，并不能给百姓带来真正的幸福感。如我国改革开放 40 年来，人们的物质生活水平得到了极大的提高，但据最近的调查，我国人民的幸福感比例极低，只占人口的19%。道家在对"因民之性""因民之利"的理解上，非常注重社会的安定、人们身心的和谐安定对老百姓的重要意义。根据笔者的感受，改革开放到今天，已有越来越多的人开始意识到节制物欲、减轻工作强度的必要性，意识到回归自然、闲适生活的重要性。因此，国家确立可持续发展的战略目标，应尊重老百姓的自然愿望和观念，适时调整社会发展模式。

二是"因民俗"本身包含肯定民俗、传统生产生活方式的可持续发展的内涵。不同地域的传统生产生活方式是适应当地自然地理环境而形成的，其中包含人们适应自然生态环境的经验和教训，因而一般是与自然协调的可持续发展方式。这就要求我们确立可持续发展战略，应注重研究各地传统生产生活方式的合理性，避免对现代化的片面理解，人为改变当地传统的生产生活方式，导致不可逆转的生态环境问题，最终破坏人们的生存发展根基。如青藏高原千百年来形成了游牧生产和农牧结合的经济，人们根据季节的变化利用不同区域的草地资源。如每年 5 月底到 6 月初，进入海拔 3000 米以上的高寒草地放牧牲畜，让冬季里大面积草场不受干扰地充分生长，保护牧地生态系统的充分发育。但 20 世纪 50 年代，青海省政府提出将牧区草原

"建设成重要的粮食基地"，柴达木盆地 1956 年至 1959 年开垦 120.06 万公顷土地，青海湖盆地开垦 13000 公顷土地，后来废弃了 10000 多公顷。盲目开垦给高寒草原带来了毁灭性破坏。这启发我们，青藏高原传统生产生活方式以及与此相关的习俗、观念，是该地可持续发展的保证。这也要求我们在追求现代化建设的今天，注意保护传统生产生活方式中有益于可持续发展的方面，对于改变不同地域传统生产生活方式要采取慎重的态度。

四　从"名正法备"看环境法建设

"名正法备，则圣人无事"（《管子·白心》）是黄老道家吸收融合名法家相关治理思想，而对老子"无为而治"思想所做的进一步发展。"名正法备"本身包含"正名"与"修法"两方面内容。所谓"正名"是从法令制度而言的，主要是指官职设置、君臣职分的安排设定；"修法"则是指制定相关法律法规。"名正法备，则圣人无事"实际上包含相互关联的两方面内涵：一是制定完备的名法制度，以名法制度治理天下；二是在君臣关系上主张"君无为而臣有为"，体现为"因循而任下，责成而不劳"（《淮南子·主术训》），即依据名法制度，要求臣下各尽其责，充分发挥臣下的作用。

汉初黄老之治的"无为"即是建立在因循法治思想基础上的。汉王朝建立以后，全面承袭了秦王朝的郡县制、法令制度乃至官职设置。章太炎在《国故论衡·原经》中说："卒其官号、郡县、刑辟之制，本之秦制。为汉制法者，李斯也，非孔子甚明。"而曹参接任汉相国，以黄老术治国的一个突出体现即是因循汉高祖、萧何制定的法令制度。

关于"君无为臣有为"，黄老道家不同著作的论述不同，其基本思想是强调君主把握整体，臣下各尽其责，主张充分发挥臣下的有为作用。具体而言，不同著作的论述又各有侧重。《黄帝四经》着重发挥的是"主惠臣忠"思想："主惠臣忠者，其国安。主主臣臣，上下不□者，其国强。主执度，臣循理者，其国霸昌。主得〔位〕，臣福（辐）属者，王。"（《黄帝四经·经法·六分》）所谓"主惠臣忠"，强调的是君主尊重臣下，礼贤下士，臣下忠守职分。《淮南子·主术训》突出的则是依据法令制度，明确臣下职责，发挥臣下作用："人主之术，处无为之事，而行不言之教。清净而不动，一度而不摇，因循而任下，责成而不劳。"认为君主的无为必须建立在发挥臣下"积力""众智"的基础上。

对道家"名正法备"的"无为而治"思想之可持续发展意义，我们主要从"名正法备"的双层意义出发，从环境法的整体建设、环境法实施过程中的"问责"制度两方面加以简要论述。

关于环境法整体建设，我想，道家"无为而治"思想的启发主要体现在环境法建设的整体性思维上。它要求我们转变过去单纯关注社会经济领域的观念，将环境法建设作为协调经济—社会—自然生态利益，实现社会可持续发展的重要方式。具体而言，应关注如下方面：（1）环境法建设应将自身的目标定位于协调经济—社会—自然三者之间的关系上，促进社会的可持续发展。各国政府、学术界关于环境法建设的目的的认识，本身经历了"人类利益中心主义观念"到"生态利益中心主义观念"的过程。前者将环境污染等问题视作经济建设过程中出现的暂时问题，认为环境法建设的主要目的仍是维护人的健康，促进经济发展；后者则主张环境法建设应以维护生态系统的完整与繁荣为主要目的。[1] 应该说，以上两种观念均有其自身的局限性，我们今天应以协调经济—社会—自然三方面利益为主题的可持续发展理念，作为环境法建设的合理目标。（2）在当前，我国环境法建设应依据环境整体观，将环境污染防治、自然资源管理和生态环境保护的法律法规建设结合起来，改变之前根据不同时期环境问题治理的需要，三者之间相互分离、互不关联的局面。（3）将环境影响评价的法制建设拓展到政府综合决策当中。政府决策对于社会经济发展起着导向作用，政府决策的失误有时会导致生态环境恶化的不可逆趋势。但在我国政府机构设置中，环保部门与经济管理部门相互独立，彼此分离，这使得经济管理部门在做出决策时，往往只从本部门、本系统利益出发，而不考虑生态环境利益，不能从全局出发，统筹兼顾。要改变这一局面，一方面要求建立健全各部门之间的合作和协商制度，另

---

① 钱水苗：《可持续发展思想与环境法的目的》，《郑州大学学报》2002 年第 2 期。

一方面则要求完善我国环境影响评价法，将政府决策纳入环评范围，开展各级政府和相关部门的立法、政策、计划等的环境影响评价，规定相应的环境保护措施。

　　黄老道家非常强调各级官员的尽职尽责对于实现"无为而治"的重要性。实际上，环境建设要落到实处，同样涉及各级政府的相关职责问题。我国政府于1996年发布的《国务院关于环境保护若干问题的决定》强调"实行环境质量行政领导负责制"，规定地方各级人民政府及其主要领导人要依法履行环境保护职责，将辖区环境质量作为考核政府主要领导人工作的重要内容。但从实际情况来看，环境法实施过程中出现种种不尽如人意之处，其中很大一部分原因，即在于各级政府不认真履行其环境职责，把关不严，监督不力，有法不依，违法不究。如2006年我国先后发生的松花江支流牛河污染事件、甘肃血铅污染事件、湖南砷污染事件、遵义市氯气泄漏事故等，据国家环保部前副部长潘岳分析，这些事故的发生从表面上看是企业的责任，实际上"政府不作为"是导致污染事件的根本原因，有关政府和部门负责人负有重要责任。① 因此，落实环境质量问责制度是环境法建设的重要方面，它要求将环境问责制度相关规定细化，将环境质量责任考核目标明确化、具体化，真正将环境问责制度落到实处，真正让各级政府官员担负起环境保护的职责。

　　以上我们从四个方面探讨了道家"无为而治"思想的可持续发展意义。不过，我们也应当看到，道家"无为而治"思想及其发展本身又是与中国古代社会政治的特性密切相关的，具有自身的文化特质。首先，道家"无为而治"思想体现了中国古代社会动荡、朝代更迭之后人民群众的普遍愿望，而社会经济的恢复、社会秩序的稳定本身也是统治阶级的期望。其次，道家"无为而治"本质上是一种中央集权背景下的社会治理观念，因此，其"无为而治"思想虽然肯定民间社会具有自组织、自我管理的能力，但是其思想关注的重点主要还是统治者

① 范晓峰：《我国环境法基本制度的发展和完善》，《河北师范大学学报》2007年第4期。

"无为而治"的心态、"名正法备"的整体性思维，而很少探究民间社会自我管理的内在机制。同时，其所谓"因民"从一定意义上说是顺应、顺任，与现代意义上肯定公民参与政治的民主权利存在着根本的差别，这也决定了我们今天探讨"无为而治"的现实实践，本身必须结合现代社会的要求和发展趋势，赋予其时代的内涵。

道术相济

——中国生态伦理实质性传统的经验与启示*

余泽娜**

在生态危机全球蔓延的今天，中国生态伦理传统受到了国内外学界的热切关注。如果暂时悬置对中国历史上各家各派生态伦理观念的细化研究，只是长远纵向地观察中国生态伦理思想的历史脉动和现实演化结构，不难发现：以天人合一为核心的传统生态伦理思想作为道统，宛如一条主线贯穿、渗透于中国传统社会中人们的实际生存方式与生活技艺、法制、民间信仰等术的层面，道、术相济，在中华文明的流转传承中形成了理论与实践交相辉映的完整体系。这一体系伏脉千里，在传统社会中构成了希尔斯笔下所指的"实质性传统"——实质性传统就是维持已被接受的东西传统，它"是人类的主要思想范型之一，它意味着赞赏过去的成就和智慧以及深深渗透着传统的制度，并且希望把世传的范型看作有效指导"①。中国生态伦理实质性传统所遗留下来的道、术相济的宝贵经验，为反省当前我国社会所面临的发展与环境之间的紧张关系，推进当代生态文明建设提供了重要启示。

---

* 本文原载于《广东社会科学》2016 年第 6 期，《新华文摘》2017 年第 7 期做了观点摘编。

** 余泽娜，中共广东省委党校哲学部教授。

① ［美］爱德华·希尔斯：《论传统》，傅铿、吕乐译，上海人民出版社 2014 年版，第 22—23 页。

一　道术相济——中国生态伦理实质性传统的经验

在中国几千年的生态伦理实质性传统之中，道与术之间建立起高度的逻辑整合，以"天人合一"的理念一以贯之。在这个实质性传统里，人与天地万物是相互依存的和谐整体，人要保护和关怀所有非人类生命和环境，要遵循自然的节律来安排生产和生活，人与自然打交道的行为还要受到法制和民间信仰的规约。这一实质性传统在客观上维持了中华文明的连续不断。

（一）道的层面：以天人合一为核心的生态伦理道统

中华民族古代先民与自然生态环境相处所积淀下来的经验、教训，通过精英文化的不断洗练、提升和创造性发展，最终形成了以天人合一为核心，以儒、道、佛三家为主要组成部分的中国传统生态伦理思想之道统。

道家崇尚自然无为，主张以人道合天道。在道家看来，人与天地万物同源而生，人不过是"域中四大"之一，应遵守道的自然法则，"人法地，地法天，天法道，道法自然"①。"道法自然"体现在人道上，就是要"知常曰明"——认识天地万物运动变化的规律，要"知和曰常"——明白和谐才是最适合天地万物生存的规律和状态，要"知止不殆""知足不辱"——讲求适度增长、合理利用自然资源。"天人合一"是人通过修道功夫而达致物我同化的最高精神境界。

儒家也认为人与万物同源而生，在人与自然的关系上主张：第一，人应尊重生命、养护生命，因为"天地之大德曰生""生生之谓易"②；第二，人应顺应自然规律，"夫大人者，与天地合其德，与日月合其明，与四时合其序，与鬼神合其吉凶，先天而天弗违，后天而奉天时。天且弗违，而况于人乎？况于鬼神乎？"③　第三，人可以因势利导地适度改

---

① 《老子》第25章。
② 《易经·系辞》。
③ 《易经·正义》。

造自然和利用自然，"财（裁）成天地之道，辅相天地之宜"①。天人合一是儒家追求的理想境界，儒家认为，当人的道德修养达到至诚境界后，可以参天地、赞化育。

佛教从印度传入中国以后，通过与道家、儒家文化的交融、发展，也构成生态伦理道统的一个重要内容。首先，认为万物平等。经过禅宗、天台宗的拓展，中国佛教认为山川大地、一草一木、一沙一砾等皆有佛性，万物平等；人类应该尊重万物，并与自然和谐相处。其次，中国佛教通过"业报"、六道轮回等思想，告诫人们行善去恶，不应杀生，要尊重生命、珍惜生命，倡导放生、素食，以养慈悲之心。最后，重视自然环境的优美和谐，认为这也是助人顿悟、成佛的重要条件之一。

这三家思想的核心内容相近，行为取向互补。从总体上看，以"天人合一"为核心的中国生态伦理传统，强调人与自然万物的平等和相互依存，强调因任自然，人要顺应自然，取用有度，强调在人与自然的相谐中人的精神境界的不断提升。它以适应为特点，以价值理性为侧重点，成为具有东方文化意蕴的生态伦理思想之瑰宝。

在传统社会里，这个道统的传承主要是通过教育来实现的。"教育是传统从一代人传到另一代人的媒体，是一个移植传统的过程，这种过程使接受者得以接受进一步变异和完善的传统。"② 通过儒、道、佛等系统经典文献教育的"以文化之"，不仅强化了受教育者（包括统治阶层）的生态伦理意识，而且使生态伦理的道统得以世代流传，不断创新发展，诚如希尔斯所言："通过将传播人所理解的传统灌输给接受者，教育熏陶了这些接受者；教育也是一个选择接受传统的优异人才的过程。"③

（二）持道统术渺，以术载道

在过往的浩渺时光中，生态伦理的道统之所以彰而不失，除了教育

---

① 《易经·象传》。

② ［美］爱德华·希尔斯：《论传统》，傅铿、吕乐译，上海人民出版社 2014 年版，第 262 页。

③ 同上。

的传承之外，还因为它在术的层面有一个精细高效的运作系统，使这个道统被一以贯之地落实、渗透在具体的生产、生活安排和生活技艺之中，并通过法制与民间信仰加以巩固。由此形成一个具有几千年历史连续性的持道统术、以术载道的生态伦理实质性传统。

在这个传统中，关于生产、生活的具体制度化安排，主要体现在《礼记·月令》《吕氏春秋·十二纪》《淮南子·时则训》中。

儒家的经典之一《礼记》收有《月令》篇，按12个月的时令，将一年分为四季，每季分为三个月，描述每季、每月的气候特征，以及相对应的每个月的祭祀礼制、生产、生活安排，并强调政令应符合自然的规律，应有益于生产活动的正常开展。例如孟春之月，"东风解冻，蛰虫始振，鱼上冰，獭祭鱼，鸿雁来"。"是月也，天气下降，地气上腾，天地和同，草木萌动。王命布农事：命田舍东郊，皆修封疆，审端径、术，善相丘陵、阪险、原隰土地所宜，五谷所殖，以教道民，必躬亲之。田事既饬，先定准直，农乃不惑。"在这个万物生长、农耕春忙的月份，"禁止伐木，毋覆巢、毋杀孩虫、胎夭飞鸟，毋麑毋卵、毋聚大众、毋置城郭，掩骼埋胔"。君王除了举行与月令相应的祭祀、颁布相应的禁令之外，不可以举兵征伐，应谨记"毋变天之道，毋绝地之理，毋乱人之纪"，若不遵循自然规律、乱行时令，将乱象纷至。①

而以道家思想为主体的《吕氏春秋》亦载有《十二纪》，在"法天地"的基础上编辑春、夏、秋、冬四季，每季各有孟、仲、季三纪，《礼记》中《月令》的基本内容被列为十二纪的纪首文字。《十二纪》的主旨是从四时物候变化推演出春生、夏长、秋收、冬藏的四时之德，要求人们遵循此秩序安排生产、生活，人间的政令、人事也须依照此秩序而有四时之别。其用意正是《序意》篇所言的"凡十二纪者，所以纪治乱存亡也，所以知寿夭吉凶也。上揆之天，下验之地，中审之人，若此则是非可不可无所遁矣。"②

《淮南子》中的《时则训》也讲述了应四季、十二月之变化来安排生产、生活之事，并从人与天地万物之间的物类相感、天人相应等角度

①　《礼记·月令》。
②　《吕氏春秋·序意》。

详细论述了人道应合于天道的理由。

这三篇经典都要求人们遵循自然的节律——按春生夏长秋收冬藏来安排生产和生活，强调取物有时、取用有度、取物不尽物，即边发展边保护。在以农为安邦之本的中华民族历代社会中，这些制度化安排被奉为有利于农业生产实践的指南。

为了农业生产能够顺利进行，古人还在技艺上采取了各种有利措施，作为上述制度化安排的辅助手段。例如，肥田以养地力、搭配种植，创造"桑基鱼塘"等高度利用空间层次的集约型生态农业；兴修水利工程，以防洪排涝、利农灌溉；植树造林，以防止水土流失，等等。这些技艺措施浸润了"天人合一"的思想，强调因地制宜、顺势而为，强调人对自然环境的适应。

同时古人也意识到，要拥有良好的生存环境必须借助法制的保障，否则在当时的条件下，以生存为第一需要的下层百姓是很难主动关注生态环境保护问题的，更毋论自觉约束自身了。因而古代设有负责掌管天下山川林泽、草木鸟兽等自然资源和环境事宜的虞衡制度；有保护生态环境的法规、禁令，如炎帝的"神农之禁"，大禹时代的"禹之禁"，以及秦国《田律》，唐朝《唐律疏议》中的《杂律》，《唐六典·虞部》等。这些法制方面的内容基本反映了荀子总结概括的"圣王之制"的内涵及其发展："圣王之制也：草木荣华滋硕之时，则斧斤不入山林，不夭其生，不绝其长也；鼋鼍鱼鳖鳅鳣孕别之时，罔罟毒药不入泽，不夭其生，不绝其长也；春耕、夏耘、秋收、冬藏，四者不失时，故五谷不绝，而百姓有余食也；污池渊沼川泽，谨其时禁，故鱼鳖优多而百姓有余用也；斩伐养长不失其时，故山林不童而百姓有余材也。"[1]

除了这些庙堂之法以外，民间还有重要的"习惯法"——民间信仰及其简化形式（民俗）。正如有些学者所指出的："许多民间信仰是人们在对生态环境的适应和改造过程中创造出来的一种民俗文化，蕴涵了民众丰富的生态知识和朴素的生态理念。"[2]民间信仰主要是通过禁忌和祭祀仪式来调节人与自然的关系的。民间信仰的禁忌吸收了儒家"天

---

① 《荀子·王制》。
② 向柏松：《传统民间信仰与现代生活》，中国社会科学出版社2011年版，第155页。

道福善"，道家"不知常，妄作凶"，佛教因果报应和六道轮回说等思想内容，以诉诸神秘力量的惩罚，或因果报应的震慑来警示、限制和防范人们有违生态环境资源保护的行为。而祭祀仪式则表达了人对"天"以及各种自然崇拜对象的敬畏、感恩，并强化人与自然之间的相处规则。这些禁忌和仪式以特殊的方式回应、承接生态伦理的道统，通过世代沿袭形成一种惯性力量，塑造和规约着广大民众的文化心理、行为方式和风俗习惯，成为一种"随风潜入夜，润物细无声"的集体无意识。

这个以道为统帅，以术为实践路向的完整体系，显示了实质性传统的特征："传统远不止是相继的几代人之间相似的信仰、惯例、制度和作品在统计学上频繁的重现。重现是规范性效果——有时则是规范性意图——的后果，是人们表现和接受规范性传统的后果。正是这种规范性的延传，将逝去的一代与活着的一代联结在社会的根本结构之中。"①而这样一个实质性传统对中华文明的意义非凡。正是这个道、术相济，协调运作的生态伦理实质性传统，才能使这片历史上人口众多、地理情况复杂、自然灾害频繁、饱受战争劫难的华夏大地缓解了生态环境的衰退，支撑起中华文明几千年的连绵不断。而美索不达米亚、古巴比伦、洪都拉斯早期文明、玛雅文明等古代文明，却因为缺乏这样的生态伦理实质性传统而导致生态环境严重恶化，最终加速其走向消失。

二 道统传承萎缩，道术分离
——当前我国陷入生态困境的重要原因

进入近现代社会以后，中国生态伦理实质性传统的影响日渐弱化。之所以出现这样的境况，首先是因为生态伦理道统在传承上出现萎缩；而生态伦理道统传承的萎缩，又直接影响了生态伦理道统自身的统摄力，以致出现道、术分离的情形。这两种状况极大地解构了在我国拥有悠久历史的生态伦理实质性传统，也导致我国在进入发展快车道后很快陷入生态困境。

---

① ［美］爱德华·希尔斯：《论传统》，傅铿、吕乐译，上海人民出版社 2016 年版，第 25 页。

（一）生态伦理道统自身在传承范围上的萎缩

从历史上看，中国生态伦理道统主要通过教育手段来保证其在精英阶层获得世代传承和不断发展，并由受教育者在政治、文化、法律、制度、技术、民间信仰等方面带来一连串辐射影响，以强化整个生态伦理实质性传统的规范性和连续性。但是在当前，生态伦理道统在传承范围上出现了大幅萎缩。

这种萎缩首先表现为国民教育体系中与传统生态伦理道统紧密相关的内容几近中断。历史上中国传统生态伦理道统并不是作为某一个专门的文化分支单独列出的，而是以古典文化为载体，散见于多家多派的经典文献之中；其天人合一的核心理念作为一种思想特质、价值表达渗透到中国古典文化的方方面面，有哲理之辩，有诗词歌赋，有机锋禅偈，有神话叙事……它是整体的、人文的，它就融汇在中国古典文化的大河之中。就如英国剑桥达尔文学院的学者唐通在《中国的科学和技术》一书中所描写的："中国的传统是很不同的。它不奋力征服自然，也不研究通过分析理解自然。目的在于与自然订立协议，实现并维持和谐。学者们瞄准这样一种智慧，它将主客体合而为一，指导人们与自然和谐。""中国的传统是整体论的和人文主义的，不允许科学同伦理学和美学分离，理性不应与善和美分离。"[①] 在这种散发着古典东方韵味的文化氛围中熏陶过的人们，更容易潜移默化地滋养出一种对自然的敬畏、感恩、亲近之情。但从 20 世纪新文化运动开始，到 30 年代"打倒孔家店"以及"文化大革命"，整个古典文化传统可谓屡受重创；在改革开放之后社会和教育领域普遍存在着重理工轻人文，重技能轻人文，重经济轻人文的价值偏差，加剧了古典文化教育的花果飘零。"皮之不存毛将焉附"，传统生态伦理道统的传承因此大受冲击，随之而来的是我们在社会各个层面均失去了践行生态文明理念的强有力的战斗堡垒。

其次，生态伦理道统的传承范围缩小至学界研究领域。中国传统的生态伦理道统之所以没有完全中断，是因为在今天的学界研究领域还保留了一席之地。特别是西方生态危机促使西方生态学研究兴起之后，西

方学者在批判生态危机所产生的西方文化传统根源的同时，对中国传统生态伦理思想给予高度关注，以及当前我国在社会发展进程中遭遇了生态环境难题之后，这个土生土长、在历史上产生过长期积极影响的生态伦理道统吸引了国内学者的研究热情。这对于中国传统生态伦理道统的当代传承与创新发展，无疑具有重要意义。虽然这些研究也能对国家政策的制定产生一定的积极影响，但从总体上看，学者们在道的层面所取得的研究成果，官方和民间力量对之持续有效的吸纳、转化和应用显得不够。因而与以往道统在整个生态伦理实质性传统中所起的统摄性作用相比，今天道统研究的影响力比较有限，远不能抵挡物质贪欲、消费主义、短视主义等的强力冲击。

（二）道与术的分离

近百年来，生态伦理道统在教育上的淡出和传承范围的大幅缩小，影响力日见稀薄，使得原本以此为统帅的整个生态伦理实质性传统难以为继，屡遭瓦解。因而在社会持续向前迈进的过程中，尤其是20世纪70年代以后中国社会进入转型加速期之后，在相当长一段时间里整个社会的发展缺乏一个生态伦理视角，缺乏在这方面高屋建瓴、一以贯之的历史文化视野、整体系统视野和深层的文化、心理认同基础，缺乏生态伦理维度的规约力量。其集中表现为生态伦理道与术的分离。

首先，道脱离了术。在中国生态伦理实质性传统中，道、术相济，持道统术，以术载道，这个体系是由文化精英、官方和民间三股力量合力推进的，形成经世累积的规范性影响。但当这个实质性传统被逐渐解构之后，道的传承只是在学界相关研究领域得到了实现，而学者们更多的是在道的层面关心生态伦理问题。例如以西方为参照、中外比较，或以现代视野重返本土历史传统等，力图在理论上有新建树；而对由道而术的层面则关注不足，缺少传统儒、道两家在生态伦理的道与术之间自觉的融会贯通，且在帮助政府解决和协调发展与环境问题方面的研究也做得较少。那些有利于生态环境保护的"术"在当代中国的发展并不是传统的由道统摄和促进，而大多是"倒逼式"的——在没有处理好发展与环境的关系，付出了生态环境恶化的代价之后才开始逐渐得到重视；这种倒逼式发展又往往使这类有利于生态环境保护的"术"局限于部分技术、法制的范围，效果有限且容易落入"头痛医头，脚痛医脚"的窠臼。

其次，术背离了道。生态伦理实质性传统的瓦解，作为道的生态伦理思想影响力弱，所导致的更为严重的后果是术背离了道。道难再规约术，术也未必再是推进生态环境可持续发展之术，更多的时候被急功近利的实干家们演变成不顾一切地追求 GDP 增长之术，追求个人财富积累之术。这种见物不见人的"术业专攻"心态，导致"先污染、后治理，边治理、边破坏"的现象大范围出现，使生态环境付出了沉重代价。至今我国生态环境的形势仍相当严峻，"环境承载能力已达到或接近上限，资源约束趋紧、环境污染严重、生态系统退化"①。近年来，虽经过多项治理后情况有所好转，但按照中国环境保护部 2015 年发布的《2014 年中国环境状况公报》，情况仍不容乐观。例如在空气质量方面，在开展新标准监测的 161 个地级及以上城市中，仅有 16 个城市空气质量达标，占 9.9%，145 个城市空气质量超标，占 90.1%；又如在全国 9 个重要海湾中，只有黄河口水质优、北部湾水质良好，而胶州湾水质一般，渤海湾、辽东湾和闽江口水质差，杭州湾、长江口和珠江口水质极差……要走出当前的生态环境困境，单靠"头痛医头，脚痛医脚"是解决不了问题的，必须要让发展的"术"符合生态伦理的"道"，回归道术相济的中国生态伦理的实质性传统。

三　好于道，进于术
——对推进当代生态文明建设的启示

为了更好地解决发展与环境的问题，走出生态环境的困境，我国于 2007 年党的十七大首次提出建设生态文明的发展理念。2015 年 9 月 11 日，中共中央政治局通过的《生态文明体制改革总体方案》明确提出要"坚持节约资源和保护环境基本国策，坚持节约优先、保护优先、自然恢复为主方针，立足我国社会主义初级阶段的基本国情和新的阶段性

---

① 环保部部长周生贤在 2015 年全国环境保护工作会议上的讲话，http：//news. ces. cn/huanbao/huanbaorenwu/2015/01/20/30719_ 1. shtml。

特征，以建设美丽中国为目标，以正确处理人与自然关系为核心，以解决生态环境领域突出问题为导向，保障国家生态安全，改善环境质量，提高资源利用效率，推动形成人与自然和谐发展的现代化建设新格局"①。2015 年党的十八届五中全会也提出，到 2020 年要实现生态环境质量总体改善的目标。要更好地实现这样的目标，在以往的中国生态伦理实质性传统中汲取养分、继往开来，是必要且重要的。道、术相济，是这一传统对今人的经验馈赠；今天要解决我国生态环境难题，推进生态文明建设，既要好于道，也要进于术。

（一）好于道

在以往的生态伦理实质性传统中，道是根本，是奠基性的。道与术的关系如同孟子所言的"先立乎其大者，则其小者不能夺也"②。在整个社会系统中，生态问题不仅仅是经济问题、技术问题、制度问题，从根本上看还是思想文化观念的问题。因此，当前推进生态文明建设，要好于道，才能真正进于术。"好于道"，就是要有意识地明确当代中国生态伦理的"道统"，并以之为推进生态文明建设的思想文化基础和实践导向。

明确新道统，首先要继承生态伦理旧道统。一个对我国当前生态文明建设有意义的生态伦理新道统绝不是抛开历史文化传统另起炉灶的产物，而是要承接传统。这就需要对我国历史上生态伦理的旧传统做系统、细致的梳理。毕竟，这些内容在我国诞生的历史长、涉及的流派多、分布的领域散，系统的整理工作至今尚未完成。在整理过程中，国外对中国传统生态伦理思想资源的研究兴趣和关注点，不论是赞叹之词还是批评怀疑之语，都可以作为他者的参照系，启发我们重新发现、重新认识、重新评价自己历史上的生态伦理道统。

其次，在继承的基础上创新发展，形成新时期的生态伦理道统。在以往的中国生态伦理实质性传统中，处于"道"层面的生态伦理思想并不是一成不变地保持着最初的状态，而是呈现为基调保持稳定但又不

---

① 《中共中央国务院印发〈生态文明体制改革总体方案〉》，http：//www.mof.gov.cn/zhengwuxinxi/zhengcefabu/201509/t20150923_ 1472456.htm。

② 《孟子·告子上》。

断吸纳创新的动态发展过程。今天更应如此。因为我国传统生态伦理思想虽然有其积极合理和深刻独到之处，但它与现代环境问题有较大的时间差距。它毕竟产生于古代农耕文明时代，在那个时代它所面临的人口压力、生态环境问题的复杂性，不似今天这样严峻，它所带有的被动适应自然环境、重价值理性轻工具理性的取向在今天也很难适用。正因为传统的生态伦理思想不能被直接搬用，所以需要创造性地转化、融会贯通地发展。正如西方学者关注中国传统生态伦理思想资源是出于其意欲走出生态困境的需要，希望借助古代东方智慧来重新发现其传统，关注中国传统的生态伦理思想能在多大程度上促进西方生态理论的自我批判、自我反省，并弥补其不足，以助其更好地应对生态危机；中国也是如此——"当传统的拥护者被带到或来到其他传统的面前时，传统便发生了变化……外来传统明显的方便性和有效性，以及在既有传统的框架内外来传授知识上令人信服的优越性——所有这些都促使既有传统发生变迁"①。简而言之，要在不同的生态思想传统之间相互借鉴，取长补短。具体而言，我们既需要发扬中国传统生态伦理的价值理性、人文情怀的长处，在批判重构中推动它的现代转化；也要积极学习西方生态研究领域的重要成果与基本方法，通过中外生态思想的视界融合来拓展关注的广度，增加理性思维的深度和科学技术观照的强度。

再次，要使新的生态伦理道统真正影响人们的思想观念，使其渗透于人们的生产、生活方式之中。生态文明建设的成效，取决于人们的思想观念在多大程度上与生态文明建设的导向同步，因为"人们必须具有基本的生态文化素质才能积极地推动生态文明建设的发展"②。除了常规的以及借助现代传媒力量的宣传教育方式之外，生态伦理新道统的传承还可以借鉴传统的经验。如前所述，以天人合一为核心的生态伦理旧道统是内在地包含于古典文化传统之中的，这个古典文化传统是整体论的、人文的、多形式的，接受这个古典文化传统的教育，人们不仅获得了生态伦理道统的熏陶，而且或多或少地接触了这个整体论的古典文化

---

① ［美］爱德华·希尔斯：《论传统》，傅铿、吕乐译，上海人民出版社 2014 年版，第 257 页。

② 佘正荣：《生态文化教养：创建生态文明所必需的国民素质》，《南京林业大学学报》（人文社科版）2008 年第 3 期。

传统所倡导的见素抱朴、崇尚人与自然和谐相处等生活态度与生产、生活方式。在国民教育中增加古典文化传统的修习分量，即是在增加生态伦理道统潜移默化的影响因子。

（二）进于术

生态伦理的新道统要下沉到术的层面，增进术在推动生态文明建设中的辅助作用。在这一层面需要着重关注的有以下几点：

第一，必须通过制度和法律的手段，使生产、生活方式符合当代生态伦理新道统的制度化安排。在中国传统社会里，以圣王之制为核心的法制建设以官方强制手段维持了人与自然之间和平相处的张力。而在生态环境问题日益突出的今天，党和国家已意识到必须加强对生态环境问题的制度和法律干预。习近平总书记在诠释环保与发展问题时就特别强调："建设生态文明是一场涉及生产方式、生活方式、思维方式和价值观念的革命性变革。实现这样的根本性变革，必须依靠制度和法治。"①

首先，要建立和推行严整的生态文明制度体系。《生态文明体制改革总体方案》提出，到2020年要"构建起由自然资源资产产权制度、国土空间开发保护制度、空间规划体系、资源总量管理和全面节约制度、资源有偿使用和生态补偿制度、环境治理体系、环境治理和生态保护市场体系、生态文明绩效评价考核和责任追究制度八项制度构成的产权清晰、多元参与、激励约束并重、系统完整的生态文明制度体系"，以此推进生态文明领域国家治理体系和治理能力现代化，努力走向社会主义生态文明新时代。②

其次，要加强环境法治建设。"生态文明作为以环境保护为主要内容的文明形态，将对环境法治产生深刻影响。反过来，环境法治又是生态文明的法律确认过程。面对当代日益严峻的环境危机，加强环境法治建设是利用法治推动环境拐点到来的必然安排。"③ 2014年4月，十二

---

① 中共中央宣传部：《习近平总书记系列重要讲话读本》，学习出版社、人民出版社2014年版，第129页。
② 《中共中央国务院印发〈生态文明体制改革总体方案〉》，http://www.mof.gov.cn/zhengwuxinxi/zhengcefabu/201509/t20150923_1472456.htm。
③ 王树义、周迪：《生态文明建设与环境法治》，《中国高校社会科学》2014年第2期。

届全国人大常委会第八次会议通过了新修订的环境保护法，2015 年 1月 1 日施行。这部新环保法体现了生态文明建设的新要求，增加了政府、企业、公众等各个方面的责任、处罚力度的规定，被誉为"史上最严环保法"。严法的出台，表明了中国政府以法治向污染宣战的决心。严法需要宣传，宣传需要结合我国以往生态伦理实质性传统的有关内容（比如旧道统和法律制度）的解读，以赋予严法以浓厚的人文气息，增加认同度、接受度；同时严法更需要严落实，才能使新环保法真正发挥其应有的作用，从而也使生态文明的思想观念真正深入人心。

第二，要进一步推进环保科学技术的研发和应用。传统社会中生态环境维护方面的技术具有弱科学技术维度的特点，这一方面是由于它产生在人类改造自然能力比较弱小的农耕文明时代，另一方面也因为当时作为道统的生态伦理思想重价值理性、轻工具理性的倾向影响其革新发展。但是在生态环境问题日趋严峻的今天，不重视生态技术的研发、应用，既难以应对庞大的人口数量所带来的物质需求，也难以修复已被破坏的生态环境。因此，今天生态环境的开发、保护与修复，需要研发和应用更高端的环保科学技术作为保障。因为有了先进环保科学技术的保驾护航，当代生态文明建设才不是一纸空谈。在某种意义上可以说，在今天的生态文明建设大背景下重提中国生态伦理实质性传统，结合古代生态智慧回应当代环境问题，是在"扬弃了工业文明的成果之后在更高的发展水平上重新返回天人合一"，"这种返回是带着生态科学的理论和绿色的生存技术而来的"①。

第三，要重视和发挥民间信仰在推进生态文明建设中的作用。"传统民间信仰作为传承性的生活方式，保存了人类在处理这两类关系（指人与自然、人与人关系。——引者）时的智慧和经验，对其合理内核进行疏导，将能够极大地促进新形势下生态文明的和谐，实现社会经济可持续发展。"②

重视和发挥民间信仰在推进生态文明建设中的作用，首先要深入挖掘、辨析隐藏在民间信仰中的生态伦理思想。民间信仰的分散性、杂糅

① 佘正荣：《中国生态伦理传统的诠释与重建》，人民出版社 2002 年版，第 7 页。
② 陈勤建：《当代民间信仰与民众生活》，上海世纪出版集团 2013 年版，第 223 页。

性、草根性、日常性，使得学界在研究中国生态伦理传统时往往会更多地关注在道的层所展开的内容，而对隐藏在民间信仰中的生态伦理思想则兴致不高。但是，系统挖掘、研究民间信仰中的生态伦理观念，实际上可以与道的层面的生态伦理思想研究两线交错、互为印证。而且，透过表面纷繁的民间信仰现象，考察传统生态伦理道统以什么样的面貌参与民间信仰的重塑，以什么样的方式传递其有关生态环境保护的规则和秩序观念，又通过什么样的演进逻辑参与建构了民众的日常生活，对今天从生态文明建设角度引导民间信仰的发展也有重要借鉴意义。

其次，"传授给人们的任何信仰传统，总有其固有的规范因素；发扬传统的意图，就是要人们去肯定它，接受它"①。天人合一、人与自然和谐共处等生态观念在民间信仰中留下深深的烙印，积淀成民众中一种代代传承、应用的心理和风俗习惯，使以往的生态伦理实质性传统获得广泛的群众基础。今天挖掘剖析民间信仰中的生态伦理观念，并结合生态伦理的新道统赋予新的解读，发挥民间信仰在推进生态文明建设中的作用，实际上也是在更大程度上激发出留存在华夏子民血液中的生态伦理传统的文化基因密码，为全面推进当代生态文明建设而获得更加广泛的群众认同和支持。

总而言之，以道、术两个层面整合、建构起来的生态伦理实质性传统，持道统术、以术载道，以其规范性、有效性在中国以往社会世代传承。在当代要更好地推进生态文明建设，以走出生态困境，实现建设美丽中国的伟大目标，乃至为全球生态安全贡献中国力量，需要我们借鉴这种道术相济的经验——这不仅是中国生态伦理实质性传统在当代的延续和发展，而且是中国版深层生态学的现实演绎。

---

① ［美］爱德华·希尔斯：《论传统》，傅铿、吕乐译，上海人民出版社 2014 年版，第24 页。

七

生态哲学与生态智慧

生态智慧概念的渊源与演进

一 生态智慧的定义

在中英文的文献里，学者对于"什么是生态智慧"的探讨以及在此基础上提出的关于生态智慧的定义大致可分为三类。下面按照时间序列对这些定义所做的梳理反映了学者的学术背景、研究经历和所处时代的特点。

（一）生态智慧是对人与自然互惠共生关系的哲思感悟

1973 年，挪威生态哲学学者阿尔纳·奈斯（Arne Naess）在一篇描述深层生态学（deep ecology）特征的论文中，用他创造的新词 *Ecosophy* 表述了"生态哲思"的概念。*Ecosophy* 是由两个古希腊词根 *ecos*（家园）和 *sophia*（理论智慧）组合而成，表示个人（而不是群体或团体）在深刻感悟人与自然之间互惠共生关系基础上所秉持的伦理信念，可称为"个人生态哲思"[①]。

---

[*] 象伟宁，美国北卡罗来纳大学夏洛特分校地理与地球科学教授，同济大学建筑与城规学院生态规划客座教授。

[①] "By an *ecosophy* I mean a philosophy of ecological harmony or equilibrium." from A. Naess (1973), "The Shallow and the Deep, Long-range Ecology Movement. A Summary," *Inquiry*, 16: 1, 95 – 100. A. Drengson, and B. Devall (2010), "The Deep Ecology Movement: Origins, Development and Future Prospects," *The Trumpeter*, 26（2）: 48 – 69.

尽管奈斯当时的本意是将"个人生态哲思"等同于"生态智慧"①，然而两者的正式连接直到 16 年以后才在他的文章当中出现。1989 年，在一篇《从生态学到生态哲思，从科学到智慧》（From ecology to *ecosophy*, from science to wisdom）的论文中，奈斯不仅明确指出"人类若要与地球生物圈所有的成员互敬互爱和谐共处，单纯地依赖生态学的科学知识是不够的，必须要有生态智慧（生态哲思）的引导"②，还巧妙地通过"Eco-wisdom（*ecosophy*）"［即"生态智慧（生态哲思）"］的简洁表述方式，首次正式确认了生态智慧和生态哲思两个概念的等同关系。为了区分不同个人的生态哲思，奈斯建议在"生态哲思"一词后面加一个后缀。比如他标示其生态哲思为 Ecosophy T，后缀 T 是他在挪威山区 Hallingskarvet 地方的小木屋 Tvergastein 的第一个字母。③ 中国生态美学学者程相占则用 Ecosophy C 表示他的生态哲思。④

从伦理信念的视角对生态智慧内涵的探讨在 1996 年出现了标志性的进展。这一年，生态哲学学者佘正荣推出其首部关于中文生态智慧的著作——《生态智慧论》。尽管在书中没有展示佘氏"生态智慧"与奈斯"生态智慧（生态哲思）"两个概念之间的联系，佘正荣确是以和奈斯相同的方式，即用两个中文词"生态"和"智慧"的组合，构建"生态智慧"这一中文词的。对"生态智慧"他做了如下定义："人类在从工业文明向生态文明转变的历史关头，必须超越人类中心主义的价值观，形成一种使生态规律、生态伦理和生态美感有机统一的新的价值观。这就是生态人文主义的价值观。生态人文主义是当代人类所需要的生态智慧，它将引导人类安全地走向未来的生态文明。"⑤ 显然，在佘

---

① A. Naess (1973), "The Shallow and the Deep, Long-range Ecology Movement. A Summary," *Inquiry*, 16: 1, 95 – 100. A. Drengson, and B. Devall (2010), "The Deep Ecology Movement: Origins, Development and Future Prospects," *The Trumpeter*, 26 (2): 48 – 69.

② "［F］or humans to live on Earth enjoying and respecting the full richness and diversity of lifeforms of the ecosphere, … Eco-science (ecology) is not enough. Eco-wisdom (*ecosophy*) is needed" from A. Naess (1989), *World Futures*, 27, p. 185.

③ A. Drengson, and B. Devall (2010), "The Deep Ecology Movement: Origins, Development and Future Prospects," *The Trumpeter*, 26 (2): 48 – 69.

④ X. Z. Cheng (2013), "Aesthetic Engagement, Ecosophy C, and Ecological Appreciation." *Contemporary Aesthetics*, 11. http://quod. lib. umich. edu/c/ca/7523862. 0011. 009/--aesthetic-engagement-ecosophy-c-and-ecological-appreciation? rgn = main; view = fulltext.

⑤ 佘正荣：《生态智慧论》，中国社会科学出版社 1996 年版，第 3—4 页。

正荣看来，生态智慧就是体现生态人文主义（ecohumanism）价值观的哲思感悟。① 在这个意义上，佘氏生态智慧与奈斯生态哲思是相通的，都可以被看作"生态哲思"。二者的不同在于对生态哲思属性的界定。与奈斯把生态智慧（生态哲思）界定为个人的伦理信念不同，佘正荣强调（尽管是间接地）除了个体性，生态智慧（哲思）更具有可以世代相传的群体或团体性。他写道："生存智慧来源于生物对环境的适应，因而生存智慧实质上就是生态智慧。""生态哲学给人类提供了一些深刻的生存智慧。但是这并不是说……在生态哲学出现之前就没有产生过相当深刻的生态智慧。事实上，在东方古代的文化传统中就产生过非常深刻的生态直觉（智慧），这些生态直觉（智慧）对于当代人类生态观的发展和完善具有十分重要的价值。"②

（二）生态智慧是在生态实践中正确决断和有效执行的能力

两千多年前，古希腊哲学家亚里士多德提出了"实践智慧"（phronesis）的概念，用以概括实践者有效从事实践的能力。③ 两千多年后，几位学者顺着同一思路（尽管没有直接的联系），分别提出了生态智慧是在生态实践中正确决断和有效执行能力的命题。

2013 年，生态规划学者沈清基提出"生态智慧……是人们正确地理解和处理生态问题的能力"④。2016 年，地理和规划学者王昕皓等指出："（由于）任何增强人类体验的行动必须得到利益相关者的支持才可能付诸实施，生态智慧指的是通过将专家的生态知识与地方特性的有效结合来赢得支持的意愿及能力。"⑤ 2017 年，生态哲学学者卢风在

---

① 需要指出的是，在书中佘正荣不仅没有对生态人文主义的概念做出进一步的阐述，也未能提供相关的中英文参考文献。鉴于使用"生态人文主义"一词的中文文章的发表时间均晚于 1996 年（谷歌关键词检索，2018 年 3 月 8 日）；而集探讨生态人文主义的英文文章之大成的专著 Ecohumanism 又是在 7 年后的 2002 年才出版，加以佘正荣教授已经退休，《生态智慧论》中所提到的生态人文主义概念的渊源及内涵或许会成为生态智慧研究中的一个"悬案"。

② 佘正荣：《生态智慧论》，中国社会科学出版社 1996 年版，第 2、3 页。

③ 关于亚里士多德实践智慧概念的简要综述，见 W. -N. Xiang（2016），"Ecophronesis: The Ecological Practical Wisdom for and from Ecological Practice,"*Landscape and Urban Planning*，155，pp. 54 – 55.

④ 沈清基：《智慧生态城市规划建设基本理论探讨》，《城市规划学刊》2013 年第 5 期。

⑤ X. Wang, D. Palazzo, M. Carper, 2016, "Ecological Wisdom as an Emerging Field of Scholarly Inquiry in Urban Planning and Design," *Landscape and Urban Planning*, p. 102.

《生态哲学与生态智慧》一文中写道："生态智慧是在生态学和生态哲学指引下养成的判断能力、直觉能力和生命境界（涵盖德行）。生态智慧与人的生命和实践'不可须臾离'。"[①] 地理和规划学者象伟宁则在2016 年的一篇论文中用他创造的新词 *ecophronesis*（由两个古希腊词根 *ecos* 和 *phronesis* 组合而成），正式提出了"生态实践智慧"的概念。[②]

象伟宁认为，在包括生态规划、设计、营造、修复和管理五个方面内容的社会—生态实践范畴内，生态实践智慧是个人、群体或团体精心维系人与自然之间互惠共生关系的契约精神，以及在这种精神驱动和引导下因地制宜、做出正确决断，采取有效措施从而审慎并成功地从事生态实践的能力。[③] 他特别指出，正像"实践智慧"是亚里士多德通过实践研究凝练出的、用以表征实践者有效从事实践能力的概念一样，生态实践智慧的概念也是对人类在生态实践中培养和历练出来的契约精神和实践能力的学术认证。[④] 从美国生态规划学者麦克哈格（McHarg）在美国得克萨斯州规划、设计和营造 The Woodlands 新城的成功生态实践[⑤]，到中国生态水利工程师李冰在都江堰修建的造福万代的水利工程[⑥]；从拜占庭查士丁尼大帝（Byzantine Emperor，Justinian the Great）时代修建的土耳其伊斯坦布尔的地下水宫殿，到埃及尼罗河流域持续了近 5000 年的农业灌溉系统；再到世界各地其他不胜枚举的成功的生态实践案例都无一例外地体现了实践者身上的这种契约精神和有效的判断执行能力。而具有这种契约精神和有效判断执行能力的人们正是值得尊敬和效

---

① 卢风：《生态哲学与生态智慧》，《生态哲学：新时代的时代精神》，中国社会科学出版社 2017 年版，第 285 页。

② W. -N. Xiang（2016），"*Ecophronesis*：The Ecological Practical Wisdom for and from Ecological Practice，" *Landscape and Urban Planning*.

③ Ibid.，pp. 55 – 58.

④ Ibid.，p. 59.

⑤ I. L. McHarg（1996），*A Quest for Life*：*An Autobiography*，New York：Wiley，pp. 256 – 264. W. -N. Xiang（2017），"Pasteur's Quadrant：An Appealing *Ecophronetic* Alternative to the Prevalent Bohr's Quadrant in Ecosystem Services Research，" *Landscape Ecology*，32（12），2241 –2247 DOI 10. 1007/s10980-017-0583-y.

⑥ J. Needham，L. Wang，and G. -D. Lu（1971），*Science and Civilization in China*，Volume 4：*Physics and Physical Technology*，Part III：Civil Engineering and Nautics，Cambridge，UK：Cambridge University Press，p. 288. W. -N. Xiang（2014），"Doing Real and Permanent Good in Landscape and Urban Planning：Ecological Wisdom for Urban Sustainability，" *Landscape and Urban Planning*，pp. 65 – 66.

仿的"智慧的生态实践者"（ecophronimoi）。①

（三）生态智慧是生态哲思、契约精神和生态实践能力的完美结合

在提出生态实践智慧概念的同时，象伟宁指出，一个完整的生态智慧的概念应该包括生态哲思和生态实践智慧，并用下列等式表达了这一思想②：

生态智慧 = 生态哲思 + 生态实践智慧

在此基础上，他提出了下列定义：

> 在包括生态规划、设计、营造、修复和管理五个方面内容的社会—生态实践范畴内，生态智慧是个人、群体或团体在对人与自然互惠共生关系深刻感悟基础上，在具体的社会—实践过程中自觉地精心维系这种关系的契约精神，以及在这种精神驱动和引导下作出符合伦理道德规范的正确决断、采取有效妥善措施从而审慎并成功地从事生态实践的杰出能力。生态智慧来自实践并服务实践，是生态哲思和生态实践智慧的完美结合。③

需要着重指出的是，在此定义中的三个重要的关键词分别是"深刻感悟""契约精神"和"实践能力"。

二 生态智慧内涵与社会—生态实践的本体特征

生态智慧源于实践并服务实践，因而其内涵也取决于实践的本体特征。那么社会—生态实践具有哪些本体特征呢？这些特征又如何影响生

---

① W. -N. Xiang (2016), "Ecophronesis: The Ecological Practical Wisdom for and from Ecological Practice," *Landscape and Urban Planning*, p. 56.

② W. -N. Xiang (2017), Ecological Wisdom Inspired Ecological Practice is Integral to the Building of Ecologically Civilized Society. A keynote speech at the International forum on sustainable solutions for new era of ecological civilization, Tsinghua University, Beijing, China, December 17th, 2017.

③ W-. N. Xiang (2019), "Ecological Wisdom: Genesis, Conceptualization, and Defining Characteristics," Varenyam Achal, Abhijit Mukherjee (eds.) (2019), *Ecological Wisdom Inspired Restoration Engineering*, Singapore, Springer Nature, pp. xi-xxi.

态智慧的内涵呢? 2018 年 7 月 7 日在 "生态智慧与生态实践同济—华南农大论坛" 的主旨发言中, 象伟宁对社会—生态实践的原错性、问题的非理性、过程的试错和补过性做了初步探讨以期深化对生态智慧内涵的认识。①

(一) 社会—生态实践的原错性

象伟宁认为, 社会—生态实践是人类为了生存和发展所必须从事的生态—社会活动的总和, 旨在营造一个安全、和谐和可持续的社会—生态环境以满足自身生存与发展的需要。实现这一目标的两个基本途径是调整人与自然的关系, 并为此和以此为依据协调人与人之间的经济—社会关系; 而调整人与自然关系的所有活动, 无论是改造还是适应, 其出发点都应该是对这些活动的原错性的认知和认同。

他指出, 作为地球漫长历史当中的一位后来者, 人类对大自然的认识和了解从来都是有限的, 而基于这种有限的认识所开展的改造和适应自然的活动也都是有缺陷的, 甚至会是被时间或实践证明是完全错误的——这就是社会—生态实践的原错性。对此美国学者纳西姆·尼古拉斯·塔勒布 (Nassim Nicholas Taleb) 在《反脆弱性: 从不确定性中获益》一书中做了最好的注释:

> 正像在法学界人们所奉行的金科玉律是每个人在被证明有罪之前都是清白的, 我认为在人与自然关系当中的金科玉律应该是大自然在被证明错误之前都是正确的; 而人类所有的社会—生态实践和科学实验研究在被证明正确之前都是错误的。②

(二) 社会—生态实践问题的非理性

在社会—生态实践中, 人们在协调人与人之间的各种社会关系时遇

---

① 象伟宁:《从生态实践的原错性、问题的非理性、过程的试错和补过性探讨生态实践学的学问体系》, "生态智慧与生态实践同济—华南农大论坛" 主旨发言, 广州, 2018 年 7 月 7 日。

② N. N. Taleb (2012), Antifragile: Things that Gain from Disorder, New York: Random House, p. 349.

到的几乎所有的实践问题都是非理性的（wicked）。关于非理性问题（wicked problems），美国规划学者 Horst Rittle 和 Mel Webber 在 1973 年的一篇文章中对其特征做了详细的表述。[①] 在此基础上，象伟宁 2013 年又在社会—生态系统的背景下对其做了系统的概括。[②] 具体来说，非理性问题具有以下五个特征：一题多释，莫衷一是；一题多解，各有千秋；无终极解，无万全策；医源（性疾）病效应，难以避免、不可逆转；问题各色（指每个问题都是唯一的），因境而异。

（三）社会—生态实践过程的试错性和补过性

由于社会—生态实践为人类生存和发展所必需（即社会—生态实践的必要性），尽管面临着其原错性和实践问题非理性的巨大挑战，人类一直毫无选择地继续从事着这一实践，并且注定这一实践是个屡废屡兴、屡败屡战的试错和补过过程。

三　生态智慧内涵的深化

基于这些对社会—生态实践本体特征的认识，象伟宁在 2018 年 7 月 28 日的"生态智慧城镇同济—吉建大论坛"的报告中[③]，对生态智慧的内涵做了进一步探讨，提出了体现社会—生态实践本体特征的生态智慧定义。[④]

在包括生态规划、设计、营造、修复和管理五个方面内容的社会—生态实践范畴内，生态智慧是个人、群体或团体认知、认同和妥善应对生态实践原错性、实践问题非理性、实践过程试错和补过性的意愿与能力，是个人群体或团体精心维系人与自然之间互惠共生关系、悉心营造人与人之间和睦共赢关系的契约精神与执行能力，是个人群体或团体因

---

① H. W. J. Rittel, & M. M. Webber (1973), "Dilemmas in a General Theory of Planning," *Policy Sciences*, 4：155－169.

② W.-N. Xiang (2013), "Working with Wicked Problems in Socio-ecological Systems：Awareness, Acceptance, and Adaptation," *Landscape and Urban Planning*, 110 (1), pp. 1－4.

③ 象伟宁：《服务生态智慧城镇建设的生态实践学：源于实践、用于实践、高于实践》，"生态智慧城镇同济—吉建大论坛"主旨发言，长春，2018 年 7 月 28 日。

④ 此处"意愿"和"与时偕行"概念分别来自王昕皓和卢风在会议讨论时的提议。

地制宜、与时偕行、以道驭术、审慎从事生态实践的意愿与能力。

综上所述，从20世纪70年代开始的对"生态智慧"的学术探讨是随着社会—生态实践研究的发展而不断深化的；在这一过程中产生的许多知识生长点，特别是关于社会—生态实践本体特征对生态智慧内涵的影响，对于社会—生态实践研究的发展又起到催化剂的作用。譬如，如何在社会—生态实践中有意识地培养和锻炼实践者的认知、认同和妥善应对生态实践原错性、实践问题非理性、实践过程试错和补过性的意愿与能力？如何在高校的相关学科中开设有关课程来讲授社会—生态实践的本体特征及其对实践者知识和能力结构的要求？如何在社会上弘扬和培育那种既精心维系人与自然之间互惠共生关系又能悉心营造人与人之间和睦共赢关系的契约精神？如何在高校专业教学中培养学生们因地制宜、与时偕行、以道驭术、审慎从事生态实践的意愿与能力？如何传授具体的因地制宜、以道驭术的方法？这些都是"生态智慧"引导下的社会—生态实践研究和教育的新课题，值得进一步探讨。

致谢：我衷心地感谢清华大学卢风教授的鼓励和支持；感谢美国辛辛那提大学王昕皓教授、山东大学程相占教授、同济大学王云才和颜文涛教授、南京林业大学汪辉教授、重庆大学袁兴中教授的启发；感谢桂林理工大学杜钦副教授、华南农业大学高伟副教授、吉林建筑大学赵宏宇副教授提供的学术交流的机会。

时代精神、生态哲学与生态智慧*

卢　风

中国共产党十八大政治报告提出："我们一定要更加自觉地珍爱自然，更加积极地保护生态，努力走向社会主义生态文明新时代。"新时代的根本特征是什么？新时代的精神是什么？新时代精神的精华是什么？新时代精神会如何影响人们的实践？本文尝试回答这四个问题。

一　生态文明新时代

人们通常认为，人类文明大致经历了这样几个阶段（时期）：采集、狩猎时期，农业时期，工业时期。① 我们也说文明的演变经历了从采集狩猎文明到农业文明又到工业文明的历程。每一种文明都对应着一个大时代：采集、狩猎文明时代长达几十万年，农业文明时代历经一万多年②，工业文明时代从英国产业革命算起至今仅有两百多年。从进入农业文明时代之后，整个一个文明生长、发展、衰落乃至消亡的大时代又可被分为若干个小时代。例如，历史学家把漫长的采集、狩猎文明时代划分为旧石器时代和新石器时代；根据苏联模式的马克思主义历史观，可把农业文明大时代划分为奴隶制时代和封建制时代；根据技术发展水平可把工业文明大时代划分为机械化时代、自动化时代和信息化时

---

* 本文原载于《贵州省委党校学报》2017 年第 4 期。

① Gerald G. Marten, *Human Ecology: Basic Concepts for Sustainable Development*, Earthscan, London, 2001, pp. 27 – 33.

② Ibid., pp. 27 – 30.

代，或根据资本主义发展水平而把工业文明大时代划分为资本原始积累时期和资本主义晚期……

当我们说"走向生态文明新时代"时，这里的"新时代"是指一个不同于工业文明时代的新的大时代，还是仅指工业文明大时代的一个新阶段（小时代）呢？当代中国知识界对这个问题的回答事实上必然是截然不同的两种：一种认为这个新时代就是一个不同于工业文明时代的大时代，同时认为生态文明是超越工业文明的一种新的文明形态；另一种则认为这个新时代只是工业文明大时代的一个新阶段，同时认为生态文明或者只是工业文明的一个新增的维度，或者只是工业文明的一个最新阶段。当人们把生态文明与物质文明、精神文明、政治文明看作共时的文明时，就容易把生态文明看作工业文明的一个新增的维度，这时说"生态文明新时代"似乎只指工业文明的一个新阶段。当人们把原始文明、农业文明、工业文明、生态文明看作人类文明的历时演替时，就容易把生态文明看作超越工业文明的一种新文明，从而把生态文明新时代看作一个新的大时代。习近平主席说："人类经历了原始文明、农业文明、工业文明，生态文明是工业文明发展到一定阶段的产物，是实现人与自然和谐发展的新要求。"[①] 在这段话里，习主席显然是把"原始文明、农业文明、工业文明、生态文明"看作文明历时演替的序列，由此可见，习主席也许赞成说生态文明新时代是一个新的大时代。学者刘思华认为，"走向社会主义生态文明新时代，就是迈向生态文明与绿色发展新时代"，这是"21 世纪人类文明演进和世界经济社会发展的必然选择和时代潮流"[②]。刘思华明确认为，生态文明新时代是一个新的大时代。但是，更多的人在谈生态文明新时代时都强调不能过分否定现代工业文明，"大力建设生态文明"，主要是"实现现代工业文明的生态转向"[③]，而不是超越工业文明。在这些人看来，生态文明新时代就只是工业文明大时代的一个新阶段，即只是一个小时代。当然，这两种

---

① 中共中央宣传部：《习近平总书记系列重要讲话读本》，学习出版社、人民出版社 2014 年版，第 121—122 页。

② 刘思华：《迈向生态文明绿色经济发展新时代》，［美］罗伊·莫里森：《生态民主》，刘仁胜等译，中国环境出版社 2016 年版，总序第 1 页。

③ 曹和修：《社会主义生态文明新时代的"新"解读》，《前沿》2012 年第 24 期。

不同回答所蕴含的分歧是极其深刻的，这种分歧将长期持续存在，非任何一个政治权威或学术权威所能消弭。

分歧源自对现代性的理性认知和对工业文明之物质富足的感性依恋程度。拒不承认生态文明新时代是处在新文明兴起的大时代的人们往往坚信现代性，并十分贪恋持续经济增长所带来的物质丰富的结果。在他们看来，科技创新、制度创新和管理创新能在消除环境污染的同时确保物质财富的不断增长。认为新时代将是一个大时代的人们相信，现代性包含严重的错误，科技创新、制度创新和管理创新不能在消除环境污染、保护生态健康的同时确保物质财富的不断增长，正因为如此，谋求可持续发展，不仅要求科技创新、制度创新和管理创新，而且要求文明整体的变革。我本人一贯坚持后一种观点。

我们只能参照工业文明时代的特点去描述刚刚开始的生态文明新时代的特点。

在短短的 200 多年时间里，现代工业文明既创造了无比辉煌的成就，又导致了空前深重的危机。现代工业文明所创造的辉煌成就主要是不断加速创新的科技、高效率的物质生产、以维护人权为主旨的民主法治和以维护人权为核心的公共道德。现代工业文明原本有两种发展模式：一是以苏联为典范的社会主义计划经济模式，一是以欧美为典范的资本主义市场经济模式。"冷战"结束以后，市场经济模式已成为绝对主导的发展模式。① 就资本主义的工业文明看，其深重危机主要体现为：（1）无法消除的国家间的战争以及与之相关的使用核武器的危险和高新科技军事应用的危险，可简称为现代战争的危险。制造原子弹的科学家们在 20 世纪 40 年代就已意识到这种巨大危险。爱因斯坦曾说："原子释放出来的力量，动摇了我们思考模式的基础，我们将因此陷入前所未有的浩劫中。"美国前总统肯尼迪也说："人类若不能终结战争，战争将会终结人类。"② （2）无法消除的贫富差距（既包括地区间的差距也包括阶级、阶层、性别、家庭、个人间的差距），可简称之为现代

---

① 中国理论界坚持社会主义市场经济与资本主义市场经济的严格划分，但西方学者认为二者之间的界限是模糊的。

② 转引自［加拿大］隆纳·莱特《进步简史》，达娃译，海南出版社 2009 年版，第 8 页。

社会的危机。当代以善用大量数据来分析大时间跨度经济发展趋势的法国经济学家托马斯·皮凯蒂说:"随着全球经济增速的放缓以及各国对资本的竞争加剧,现在有理由认为,未来几十年 r 将远远高于 g。如果再考虑初始财富越大回报就越高的效应,那么前 0.1% 和 1% 的超级富豪的财富就会越来越多,与普罗大众的差距也会越拉越大。"① 财富分配严重不公会导致社会动乱。(3)由"大量开发、大量生产、大量消费、大量排放"所导致的全球性环境污染、生态破坏和气候变化,可简称之为生态危机。正是工业化国家(既包括早已工业化的发达国家也包括正全力实现工业化的国家)的经济增长和物质消费导致了目前的生态危机。尽管古代人类也追求富足,但是"最先引起全球环境产生负担的是我们这特殊的一代",因为我们这一代人口之多史无前例,而且我们使用的技术必需消耗大量能源。②

古代战争也持续不断。古代战争会灭国、灭族,但不会灭绝全人类。可是,现代战争不仅可以灭绝全人类,而且可以毁灭地球生物圈。古代社会严重的贫富差距会导致改朝换代,而现代的贫富差距既是战争的祸根,又是保护环境、走出生态危机的障碍。古代文明也会导致生态危机,但那只是局部的生态危机,而不像现代工业文明所导致的生态危机是全球性的危机。在现代工业文明中,这三种危机是纠缠在一起的,它们第一次向人类发出了文明整体不可持续的严重警告。简言之,现代工业文明是不可持续的。人类文明必须走向生态文明才能浴火重生。

如果我们从器物、制度和观念这三大维度去看文明,那么我们可概括出工业文明的如下特征:

1. 用依赖于矿物资源的技术生产出大量工业品,当今进入寻常百姓家的汽车是典型的工业文明的物品;人们"大量开发、大量生产、大量消费、大量排放"。

2. 有着激励"大量开发、大量生产、大量消费、大量排放"的经济制度和政治制度。

---

① [法]托马斯·皮凯蒂:《21 世纪资本论》,巴曙松等译,中信出版社 2014 年版,第 478 页。r 代表资本收益率,g 代表经济增长率。

② [英]A. J. 迈克尔:《危险的地球》,罗蕾、王晓红译,江苏人民出版社 2000 年版,第 14 页。

3. 具有为"大量开发、大量生产、大量消费、大量排放"辩护的观念体系——现代线性科学（以牛顿物理学为典范）和现代性哲学（蕴含独断理性主义和物质主义①）。

工业文明的特征可被更简洁地概括为："大量开发、大量生产、大量消费、大量排放"的生产生活方式。这一特征是它不可持续的直接原因。这样的生产生活方式既决定了个人之间的激烈竞争（不时地演变为残酷斗争），又决定了国家之间的激烈竞争和争夺稀缺资源的战争，也决定了人类对环境的污染，对生态健康的破坏，以及对全球气候的剧烈影响。工业文明第一次把人类文明与整个地球生态健康之间的冲突凸显了出来，把威胁人类文明之可持续发展的全球性生态危机凸显了出来。生态文明是直接应对这一危机而萌生的新文明，它的根本特征便体现于它克服生态危机的生产生活方式上。如果我们赞成汤因比等历史学家的观点，认为发展或生长是文明的根本特征②，那么我们可借用刘思华的观点去概括工业文明的根本特征：工业文明的发展是"黑色发展"③，即依赖于矿物资源、污染环境、破坏生态健康的发展。对比工业文明的基本特征我们可根据正进行之中的初步的生态文明建设实践概括出生长中的生态文明有如下特征：

1. 生态文明的主导性技术必须是清洁生产技术、低碳技术、绿色技术、生态技术，用这种技术生产的产品是亲环境的绿色产品。

2. 生态文明的制度必须激励清洁生产技术、低碳技术、绿色技术、生态技术的创新，激励循环经济的发展，激励绿色经济增长，激励非物质经济增长，激励绿色消费，并严格控制污染，生态法则应成为制度建设或立法的指导原则。

3. 生态文明的主导观念必须是非线性科学（包含生态学）和生态哲学所阐明的基本概念、基本知识和根本观念（包括世界观、价值观、人生观、幸福观）。

---

① 关于独断理性主义和物质主义见卢风《非物质经济、文化与生态文明》，中国社会科学出版社 2016 年版，第 13—40 页。

② ［英］汤因比：《历史研究》（上），曹未风等译，上海人民出版社 1997 年版，第 60—62 页。

③ 刘思华：《迈向生态文明绿色经济发展新时代》，［美］罗伊·莫里森：《生态民主》，刘仁胜等译，中国环境出版社 2016 年版，总序第 6 页。

生态文明的如上特征可被概括为绿色的生产生活方式，或被更简洁地概括为绿色发展。简言之，生态文明新时代的根本特征就是绿色发展。这里的"绿色"指节能减排、亲自然环境、有益于地球生态健康，而这里的"发展"并不仅指经济增长，也指社会的全面改善，特别是包含汤因比所重视的精神成长。① 目前，这种特征还处于工业文明发展惯性的压制之下，但已开始呈现。

二　新时代之时代精神的精华——生态哲学

生态文明新时代必然有其特有的时代精神。黑格尔说："时代精神是一个贯穿着所有各文化部门的特定的部门或性格，它表现它自身在政治里面以及别的活动里面，把这些方面作为它的不同的成分。"② 有当代中国学者说：时代精神是反映"大势所趋"的客观精神，是体现"民心所向"的实践精神，是推动历史进步的能动精神。③ 我认为，时代精神就是渗透于社会制度，积淀于统治阶级（或领导阶层）意识和大众意识的观念。在媒体时代还必须补充一句：这种观念充斥于媒体之中。简言之，时代精神是一个时代占主导地位的科学和哲学所构成的观念体系。例如，工业文明时代的时代精神是由线性科学（以经典物理学为基础和典范）和现代性哲学所构成的观念体系。这个观念体系在工业文明上升时期既反映了大势所趋，又体现了民心所向。

黑格尔说："一个民族的多种丰富的精神是一个有机的结构——一个大教堂，这教堂有它的拱门、走道、多排圆柱和多间厅房以及许多部门，这一切都出于一个整体、一个目的。在这多方面中，哲学是这样一种形式：什么样的形式呢？它是最盛开的花朵。它是精神的整个形态的概念，它是整个客观环境的自觉和精神实质，它是时代的精神、作为自己正在思维的精神。这多方面的全体都反映在哲学里面，以哲学作为它

---

① ［英］汤因比：《历史研究》（上），曹未风等译，上海人民出版社1997年版，第318—319页。

② ［德］黑格尔：《哲学史讲演录》（第1卷），贺麟、王太庆译，商务印书馆1997年版，第56页。

③ 邢云文：《时代精神：历史解读与当代阐释》，中央编译出版社2011年版，第50—51页。

们单一的焦点，并作为这全体认知其自身的概念。"① 马克思说"任何真正的哲学都是自己时代的精神上的精华"，又说，哲学"是文化的活的灵魂"②。

哲学之所以是时代精神的"焦点""精华"和"文化的活的灵魂"，就是因为一个时代之制度建设或变革的指导思想是哲学层面的思想，指引一个时代多数人特别是领导阶级（或阶层）之生活追求的思想是哲学层面的思想。例如，欧洲启蒙运动之后，"自由""平等""博爱"是指导欧洲社会制度变革的基本观念，也是指引欧洲人生活追求的基本观念。其中"自由"又是首要的观念。对自由的追求不仅要求废除过去的种种等级制度，消除人与人之间的压迫和歧视（即要求平等），而且要求大力发展物质生产力，不断促进科技进步，以便确保经济增长，扩大每个个人的自由选择范围，如由只能步行到能在步行、骑自行车、乘公交车、驾车之间选择，由只能忍受夏日的暑热到能在忍受暑热和打开空调之间选择……"自由"是哲学层面的观念。对"自由"的物质主义诠释——拥有自由不仅要求人与人之间的平等（即维护人权的正义），而且要求物质财富的充分涌流或经济的不断增长——是工业文明大时代之时代精神的浓缩，或简言之，物质主义就是工业文明大时代的时代精神。正是这种时代精神决定了这个时代的"大量开发、大量生产、大量消费、大量排放"的生产生活方式，或决定了工业文明的发展是"黑色发展"。

生态文明的时代精神是由正处于成长之中的非线性科学（蕴含生态学）和生态哲学构成的观念体系，其精华则是从非线性科学中提炼出来的生态哲学。正如非线性科学要继承线性科学的积极成果一样，生态哲学也将继承现代性哲学的积极成果，但它将扬弃现代性哲学的致命错误。我们对比现代性哲学的基本内容而将生态哲学的基本内容阐述如下。

---

① ［德］黑格尔：《哲学史讲演录》（第1卷），贺麟、王太庆译，商务印书馆1997年版，第56页。
② 《马克思恩格斯全集》（第1卷），人民出版社2002年版，第220页。

（一）生机论的自然观

现代性哲学的自然观（世界观）是物理主义的。物理主义认为："一切具体属性或者是物理属性，或者是与物理属性有特定关系的属性。"① 换言之，万事万物都是物理的。事物的物理属性就是可用物理学理论术语加以表述的属性。② 根据物理主义，万物都是由基本粒子构成的，例如，人的身体是由 DNA 构成的，而 DNA 归根结底是由原子构成的，原子又是由基本粒子构成的，人脑只是人体的一个器官。据此，大自然不过就是物理实在（基本粒子、场、暗物质等）的总和。

20 世纪下半叶以来的科学则给出了另一种自然观（世界观），它把我们身在其中的世界描述为一个有诞生起点的不断生长的过程，换言之，世界（宇宙）的生长是一个历时的故事（story）。

> 宇宙诞生于 137 亿年前，我们如今居住的行星围绕着太阳运转，太阳是银河系中的一个恒星，宇宙中有几十亿个银河系。所有的银河系都在不断展开的宇宙之中，且处于深刻的创化和相互联系之中。随着现代科学提供的经验观察的扩展，我们如今知道，我们的宇宙是一个巨大能量事件，它始于一个小点（a tiny peck），它在时间中展开，演变为银河系和恒星，棕榈树和鹈鹕，巴赫的音乐，以及我们今天每一个活着的人。当代科学的伟大发现是，宇宙并不简单的是个地方，而是一个故事——一个我们内在于其中的故事，我们属于它，我们产生于它。③

人们通常把"自然"等同于"地球"。但是反思人类文明的危机，需要一个哲学意义上的"自然"。哲学意义上的"自然"指"存在之大全"，这样，"自然"的外延就囊括了一切。我们通常认为一切皆在宇宙之中，这样自然就是宇宙。如今，也有科学家认为，可能存在多个宇

---

① Daniel Stoljar, *Physicalism*, Routledge, 2010, p. 110.

② Ibid., p. 70.

③ Brian Thomas Swimme and Mary Evelyn Tucher, *Journey of the Universe*, Yale University Press, New Haven & London, 2011, p. 2.

宙，那么自然就囊括一切宇宙，于是自然是存在之大全。这里的"存在"不是巴门尼德所说的那种"存在"。巴门尼德认为："存在是非生成且永恒不朽的、完全的、独一无二的、不动的、完美的。"① 相反，大自然中的一切具体事物都涌现为从产生到成长直至消亡的过程。大自然就是万物生灭不息的总和。②

（二）谦逊理性主义的知识论

现代性的知识论是独断理性主义的。独断理性主义的极端表述是完全可知论和知识统一论的综合。根据完全可知论，"人既是主动性存在又是受动性存在，在其本性上能够认识无限发展着的事物的本质，世界上只有未被认识之物而没有不可认识之物"③。完全可知论设定人类知识是无限进步的，且随着知识的进步，人类可以发现世界的"终极定理"④。现代的知识统一论也就是科学统一论。爱因斯坦认为："科学是这样一种努力，它把我们纷繁芜杂的感觉经验与一种逻辑上连贯一致的思想体系对应起来。""它要把一切概念和相互关系都归结为尽可能少的逻辑上独立的基本概念和公理。"⑤ 物理学哲学家威兹萨克（Carl Friedrich von Weizsacher）在其《自然的统一》一书中说，古希腊语 *physis* 今天被翻译成"自然"（nature），"应该对自然之统一进行表述的科学今天甚至被称作物理学（physics）。一经解释［即可明白］，自然的统一也就是物理学的统一。而物理学的历史发展确实能被看作一种走向统一的路径"⑥。威尔逊（Edward O. Wilson）或许是当代最著名的倡导知识统一论的科学家。他认为，自然科学、社会科学和人文学能构成

① *The Fragments of Parmenides*, A Critical Text with Introduction and Translation, the Ancient Testimonia and a Commentary by A. H. Coxon, Parmenides Publishing, Las Vegas · Zurich · Athens, 2009, p. 64.

② 详见卢风、曹孟勤主编《生态哲学：新时代的时代精神》，中国社会科学出版社 2017 年版，第 287—299 页。

③ 闫顺利：《不可知论的困境及其出路》，《吉首大学学报》（社会科学版）2016 年第 3 期。

④ Steven Weinberg, *Dreams of a Final Theory*: *The Scientists Search for the Ultimate Laws of Nature*, Vintage Books, A Division of Random House, Inc., New York, 1993, p. 242.

⑤ 阿尔伯特·爱因斯坦：《爱因斯坦晚年文集》，海南出版社 2000 年版，第 94 页。

⑥ Carl Friedrich von Weizsacher, *The Unity of Nature*, Farrar, Straus and Giroux, Inc., 1980, p. 5.

一个统一的体系。许多人文学者认为，说明人类行为和文化的学说根本不同于自然科学（可参见新康德主义者李凯尔特等人的著述），但在威尔逊看来，"实质上只存在一种说明。这种说明跨越时空和复杂性，将不同学科中互不相关的事实统一起来，而形成一种契合，即一个严密的因果网络式的理解"①。

完全可知论和知识统一论都是站不住脚的。二者都奠基于物理主义自然观之上。但事实上物理主义自然观是简单化的、片面的，从而是站不住脚的。尼古拉斯·雷舍尔（Nicholas Rescher）从世界的复杂性角度反驳了完全可知论的错谬。在《复杂性———一种哲学的观点》一书中，雷舍尔系统地阐述了世界之多方面的复杂性。择其要概述如下：

在真实世界现象领域中，三种基本的复杂性类型（组合、结构、功能）是交织在一起的。复杂性不可能脱离秩序而产生和存留。因为认知是我们探索秩序的基本手段，这便意味着本体论的复杂性会直接导致认知的复杂性。复杂系统通过其固有的运作一般会引起更深层的秩序原则，这又会引起另外的复杂性的出现。大自然的复杂性是无限的。任何一个具体殊相（concrete particular）所属的自然类（natural kinds）的数量都是无限的。人类技巧（artifice）———认知的以及实践的———的演变历史处处展示了由不确定的同质性到较确定的异质性的发展。这便造成了贯穿于人类技巧之历史发展全过程的复杂性的增加。在任何一个具体的认知阶段，我们对世界之无限复杂性的有限认知总是不充分的。这就决定了我们关于世界的科学图景总处于不可避免的不稳定状态。复杂世界中的科学进步要求日益强大的观察和实验技术。在自然科学中，知识的深化要求持续的技术增强。自然科学已陷入与自然之间的军事竞赛（arms race）之中。我们关于自然的知识不可能是完全的。在无比复杂的世界中，即便我们全力以赴地认知自然，我们所达到的最高水平的知识也远非充足的。在所有的科学中，对特定问题的回答总是会引发新问题。科学总是我们的科学：它属于我们在自然事物体系中特定的经验定位模式。在进步过程———无论是认知的还是技术的———中，问题的产生

① Edward O. Wilson, *Consilience: The Unity of Knowledge*, Alfred A. Knopf New York, 2003, p. 266.

总比问题的解决要快。于是，我们与无处不在的不断增长的复杂性的竞争会使我们的生活管理复杂化。在不完善的基础上发展起来的问题解决办法总是有缺陷的。这便意味着，在我们复杂的世界中，人类理性无力提供绝对可靠性。科学、技术以及社会系统之不断增长的复杂性使我们面临社会管理和决策的实质性问题，在一个精致性不断增长的环境中，人间事务的管理会变得日益困难。复杂系统会产生其特有的脆弱性：一个系统越复杂，就越可能出现严重错误。一个系统越精致，其风险越大。①

托马斯·库恩的《科学革命的结构》则对科学统一论进行了有力的反驳，科学至今也没有呈现出威尔逊所说的那种统一的趋势。

但我们不必由此堕入怀疑论，却应由独断理性主义走向谦逊理性主义。谦逊理性主义坚信：人类凭其理性而超越于地球上的其他物种，理性就是用语言表征事物、状态、关系等的能力，就是符号化的想象力和智能；理性指引下的人类实践能创造出越来越灿烂的文化，但绝不可能征服自然；理性永远不可失去它应有的谦逊维度：向大自然学习。美国堪萨斯土地研究所所长杰克逊（Wes Jackson）说："我们如何才能根据我们是多么无知而不是多么有知而行动？拥抱那些在漫长的进化过程中稳定下来的安排并努力模仿它们，而且决不可忘记：人类聪明必须从属于大自然的智慧。"② 海德格尔曾反复强调：人应该向比人更高者学习。其实，比人更高者就是大自然。以敬畏大自然的态度向大自然学习！这就是谦逊理性主义的基本训诫。

（三）整体论的方法论

现代线性科学的方法论是以还原论方法为主的，它设定：搞清楚一个事物的构成部分就抓住了该事物的本质。例如，知道水分子是由一个氧原子和两个氢原子构成的，就抓住了水的本质；知道人体是由 DNA 构成的，就抓住了人体的本质……毫无疑问，还原论方法在具体的科学

① Nicholas Rescher, *Complexity*: *A Philosophical Overview*, New Brunswick and London: Transaction Publishers, 1998: 199–201.

② 转引自 Janine M. Benyus, *Biomimicry*: *Innovation Inspired by Nature*, William Morrow, An Imprint of Harper Collins Publishers, 1997, p. 11.

研究中永远是有用的，但若像著名物理学家温伯格那样，把还原论当作大自然本身的构成法则①就大错特错了。

大自然是生生不息的，随时随地都有新事物的创生。我们当然可以分析每一个事物不同层次的构成部分，例如，对人体，我们可以分析其器官、组织、细胞、DNA，但人体的功能绝不可归结为不同部分之功能（如 DNA 的功能）的简单加和。如雷舍尔所言，大自然中的事物是无限复杂的。事物是由基本粒子构成的，但事物也是以系统的方式处于相互联系之中的。

从分子到生态系统的生物组织诸层次都有各层次涌现（emerge，亦译作"层创"）的行为特征。这些独特行为被称作层创属性（emergent properties），它们为组织的每个层次增添功能，使那个层次的生命本身具有大于各部分之总和的功能。之所以这样，就因为各部分彼此配合，使作为一个整体的系统能获得促进生存的功能。因为各部分是相互结合的，于是每一部分的行为都受系统其余部分之反馈环的影响。正反馈与负反馈的结合就促进作为整体的系统的生长和变化。②

在认知世界时，把握各种层创属性与把握事物之构成成分至少同等重要。

既然这样，那么只用还原论的分析方法去认识事物就难免会犯"只见树木不见森林"的错误。从 18 世纪到 20 世纪 60 年代，工业文明导致了严重的环境污染、生态破坏和气候变化，就因为在这段时间里还原论的科学技术占据了绝对主导的地位。在工业文明中，每一个工厂、每个实验室、每一个部门等尽力依循科学知识运转，这种运转确实达到了空前的高效，但其整体效果是全球性的环境污染、生态破坏和气候变化。人类需要用整体论思维方法去补还原论思维之不足。非线性科学和

---

① 参见 Steven Weinberg, *Dreams of a Final Theory: The Scientists Search for the Ultimate Laws of Nature*, Vintage Books, A Division of Random House, Inc., New York, 1993, pp. 51–64.

② Gerald G. Marten, *Human Ecology: Basic Concepts for Sustainable Development*, Earthscan, London, 2001, p. 43.

生态学就力主使用整体论的思维方法。中国著名生态学家李文华院士说：

> 伴随着地球生态问题的日益尖锐，生态学研究的对象正从二元关系链（生物与环境）转向三元关系环（生物—环境—人）和多维关系网（环境—经济—政治—文化—社会）。其组分之间已经不是泾渭分明的因果关系，而是多因多果，连锁反馈的网状关系。生态科学的方法论正在经历一场从物态到生态、从技术到智慧、从还原论到整体论到两论融合的系统论革命：研究对象从物理实体的格"物"走向生态关系的格"无"，辨识方法从物理属性的数量测度走向系统属性的功序测度；调节过程从控制性优化走向适应性进化，分析方法从微分到整合，通过测度复合生态系统的属性、过程、结构与功能去辨识、模拟和调控系统的时、空、量、构、序间的生态耦合关系，化生态复杂性为社会经济的可持续性。人类从认识自然、改造自然、役使自然到保护自然、顺应自然、品味自然，从悦目到感悟，其方法论也在逐渐从单学科跨到多学科的融合。①

（四）自然主义价值论

现代性哲学的基础是由笛卡尔和康德奠定的。主客二分以及由之导出的事实与价值的区分是现代性哲学的基本架构。② 根据笛卡尔的思想，心灵与物质是两种完全不同的实体，据此可把世间万物一分为二：一是主体，二是客体，主体就是具有心灵的人，而一切非人事物都是客体，或者说，主体是人，客体是自然。主体可以认知客体，人类可通过对客体或自然的科学认知而"成为自然的主人和占有者"③。由此，康德认为，道德律只能源自人的纯粹理性，而不能源于经验，于是根本不

---

① 李文华主编：《中国当代生态学研究》（生物多样性保育卷），科学出版社 2013 年版，前言，第 iii 页。

② 这种二元论与 20 世纪兴起的物理主义之间存在着较强的张力，这是个较大的问题，不便在此详述。

③ ［美］朗佩特：《尼采与现时代：解读培根、笛卡尔与尼采》，李致远等译，华夏出版社 2009 年版，第 156 页。

同于自然科学所发现的自然律。① 人因有理性而具有自主性和尊严，而非人的一切都只是没有尊严和自主性的事物。② 逻辑经验主义则进一步做出了事实与价值的明确区分。③ 事实与价值（或自然事物与道德）的严格区分导致了伦理学与自然科学的截然区分。根据这种区分，我们不能用事实判断去支持价值判断，不能用自然科学所提供的理由去支持伦理学的论证。

20 世纪下半叶以来，科学与哲学都表明，人类与非人动物都处于一个连续的自然物谱系之中。如果我们不放弃使用"主体"和"主体性"这两个概念，那么就该承认，不仅人具有主体性，许多自然物（例如猩猩、海豚等非人动物）也具有主体性。当然，许多当代哲学家不再使用"主体性"（subjectivity）这个词，而开始使用"能动性"（agency）这个词。这样，许多科学家和哲学家认为，不仅动物具有能动性，许多人工物，例如机器人，也具有能动性。换言之，"智能和自主不再是人类独有的特性"④。这便意味着，人类不仅应该道德地对待非人动物，也应该道德地对待机器人一类的人工物。

美国著名哲学家普特南（Hilary Putnam）则用分析哲学的方法论证了事实与价值的相互渗透。普特南认为，在西方社会，事实与价值的二分已是一种文化体制化的二分，但这种二分并没有合理依据。⑤ 人们通常认为，科学是追求真理的，但"真理"只是个空洞的、形式的概念。普特南以精细的语言分析技术证明：真理本身要从我们的合理可接受性标准（our criteria of rational acceptability）中获得生命，而隐含于科学中的价值就在这些标准之中。⑥ 人们通常认为科学求真即揭示事实，许多科学家（包括经济学家）认为，科学研究不容许渗入价值，因为价值

---

① Immanuel Kant, *Groundwork for the Metaphysics of Morals*, Edited and translated by Allen W. Wood, Yale University Press, New Haven and London, 2002, p. 5.

② Ibid. , p. 46.

③ 参阅 Hilary Putnam, The Collapse of the Fact/Value Dichotomy, and Other Essays Including the Rosenthal Lectures, Harvard UP 2002, p. 10.

④ ［意］卢西亚诺·弗洛里迪：《第四次革命：人工智能如何塑造人类现实》，王文革译，浙江人民出版社 2016 年版，第 38 页。

⑤ Hilary Putnam, *Reason*, *Truth and History*, Cambridge University Press, 1981, pp. 125 – 126.

⑥ Ibid. , p. 130.

是主观的，科学研究渗入价值就会失去其客观性。但这种观点只在特定语境中是正确的。在整个人类文化中，事实与价值（或真理）的区分是模糊的，二者是相互渗透的。

如果事实与价值是相互渗透的，科学与伦理学就不该分离，而应该互相支持。生态学和生态哲学的成长恰好体现了这一点。著名生态学家尤根·欧德姆（E. P. Odum）在《基础生态学》一书中称生态学是一门独立于生物学甚至自然科学，联结生命、环境和人类社会的有关可持续发展的系统科学。① 这样的"系统科学"必然有其哲学维度。而继承和发展阿尔多·利奥波德"大地伦理"的哲学家克里考特（J. Baird Calli-cott）则努力从量子物理学和生态学中提炼一种新的伦理规范：（1）包括生态学在内的生物科学揭示出有机的自然是系统性的、整体性的，人类是有机连续统一体（the organic continuum）中不享有特权的成员，自然环境支持生命的功能依赖于它的完整和稳定，滥用环境会威胁人类的生命、健康和幸福；（2）我们共同珍惜人类生命、健康和幸福；（3）我们不应该以排放有害废物和灭绝物种的方式破坏自然环境的完整和稳定，也不应该对自然的完整性和稳定性有任何其他的冒犯和扰乱。②

（五）超越物质主义的价值观、人生观、幸福观

这里的"价值观"不同于以上所说的"价值论"。价值论（axiology）是哲学理论，只有哲学家才关注价值论，但人人都有价值观。

现代性哲学所蕴含的价值观是物质主义价值观。物质主义价值观与现代自然观——物理主义——息息相关。根据物理主义，地球上乃至全宇宙的可观察事物都是由基本粒子或场构成的，任何一种事物的本质都是由其所构成的物质决定的。物质是万物的本原，是真正实在的东西，而意识或精神只是物质的随附现象。在现代人的意识中，物质之本体论上的真实性决定了"难得之货"（稀缺物质）价值观上的重要性。物理主义不仅否定了神灵鬼怪的存在，也否定了大自然的神秘性，认定自然

---

① 转引自李文华主编《中国当代生态学研究》（生物多样性保育卷），科学出版社 2013 年版，前言，第 ii—iii 页。

② J. Baird Callicott，*In Defense of the Land Ethic*，*Essays in Environmental Philosophy*，State University of New York Press，1989，p. 123.

规律是永恒不变的，科学多揭示一点，大自然隐藏的奥秘就少一点。于是，随着科学的进步，人类在大自然中将越来越能随心所欲地追求自己所确立的任何目标。这种自然观支持人们无止境地追求物质财富的增长，支持物质主义价值观。物质主义宣称：人生的意义、价值和幸福就在于创造物质财富，拥有物质财富，消费物质财富；物质财富充分涌流是建成"人间天堂"的必要条件；"公共的善"（common good）就体现为物质财富的增长，就体现为高速公路、高速铁路、电脑网络、电力系统等公共设施的改善。在没有受到道德与生态法则有效约束的市场经济条件下，物质主义甚至堕落为拜金主义。正是物质主义和拜金主义激励着"大量开发、大量生产、大量消费、大量排放"的生产生活方式，工业文明的生态危机就源自这种生产生活方式。不超越物质主义，人类不可能走出生态危机，也不可能真心实意地建设生态文明。量子物理学和非线性科学已表明物理主义是错误的，今天，积极心理学也表明，物质主义是错误的、有害的。[1] 生态哲学的价值观是非物质主义价值观。它将在充分吸取古代哲学之精华的前提下，借鉴当代积极心理学的最新成果，结合当代人类的生存境遇，揭示一个广泛、开放的非物质价值领域，启发人们以真正明智的方式追求人生意义、人生幸福和自我价值的实现。

人生观以及幸福观与价值观内在地相关，一个人有什么样的价值观就有什么样的人生观和幸福观。

生态哲学也包含政治哲学、美学等分支，本文受篇幅限制不在此详细阐述。

现代性哲学的根本错误在独断理性主义，其致命错误则在物质主义价值观。正因为如此，反驳独断理性主义和物质主义是建构生态哲学体系的基本任务。

三　生态哲学与生态智慧

在数字化技术日益发达的今天，每天都有劝人向善求美的"心灵鸡

---

① 参见［美］詹姆斯·A.罗伯茨《幸福为什么买不到：破解物质时代的幸福密码》，田科武译，电子工业出版社2013年版，第171—187页。

汤"自动地推送于我们的眼前。在空前重视创新的今天，也不断有人建构出新理论。于是，我们常常觉得今日中国不缺好思想、好理论，就缺脚踏实地做好事的人。一种哲学若只有周密的体系，只能被说得头头是道，而无法指导制度的变革，无法指引大众的实践，那不过是空中楼阁。将会成为生态文明新时代之时代精神的生态哲学当然不是空中楼阁。它将指引人们去追求生态智慧，从而指引人们去改变产业结构，改变城市设计和建设的基本策略，改变经济政治制度，改变生产生活方式，从而改变文明的发展方向。简言之，作为新时代精神之精华的生态哲学必能深刻地影响现实。

学者论智慧不免会援引亚里士多德对智慧的定义。亚里士多德认为，智慧和明智是理智的两种德性。① 明智是对达到目的之手段的正确选择。② 智慧"是各种科学中的最为完善者。有智慧的人不仅知道从始点推出的结论，而且真切地知晓那些始点。所以，智慧必定是努斯与科学的结合，必定是关于高等的题材的、居首位的科学"③。在亚里士多德看来，像工匠那样善于做具体的事情（如制轮、建筑）不意味着有智慧，而只有像阿那克萨格拉斯和泰勒斯那样的哲人才有智慧，那样的人"对他们自己的利益全不知晓，而他们知道的都是一些罕见的、重大的、困难的、超乎常人想象而又没有实际用处的事情，因为他们并不追求对人有益的事务"④。明智是人所不可或缺的，因为"德性是一种合乎明智的品质"⑤，可见，一个人不明智就不可能有德性。但智慧优越于明智，而不是相反，"说本身低于智慧的明智反而比智慧优越，这必定荒唐"⑥，"说明智优越于智慧就像说政治学优越于众神"⑦。这里值得注意的是，古希腊人承认"人不是这个世界上最高等的存在物"⑧，众神和宇宙整体秩序都是高于人的存在物。

---

① ［古希腊］亚里士多德：《尼各马可伦理学》，廖申白译注，商务印书馆2004年版，第187页。
② 同上书，第182页。
③ 同上书，第175页。
④ 同上书，第176页。
⑤ 同上书，第189页。
⑥ 同上书，第187页。
⑦ 同上书，第190页。
⑧ 同上书，第175页。

亚里士多德明确指出，明智是实践性的，而不是科学，"明智是同具体的东西相关的，因为实践都是具体的"①。而他所说的智慧似乎不是实践性的，而典型地体现为哲人的沉思。智慧必定能使人幸福。在亚里士多德看来，沉思才能使人获得智慧，从而获得最高的幸福。②

亚里士多德的智慧论只能是我们研究生态智慧的一个基本参照，而不能照搬。研究生态智慧不能不充分考虑我们所处的这个时代的基本特征，不能不吸取非线性科学和生态哲学的新知识、新洞见。

人的智能可大致分为三类：一是技能，如工匠和艺术家的技能，"庖丁解牛"的本领就是技能；二是知识，凡可用语言（既包括各种自然语言也包括数学语言）表征的东西都是知识；三是智慧，智慧是做出正确伦理抉择并付诸实践的能力，也是重要思想创新的能力，即直觉和产生洞见的能力。技能与智慧都不可与活生生的人相分离。凡高死了，其作画技能亦随之消失，他的画作可以传世；孔子不在了，其智慧也随之消失，他的语录可以传世。但知识可以与活生生的人相分离，可以存贮于图书馆、磁盘、芯片、网络云端等中，于是一个人发现的知识可以为许多其他人所取用。智慧不是这样的。我们可在一个有智慧的人的领导下去做一件必需很多人合作才能做成的凝结了智慧的事情，但不能直接拥有这个领导者的智慧。例如，都江堰是古代李冰领导许多人完成的一项凝结了智慧的水利工程，李冰是有智慧的"大匠"，但其他众多参与了工程建设的工匠不可能直接拥有他的智慧。

在数字化时代，也可以说，技能和智慧是不可数字化的，而知识是可以数字化的。计算主义者会坚决反对这一断言。在计算主义者看来，人类智能归根结底就是计算能力，所以，技能和智慧归根结底也就是计算能力，就像知识一样可数字化。如果计算主义是正确的，那么，人的技能和智慧都不重要，因为一切事情都可以归结为计算，将来一切事情都可由智能机器去做，它们会比人做得好。例如，机器可以作画，可以指挥战争，可以领导社会变革。但计算主义是大可质疑的，尽管今天它有较大的影响。

---

① ［古希腊］亚里士多德：《尼各马可伦理学》，廖申白译注，商务印书馆2004年版，第179页。

② 同上书，第306页。

工业文明时代是教育和科学研究迅猛发展的时代。但这个时代因为工业生产要求标准化操作，于是比较轻视智慧培养，而极为重视知识的发现和传播。于是，有丰富知识而没有智慧的人满街都是。就今日中国而言，严重的环境污染与此有关，严重的社会腐败也与此有关。当然不能说这个时代的人们都没有智慧，但这个时代确实严重缺乏生态智慧。

亚里士多德说，智慧是"关于高等的题材的、居首位的科学"。在古希腊，哲学与科学不分，"居首位的科学"就是哲学。据法国著名哲学史家皮埃尔·阿多考证，古希腊哲学并非仅是哲学理论或话语，而更是一种生活方式，即追求智慧的生活方式。① 换言之，追求智慧不可没有哲学。

象伟宁教授把生态智慧归入生态知识领域的一种特别形式。它体现于生态研究、规划、设计以及管理领域中个人或组织之先在、悠久知识的具体应用上。生态智慧在实质上不仅是伦理的、带灵感的，而且是实践的。它不仅指通过景观和城市规划、生态设计和工程而在这个世界上做真正永久性好事的德性，而且指激发或赋予人们在具体情境中找到做正当事情之正确方法的能力。② 我非常赞成象教授把生态智慧界定为伦理的、带灵感的、实践的、在这个世界上做真正永久性好事的德性和能力，但不赞成把生态智慧归入任何知识类型。

生态智慧就是人们在非线性科学（包含生态学）和生态哲学指引下养成的做真正永久性正当事情的能力和德性。能力和德性与活生生的个人不可分离，而知识可以与活生生的个人分离。我们不妨把非线性科学和生态哲学③都称为生态知识。有生态知识是有生态智慧的必要条件，而不是充分条件。一个人有丰富的生态知识，但他未必有生态智慧。但一个人若没有生态知识则根本不可能有生态智慧。

生态哲学是我们追求生态智慧的基本指南，信仰生态哲学是我们获得生态智慧的必要条件。

---

① Pierre Hadot, *What is Ancient Philosophy*? Harvard University Press, 2002, p. 4.

② W. N. Xiang, "Editorial: Doing Real and Permanent Good in Landscape and Urban Planning: Ecological Wisdom for Urban Sustainability," *Landscape and Urban Planning* 121 (2014): 65 – 69.

③ 今天的哲学已不同于阿多所阐释的古代哲学。今天的哲学是现代学科体系中的专业性话语体系，而不再体现为哲人知行合一的生活方式。

1. 生态哲学要求我们向比我们更高的存在者学习，即向大自然学习。追求智慧必须向比人更高的存在者学习，这是古希腊的亚里士多德和 20 世纪的海德格尔都十分强调的。亚里士多德认为，沉思是人所能享受的最高的幸福。之所以如此，就因为"神的实现活动，那最为优越的福祉，就是沉思"①。在古希腊哲人看来，人应该尽力向神学习，因为人的生活"与神相似"②。今天，我们应该通过最新的宇宙论、量子物理学、非线性科学和生态学，以敬畏自然的心态向自然学习，自然就是比人更高的存在者。这是追求生态智慧的基本前提。坚信现代性哲学的人们不可能追求生态智慧，因为他们认为人类可通过科技创新而越来越有成效地征服自然，科技是人类理性建构的利器，与自然无关，自然没有什么值得人类学习的东西。

2. 生态哲学要求我们以系统论、整体论思维去补还原论分析性思维之不足。现代生态危机与分析性知识的片面应用直接相关，各种生态灾难和环境灾难都与现代人无智慧的"分析性聪明"有关。例如，现代工业的每一道工序都渗透着现代科技的"分析性聪明"，但全球工业的生产却导致了空前愚蠢的集体行为——污染全球环境、破坏生态健康、引起气候变化的集体行为。不用整体论的思维方式，我们不可能获得生态智慧。

3. 生态哲学要求我们把人类社会看作地球生物圈的子系统，而不是凌驾于地球生物圈之上的"自由王国"。这要求我们审视现代发展观，而认同汤因比在阐述"文明"概念时所阐述的"发展"概念：发展不是技术和军事力量的增长，也不是经济增长，而是以人的精神成长为标志的社会改善。如今，生态学和环境科学都告诉我们，地球的承载力是有限的，物质财富的增长和战争的强度都必须被限制于地球承载限度之内。生态哲学将会告诉我们，即使物质财富不能增长了，人类社会仍有无限改善的可能，文明仍有无限发展的空间，因为汤因比所极为重视的精神成长是没有极限的。

4. 生态哲学要求我们把幸福生活（或好生活）理解为有意义的生

---

①　［古希腊］亚里士多德：《尼各马可伦理学》，廖申白译注，商务印书馆 2004 年版，第 310 页。

②　同上。

活，而不仅是拥有物质财富的生活。这要求我们纠正现代经济学思想的一些严重错误。"如今西方的两大主导性观念是查尔斯·达尔文的'自然选择'和亚当·斯密的'看不见的手'。许多人根据达尔文的进化论而得出结论：想生存就得争第一，否则就只好被愚弄。而亚当·斯密们通常认为，即使人人完全自私，实际情况也会变得最好，独立行动者之间的自由契约将会导致最大可能的幸福。"① 事实上，这两大观念的主导性影响已不限于西方，而弥漫于全球。物质主义价值观、人生观和幸福观的盛行与这两大观念的主导地位直接相关。物质主义加上这两大观念，导致了工业文明时代体制化的贪婪：法制许可范围内的贪婪。这种贪婪不仅受法律的保护，而且受文化的颂扬。在工业文明时代，人们把合法贪婪的人们奉为英雄，推举为领导，而把具有美德和智慧的人们（极少数人）彻底淹没在大众之中，甚至使他们难以生存。我们难以想象，像孔子、颜回、大卫·梭罗那样的人活在今日世界会受到像乔布斯、马云等人所受到的那种拥戴。这样的文明是危险的，因为贪婪的人可以拥有过多的小聪明，但不可能拥有大智慧。现代文明若一任贪婪的人们领导，就只会在生态危机中越陷越深。

其实，人是悬挂在自己编织的意义之网上的文化动物。幸福生活或好生活就是有意义的生活。有多种多样的有意义的生活。不同的宗教和哲学都是追求有意义的生活的指南。在工业文明时代，多数人（特别是精英阶层）以贪婪地追求物质财富的方式追求人生意义，绝非人性使然，而是现代物质主义文化建构的结果。超越了物质主义文化，我们能发现无比丰富的价值，能过上真正幸福的生活。也仅当多数人超越了物质主义价值观、人生观和幸福观时，我们才能超越"大量开发、大量生产、大量消费、大量排放"的生产生活方式，才能卓有成效地建设生态文明。

包含生态学的非线性科学和生态哲学一起构成生态文明新时代的时代精神，生态哲学是新时代之时代精神的精华，生态哲学是指引人们追求生态智慧的基本指南。由具有生态智慧的人们领导社会，我们才能卓有成效地建设生态文明。

---

① Richard Layard, *Happiness: Lessons from a New Science*, Penguin Books, 2005, p. 92.